高等学校应用型特色规划教材

云计算技术与应用

主　编　孙永林　曾德生

副主编　庞双龙　邵　翠　陈晓丹

電子工業出版社

Publishing House of Electronics Industry

北京 • BEIJING

内 容 简 介

云计算是一种全新的网络应用模式，以互联网为中心，提供快速且安全的云计算服务与数据存储，从而让每个使用互联网的人都可以使用网络上庞大的计算资源与数据。近年来，云计算正在成为信息技术产业发展的战略重点。本教材共分为 10 个项目，包括云计算概述、云计算技术、VMware vSphere 体系结构、vCenter Server 平台部署、vCenter Server 平台应用、vCenter Server 平台高级特性、VMware Horizon View 桌面的构建、华为虚拟化平台、华为 FusionManager 和华为 FusionAccess。

本教材采用项目驱动的编写方式，配有大量的范例，通俗易懂，适合注重实践教学环节的教学方式，具有较强的实用性。本教材适合应用型本科院校、高等职业院校计算机类专业的教学使用，也可供相关技术人员参考。

图书在版编目（CIP）数据

云计算技术与应用/孙永林，曾德生主编. 一北京：电子工业出版社，2019.8

ISBN 978-7-121-36790-8

Ⅰ. ①云…　Ⅱ. ①孙…　②曾…　Ⅲ. ①云计算－高等学校－教材　Ⅳ. ①TP393.027

中国版本图书馆 CIP 数据核字（2019）第 108076 号

责任编辑：章海涛
印　　刷：涿州市般润文化传播有限公司
装　　订：涿州市般润文化传播有限公司
出版发行：电子工业出版社
　　　　　北京市海淀区万寿路 173 信箱　邮编：100036
开　　本：787×1 092　1/16　印张：21　字数：538 千字
版　　次：2019 年 8 月第 1 版
印　　次：2024 年 12 月第 10 次印刷
定　　价：59.90 元

凡所购买电子工业出版社图书有缺损问题，请向购买书店调换。若书店售缺，请与本社发行部联系，联系及邮购电话：（010）88254888，88258888。

质量投诉请发邮件至 zlts@phei.com.cn，盗版侵权举报请发邮件至 dbqq@phei.com.cn。

本书咨询联系方式：liuy01@phei.com.cn。

前　言

云计算是近年来兴起的新理念，目标是将计算和存储简化为像公共的水和电一样易用的资源，用户只要连上网络，即可方便地使用，按量付费。其灵活的计算能力和高效的海量数据分析方法，也使得企业不需要构建自己专用的数据中心就可以在云平台上运行各种各样的业务系统，有助于企业实现信息化管理。这种创新的计算模式和商业模式已经吸引了产业界和学术界的广泛关注。

目前，云计算的优势已经展现出来了。但人们对云计算依然所知甚少，很多人对云计算的认识仍停留在概念上。针对这种情况，为帮助读者深入了解云计算知识，提高解决实际问题的能力，编者结合自己的教学经验和企业实践，精心编写了本教材。在写作过程中，力求用严谨的语言阐述概念，用科学的精神介绍技术，从大局的角度分析业界动态。通过对云计算专业知识进行深入浅出的讲解，以及对云计算相关应用操作方法的详细介绍，为读者勾勒出云计算发展的来龙去脉，揭示与云计算相关的抽象名词背后的技术细节，不仅能够让读者了解云计算专业知识和本领域最新的应用成果，而且能够为企业的技术主管和研发人员揭示未来信息产业的发展方向。

本教材共分为 10 个项目，包括云计算概述、云计算技术、VMware vSphere 体系结构、vCenter Server 平台部署、vCenter Server 平台应用、vCenter Server 平台高级特性、VMware Horizon View 桌面的构建、华为虚拟化平台、华为 FusionManager 和华为 FusionAccess。

本教材由孙永林和曾德生担任主编，庞双龙、邵翠和陈晓丹担任副主编。项目 1 由孙永林编写；项目 2 由曾德生编写；项目 3 由陈晓丹编写；项目 4 到项目 6 由邵翠编写；项目 7 到项目 9 由庞双龙编写；项目 10 由庞双龙和陈聪合作编写。全书由孙永林统稿。本书编写过程中得到了广东创新科技职业学院信息工程学院领导和计算机网络专业教师的大力支持与帮助，同时，在华为 Fusion 平台的应用方面，也得到了腾科 IT 教育集团上海分公司陈聪老师的帮助。在此，向所有为本教材的出版做出贡献的人员表示衷心感谢！

尽管我们尽了最大的努力，但教材中难免有不妥之处，欢迎各界专家和读者提出宝贵意见，不胜感激。

编　者

目　录

项目 1

云计算概述

本项目学习目标

知识目标

- 掌握云计算的定义与特点；
- 掌握云计算的分类；
- 掌握云计算的发展；
- 掌握云计算服务；
- 掌握云安全。

能力目标

- 能解释云计算的基本概念和分类，了解云计算的发展趋势；
- 能从节源、开源的角度衡量分析云计算优劣；
- 能熟练使用百度、Google 等搜索引擎对云计算基本知识进行查询。

任务 1.1　云计算的定义与特点

云计算（Cloud Computing）的概念是在 2007 年提出来的。随后，云计算技术和产品通过 Google、Amazon、IBM 及微软等 IT 巨头们得到了快速的推动和大规模的普及，到目前为止，已得到社会的广泛认可。

云计算是一种商业计算模型，它将计算任务分布在大量计算机构成的资源池上，这种资源池称为“云”。云计算使用户能够按需获取存储空间及计算和信息服务。云计算的核心理念是资源池，这与早在 2002 年就提出的网格计算池（Computing Pool）的概念非常相似。网格计算池将计算和存储资源虚拟成一个可以任意组合分配的集合，池的规模可以动态扩展，分配给用户的处理能力可以动态回收重用。这种模式能够大大提高资源的利用率，提升平台的服务质量。

“云”是一些可以进行自我维护和管理的虚拟计算资源，这些资源通常是一些大型服务器集群，包括计算服务器、存储服务器和宽带资源。云计算将计算资源集中起来，并通过专门软件，在无须人为参与的情况下，实现自动管理。作为使用云计算的用户，可以动态申请部分资源，以支持各种应用程序的运转，无须为烦琐的细节而烦恼，能够更加专注于自己的业务，有利于提高效率、降低成本和技术创新。

云计算中的“云”，表示它在某些方面具有现实中云的特征。

例如：

- 云一般都较大；
- 云的规模可以动态伸缩，它的边界是模糊的；
- 云在空中飘忽不定，无法也无须确定它的具体位置，但它确实存在于某处。

云计算是一种通过互联网访问定制的 IT 资源共享池，并按照使用量付费的模式，这些资源包括网络、服务器、存储、应用、服务等。借助云计算，企业无须采用磁盘驱动器和服务器等成本高昂的硬件，就能够随时随地开展工作。当前，有相当多的企业都在公有云、私有云或混合云环境中采用云计算技术。

不同的人群，看待云计算会有不同的视角和理解。可以把人群分为云计算服务的使用者、云计算系统规划设计的开发者和云计算服务的提供者三类。从云计算服务的使用者角度来看，云计算的概念如图 1-1-1 所示。

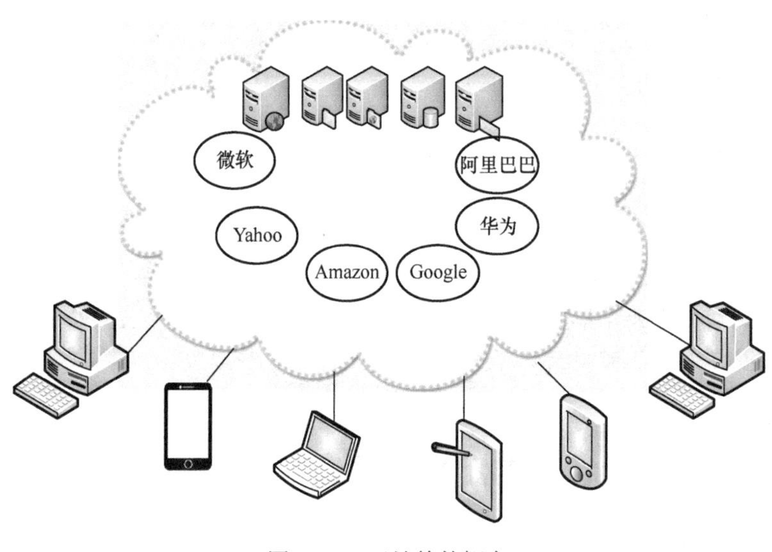

图 1-1-1　云计算的概念

云计算可以为使用者提供云计算、云存储及各类应用服务。云计算最典型的应用就是基于 Internet 的各类业务。云计算的成功案例有：Google 搜索、在线文档 Google Docs、微软的 MSN、必应搜索、Amazon 的弹性计算云（EC2）和简单存储服务（S3）等。

简单来说，云计算是以应用为目的，通过互联网将大量必需的软、硬件按照一定的形式连接起来，并且随着需求的不断变化而灵活调整的一种低消耗、高效率的虚拟资源服务的集合形式。

1.1.1　云计算的定义

到目前为止，云计算的定义还没有得到统一。这可能是由于云计算不同类别（公有云、私有云、混合云）的特征不同，难以得到标准的定义；同时，看待云计算的角度不同，对其定义也会不同。所以，本教材引用美国国家标准与技术研究院（NIST）的一种定义：“云计算是一种按使用量付费的模式，这种模式提供可用的、便捷的、按需的网络访问，进入可配置的计算资源共享池（资源包括网络、服务器、存储、应用、服务），这些资源能够被快速提供，只需投入很少的管理工作或与服务供应商进行很少的交互。

从云计算技术来看，它也是虚拟化、网格计算、分布式计算、并行计算、效用计算、自主计算、负载均衡等传统计算机和网络技术发展融合的产物，如图 1-1-2 所示。

1. 虚拟化

图 1-1-2 云计算技术

虚拟化是一种资源管理技术，将计算机的各种实体资源（如服务器、网络、存储器等）予以抽象、转换后呈现出来，打破实体结构间的不可分割的障碍，使用户以比原本的组态更好的方式来应用这些资源。在虚拟化技术中，可以同时运行多个操作系统，而且每个操作系统中都有多个程序运行，每个操作系统都运行在一个虚拟的 CPU 或者虚拟主机上。

2. 网格计算

网格计算是指分布式计算中两类广泛使用的子类型：一类是在分布式的计算资源支持下，作为服务被提供的在线计算或存储；另一类是由一个松散连接的计算机网络构成的虚拟超级计算机，可以执行大规模任务。

网格计算强调将工作量转移到远程的可用计算资源上，侧重并行地计算集中性需求，并且难以自动扩展。

云计算强调专有，任何人都可以获取自己的专有资源，并且这些资源是由少数团体提供的，使用者不需要贡献自己的资源；云计算侧重事务性应用，能够响应大量单独的请求，可以实现自动或半自动扩展。

3. 分布式计算

分布式计算利用互联网上众多闲置计算机，将其联合起来解决某些大型计算问题。与并行计算同理，分布式计算也是把一个需要巨大计算量才能解决的问题分解成许多小的部分，然后把这些小的部分分配给多台计算机进行处理，最后把这些计算结果综合起来得到最终的正确结果。与并行计算不同的是，分布式计算所划分的任务相互之间是独立的，某一个小任务出错，不会影响其他任务。

4. 并行计算

并行计算是指同时使用多种计算资源解决计算问题的过程，是为了更快速地解决问题、更充分地利用计算资源而出现的一种计算方法。并行计算通过将一个科学计算问题分解为多个小的计算任务，并将这些小的计算任务在并行计算机中执行，利用并行处理的方式达到快速解决复杂计算问题的目的，实际上是一种高性能计算。并行计算的缺点是由被解决的问题划分而来的模块之间是相互关联的，若其中一个模块出错，则必定影响其他模块，再重新计算会降低运算效率。

5. 效用计算

效用计算是一种提供计算资源的技术，用户从计算资源供应商处获取和使用计算资源，并基于实际使用的资源付费。效用计算主要给用户带来经济效益，是一种分发应用所需资源的计费模式。对于效用计算而言，云计算是一种计算模式，它在某种程度上共享资源，进行设计、开发、部署、运行、应用，并支持资源的可扩展/收缩性和对应用的连续性。

6. 自主计算

自主计算是美国 IBM 公司于 2001 年 10 月提出的一种新概念。IBM 将自主计算定义为“能够保证电子商务基础结构服务水平的自我管理技术”。其最终目的在于使信息系统能够自动地对自身进行管理，并维持其可靠性。自主计算的核心是自我监控、自我配置、自我优化和自我恢复。

- 自我监控：系统能够知道系统内部每个元素当前的状态、容量及它所连接的设备等信息。
- 自我配置：系统配置能够自动完成，并能根据需要自动调整。
- 自我优化：系统能够自动调度资源，以达到系统运行的目标。
- 自我恢复：系统能够自动从常规和意外的灾难中恢复。

7. 负载均衡

负载均衡是一种服务器或网络设备的集群技术。负载均衡将特定的网络服务、网络流量等分担给多个服务器或网络设备，从而提高业务处理能力，保证业务的高可用性。常用的应用场景主要包括服务器负载均衡和链路负载均衡。

1.1.2 云计算的特点

1. 云计算的特点

云计算的基本原理是令计算分布在大量的分布式计算机上，而非本地计算机或远程服务器中，从而使得企业数据中心的运行与互联网相似。云计算具备相当大的规模。例如，Google 云计算已经拥有 100 多万台服务器，Amazon、IBM、微软、Yahoo 等的“云”均拥有几十万台服务器。企业私有云一般拥有数百至上千台服务器。这些资源使“云”能赋予用户前所未有的计算能力。

云计算主要有五个特点：基于互联网、按需服务、资源池化、安全可靠和资源可控。

（1）基于互联网

云计算通过把一台台服务器连接起来，使服务器之间可以相互进行数据传输，数据就像网络上的“云”一样，在不同的服务器之间“飘”，同时通过网络向用户提供服务。

（2）按需服务

“云”的规模是可以动态伸缩的。在使用云计算服务时，用户所获得的计算机资源是按用户个性化需求增加或减少的，然后根据使用的资源量进行付费。

（3）资源池化

资源池是对各种资源进行统一配置的一种配置机制。

- 从用户的角度来看，无须关心设备型号、内部的复杂结构、实现的方法和地理位置，只需关心自己需要什么服务即可。
- 从资源管理者的角度来看，最大的好处是资源池可以几乎无限地增减，管理、调度资源十分便捷。

（4）安全可靠

云计算必须要保证服务的可持续性、安全性、高效性和灵活性。对于供应商来说，必须采用各种冗余机制、备份机制、足够安全的管理机制和保证存取海量数据的灵活机制等，从而保证用户的数据和服务安全可靠；对于用户来说，其只需要支付一笔费用，即可得到供应商提供的专业级安全防护，节省大量时间与精力。

（5）资源可控

云计算提出的初衷，是为了让人们可以像使用水电一样便捷地使用云计算服务，方便地获取计算服务资源，并大幅提高计算资源的使用率，有效节约成本，将资源在一定程度上纳入控制范畴。

2. 云计算的优缺点

（1）云计算的优点

云计算的优点表现在以下几个方面：

- 降低用户计算机的成本；
- 改善性能；
- 降低IT基础设施投资；
- 减少维护问题；
- 减少软件开支；
- 即时的软件更新；
- 计算能力的增长；
- 无限的存储能力；
- 改善操作系统和文档格式的兼容性；
- 简化团队协作；
- 没有地点限制的数据获取。

（2）云计算的缺点

云计算的缺点表现在以下几个方面：

- 要求持续的网络连接；
- 低带宽网络连接环境下不能很好地工作；
- 反应慢；
- 功能有限制；
- 无法确保数据的安全性；
- 不能保证数据不会丢失。

（3）云计算的发展面临的挑战

未来，云计算的发展面临的挑战体现在以下几个方面：

- 高可靠的网络系统技术；
- 数据安全技术，包括保证数据不会丢失、保证数据不会被泄露和非法访问；
- 可发展的并行计算技术；
- 海量数据的挖掘技术；
- 网络协议与标准问题；
- 云计算应用软件开发及推广问题。

1.1.3 云计算的技术与应用领域

1. 云计算的主要优势

云计算具有灵活性、可负担性、可用性和简化性四个方面的优势。

- 灵活性：快速扩大或缩小规模，灵活满足计算需求；
- 可负担性：按使用付费，大幅度地降低硬件和软件成本；
- 可用性：可通过任意设备，随时随地全天候访问云系统；
- 简化性：无须 IT 部门管理服务器和更新软件。

云计算应用软件具备一系列显著优势，能帮助企业增强竞争力。

2. 企业采用云计算的三大原因

企业选用云计算，一般有以下三个原因：

- 以较低的前期成本投入，更快速地完成软件部署；
- 利用轻松便捷且更频繁的升级，缩短创新周期；
- 随时随地利用可扩展性和动态功能，提升灵活性，并与大型企业开展竞争。

3. 云计算的应用领域

云计算与大数据、人工智能是当前最火爆的三大技术领域。近年来，我国政府高度重视云计算产业发展，其产业规模增长迅速，应用领域也在不断扩展，从政府应用到民生应用，从金融、交通、医疗、教育领域到创新制造等领域全行业延伸拓展。

云计算在 IT 产业各个方面都将有其用武之地，以下是云计算的七个比较典型的应用。

（1）企业云

企业云对于需要提升内部数据中心的运维水平的企业，以及希望能使整个 IT 服务更围绕业务展开的大中型企业非常适合。相关的产品和解决方案有 IBM 的 WebSphere CloudBurst Appliance、Cisco 的 UCS 和 VMware 的 vSphere 等。

（2）云存储系统

云存储系统可以解决本地存储在管理上的缺失，降低数据的丢失率，它通过整合网络中多种存储设备来对外提供云存储服务，并能管理数据的存储、备份、复制和存档。云存储系统非常适合那些需要管理和存储海量数据的企业。

（3）虚拟桌面云

虚拟桌面云可以解决传统桌面系统高成本的问题，其利用现在成熟的桌面虚拟化技术，更加稳定和灵活，而且系统管理员可以统一管理用户在服务器端的桌面环境，该技术比较适合那些需要使用大量桌面系统的企业。

（4）开发测试云

开发测试云可以解决开发测试过程中的棘手问题，其通过友好的 Web 界面，可以预约、部署、管理和回收整个开发测试的环境（包括操作系统、中间件和开发测试软件），通过预先配置好的虚拟镜像来快速构建一个个异构的开发测试环境，通过快速备份/恢复等虚拟化技术来重现问题，并利用云的强大的计算能力来对应用进行压力测试，比较适合那些需要开发和测试多种应用的企业。

（5）大规模数据处理云

大规模数据处理云能对海量的数据进行大规模处理，可以帮助企业快速进行数据分析，发现可能存在的商机和问题，从而做出更好、更快和更全面的决策。其工作过程是通过将数据处理软件和服务运行在云计算平台上，利用云计算的计算能力和存储能力对海量的数据进行大规模处理。

（6）游戏云

游戏云是将游戏部署至云中的技术，目前主要有两种应用模式：一种是基于Web游戏的模式，比如使用JavaScript、Flash和Silverlight等技术，并将这些游戏部署到云中，这种解决方案比较适合休闲游戏；另一种是为大容量和高画质的专业游戏设计的，整个游戏都在云中运行，但会将最新生成的画面传至客户端，比较适合专业玩家。

（7）云杀毒

云杀毒是在云中安装附带庞大的病毒特征库的杀毒软件，当发现有嫌疑的数据时，杀毒软件可以将有嫌疑的数据上传至云中，并通过云中庞大的特征库和强大的处理能力来分析这个数据是否含有病毒，这非常适合那些需要使用杀毒软件来捍卫计算机安全的用户。

任务1.2 云计算的分类

云计算可以按网络结构和服务类型来分类。

1.2.1 按网络结构分类

按照网络结构，云计算可以分为公有云、私有云和混合云，如图1-2-1所示。

1. 公有云

公有云是为大众而建的，所有入驻用户都称为租户。公有云不仅同时支持多个租户，而且一个租户离开，其资源可以马上释放给下一个租户，能够在大范围内实现资源优化。很多用户担心公有云的安全问题，敏感行业、大型用户需要慎重考虑，但对于一般的中小型用户，不管是数据泄露的风险，还是停止服务的风险，公有云都远远小于自己架设机房。

图1-2-1 按网络结构分类

2. 私有云

私有云是为一个用户或一个企业单独使用而构建的，因而能够提供对数据、安全性和服务质量的最有效控制。私有云可由公司自己的IT机构或云供应商进行构建，既可部署在企业数据中心的防火墙内，又可以部署在一个安全的主机托管场所。私有云的核心属性是专有资源，通常用于实现小范围内的资源优化。

3. 混合云

混合云是公有云和私有云的混合，这种混合可以是计算的、存储的，也可以两者兼而有之。在公有云尚不完全成熟，而私有云存在运维难、部署实践周期长、动态扩展难的现阶段，混合云是一种较为理想的平滑过渡方式，短时间内的市场占比将会大幅上升。并且，不混合是相对的，混合是绝对的。在未来，即使自家的私有云不和公有云混合，也需要内部的数据和服务与外部的数据和服务不断进行调用。并且还存在一种可能，即大型用户把业务放在不同的公有云上，相当于把鸡蛋放在不同篮子里，不同篮子里的鸡蛋自然需要统一管理，这也算广义的混合。

以上三种云服务的特点和适合的行业如表 1-2-1 所示。

表 1-2-1　三种云服务的特点和适合的行业

分　类	特　点	适合的行业
公有云	规模化，运维可靠，弹性强	游戏、视频、教育
私有云	自主可控，数据私密性好	金融、医疗、政务
混合云	弹性、灵活但架构复杂	金融、医疗

1.2.2　按服务类型分类

云计算的服务类型有 IaaS、PaaS 和 SaaS。

- IaaS：基础设施即服务（Infrastructure as a Service）。
- PaaS：平台即服务（Platform as a Service）。
- SaaS：软件即服务（Software as a Service）。

1. IaaS

IaaS，基础设施即服务，用户通过 Internet 可以从完善的计算机基础设施中获得服务。IaaS 是把数据中心、基础设施等硬件资源通过 Web 分配给用户的商业模式。

2. PaaS

PaaS，平台即服务。PaaS 实际上是指将软件研发的平台作为一种服务，以 SaaS 的模式提交给用户。因此，PaaS 也是 SaaS 模式的一种应用。但是，PaaS 的出现可以加快 SaaS 的发展，尤其是加快 SaaS 应用的开发速度。PaaS 服务使得软件开发人员可以在不购买服务器等设备环境的情况下开发新的应用程序。

3. SaaS

SaaS，软件即服务。它是一种通过 Internet 提供软件的模式，用户无须购买软件，而是向供应商租用基于 Web 的软件，来管理企业经营活动。SaaS 模式大大降低了软件的使用成本，尤其是大型软件的使用成本，并且由于软件托管在服务商的服务器上，减少了用户的管理维护成本，可靠性也更高。

任务 1.3　云计算的发展

云计算是继大型计算机、客户机/服务器之后的又一种巨变。云计算的发展可以分为三个阶段。

第一阶段为 2006 年以前，是云计算的前期发展阶段。在这段时间内，并行计算、网格计算和虚拟化技术等云计算的相关技术各自发展。

第二阶段是 2006 年到 2009 年，是云计算技术的发展阶段。随着云计算的不断发展，各大厂商和大型互联网公司开始逐渐意识到云计算的发展前景，并且将云计算用于自己公司的业务，使得云计算技术体系逐渐完善。

第三阶段是 2010 年至今，是云计算飞速发展的阶段。这一时期，云计算得到了许多企业甚至政府的高度关注，使得云计算可以快速发展。

1.3.1　云计算的演变

云计算是从单机部署到分布式架构，再到基于虚拟机架构的过程中演变而来的。

（1）单机部署

单机部署就是把所有的资源都部署在一台客户机中，如图 1-3-1 所示。

（2）分布式架构

分布式架构是利用网络中的硬件设备，如客户机和服务器，把软件资源分别部署在不同的硬件设备中，使用分布式计算技术，提高计算能力，如图 1-3-2 所示。

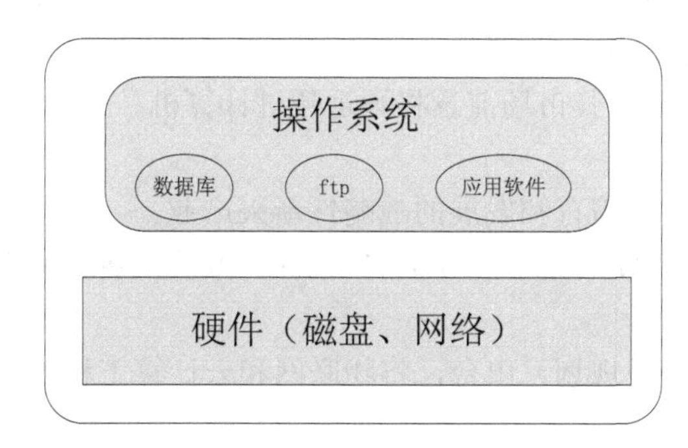

图 1-3-1 单机部署

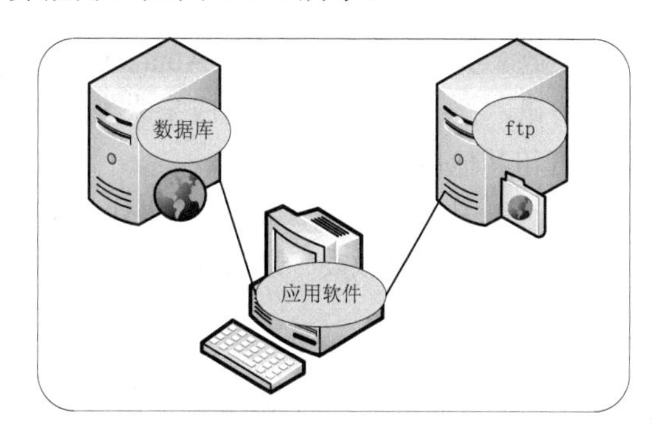

图 1-3-2 分布式架构

（3）虚拟机架构

虚拟机架构是指通过软件模拟的、具有完整硬件系统功能的、运行在一个完全隔离环境中的完整计算机系统。图 1-3-3 所示是一个单独的虚拟机架构，图 1-3-4 所示是一个集群虚拟机架构。

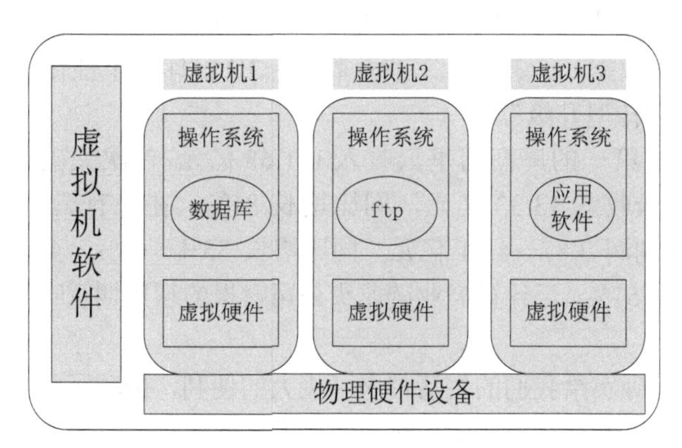

图 1-3-3　单独的虚拟机架构

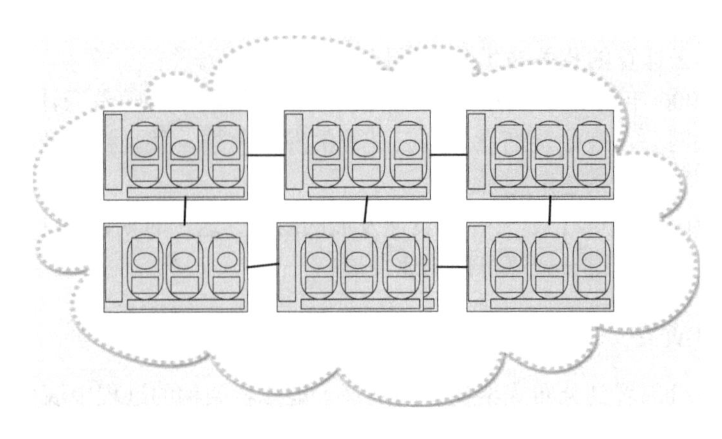

图 1-3-4 集群虚拟机架构

1.3.2 云计算的发展现状

云计算由于得到了国家高度重视和巨大的支持，又有大公司的推动，发展极为迅速。云计算的发展趋势从垂直走向整合，云计算的范畴越来越广。毫无疑问，“云计算”已经成为 IT 行业的主题。无论是国外的巨头 Amazon、Google、IBM、微软，还是国内的巨头百度、阿里巴巴、腾讯，都一致把“云”当成未来发展的重点，其市场前景将远远超过计算机、互联网、移动通信和其他市场。

2010 年，中国政府将云计算产业列入国家重点培育和发展的战略性新兴产业。

2011 年，国家发改委、财政部、工业和信息化部批准高达 15 亿的国家专项资金支持云计算示范应用。

2012 年，《“十二五”国家战略性新兴产业发展规划》出台，将物联网和云计算工程作为中国“十二五”发展的二十项重点工程之一。

2014 年，“大数据”首次出现在《政府工作报告》中。

2015 年是云计算的政策大年，相继出台了多项有针对性的文件。2015 年 1 月，《国务院关于促进云计算创新发展培育信息产业新业态的意见》出台；2015 年 5 月，《中国制造 2025》出台；2015 年 7 月，《关于积极推进“互联网+”行动的指导意见》出台；2015 年 9 月，《促进大数据发展行动纲要》出台。在《中国制造 2025》中，明确提出了“围绕落实中国制造 2025，支持开发工业大数据解决方案，利用大数据培育发展制造业新业态，开展工业大数据创新应用试点，同时，促进大数据、云计算、工业互联网、3D 打印、个性化定制等的融合集成，推动制造模式变革和工业转型升级”。

2017 年，中国 IaaS 第一的厂商阿里云收入 111.68 亿元，首次突破百亿，同比增长 100%；IaaS 排名第三的金山云收入 13.33 亿元，同比增长 81%。在公有云市场的高速增长之下，2017 年，浪潮信息净利润 3.87～4.74 亿元，同比增长 35%～65%。金蝶国际云服务实现收入 5.68 亿元，同比增长 66.57%。云计算产业链龙头公司财报的超预期意味着云计算将得到更好的发展。

综上所述，云计算确实给我们的生活带来了极大的便利，推动了整个信息产业的发展与进步。同时，云计算技术仍然存在一些尚未解决的技术性问题，以及云安全问题。随着科学信息技术的进一步发展，云计算的技术性问题可以逐步解决，云计算的应用将会越来越广泛。

1.3.3　云计算的发展趋势

云计算未来主要有两个发展方向。

● 发展更大规模的底层基础设施：构建与应用程序紧密结合的大规模底层基础设施，使得其应用能够扩展到更大的规模。

● 创建更适应社会发展的云计算应用软件：通过构建新型的云计算应用软件，在网络上提供更加丰富的用户体验。

概括地说，云计算未来的发展将会体现在以下几个方面。

● 走在前端的用户会放弃将 IT 基础设施作为资本性开支的做法，取而代之的是将其中的一部分作为服务来购买。此外，云计算将应用程序从那些特定的架构中解放出来，构建服务。

● 云计算已成为不可阻挡的发展趋势，我们国家的信息安全也将面临严重的威胁，必须研发具有自主核心技术的云计算平台。

● 云计算的发展必将对产业链产生重要的影响。

以发展的眼光来看，云计算对中小企业发展的影响巨大，我国必须发展自己的云计算技术与系统。

1.3.4　云计算的关键技术

云计算的关键技术主要有：虚拟化、分布式系统、资源管理技术、能耗管理技术。

1．虚拟化

虚拟化是实现云计算的重要技术，通过在物理主机中同时运行多个虚拟机实现虚拟化。在虚拟化平台上，实现对多个虚拟机操作系统的监视和多个虚拟机对物理资源的共享。

2．分布式系统

分布式系统是指在文件系统基础上发展而来的云存储系统，可用于大规模的集群，主要有以下几个特点。

● 高可靠性：云存储系统支持多个节点保存多个数据副本的功能，以保证数据的可靠性。

● 高访问性：根据数据的重要性和访问频率将数据分级进行多副本存储、热点数据并行读写，提高访问效率。

● 在线迁移、复制：存储节点支持在线迁移，复制、扩容不影响上层应用。

● 自动负载均衡：根据当前系统的负荷，将原有节点上的数据迁移到新增的节点上，采用特有的分片存储，以块为最小单位来存储，存储和查询时可以将所有的存储节点进行并行计算。

● 元数据和数据分离：采用元数据和数据分离的存储方式设计分布式系统。分布式数据库能实现动态负载均衡、故障节点自动接管，具有高可靠性、高可用性、高可扩展性。

3．资源管理技术

云计算系统为开发商和用户提供了简单通用的接口，使得开发商将注意力更多地集中在软件本身，而无须考虑到底层架构。云计算系统依据用户的资源获取请求，动态分配计算资源。

4. 能耗管理技术

云计算基础设施中包括数以万计的计算机，如何有效地整合资源、降低运行成本、节省运行计算机所需的能源成为一个需要关注的问题。

任务 1.4　云计算服务

云计算服务，即云服务。在中国云计算服务网中的定义是：可以拿来作为服务提供使用的云计算产品，包括云主机、云空间、云开发、云测试和综合类产品等。

前文介绍过，云计算的服务类型一般可分为三个层面：IaaS、PaaS 和 SaaS。这三个层面组成了云计算技术服务层面的整体架构，其中包含虚拟化及分布式系统等技术，这种技术架构的优势是可以对外表现出非常优秀的并行计算能力及大规模的伸缩性和灵活性等特点。

而云服务，则是在云计算的上述技术架构的支撑下，对外提供的按需分配、可计量的一种 IT 服务模式。这种服务模式可以替代用户本地自建的 IT 服务。综上所述，云服务是指将大量用网络连接的计算资源统一管理和调度，构成一个计算资源池，使用户通过网络，以按需、易扩展的方式获得所需资源和服务，如图 1-4-1 所示。

1. 主要作用

当今社会我们用计算机处理文档、存储资料，通过电子邮件或 U 盘与他人分享信息。如果计算机硬盘发生故障，我们会因为资料丢失而束手无策。而在“云计算”时代，“云”能帮助我们进行存储和计算。只需要一台计算机或能上网的手机，就可以在任何地点快速地找到需要的资料并处理，再也不用担心资料丢失。

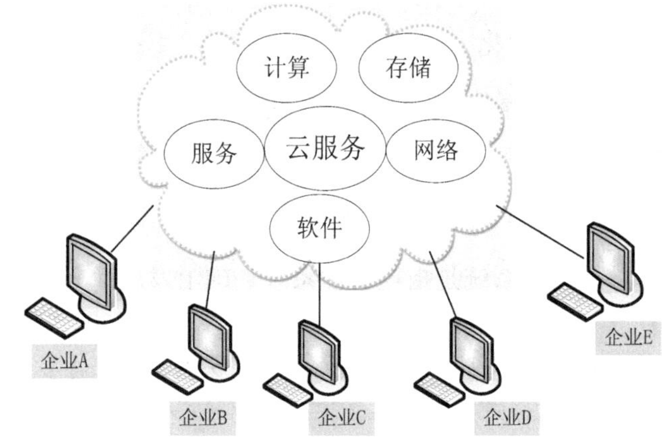

图 1-4-1　云服务

可以用一个简单的描述来说明云计算的作用：它足够智能，能够根据用户的位置、时间、偏好等信息，实时地对用户的需求做出预期响应。在这一全新的模式下，信息的搜索将会为用户而做，而不再由用户来做。无论用户采用什么设备，需要哪种服务，都将得到一致且连贯的终极体验。

2. 服务方式

云服务可以为企业搭建信息化所需要的所有网络基础设施及软件、硬件运行平台，并负责所有前期的实施、后期的维护等一系列服务，企业无须购买软硬件、建设机房、招聘 IT 人员，只需前期支付一次性的项目实施费和定期的软件租赁服务费，即可通过互联网享用信息系统。云服务供应商通过有效的技术措施，可以保证每家企业数据的安全性和保密性。企业采用云服务模式在效果上与企业自建信息系统基本没有区别，但节省了大量用于购买IT产品、技术和维护的资金，且像打开自来水龙头就能用水一样，方便地利用信息化系统，从而大幅度降低了中小企业信息化的门槛与风险。

3. 服务类型

IaaS、PaaS 和 SaaS 分别在基础设施层、软件开放运行平台层和应用软件层实现。

（1）IaaS

IaaS 提供给用户的服务是对所有计算基础设施的利用，包括处理器（CPU）、内存、存储、网络和其他基本的计算资源，用户能够部署和运行任意软件，包括操作系统和应用程序。用户不管理或控制任何云计算基础设施，但能控制操作系统的选择、存储空间、部署的应用，也有可能获得有限的网络组件（如路由器、防火墙、负载均衡器等）的控制。最大的优势在于它允许用户动态申请或释放节点，按使用量计费。运行 IaaS 的服务器规模可以达到几十万台之多，因此可以认为能够申请的资源几乎是无限的。同时，IaaS 是由公众共享的，因此具有更高的资源使用效率。

（2）PaaS

PaaS 提供给用户的服务是把用户采用某种开发语言和工具（如 Java、Python、.Net 等）开发或收购的应用程序部署到供应商的云计算基础设施上去，通过提供应用程序的运行环境，使用户不需要管理或控制底层的云基础设施（包括网络、服务器、操作系统、存储等），只需要控制部署的应用程序和运行应用程序的托管环境配置。典型的应用如 Google App Engine。微软的云计算操作系统 Microsoft Azure 也可大致归入这一类。PaaS 自身负责资源的动态扩展和容错管理，应用程序不必过多考虑节点间的配合问题。但与此同时，用户的自主权降低，必须使用特定的编程环境并遵照特定的编程模型。

（3）SaaS

SaaS 提供给用户的服务是运营商运行在云计算基础设施上的应用程序，用户可以在各种设备上通过客户端界面访问，如浏览器。用户不需要管理或控制任何云计算基础设施，包括网络、服务器、操作系统、存储等。SaaS 的针对性更强，它将某些特定应用软件功能封装成服务，既不像 IaaS 一样提供计算或存储资源类型的服务，也不像 PaaS 一样提供运行用户自定义应用程序的环境，只提供某些专门用途的应用程序的调用。

可以通过一个产品的生产来阐述它们的区别。假设你是一个生产者，打算生产一个产品。你可以从头到尾自己生产，但是这样比较麻烦，需要准备的东西多，因此你决定外包一部分工作，采用他人的服务。

你可以采用以下三个方案。

- 方案 1（IaaS）：他人提供厂房、生产设备、水电，你使用这些基础设施，来完成你的产品生产。
- 方案 2（PaaS）：除了基础设施，他人还提供生产原材料。你只要把自己的生产流程和方法告诉他，让他帮你生产出来就行了。也就是说，你要做的就是设计，他人提供平台服务，让你把自己的设计实现。
- 方案 3（SaaS）：他人直接做好了产品，不需要你的介入，到手的就是一个成品。你要做的就是把它卖出去，最多再包装一下，印上自己的 Logo。

从整个产品生产过程的工作量来看，方案 1 的工作量大于方案 2，方案 2 的工作量大于方案 3。

4. 网络要求

- 企业应该能够以不同方式保护特定网络段以满足流经网络的数据的要求。
- 企业应该能够为通过网络的特定应用和数据提供网络优先级。
- 企业应该具有应用感知网络。私有云、公有云和传统系统在以不同的方式使用着网络，使用的方式取决于应用、数据和用户界面，应用感知网络可以帮助我们了解它们如何相互交互及如何与云服务器交互。

5. 服务实施

为保证云计算服务有效实施，形成一个从供应商到用户之间端到端的安全模式，一方面需要保护云计算基础设施的安全，这可以从制定能指导政策形成，执行及确保如何保护信息的控制措施入手；另一方面，还需要可靠的业务模式与战略。通过建立管理控制措施，制定相关政策、程序、标准及指导原则，形成发展路线图，实施技术控制措施的战术和符合业务的战略（即安全控制措施）。

任务 1.5　云安全

云安全（Cloud Security）是紧随着云计算和云存储之后出现的。最早提出云安全这一概念的是趋势科技。2008 年 5 月，趋势科技在美国正式推出了云安全技术。云安全的概念在早期曾经引起过不小争议，如今已经被普遍接受。值得一提的是，中国网络安全企业在云安全的技术应用上走到了世界前列。云安全是网络时代信息安全的最新体现，它融合了并行处理、网格计算、未知病毒行为判断等新兴技术和概念，通过网状的大量客户端对网络中软件行为的异常进行监测，获取互联网中木马、恶意程序的最新信息，传送到服务器端进行自动分析和处理，再把病毒和木马的解决方案分发到每个客户端。

1.5.1　云安全的概念

云安全是指基于云计算商业模式应用的安全软件、硬件、用户、机构、云平台的总称。云安全是云计算技术的重要分支，已经在反病毒领域获得了广泛应用。在云计算的架构下，云计算开放网络和业务共享场景更加复杂多变，安全性方面的挑战更加严峻，一些新型的安全问题变得比较突出，如多个虚拟机租户间并行业务的安全运行、公有云中海量数据的安全存储等。由于云计算的安全问题涉及广泛，以下仅就几个主要方面进行介绍。

1. 用户身份安全问题

云计算通过网络提供弹性可变的 IT 服务，用户登录到云端使用应用与服务时，系统需要确保用户身份的合法性，才能为其提供服务。如果非法用户取得了用户身份，则会危及合法用户的数据和业务。

2. 共享业务安全问题

云计算的底层架构（IaaS 和 PaaS 层）是通过虚拟化技术实现资源共享调用的。虽然资源共享调用方案具有资源利用率高的优点，但是共享会引入新的安全问题，为确保资源共享的安全性，一方面需要保证用户资源间的隔离，另一方面需要制定面向虚拟机、虚拟交换机、虚拟存储等虚拟对象的安全保护策略，这与传统的硬件上的安全策略完全不同。

3. 用户数据安全问题

数据的安全性是用户最关注的问题，广义的数据不仅包括用户的业务数据，还包括用户的应用程序和用户的整个业务系统。数据安全问题包括数据丢失、泄露、篡改等。传统的IT架构中，数据是离用户很“近”的，数据离用户越“近”，则越安全。而云计算架构下，数据常常存储在离用户很“远”的数据中心中，需要对数据采用有效的保护措施，如多份复制、数据存储加密，以确保数据的安全。

1.5.2 云安全存在的问题

云安全存在的问题可以总结为以下七点。

1. 数据丢失/泄露

云计算中对数据的安全控制力度并不是十分理想，API访问权限控制及密钥生成、存储和管理方面的不足都可能造成数据泄露，并且还可能缺乏保护数据安全所必要的数据销毁政策。

2. 共享技术漏洞

在云计算中，简单的错误配置都可能造成严重影响，因为云计算环境中的很多虚拟服务器共享相同的配置。因此必须为网络和服务器的配置执行服务水平协议（SLA），以确保及时安装修复程序并实施最佳方案。

3. 内奸

云服务供应商对工作人员的背景调查力度可能超出了企业对数据访问权限的控制力度，尽管如此，企业依然需要对供应商进行评估并提出筛选员工的方案。

4. 账户、服务和通信劫持

很多数据、应用程序和资源都集中在云计算中，如果云计算的身份验证机制很薄弱，入侵者就可以轻松获取用户账号并登录用户的虚拟机，因此建议主动监控这种威胁，并采用双因素身份验证机制。

5. 不安全的应用程序接口

在开发应用程序方面，企业必须将云计算视为新的平台，而不是外包平台。在应用程序的生命周期中，必须部署严格的审核程序，制定规范的研发准则，妥善处理身份验证、访问权限控制和加密。

6. 没有正确运用云计算

在运用技术方面，黑客可能比技术人员进步更快，他们通常能够迅速部署新的攻击技术在云计算中自由穿行。

7. 未知的风险

透明度问题一直困扰着希望使用云计算服务的企业。因为用户仅能使用前端界面，不知道云服务供应商使用的是哪种平台或修复技术，所以无法评估供应商的安全性，无法确定某一特定供应商的信誉和可靠性。

此外，用户对云安全还有网络方面的担忧。有一些反病毒软件在断网之后，性能大大下降。在实际应用中，网络一旦出现问题，病毒破坏、网络环境等因素就会使云技术成为累赘。

1.5.3 企业云安全解决方案

为提升云安全，提供以下六种方案。

1. 理解内部私有云，奠定云计算基础

企业需要对现有的内部私有云环境，以及企业为此云环境所构建的安全系统和程序有深刻的理解，并从中汲取经验。在过去十年中，大中型企业都在设置云环境，虽然它们将其称为“共享服务”而不是“云”。这些“共享服务”一般都以相对标准化的硬件和操作系统平台为基础，包括验证服务、配置服务、数据库服务、企业数据中心等。

2. 风险评估，商业安全的重要保障

对各种需要IT支持的业务流程，风险评估和重要性评估一样不可或缺。企业可能很容易计算出采用云环境所节约的成本，但是“风险/收益比”也同样不可忽视，必须首先了解这个比例关系中的风险因素。云服务供应商无法为企业完成风险分析，因为这完全取决于业务流程所在的商业环境。作为风险评估的一部分，还应考虑到潜在的监管影响，因为监管机构禁止某些数据和服务出现在企业、省或国家之外的地区。

3. 不同云模型，精准支持不同业务

企业应了解不同的云模式（公有云、私有云、混合云），以及不同的服务云类型（SaaS、PaaS、IaaS），因为它们之间的区别将对安全控制和安全责任产生直接影响。根据自身组织环境及业务风险状况，所有企业都应具备针对不同云的相应策略。

4. SOA体系结构，云环境的早期体验

企业还需要将SOA（Service-Oriented Architecture，面向服务的架构）设计和安全原则应用于云环境。而且多数企业在几年前就已将SOA原则运用于应用开发流程。其实，云环境不就是SOA的大规模扩展吗？面向服务的架构的下一个逻辑发展阶段就是云环境。企业可将SOA高度分散的安全执行原则与集中式安全政策管理和决策制定相结合，并直接运用于云环境。在将重心由SOA转向云环境时，企业无须重新制定这些安全策略，只需将原有策略转移到云环境即可。

5. 双重角色转换，填补云计算生态链

企业也要从云服务供应商的角度考虑问题。多数企业刚开始都会把自己视为云服务的用户，但是不要忘记，这些用户企业也是价值链的组成部分，也需要向它的用户和合作伙伴提供服务。如果企业能够实现风险与收益的平衡，从而实现云服务的利益最大化，那么也可以

遵循这种思路，适应自己在这个生态系统中的云服务供应商的角色。这样做也能够帮助企业更好地了解云服务供应商的工作流程。

6. 网络安全标准，设置自身“防火墙”

云安全的提升还要企业熟悉自身，并启用网络安全标准。长期以来，网络安全产业一直致力于实现跨域系统的安全和高效管理，已经制定了多项行之有效的安全措施，并已将其用于或即将用于保障云服务的安全。为了在云环境里高效工作，企业必须采用这些标准，它们包括：SAML（安全断言标记语言），SPML（服务配置标记语言），XACML（可扩展访问控制标记语言）和 WS-Security（网络服务安全）。

1.5.4　国内云安全技术现状及趋势

与欧美等发达国家相比，中国的云安全标准管理工作推进较为缓慢，缺乏关于数据安全、个人隐私保护、知识产权保护、数据跨境流动等方面的法律法规。这种情况一方面影响了用户对云计算的接受程度，另一方面也给国家的信息安全造成了一定的风险。

当前中国市场上，云服务供应商有阿里云、腾讯云、金山云、Amazon AWS、Salesforce 等；专业的云安全解决方案供应商有 Zscaler、Symplified、安全狗、云锁等；传统 IT 安全解决方案供应商有趋势科技、赛门铁克、迈克菲、360 等。

新思界产业研究员认为，随着云计算技术的发展，云安全日益成为人们关注的焦点。目前，很多企业已经意识到了云安全的重要性，对云安全产品的需求逐渐增加。云安全未来具有广泛的市场空间，但要实现快速发展，还需要解决国内外云安全标准统一的问题，规范市场秩序。

习　题

一、选择题

1. 云计算是对（　　）技术的发展与运用。
   A. 并行计算　　B. 网格计算　　C. 分布式计算　　D. 三个选项都是
2. 从研究现状上看，下列不属于云计算特点的是（　　）。
   A. 超大规模　　B. 虚拟化　　C. 私有化　　D. 高可靠性
3. 将平台作为服务的云计算服务类型是（　　）。
   A. IaaS　　B. PaaS　　C. SaaS　　D. 三个选项都不是
4. IaaS 计算实现机制中，系统管理模块的核心功能是（　　）。
   A. 负载均衡　　B. 应用 API
   C. 监视节点的运行状态　　D. 节点环境配置
5. 云计算体系结构的（　　）负责资源管理、任务管理、用户管理和安全管理等工作。
   A. 物理资源层　　B. 资源池层　　C. 管理中间件层　　D. SOA 构建层

二、填空题

1. 云计算的特性包括（　　　　）。

2．云计算面临的一个很大的问题，那就是（　　）。

3．云是一个平台，是一个业务模式，给用户群体提供一些比较特殊的 IT 服务，分为（　　　）三个部分。

4．将基础设施作为服务的云计算服务类型是（　　）。

5．数据丢失/泄露属于云计算（　　）问题。

三、简答题

1．云计算为什么称为“云”？

2．目前，云计算应用领域有哪些？举例说明。

3．云计算的关键技术有哪些？

4．云计算具有什么特点？

项目 2

云计算技术

本项目学习目标

知识目标

- 掌握高性能计算技术；
- 掌握分布式系统；
- 掌握虚拟化技术；
- 掌握云计算其他相关技术。

能力目标

- 能解释高性能计算及集群技术的基本概念；
- 能解释分布式系统的基本概念；
- 能解释虚拟化技术的相关概念；
- 能解释云计算其他相关技术的概念；
- 能熟练使用必应、百度、Google 等搜索引擎查询虚拟化等相关知识。

任务 2.1 高性能计算技术

高性能计算（High Performance Computing，HPC）是利用超级计算机实现并行计算的一门技术，围绕不断发展的并行处理单元及并行体系架构实现高性能并行计算。该领域的研究范围包括并行计算模型、并行编程模型、并行执行模型、并行自适应框架、并行体系结构、并行网络通信及并行算法设计等。

高性能计算指通常使用很多处理器（作为单个机器的一部分）或者某一集群中的几台计算机（作为单个计算资源操作）的计算系统和环境。HPC 系统有许多类型，其范围从标准计算机的大型集群到高度专用的硬件不一而足。大多数基于集群的 HPC 系统使用高性能网络互连，比如来自 InfiniBand 或 Myrinet 的网络互连。基本的网络拓扑和组织可以使用简单的总线拓扑，而在性能要求很高的环境中，网状网络系统在主机之间提供较短的潜伏期，可改善总体网络性能和传输速率。

2.1.1 高性能计算概述

1. 对称多处理

对称多处理（Symmetrical Multi-Processing，SMP），是指在一台计算机上汇集了一组处理器（多个 CPU），各 CPU 之间共享内存子系统及总线结构。多个 CPU 对称工作，无主次或从属关系，共享相同的物理内存，每个 CPU 访问内存中的任何地址所需时间是相同的，因此 SMP 也称为一致存储器访问结构（Uniform Memory Access，UMA）。对 SMP 服务器进行扩展的方式包括增加内存、使用更快的 CPU、增加 CPU、扩充 I/O（槽口数与总线数），以及添加更多的外部设备（通常是磁盘存储）。

SMP 服务器的主要特征是共享，系统中所有资源（CPU、内存、I/O 等）都是共享的。也正是这种特征，导致了 SMP 服务器的扩展能力非常有限。对于 SMP 服务器而言，每个共享的环节都可能造成 SMP 服务器扩展时的瓶颈，而最容易限制扩展的则是共享内存。由于每个 CPU 必须通过相同的内存总线访问相同的内存资源，因此随着 CPU 数量的增加，内存访问冲突将迅速增加，最终会造成 CPU 资源的浪费，使 CPU 性能大大降低。实验证明，SMP 服务器 CPU 利用率最好的情况是系统中有 2～4 个 CPU。

2. 大规模并行处理

大规模并行处理（Massively Parallel Processing，MPP）是指在数据库非共享集群中，每个节点都有独立的磁盘存储系统和内存系统，业务数据根据数据库模型和应用特点划分到各个节点上，每个节点通过专用网络或者商业通用网络互相连接，彼此协同计算，作为整体提供数据库服务。非共享数据库集群有完全的可伸缩性、高可用、高性能、高性价比、资源共享等优势。

大规模并行处理的思想始于 20 世纪 50 年代。1950 年，冯•诺依曼就提出了“自复制细胞自动机”的概念。1958 年斯蒂文•尤格提出了构造二维“单指令流多数据流”（SIMD）阵列机的设想，1963 年曾按这种构想提出了两种方案：Soloman 系统和 nliac Ⅲ，但均以失败告终。1972 年，北伊利诺伊大学与 Burrough 公司合作研制的 nliac Ⅳ可以说是大规模并行处理计算机的鼻祖。该机将阵列分成 4 个象限，每个象限包含 8×8 个逻辑核心（PE），每个 PE 可以和上下左右 4 个 PE 通信。这种设计思想对多处理机阵列结构的研究及设计产生了极大的影响。由于当时软硬件水平所限，研究不大成功。

20 世纪 80 年代中期以来，随着超大规模集成电路技术的发展，以及单片微处理机性能的提高和并行处理技术的进步，产生了一批新的大规模并行处理计算机。美国思维机器公司于 1986 年研制成功 CM-1，第二年又推出 CM-2（该系统最多可有 65536 个计算机，峰值速度达 28GFLOPS），1992 年又推出世界上最快的 CM-5。

在美国，并行处理技术之所以兴旺发达，与美国政府的有力支持和对研究与开发的高强度投入有直接关系，如美国研究与开发的优先领域——军事、空间、卫生、能源和基础科学，都是政府支持的项目，其中，空间和能源领域主要是军用的。具体地说，就是美国国防部、能源部、航空和宇航局等将高达 425 亿美元的巨款通过美国国家实验室的常设机构（联邦资助研究与开发中心），以各种规划形式，对大规模并行处理计算机的研究与开发进行资助。

目前，巨型计算机的运算速度可达每秒几百亿次运算，大规模并行处理计算机将是巨型计算机的重要发展方向。

2.1.2 GPU 加速计算

1. 什么是 GPU 加速计算

GPU 加速计算是指同时利用图形处理器（GPU）和 CPU，加快科学、分析、工程、消费和企业应用程序的运行速度。GPU 加速器于 2007 年由显卡厂商 NVIDIA 率先推出，现已在世界各地为政府实验室、高校、公司及中小型企业的高能效数据中心提供支持。GPU 能够使从汽车、手机和平板计算机到无人机和机器人等平台的应用程序加速运行。

GPU 加速计算可以提供非凡的应用程序性能，能将应用程序计算密集部分的工作负载转移到 GPU，同时仍由 CPU 运行其余程序代码。从用户的角度来看，应用程序的运行速度明显加快。

理解 GPU 和 CPU 之间区别的一种简单方法是比较它们处理任务的方式。CPU 需要同时很好地支持并行和串行操作，需要很强的通用性来处理各种不同类型的数据，同时又要支持复杂通用的逻辑判断。这样会引入大量的分支跳转和中断的处理，使得 CPU 的内部结构异常复杂，计算单元的比重降低。而 GPU 面对的则是类型高度统一的、相互无依赖的大规模数据和不需要被打断的纯净的计算环境，拥有一个由数以千计的更小、更高效的核心（专为同时处理多重任务而设计）组成的大规模并行计算架构。

图 2-1-1 对 CPU 与 GPU 的逻辑架构进行了对比。其中 Control 是控制器，ALU 是算术逻辑单元，Cache 是 CPU 内部缓存，DRAM 是内存。CPU 芯片空间的 5%是 ALU，而 GPU 空间的 40%是 ALU。GPU 设计者将更多的逻辑资源作为执行单元，而不是像 CPU 那样作为复杂的控制单元和缓存。这也是 GPU 计算能力超强的原因。

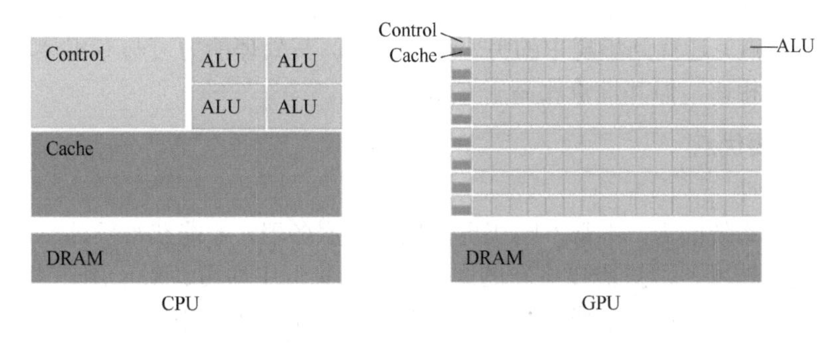

图 2-1-1　CPU 与 GPU 的逻辑架构对比

GPU 在科学计算方面拥有以下优势。

- GPU 由大量的运算单元（核心）组成，并行计算能力远高于 CPU。
- GPU 拥有比普通内存位宽更大、频率更高的专用内存，即显存，适合处理大规模数据。

综上所述，GPU 适合进行大量同类型数据的密集运算，如密码破译。对于适合 GPU 处理的任务，GPU 计算会比 CPU 计算快 2 至 10 倍之多。同时，在分布式计算项目中，GPU 任务的效率也往往比 CPU 任务高出很多。

2．统一计算设备架构

统一计算设备架构（Compute Unified Device Architecture，CUDA），是显卡厂商 NVIDIA 推出的运算架构，适用于并行计算，它包含了 CUDA 指令集架构（ISA）以及 GPU 内部的并行计算引擎。CUDA 架构可以使用 GPU 来解决商业、工业及科学方面的复杂计算问题。它是一个完整的 GPU 解决方案，提供了硬件的直接访问接口，而不必像传统方式一样必须依赖图形 API 接口来实现对 GPU 的访问。CUDA 在架构上采用了一种全新的计算体系结构来使用 GPU 提供的硬件资源，从而给大规模的数据计算应用提供了一种比 CPU 更加强大的计算能力。CUDA 还采用 C 语言作为编程语言，提供大量的高性能计算指令开发能力，使开发者能够在 GPU 强大计算能力的基础上建立起一种效率更高的密集数据计算解决方案。

3. Radeon 开放计算平台

Radeon 开放计算平台（ROCm）是 AMD 公司推出的产品，其中包括对全新 Radeon GPU 硬件的软件支持，利用全新数学库和基础雄厚的现代编程语言，旨在加速高性能、高能效异构计算系统开发，建立可替代 CUDA 的生态，并在源码级别上支持 CUDA 程序。

ROCm 通过操作系统容器和 Linux 内核虚拟机（KVM）虚拟化 GPU 硬件。ROCm 现在已经支持 Docker 容器化，允许终端用户在启用了 ROCm 的 Linux 服务器环境中简化应用程序的部署。ROCm 还可以通过 KVM 直接支持 GPU 硬件虚拟化，以便在虚拟化解决方案中实现 GPU 硬件加速计算优势。

2.1.3 集群技术

集群（Cluster）就是一组协同工作的计算机，它们作为一个整体向用户提供一组计算、存储、网络等资源。这些单个的计算机系统就是集群的节点（Node）。从最终用户的角度看，一个理想的集群是一个系统，而非多个计算机系统，最终用户不会意识到集群系统底层的节点，并且集群系统的管理员可以随意增加和删改集群系统的节点。

更详细地说，集群是充分利用计算资源的一个重要概念，因为它能够将工作负载从一个超载的系统（或节点）迁移到集群中的另一个系统上。其处理能力可与专用计算机（小型机、中型机、大型机）相比，但其性价比高于专用计算机。

1. 集群的主要优点

（1）高可扩展性

用户若想扩展系统能力，不得不购买更高性能的服务器，才能获得额外所需的 CPU 和存储器。若采用集群技术，则只需要将新的服务器加入集群中即可。对于用户来说，服务无论从连续性上还是性能上，都几乎没有变化，好像系统在不知不觉中完成了升级。

（2）高可用性

集群中的某个节点失效时，它的任务可传递给其他节点，可以有效防止单点失效，使系统在故障发生时仍可以继续工作，将系统停运时间减到最小。集群系统在提高系统的可靠性的同时，也大大降低了故障损失。

（3）提高性能

一些计算密集型应用，如天气预报、核试验模拟等，需要计算机有很强的运算处理能力，凭借现有的技术，即使普通的大型计算机也很难胜任。这时，一般都使用计算机集群技术，集中几十台甚至上百台计算机的运算能力来满足要求。提高处理性能一直是集群技术研究的重要目标之一。

（4）高性价比

通常一套较好的集群配置，其软硬件开销要超过 10 万美元，但与价值上百万美元的专用计算机相比已相当便宜。在达到同样性能的条件下，采用计算机集群比采用同等运算能力的大型机具有更高的性价比。

2. 集群系统的分类

根据集群系统的不同特征可以有多种分类方法，但是一般把集群系统分为三类。

（1）性能计算（High Performance Computing，HPC）集群

性能计算集群，简称 HPC 集群，也称科学计算集群。在这种集群上运行的是专门开发的并行应用程序，它可以把一个问题的数据分布到多台计算机上，利用这些计算机的共同资源来完成计算任务，从而可以解决单台计算机不能胜任的工作（如问题规模太大，单台计算机速度太慢）。这类集群致力于提供单台计算机不能提供的强大的计算能力，如天气预报、石油勘探与油藏模拟、分子模拟、生物计算等。

（2）高可用（High Availability，HA）集群

高可用集群，简称 HA 集群。这类集群致力于提供高度可靠的服务，就是利用集群系统的容错性对外提供 7×24 小时不间断的服务，如高可用的文件服务器、数据库服务等关键应用。

（3）负载均衡（Load Balancing，LB）集群

随着计算机技术的不断发展，业务模式的快速变革，当前现有网络的各个核心部分随着业务量的提高，访问量和数据流量的快速增长，其处理能力和计算强度也相应增大，使得单一的服务器设备根本无法承担。在此情况下，如果扔掉现有设备去做大量的硬件升级，将造成现有资源的浪费，而且如果再面临下一次业务量的提升时，这又将导致再一次硬件升级的高额成本投入，性能再卓越的设备也不能满足当前业务量增长的需求。

合理地利用现有的软硬件环境，以一种廉价且透明的方法扩展现有网络设备和服务器的带宽、增加吞吐量、加强数据处理能力、提高网络的灵活性和可用性的技术就是负载均衡。负载均衡集群一般用于提高服务器的整体处理能力，使任务可以在集群中尽可能平均地分摊不同的计算机进行处理，充分利用集群的处理能力，提高对任务的处理效率，并提高可靠性、可用性、可维护性，最终目的是加快服务器的响应速度，从而提高用户的体验满意度。

任务 2.2 分布式系统

2.2.1 分布式系统概述

1. 什么是分布式系统

美国电工电子学会下属的计算机学会给出的分布式系统的描述为：“包含多个相连的处理资源，这些资源能在系统的控制下，对单一问题进行合作，而且最少依赖集中过程、数据或硬件。”

英国国家科学研究委员会下属的计算机学会给出的分布式系统的描述为：“包含多个独立的但又交互作用的计算机，它们可以对公共问题进行合作。这个系统的特点是包含多个控制路径，它们执行一个程序的不同部分而且又相互作用。”

不断变化的商业环境带来复杂的业务需求，使单一的应用架构越来越复杂，难以支撑业务发展。因此，业务拆分成了不可避免的事情，由此演变出了垂直应用架构体系，但随着垂直应用的增多，为了解决信息孤岛和业务交互需要，应用间的集成不可避免。在集成过程中，核心和基础组件被抽取出来作为单独的系统对外提供服务，形成平台层，并逐渐演变为分布式系统架构体系。

业务增长突破单一资源依赖、采用集群化的资源共享模式的需求是促进分布式系统发展

的主要动力，当然避免单点故障、提高可用性、模块化、提高复用性等方面也推动了分布式系统的发展。分布式架构利用开放标准将软件资产转化为服务。

2. 分布式系统的特性与衡量标准

（1）透明性

使用分布式系统的用户不用关心系统的实现细节，也不用关心应用程序读取的数据来自哪个节点，对用户而言，分布式系统的最终目的是用户根本感知不到这是一个分布式系统。

（2）可扩展性

分布式系统的根本目标就是能够处理单台计算机无法处理的任务。当任务增加的时候，分布式系统的处理能力需要随之增加，简单来说，要比较方便地通过增加处理资源应对数据量的增长，同时，当任务规模缩减的时候，可以精简多余的处理资源，达到动态伸缩的效果。

（3）可用性与可靠性

一般来说，分布式系统是需要长时间甚至7×24小时提供服务的。可用性是指系统在各种情况下对外提供服务的能力，简单来说，可以通过不可用时间与正常服务时间的比值来衡量；而可靠性则是指计算结果正确、存储的数据不丢失的能力。

（4）高性能

不管是单台计算机还是分布式系统，其性能都是用户关注的重点。不同的系统对性能的衡量指标是不同的，最常见的指标有两种：高并发，单位时间内处理的任务越多越好；低延迟，每个任务的平均延迟时间越少越好。这个其实与CPU的调度策略很像。

（5）一致性

分布式系统为了提高可用性与可靠性，一般会引入冗余。如何保证这些节点上的状态一致，这就是分布式系统不得不面对的一致性问题。一致性有很多等级，一致性等级越高，对用户越友好，但会制约系统的可用性；一致性等级越低，用户就需要兼容数据不一致的情况，但系统的可用性、并发性会高很多。

3. 分布式计算

分布式计算是一种计算方法，和集中式计算是相对的。随着计算技术的发展，有些应用需要非常巨大的计算能力才能完成，如果采用集中式计算，需要耗费相当长的时间。而分布式计算可以将该应用分解成许多小的部分，分配给多台计算机进行处理。这样可以节约整体计算时间，大大提高计算效率。

所谓分布式计算是一门计算机科学，它研究如何把一个需要非常巨大的计算能力才能解决的问题分成许多小的部分，如何把这些部分分配给许多计算机进行处理，以及如何把这些计算结果综合起来得到最终的结果。

分布式计算与其他算法相比，具有以下几个优点：

- 稀有资源可以共享；
- 通过分布式计算可以在多台计算机上平衡计算负载；
- 可以把程序放在最适合运行它的计算机上运行。

其中，共享稀有资源和平衡负载是分布式计算的核心思想之一。

简单来说，分布式计算是把一个大计算任务拆分成多个小计算任务分布到若干台计算机上计算，然后再进行结果汇总。

4．分布式系统的架构

（1）单一应用架构

当业务系统较小，系统的负载较低时，只需一个应用将所有功能都部署在一起，以减少部署节点和成本。

（2）垂直应用架构

当系统负载逐渐增大，单一应用增加处理资源带来的加速度越来越小时，可将应用拆成互不相干的几个应用，以提升处理效率。

（3）分布式服务架构

当垂直应用越来越多，应用之间交互不可避免时，可将核心业务抽取出来，作为独立的服务，逐渐形成稳定的服务中心，使前端应用能更快速地响应多变的市场需求。

2.2.2　分布式存储系统

分布式存储系统（Distributed Storage System，DSS），就是将数据分散存储在多台独立的设备上。这些存储设备分布在不同的地理位置，各个存储节点之间通过网络设备进行连接，节点的资源系统进行统一的管理。这种存储模式可以缓解单存储节点的带宽压力，同时也解决了传统的本地文件系统在文件大小、文件数量等方面的限制。分布式存储系统主要通过分布式文件系统（Distributed File System，DFS）使用户更加容易访问和管理物理上跨网络分布的文件。分布式文件系统可以为用户提供单个访问点和一个逻辑树结构，用户在访问文件时不需要知道它们的实际物理位置，即分布在多个服务器上的文件在用户面前就如同在网络的同一个位置。

分布式存储系统具有以下优点。

（1）扩展性高

分布式存储系统使用强大的标准服务器（在 CPU，RAM 及网络连接/接口中），不再需要专门的盒子来实现存储功能，而且允许标准服务器运行存储，这是一项重大突破，意味着简化 IT 堆栈并为数据中心创建单个构建块。分布式存储系统可以扩展到几百台甚至几千台的规模，系统的整体性能可通过添加更多服务器进行扩展，从而线性地增加容量和提升性能。

（2）提高系统整体 I/O

如果研究一个专门的存储阵列，就会发现它本质上是一个服务器，但是它只能用于存储，为了得到快速存储系统，要花费的成本非常高。在今天的大多数系统中，即使为存储系统进行扩展，也不会提高整个系统的性能，因为所有流量都必须通过“头节点”或主服务器（充当管理节点）。但是在分布式存储系统中，任何服务器都有 CPU、RAM、驱动器和网络接口，它们都表现为一个组。因此，每次添加服务器时，都会增加总资源池，从而提高整个系统的处理速度。

（3）低成本

分布式存储系统可大大降低基础设施成本。同时，在管理方面，分布式存储系统的自动容错、自动负载均衡的特性，允许其构建在低成本的服务器上。分布式存储系统的线性扩展能力也使得增加、减少服务器的成本低，容易实现分布式存储系统的自动运维。

任务 2.3 虚拟化技术

2.3.1 虚拟化技术简介

虚拟化技术是一种资源管理技术，是将计算机的各种实体资源，如服务器、网络、存储器等，予以抽象、转换后呈现出来，打破实体结构间的不可分割的障碍，使用户以比原本的组态更好的方式来应用这些资源。这些资源的新虚拟部分是不受现有资源的架构方式、地域或物理组态所限制的。一般所指的虚拟化资源包括计算资源、存储资源、网络资源等。

虚拟化技术将底层物理硬件隐藏起来，从而让多个操作系统可以透明地使用和共享。这种架构的另一个更常见的名称是平台虚拟化。通常，在操作系统和底层物理服务器之间存在一个提供平台虚拟化的中间软件层（Hypervisor），允许多个操作系统和应用共享一套基础物理硬件，可以视为虚拟环境中的“元”操作系统，能够协调访问服务器上的所有物理设备和虚拟机，也叫虚拟机监视器（Virtual Machine Monitor，VMM）。在虚拟机上运行的操作系统称为来宾操作系统（Guest OS）。当物理服务器启动并执行 Hypervisor 时，它会给每台虚拟机分配适量的内存、CPU、网络和磁盘，并加载所有虚拟机的来宾操作系统。Hypervisor 将软件、硬件等资源虚化处理后，可以根据需求实现动态调度，提高资源利用率。Hypervisor 具有以下优点。

（1）利用率高

可提高主机硬件的使用效率，因为一台主机可以运行多台虚拟机，这样主机的硬件资源能被高效充分地利用起来。

（2）独立性好

虚拟机彼此独立。一台虚拟机的崩溃不会影响其他分享同一硬件资源的虚拟机，大大提升安全性。

（3）移动性强

传统软件捆绑在硬件上，转移一个软件至另一台服务器上耗时耗力（比如重新安装）。然而，虚拟机与硬件是独立的，这样使得虚拟机可以在本地或远程虚拟服务器上低消耗转移。

（4）易恢复

快照技术（Snapshot）可以记录下某一时间点的虚拟机状态，这使得虚拟机在错误发生后能快速恢复。

随着云计算技术的不断发展，虚拟化技术也已经从过去虚拟整个系统向虚拟轻量级系统转变，在新的虚拟化技术中，容器虚拟化将引领虚拟化技术进入新的阶段。典型的虚拟化技术架构如图 2-3-1 所示。

在图 2-3-1 中可以看到，Hypervisor 是提供底层硬件虚拟化的软件层（在某些情况下需要处理器支持）。并不是所有虚拟化解决方案中的 Hypervisor 都是一样的。

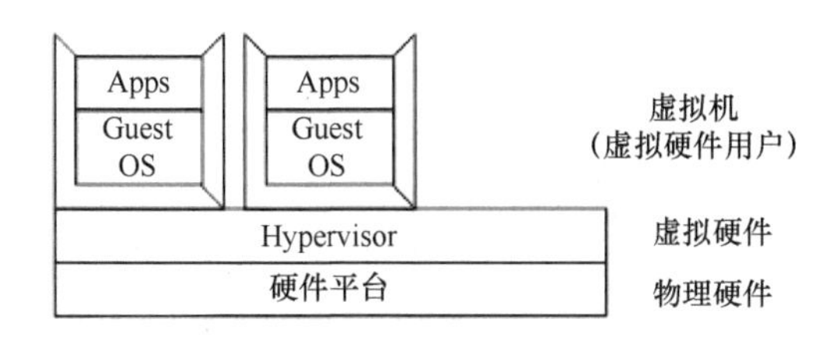

图 2-3-1 典型的虚拟化技术架构

2.3.2 虚拟化架构

1．虚拟化架构

经过多年的发展，目前已经出现了多种类型的虚拟化解决方案。根据应用场景的不同，采用不同的实现方式，从而产生了不同的虚拟化架构。其核心是根据计算机分层设计架构实现的。计算机分层架构如图 2-3-2 所示。

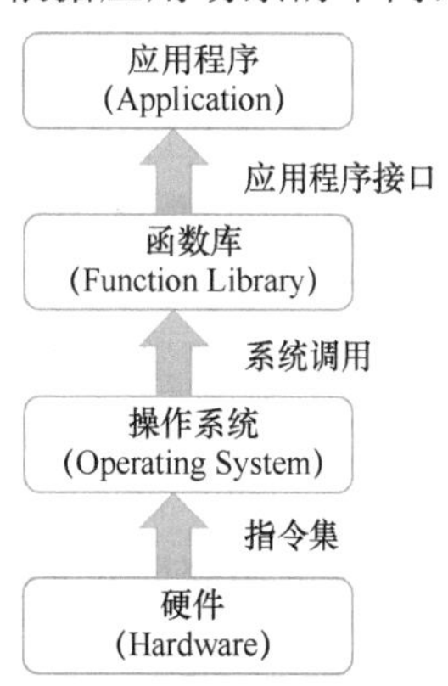

图 2-3-2 计算机分层架构

一台完整可用的计算机，通常包括硬件、操作系统、函数库及应用程序。每层向上一层提供一个可用的接口，上一层只关心下一层的接口调用，而不需要关心其内部细节。

在不同的层次上增加虚拟化平台软件后，根据层次结构，从下往上可以把虚拟化架构分为以下三类。

（1）裸金属虚拟化

裸金属虚拟化的实现方式，通常是直接在硬件层上面部署虚拟化平台软件，然后在虚拟化层上面安装部署所需的操作系统。裸金属架构如图 2-3-3 所示。

（2）寄居虚拟化

寄居虚拟化就是在宿主机操作系统上安装虚拟化应用程序，通过虚拟化应用程序为用户构建一个虚拟化环境。在这个虚拟化的环境中，可以安装各类操作系统，满足用户对操作系统的要求。寄居虚拟化架构如图 2-3-4 所示。

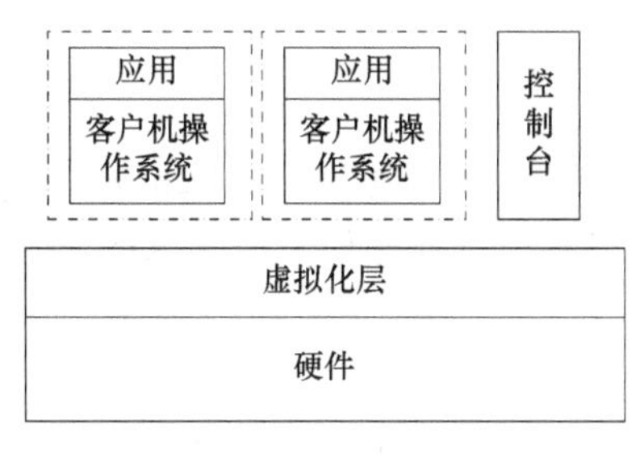

图 2-3-3 裸金属架构

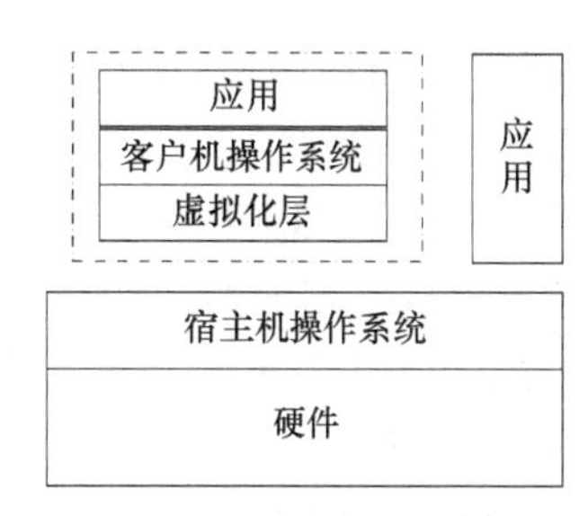

图 2-3-4 寄居虚拟化架构

（3）操作系统虚拟化

操作系统虚拟化，也称容器化，利用操作系统自身的特性，允许多个相互隔离的用户空间实例的存在。这些用户空间实例也称容器。普通的进程可以看到计算机的所有资源而容器中的进程只能看到分配给该容器的资源。操作系统虚拟化是将操作系统所管理的计算机资源（包括进程、文件、设备、网络等）分组，然后交给不同的容器使用，容器中运行的进程只能看到分配给该容器的资源，从而达到隔离与虚拟化的目的。

实现操作系统虚拟化需要用到命名空间（Namespace）及控制组（Cgroups）技术。

● 命名空间：在编程语言中，引入命名空间的概念是为了重用变量名或者服务例程名。在不同的命名空间中使用同一个变量名不会产生冲突。Linux 系统引入命名空间也有类似的作用。例如，在没有操作系统虚拟化的 Linux 系统中，用户态进程从 1 开始编号（PID）；引入操作系统虚拟化之后，不同容器有着不同的 PID 命名空间，每个容器中的进程都可以从 1 开始编号而不产生冲突。

● 控制组：如果说命名空间从命名和编号的角度进行隔离，而控制组则将进程进行分组，并真正地将各组进程的计算资源进行限制、隔离。控制组是一种内核机制，它可以对进程进行分组、跟踪，限制其使用的计算资源。对于每类计算资源，控制组通过所谓的子系统（Subsystem）来进行控制。

（4）函数库虚拟化

在各类应用程序的编写过程中，通常都会使用由一组用户级库来调用的 API（Application Programming Interface，应用程序编程接口）函数集。在应用程序和运行库函数之间引入中间层，虚拟库函数 API 接口为上层软件提供不同的 API。这些 API 的设计可以隐藏操作系统的底层细节，从而降低软件开发难度。API 是基本和设备硬件平台无关但和操作系统密切相关的接口，API 调用定义了对内核的操作及操作的参数。因此，可以在应用程序和运行库函数之间引入中间层来虚拟库函数的 API 接口，给上层软件提供不同的 API。典型的虚拟化软件有 Wine、Cygwin 等。

2．常见的虚拟化产品

（1）KVM

KVM（Kernel-based Virtual Machine，基于内核的虚拟机），是一种用于 Linux 内核中的虚拟化模块，是硬件支持虚拟化技术（Intel VT 或 AMD-V）的 Linux 的全虚拟化解决方案。KVM 采用寄居虚拟化架构，是 Linux 内核中的一个可装载模块，其功能是将 Linux 内核转换成一个裸金属架构的 Hypervisor。

（2）Xen

Xen 是最早的开源虚拟化引擎，最初是剑桥大学的一个开源项目。Xen 是一种直接运行在硬件上的软件层，它能够在计算机硬件上同时运行多个来宾操作系统。思杰（Citrix）公司的虚拟化产品主要是在开源 Xen 上建立的。

（3）VMware ESXi

VMware ESXi 是 VMware 的企业级虚拟化产品，它本身就是一个用来管理硬件资源的特殊的操作系统，可以直接运行在裸机上面。虚拟化内核（称为 VMkernel）完全负责对硬件及虚拟机的管理。

（4）Microsoft Hyper-V

Microsoft Hyper-V 是微软推出的一款虚拟化产品，首次内置于 Windows Server 2008 中，与 VMWare ESXi、Xen 一样采用裸金属虚拟化架构，直接运行在硬件之上。

3．虚拟化实现的方式

（1）CPU 虚拟化

虚拟化在计算机方面通常是指计算单元在虚拟的基础上而不是在真实的基础上运行。虚拟化技术可以扩大硬件的容量，简化软件的重新配置过程。简单来说，CPU 的虚拟化技术就是单 CPU 模拟多 CPU 并行，允许一个平台同时运行多个操作系统，并且应用程序可以在相互独立的空间内运行而互不影响，从而显著提高计算机的工作效率。

纯软件虚拟化解决方案存在很多限制。来宾操作系统很多情况下是通过 VMM 与硬件进行通信的，由 VMM 决定其对系统上所有虚拟机的访问（注意，大多数 CPU 和内存访问独立于 VMM，只在发生特定事件时才会涉及 VMM，如界面错误）。在纯软件虚拟化解决方案中，VMM 在软件套件中的位置是传统意义上操作系统所处的位置。这种转换必然会增加系统的复杂性。

CPU 的虚拟化技术是一种硬件方案，支持虚拟技术的 CPU 带有特别优化过的指令集来控制虚拟过程，相比软件的虚拟实现方式会在很大程度上提高性能。该虚拟化技术可提供基于芯片的功能，借助兼容 VMM 的软件能够改进纯软件解决方案。由于虚拟化硬件可提供全新的架构，支持操作系统直接在上面运行，从而无须进行二进制数转换，减少了相关的性能开销，极大简化了 VMM 设计，进而使 VMM 能够按通用标准进行编写，性能更加强大。另外，在纯软件 VMM 中，目前缺少对 64 位来宾操作系统的支持，而随着 64 位 CPU 的不断普及，这一缺点也日益突出。而 CPU 的虚拟化技术除支持广泛的传统操作系统外，还支持 64 位来宾操作系统。

虚拟化技术是一套解决方案。完整的情况需要 CPU、主板芯片组、BIOS（Basic Input Output System，基本输入输出系统）和软件（例如 VMM 软件或者某些操作系统本身）的支持。即使只是 CPU 支持虚拟化技术，在配合 VMM 软件的情况下，也会比完全不支持虚拟化技术的系统有更好的性能。

两大 CPU 巨头 Intel 和 AMD 都想方设法在虚拟化领域中占得先机，但是 AMD 的虚拟化技术在时间上要比 Intel 落后几个月。Intel 自 2005 年末开始便在其处理器产品线中推广应用 Intel Virtualization Technology（Intel VT）虚拟化技术。目前，Intel 已经发布了具有 Intel VT 虚拟化技术的一系列处理器产品，包括桌面平台的 Pentium 4 6X2 系列、Pentium D 9X0 系列和 Pentium EE 9XX 系列，还有 Core Duo 系列和 Core Solo 系列中的部分产品，以及服务器/工作站平台上的 Xeon LV 系列、Xeon 5000 系列、Xeon 5100 系列、Xeon MP 7000 系列及 Itanium 2 9000 系列；同时绝大多数的 Intel 下一代主流处理器，包括 Merom 核心移动处理器，Conroe 核心桌面处理器，Woodcrest 核心服务器处理器，以及基于 Montecito 核心的 Itanium 2 高端服务器处理器都将支持 Intel VT 虚拟化技术。

AMD 方面也已经发布了支持 AMD Virtualization Technology（AMD VT）虚拟化技术的一系列处理器产品，包括 Socket S1 接口的 Turion 64 X2 系列及 Socket AM2 接口的 Athlon 64 X2 系列和 Athlon 64 FX 系列等，并且绝大多数的 AMD 下一代主流处理器，包括即将发布的 Socket F 接口的 Opteron，都将支持 AMD VT 虚拟化技术。

（2）内存虚拟化

随着虚拟化生态系统的日益完善，若客户机高效地、安全地使用宿主机的内存资源，则必须实现内存的虚拟化。

为了实现内存虚拟化，让客户机使用一个隔离的、从零开始且连续的内存空间，需要引入一层新的地址空间，即客户机物理地址空间（Guest Physical Address，GPA），这个地址空间并不是真正的物理地址空间，它只是宿主机虚拟地址空间在客户机地址空间的一个映射。对客户机来说，客户机物理地址空间都是从零开始的连续地址空间，但对于宿主机来说，用户机的物理地址空间并不一定是连续的，客户机物理地址空间有可能映射在若干个不连续的宿主机地址区间。

实现内存虚拟化，最主要的是实现客户机虚拟地址（Guest Virtual Address，GVA）到宿主机物理地址之间的转换。根据上述客户机物理地址到宿主机物理地址之间的转换及客户机页表，即可实现客户机虚拟地址空间到宿主机物理地址空间之间的映射，即 GVA 到 HPA 的转换。显然，通过这种映射方式，客户机的每次内存访问都需要 KVM 介入，并由软件进行多次地址转换，其效率非常低。因此，为了提高 GVA 到 HPA 转换的效率，KVM 提供了两种实现方式来进行客户机虚拟地址到宿主机物理地址之间的直接转换：一是基于纯软件的实现方式，即通过影子页表（Shadow Page Table）来实现客户机虚拟地址到宿主机物理地址之间的直接转换；二是基于硬件对虚拟化的支持，来实现两者之间的转换。

（3）I/O 虚拟化

I/O 虚拟化（Input/Output Virtualization，IOV）是虚拟化的一种新形式，是来自物理连接或物理运输上层协议的抽象，让物理服务器和虚拟机可以共享 I/O 资源。

在现实生活中，可用的物理资源往往是有限的，虚拟机的个数往往会比实际的物理设备个数要多。为了提高资源的利用率，满足多个虚拟机操作系统对外部设备的访问需求，虚拟机监视器必须通过 I/O 虚拟化的方式来实现资源的复用，让有限的资源能被多个虚拟机共享。为了达到这个目的，监视器程序需要截获虚拟机操作系统对外部设备的访问请求，通过软件的方式模拟出真实的物理设备的效果，这样，虚拟机看到的实际只是一个虚拟设备，而不是真正的物理设备，这种模拟的方式就是 I/O 虚拟化的一种实现。

虚拟化技术通过在物理硬件上抽象出一个虚拟化层，来实现对整个物理平台的虚拟化，这个虚拟化层通常称为虚拟机监视器（VMM）。通过对硬件层的模拟，将一台物理计算机抽象成了多台虚拟机，每台虚拟机都运行独立的操作系统，有各自的 I/O 子系统。I/O 虚拟化并不需要完整地虚拟化出所有外设的所有接口，究竟怎样做完全取决于设备与 VMM 的策略及客户机操作系统的需求。

常见的 I/O 虚拟化主要有三种方案。

- 一是基于软件模拟的方案，在这种方案中，中断、DMA 的访问都是通过软件实现的，优点是可以模拟任何硬件的模型，缺点是性能不太好。
- 二是半虚拟化技术，主要是为了解决软件模拟性能问题，例如，串口对性能要求不高可以采用软件模拟，但是磁盘设备、网卡设备对性能要求高，主流方案采用半虚拟化技术，前后端相互感知，通过 Shared Memory（共享内存）控制请求的传输，两个设备之间的通知也基于快速消息传递，性能很高。
- 三是设备直通模式，如 PCIE 的直通、网卡 SROV 直通，对性能更高的可以采用此模式，可以达到和在物理计算机上直接使用接近的性能，但是设备和虚拟机的耦合会对管理造成影响。

2.3.3 服务器虚拟化

服务器虚拟化是虚拟化技术最早细分出来的子领域。根据2006年2月Forrester Research的调查，全球范围的企业对服务器虚拟化的认知率达到了75%，三分之一的企业已经在使用或者准备部署服务器虚拟化。这个产生于20世纪60年代的技术日益显示出其重要价值。由于服务器虚拟化发展时间长，应用广泛，所以很多时候人们几乎把服务器虚拟化等同于虚拟化。服务器虚拟化支持将多个操作系统作为高效的虚拟机在单个物理服务器上运行。主要优势包括：

- 提升IT效率；
- 降低维护成本；
- 更快地部署工作负载；
- 提高应用性能；
- 提高服务器可用性；
- 消除服务器数量剧增情况和复杂性。

关于服务器虚拟化的概念，各个厂商有自己不同的定义，然而其核心思想是一致的，即它是一种方法，能够通过区分资源的优先次序并随时随地将服务器资源分配给最需要它们的工作负载来简化管理和提高效率，从而减少为单个工作负载峰值而储备的资源。似乎与所有颠覆性技术一样，服务器虚拟化技术先是悄然出现，最终因为节省能源的合并计划而得到了认可。如今，许多公司使用虚拟化技术来提高硬件资源的利用率，进行灾难恢复，提高办公自动化水平。

2.3.4 存储虚拟化

随着信息业务的不断运行和发展，存储系统网络平台已经成为一个核心平台，大量高价值数据积淀下来，对平台的要求也越来越高，不仅在存储容量方面，而且包括数据访问性能、数据传输性能、数据管理能力、存储扩展能力等多个方面。可以说，存储网络平台的综合性能的优劣，直接影响整个系统的正常运行。因此，虚拟化技术又一子领域——虚拟存储技术应运而生。

其实虚拟化技术并不是一种很新的技术，它是随着计算机技术的发展而发展起来的，最早始于20世纪70年代。由于当时的存储容量，特别是内存容量成本非常高、容量也很小，大型应用程序或多程序应用受到了很大的限制。为了克服这样的限制，人们就采用了虚拟存储技术，最典型的应用就是虚拟内存技术。

随着计算机技术及相关信息处理技术的不断发展，人们对存储的需求越来越大。这样的需求激发了各种新技术的出现，如磁盘性能越来越好、容量越来越大。但是在大量的大中型信息处理系统中，单个磁盘是不能满足需要的，在这样的情况下存储虚拟化技术就发展起来了。这个发展过程也分为几个阶段，每个阶段都有典型技术。首先是磁盘条带集（RAID，可带容错）技术，它将多个物理磁盘通过一定的逻辑关系集合起来，成为一个大容量的虚拟磁盘。而随着数据量不断增加和对数据可用性要求的不断提高，又一种新的存储技术应运而生，那就是存储区域网络（SAN）技术。

SAN是通过专用高速网将一个或多个网络存储设备和服务器连接起来的专用存储系统。SAN的广域化则旨在将存储设备转化成一种公用设施，任何人员、任何主机都可以随时随地获取各自想要的数据。目前讨论比较多的包括 iSCSI、FC over IP 等技术，虽然一些相关的标准还没有最终确定，但是存储设备公用化、存储网络广域化是一个不可逆转的潮流。

所谓虚拟存储技术，就是把多个存储介质模块（如磁盘、RAID）通过一定的手段集中起来，在一个存储池（Storage Pool）中统一管理。从主机和工作站的角度，看到的不是多个磁盘，而是一个分区或者卷，就好像是一个超大容量（如 1TB 以上）的磁盘。因此，这种可以将多种、多个存储设备统一管理起来，为使用者提供大容量、高数据传输性能的存储系统，就称为存储虚拟化。

2.3.5 网络虚拟化

1. 什么是网络虚拟化

从架构角度考虑，我们可以采用服务器虚拟化引入 Hypervisor 或者“虚拟网络管理平台”实现虚拟网络。虚拟网络必须像虚拟机一样，脱离物理网络设备，能够随时被创建、删除、扩展、收缩，实现高度灵活性。

通过完全复制物理网络，网络虚拟化可以支持应用在虚拟网络上运行，就像在物理网络上运行一样，但它具有更大的运维优势并可实现虚拟化的所有硬件独立性（网络虚拟化为连接的工作负载提供逻辑网络连接设备和服务，包括逻辑端口、交换机、路由器、防火墙、负载均衡器、VPN 等）。

网络虚拟化是目前业界关于虚拟化细分领域界定最不明确、存在争议较多的一个概念。微软的网络虚拟化，是指虚拟专用网络（VPN）。VPN 对网络连接的概念进行了抽象，允许远程用户访问组织的内部网络，就像物理上连接到该网络一样。网络虚拟化可以帮助保护 IT 环境，防止来自 Internet 的威胁，同时使用户能够快速安全地访问应用程序和数据。

但是网络巨头 Cisco 公司不那么认为。Cisco 公司在对 IT 未来的考虑上当然以网络为核心。它认为，在理论上网络虚拟化能将任何基于服务的传统客户端/服务器安置到网络上，这意味着可以让路由器和交换机执行更多的服务。Cisco 表示，网络虚拟化由三部分组成：访问控制、路径提取、服务优势。从 Cisco 的产品规划图上看，该公司的路由器和交换机将拥有诸如安全、存储、VoIP、移动和应用等功能。对 Cisco 而言，战略是通过扩大网络基础设备的销售来持续产生盈利的。而对用户来说，这能帮助他们提高网络设备的价值，并调整原有的网络基础设备。

作为网络阵营的另一巨头，3Com 公司在网络虚拟化方面的动作比 Cisco 更大。3Com 的路由器中可以插入一张工作卡。该工作卡上带有一个全功能的 Linux 服务器，可以和路由器中枢相连。在这个 Linux 服务器中，可以安装诸如 sniffer、VoIP、安全应用等。此外，该公司还计划未来在 Linux 卡上运行 VMware，从而可以让用户运行 Windows Server。3Com 的开源网络虚拟化活动名为 3ComON（又名开放式网络）。

现在，网络虚拟化依然处于初期的萌芽阶段，但在人类网络信息化飞速发展的现在，我们有理由相信它的突破和成长将是飞速的。

2. 实现方式

（1）虚拟网卡

在传统网络环境中，一台物理主机包含一个或多个网卡（NIC），要实现与其他物理主机之间的通信，需要通过自身的 NIC 连接到外部的网络设备。这种架构下，为了对应用进行隔离，往往是将一个应用部署在一台物理设备上，这样会存在两个问题：

- 某些应用大部分情况可能处于空闲状态；
- 当应用增多的时候，只能通过增加物理设备来解决扩展性问题。

不管怎么样，这种架构都会对物理资源造成极大的浪费。

为了解决这个问题，可以借助虚拟化技术对一台物理资源进行抽象，将一张物理网卡虚拟成多张虚拟网卡（vNIC），通过虚拟机来隔离不同的应用。

这样对于上面的第一个问题，可以利用 Hypervisor 的调度技术，将资源从空闲的应用上调度到繁忙的应用上，实现资源的合理利用；针对第二个问题，可以根据物理设备的资源使用情况进行横向扩容，除非设备资源已经用尽，否则没有必要新增设备。

其中虚拟机与虚拟机之间的通信，由虚拟交换机完成，虚拟网卡和虚拟交换机之间的链路也是虚拟的链路，整个主机内部构成了一个虚拟的网络。如果虚拟机之间涉及三层的网络包转发，则又由另外一个角色——虚拟路由器来完成。

（2）虚拟交换机

虚拟机（Virtual Machine，VM）以物理形式与网络连接的方式很多。不同之处在于，虚拟机使用虚拟网络适配器和虚拟交换机来建立与物理网络的连接。以常见的 VMware 系列产品 VMware Workstation 上运行的 VM 为例，如表 2-3-1 所示，可以看到三个默认的虚拟网络。在实际的网络中，它们中的每个都使用不同的 vSwitch。

表 2-3-1　VM 中三个默认的虚拟网络

虚拟网络	连接模式
VMnet0——桥接网络	允许将虚拟机的虚拟网络适配器连接到与物理主机的网络适配器相同的网络
VMnet8——NAT 网络	在 NAT 后面使用单独的子网，并且允许通过 NAT 将 VM 的虚拟适配器连接到与物理主机的适配器相同的网络
VMnet1——主机模式	只允许网络连接到主机，通过使用不同的子网

在 VMware 产品中，虚拟交换机称为 vSwitch，它是一种逻辑交换结构，它将交换机作为第二层网络设备进行仿真。除了一些高级功能，虚拟交换机拥有与常规交换机相同的功能。与物理交换机不同的是，虚拟交换机不学习来自外部网络的过境交通的 MAC 地址，不参与生成树协议，无法为冗余网络连接创建网络循环。

如果有人恶意访问一个 vSwitch 网络中的虚拟机，那么他无法访问连接到独立网络和 vSwitch 的共享内存，即使它们驻留在同一 ESXi 主机上。

（3）虚拟网络

与服务器虚拟化类似，网络虚拟化旨在一个共享的物理网络资源之上创建多个虚拟网络（VN），同时每个虚拟网络可以独立地部署及管理。网络虚拟化概念及相关技术的引入使得网络结构的动态化和多元化成为可能，被认为是解决现有网络体系僵化问题、构建下一代互联网最好的方案。然而网络虚拟化技术体系庞大，涉及领域众多，易于让人产生认识上的困惑，因此对于网络虚拟化的合理定义就显得尤为重要。作为虚拟化技术的分支，网络虚拟化本质上还是一种资源共享技术。通常，网络虚拟化泛指任何用于抽象物理网络资源的技术。这些技术使物理网络资源功能池化，达到资源任意分割或者合并的目的，用以构建满足上层服务需求的虚拟网络。

在网络虚拟化架构下，用户可以根据需要定制自己的网络，用户的需求会被一个虚拟网络层接纳，虚拟网络层完成需求到底层资源的映射，再将网络以服务的形式返回给用户。这种模式很好地屏蔽了底层的硬件细节，简化了网络管理的复杂性，提升了网络服务的层次和质量，同时也提高网络资源的利用率。网络虚拟化过程中主要诞生过四类过渡技术：虚拟局域网络（VLAN）、虚拟专用网络（VPN）、主动可编程网络（APN）、覆盖网络。网络虚拟化的研究现在主要集中于三个领域：云计算应用、平台化实现、软件定义网络。由于网络虚拟化在性能保障、可靠性、易用性和完备性等方面需要加强，因此，未来的网络虚拟化需要优化自身服务结构，并向无线网络、光网络等领域推广。此外，还需要提供更加友好的可编程接口（API）以及网络功能。

（4）NFV 和 SDN

网络功能虚拟化（Network Functions Virtualization，NFV），是指将许多类型的服务器、交换机、存储设备等网络相关设备构建为一个大型的数据中心网络拓扑，通过虚拟化形成虚拟机（VM），然后将传统的业务部署在 VM 上。其目的是通过使用 x86 等通用性硬件及虚拟化技术，来承载更多功能的软件处理，从而降低网络设备成本。此外，还可以通过软硬件解耦及功能抽象，使网络设备功能不再依赖于专用硬件，资源可以充分灵活共享，实现新业务的快速开发和部署，并基于实际业务需求进行自动部署、弹性伸缩、故障隔离和自愈等。

软件定义网络（Software Defined Network，SDN）是由美国斯坦福大学提出的一种新型网络创新架构，是网络虚拟化的一种实现方式。2012 年 4 月，开放网络基金会（Open Networking Foundation，ONF）发布白皮书 *Software-Defined Networking: The New Norm for Networks*。ONF 认为："SDN 是一种支持动态、弹性管理的新型网络体系结构，是实现高带宽、动态网络的理想架构。SDN 将网络的控制平面和数据平面解耦分离，抽象了数据平面网络资源，并支持通过统一的接口对网络直接进行编程控制。"

SDN 的典型架构可分为三层：最上层为应用层，包括各种不同的业务和应用；中间的控制层主要负责处理数据平面资源的编排、维护网络拓扑和状态信息等；最下层的基础设施层负责数据处理、转发和状态收集。除上述三个层次外，控制层与基础设施层之间的接口和应用层与控制层之间的接口也是 SDN 架构中的两个重要组成部分。按照接口与控制层的位置关系，前者通常称为南向接口，后者则称为北向接口。其中，ONF 在南向接口上定义了开放的 OpenFlow 标准，而在北向接口上还没有统一要求。因此，SDN 架构更多从网络资源用户的角度出发，希望实现对网络的抽象推动与快速的业务创新。

2.3.6 应用虚拟化

应用虚拟化是将应用程序与操作系统解耦合，为应用程序提供一个虚拟的运行环境。其本质是作为一种优化资源的方法，将应用程序和操作系统从物理硬件中抽象出来。在这个环境中，不仅包括应用程序的可执行文件，而且包括它所需要的运行环境，可以解决版本不兼容的问题。

在实际的应用过程中，应用虚拟化采用类似虚拟终端的技术，把应用程序的人机交互逻辑与计算逻辑隔离开来。在用户访问一个服务器虚拟化后的应用时，用户计算机只需要把人机交互逻辑传送到服务器端，服务器端为用户开设独立的会话空间，应用程序的计算逻辑在这个会话空间中运行，把变化后的人机交互逻辑传送给客户端，并且在客户端相应设备展示出来，从而使用户获得如同运行本地应用程序一样的访问感受。

2.3.7　容器虚拟化

1．Docker

Docker 起源于 2010 年创立的一家名为 dotCloud 的美国公司，dotCloud 早期是研究基于 LXC 技术的 PaaS 平台的，它的理念是提供跨底层 PaaS 云、支持多种开发语言的开发云平台。但随着越来越多的公有云服务商进入，dotCloud 的理念很难依靠一家公司专有的技术实现。于是 dotCloud 的创始人 Solomon Hykes 在 LXC 的基础上，对容器技术进行了简化和标准化，将其命名为 Docker。因 PaaS 市场发展缓慢，Solomon Hykes 决定放手一搏，于 2013 年 3 月将 Docker 项目开源，并同时推出了开放容器项目（OCP），Docker 和 Docker 开源社区随后迅速火起来。2013 年 10 月 29 日，dotCloud 公司更名为 Docker 公司。目前，Docker 已经成为发展最快的容器技术。

2017 年 10 月，在 DockerCon 2017 欧洲大会上，Docker 宣布将在 Docker Platform 和 Moby Project 中集成 Kubernetes。下一版本的 Docker EE（Docker Enterprise Edition）将支持用户在同一集群中运行 Swarm 和 Kubernetes 工作负载。作为企业级的容器平台，Docker EE 通过私有注册及更多的安全特性，提供了一种集中化控制平台和软件供应链管理。Docker EE 很快将会支持 Swarm 和 Kubernetes 编排器共处于同一 Linux 集群上。

2018 年 5 月，Docker 发布了 Docker 企业版的 2.0 版，主打可以跨 OS、跨云的企业级容器管理平台，也强调可以通过 Kubernetes 来管理跨云容器调度。Docker 在旧金山的 DockerCon 上发布 Dokcer 企业版新功能——联合应用程序管理（Federated Application Management）。Docker 首席产品官 Scott Johnston 表示，Dokcer EE 新的联合应用程序管理功能可帮助操作人员管理多个集群，无论这些集群是在本地云上还是跨不同的公有云。

2．Kubernetes

Kubernetes 是 Google 严格保密十年的秘密武器——Borg 的一个开源版本。Borg 是 Google 一个久负盛名的内部使用的大规模集群管理系统，它基于容器技术，目的是实现资源管理的自动化，以及跨多个数据中心的资源利用率最大化。十几年来，Google 一直通过 Borg 系统管理着数量庞大的应用程序集群，但外界一直无法了解关于它的更多信息。直到 2015 年 4 月，传闻许久的 Borg 伴随 Kubernetes 的高调宣传被 Google 首次公开，大家才得以了解它的更多内幕。正是由于站在 Borg 这个前辈的肩膀上，吸取了 Borg 过去十年间的经验与教训，所以 Kubernetes 一经开源就一鸣惊人，并迅速称霸了容器技术领域。

3．微服务

微服务架构是一种软件架构，它由一组小型的服务组合成一个大的应用系统。每个服务即微服务，它们往往通过容器等技术手段，运行于自己的进程中，服务之间通过轻量级应用程序进行通信。这些服务围绕业务功能进行构建，通过全自动的部署机制进行独立部署。同时，这些服务还可以使用不同的语言编写，可以使用不同的存储技术进行数据存储，并且保持最低限度的集中式管理。

任务 2.4 云计算其他相关技术

2.4.1 大规模数据存储管理技术

处理海量数据是云计算的一大优势，而如何处理则涉及很多层面的东西，因此，高效的数据管理技术也是云计算不可或缺的核心技术之一。对于云计算来说，数据管理面临巨大的挑战。云计算不仅要保证数据的存储和访问，还要能够对海量数据进行特定的检索和分析。由于云计算需要对海量的分布式数据进行处理、分析，因此，数据管理技术必须能够高效地管理大量的数据。

Google 的 BigTable 数据管理技术和 Hadoop 团队开发的开源数据管理模块 HBase 是业界比较典型的大规模数据管理技术。BigTable 是非关系型数据库，是一个分布式、持久化存储的多维度排序 Map。与传统的关系型数据库不同，它把所有数据都视为对象来处理，形成一个巨大的表格，用来分布存储大规模结构化数据。BigTable 的设计目的是可靠地处理 PB 级别的数据，并且能够将其部署到上千台机器上。

开源数据管理模块 HBase 是 Apache 的 Hadoop 项目的子项目，定位为分布式、面向列的开源数据库。HBase 不同于一般的关系型数据库，它是一个适合非结构化数据存储的数据库，采用基于列的而不是基于行的模式。作为高可靠性分布式存储系统，HBase 在性能和可伸缩性方面都有比较好的表现。利用 HBase 技术可在廉价 PC 服务器上搭建起大规模的结构化存储集群。

2.4.2 云计算平台管理技术

云计算资源规模庞大，服务器数量众多且分布在不同的地点，还同时运行着数百种应用，如何有效地管理这些服务器，保证整个系统提供不间断的服务是巨大的挑战。云计算系统的平台管理技术，需要具有高效调配大量服务器资源，使其更好协同工作的能力。其中，方便地部署和开通新业务，快速发现并且恢复系统故障，通过自动化、智能化手段实现大规模系统可靠的运营是云计算平台管理技术的关键。

对于供应商而言，云计算可以有三种部署模式，即公有云、私有云和混合云。三种模式对平台管理的要求大不相同。对于用户而言，由于企业对于 ICT（Information and Communication Technology）资源共享的控制、对系统效率的要求及 ICT 成本投入预算不尽相同，企业所需要的云计算系统规模及可管理性能也大不相同。因此，云计算平台管理方案要更多地考虑到定制化，满足不同场景的应用需求。

包括 Google、IBM、微软、Oracle 等在内的许多厂商都推出了云计算平台管理方案。这些方案能够帮助企业实现基础架构整合，实现硬件资源和软件资源的统一管理、统一分配、统一部署、统一监控和统一备份，打破应用对资源的独占，让企业云计算平台的价值得以充分发挥。由于云计算得到国家的高度重视和大力支持，又有大公司的推动，发展极为迅速。云计算的发展趋势从垂直走向整合，云计算的范畴越来越广。毫无疑问，云计算已经成为 IT 行业的主题。无论是国外的巨头 Amazon、Google、IBM、微软，还是国内巨头百度、阿里巴巴、腾讯，都一致把“云”当成未来发展的重点，其市场前景将远远超过计算机、互联网、移动通信和其他市场。

2.4.3　分布式资源管理技术

云计算采用了分布式存储技术存储数据，那么自然要引入分布式资源管理技术。在多节点的并发执行环境中，各个节点的状态需要同步，并且在单个节点出现故障时，系统需要有效的机制保证其他节点不受影响。而分布式资源管理系统恰恰是这样的技术，它是保证系统状态的关键。

另外，云计算系统拥有资源往往非常庞大，服务器的数量少则几百台，多则上万台，同时可能跨越多个地域，且云平台中运行的应用也是数以千计的。如何有效地管理这些资源，保证它们正常提供服务，需要强大的技术支撑。因此，分布式资源管理技术的重要性可想而知。

全球各大云计算方案/服务供应商们都在积极开展相关技术的研发工作。其中 Google 内部使用的 Borg 技术很受业内称道。另外，微软、IBM、Oracle、Sun 等云计算巨头都提出了相的应解决方案。

2.4.4　信息安全

调查数据表明，安全已经成为阻碍云计算发展的最主要原因之一。数据显示，32%已经使用云计算的组织和 45%尚未使用云计算的组织的 ICT 管理将云安全作为进一步部署云的最大障碍。因此，要想保证云计算能够长期稳定、快速发展，安全是首要需要解决的问题。

事实上，云安全也不是新问题，传统互联网也存在同样的问题。只是云计算出现以后，安全问题变得更加突出。在云计算体系中，安全涉及很多层面，包括网络安全、服务器安全、软件安全、系统安全等。因此，有分析师认为，云安全产业的发展，将把传统安全技术提到一个新的层面。

现在，不管是软件安全厂商还是硬件安全厂商都在积极研发云计算安全产品和方案。包括传统杀毒软件厂商、软硬防火墙厂商、IDS（Intrusion Detection System）/IPS（Intrusion Prevention System）厂商在内的各个层面的安全供应商都已加入云安全领域。相信在不久的将来，云安全问题将得到很好的解决。

2.4.5　绿色节能技术

节能环保是全球整个时代的大主题。云计算以低成本、高效率著称。云计算具有巨大的规模经济效益，在提高资源利用效率的同时，节省了大量能源。绿色节能技术已经成为云计算必不可少的技术，未来越来越多的节能技术还会被引入云计算中来。

碳排放披露项目（Carbon Disclosure Project，CDP）近日发布了一项有关云计算有助于减少碳排放的研究报告。报告指出，迁移至云的美国公司每年就可以减少碳排放 8570 万吨，这相当于 2 亿桶石油所排放出的碳总量。

习　题

一、选择题

1．从当前的应用场景来看，GPU 不适用于下面的哪个场景？（　　）

A．科学分析　　B．深度学习　　C．高性能计算　　D．数据存储

2．下列哪个不属于分布式系统的特点？（ ）

A．透明性 B．专用性 C．高可靠性 D．高性能

3．常见的计算虚拟化产品不包括以下哪个？（ ）

A．Vx B．Xen C．VMware ESXi D．KVM

4．以下哪个不属于分布式存储系统的特点？（ ）

A．高可扩展性 B．低成本 C．容错性高 D．易变性

5．Docker 不适用于以下哪个场景？（ ）

A．网络故障诊断 B．DevOps C．Web 应用服务 D．微服务

二、简答题

1．NFV 与 SDN 的主要区别有哪些？

2．针对企业需求，常见的云存储产品有哪些？

3．在云计算产品的市场，已经兴起软件定义存储（Software Defined Storage，SDS）产品，使用 SDS 产品对企业有哪些益处？

4．虚拟化技术有哪些特点？

项目 3

VMware vSphere 体系结构

本项目学习目标

知识目标

- 了解 VMware ESXi 服务器的安装与应用；
- 了解 VMware vSphere 体系结构。

能力目标

- 能够安装和配置 ESXi 6.5；
- 能使用 vSphere Client 管理虚拟机；
- 能使用 vSphere Web Client 配置虚拟机。

任务 3.1 VMware ESXi 服务器的安装与应用

VMware 服务器虚拟化产品 VMware ESXi，在本质上与 VMware Workstation、VMware Server 是相同的，都是一款虚拟机软件。但与后两者的不同之处在于，VMware ESXi 简化了 VMware Workstation 和 VMware Server 与主机之间的操作系统层，直接运行于裸机，使其虚拟化管理层更精简，因此 VMware ESXi 的性能更好。在 vSphere 体系结构中，ESXi 位于虚拟化层，是整个架构中最基础和最核心的部分。本节主要介绍 ESXi 6.5 的安装、配置和虚拟机的基本操作。

3.1.1 ESXi 主机硬件要求

1. ESXi 硬件和系统要求

要安装 ESXi 6.5，系统必须满足特定的硬件和系统要求。

（1）要求主机至少具有两个 CPU 内核。

（2）支持 2006 年 9 月之后发布的 64 位 x86 处理器，其中包括多种多核处理器。

（3）需要在 BIOS 中针对 CPU 启用 NX/XD 位。

（4）需要至少 4GB 的物理 RAM。建议至少提供 8GB 的 RAM，以便在典型生产环境下运行虚拟机。

（5）要求支持 64 位虚拟机，x64 CPU 必须能够支持硬件虚拟化。

（6）一个或多个千兆或更快以太网控制器。

（7）SCSI（Small Computer System Interface）磁盘或包含未分区空间用于虚拟机的本地（非网络）RAID LUN（Logical Unit Number）。

（8）对于串行 ATA（Serial Advanced Technology Attachment，SATA），有一个通过支持的 SAS 控制器或板载 SATA 控制器连接的磁盘。SATA 磁盘将被视为远程、非本地磁盘。默认情况下，这些磁盘将作为暂存分区。

2. ESXi 引导要求

ESXi 6.5 支持从统一可扩展固件接口（Unified Extensible Firmware Interface，UEFI）引导 ESXi 主机。可以使用 UEFI 从磁盘驱动器、CD-ROM 驱动器或 USB 介质引导系统。

从 ESXi 6.5 开始，VMware Auto Deploy 支持使用 UEFI 进行 ESXi 主机的网络引导和准备。

如果正在使用的系统固件和任何附加卡上的固件均支持大于 2 TB 的磁盘，那么 ESXi 可以从该磁盘进行引导。

注意：如果在安装 ESXi 6.5 后将引导类型从旧版 BIOS 更改为 UEFI，可能会导致主机无法进行引导。在这种情况下，主机会显示类似于以下内容的错误消息：不是 VMware 引导槽（Not a VMware boot bank）。安装 ESXi 6.5 之后，不支持将主机引导类型从旧版 BIOS 更改为 UEFI（反之亦然）。

3. ESXi 的存储要求

要安装或者升级 ESXi 6.5，至少需要容量为 1GB 的引导设备。若从本地磁盘、SAN 或 iSCSI LUN 进行引导，则需要 5.2GB 的磁盘空间，以便在引导设备上创建 VMFS（VMware Virtual Machine File System）卷和 4GB 的暂存分区。若使用较小的磁盘或 LUN，则安装程序将尝试在一个单独的本地磁盘上分配暂存区域。若找不到本地磁盘，则暂存分区/scratch 位于 ESXi 主机 ramdisk 上，并链接至/tmp/scratch。可以重新配置/scratch 以使用单独的磁盘或 LUN。

由于 USB 和 SD 设备容易对 I/O 产生影响，安装程序不会在这些设备上创建暂存分区。在 USB 或 SD 设备上进行安装或升级时，安装程序将尝试在可用的本地磁盘或数据存储上配置暂存分区。若未找到本地磁盘或数据存储，则/scratch 将被放置在 ramdisk 上。安装或升级之后，应该重新配置/scratch 以使用持久性数据存储。虽然 1GB USB 或 SD 设备已经足够用于最小安装，但是应使用 4GB 或更大的设备。额外的空间用于容纳 USB/SD 设备上的 coredump 扩展分区。使用 16GB 或更大容量的高品质 USB 闪存驱动器，以便额外的闪存单元可以延长引导介质的使用寿命，但 4GB 或更大容量的高品质驱动器已经足够容纳 coredump 扩展分区。

在 Auto Deploy 安装情形下，安装程序将尝试在可用的本地磁盘或数据存储上分配暂存区域。如果未找到本地磁盘或数据存储，则/scratch 将被放置在 ramdisk 上。应在安装之后重新配置/scratch 以使用持久性的数据存储。

对于从 SAN 引导或使用 Auto Deploy 的环境，无须为每个 ESXi 主机分配单独的 LUN。可以将多个 ESXi 主机的暂存区域同时放置在一个 LUN 上。分配给任意 LUN 的主机数量应根据 LUN 的大小及虚拟机的 I/O 行为来权衡。

3.1.2　安装 VMware ESXi

1．安装方式

安装 VMware ESXi，有以下几种方法。

（1）使用 VMware ESXi 安装光盘，用光盘启动服务器进行安装。

（2）使用 U 盘启动，加载 ESXi 镜像进行安装。

（3）使用服务器远程管理工具，通过加载管理客户端的 ESXi 安装镜像、光盘进行安装。

（4）配置 TFTP 服务器，通过网络安装 ESXi。

（5）使用 VMware 部署工具安装。

（6）使用 VMware Update 服务，将 ESXi 从低版本升级到高版本。

（7）在安装 ESXi 时，可以将 ESXi 安装到 U 盘、服务器本地磁盘、存储划分给服务器的磁盘，并通过这些设备启动。也可以直接从服务器网卡以 PXE 的方式启动 ESXi。

2．实验环境

VMware ESXi 可以安装在以下三种环境中。

（1）在服务器上安装。

（2）在 PC 上安装。

（3）在 VMware Workstation 虚拟机上安装。

如果要在虚拟机中学习测试 VMware ESXi，要求主机配置 64 位 CPU、CPU 支持硬件辅助虚拟化、并且至少有 4～8GB 的物理内存。如果要进行 FT（Fault Tolerance，容错）的实验，则要求主机至少有 16GB 内存。因为在 ESXi 6.5 软件中，如果要启动 FT 的虚拟机，每个 EXSi 主机要求至少 6GB 内存。

本书的实验环境是由 16 台浪潮 5240M4 服务器作为硬件资源，使用虚拟化技术对 CPU、内存、磁盘等硬件资源进行整合，通过 vCenter 管理平台进行资源统一分配，建设嵌套 ESXi 实验虚拟机。使用分配好的实验虚拟机的 IP、用户名、密码，登录 VMware vSphere Client 进行服务器虚拟化、桌面虚拟化、存储虚拟化等实训操作。

3．在 VMware ESXi 虚拟机中安装

在实验平台上，创建 1 台虚拟机，安装 VMware ESXi 6.5，在主机上安装 ESXi 6.5 客户端软件 vSphere Client，在 ESXi 6.5 中创建虚拟机。具体步骤如下。

从 VMware 官网（如图 3-1-1 所示）或其他渠道获取到 ESXi 6.5 安装文件，本示例采用如下版本：

VMware-VMvisor-Installer-6.5.0.update02-8294253.x86_64

本书使用挂载方式，在实验环境中进行安装，使用挂载 ISO 映射做引导。

ESXi 6.5 主机上虚拟机使用的是第 11 版本的虚拟硬件，早于第 11 版本的虚拟机也可以在 ESXi 6.0 主机上运行，但可能某些功能会受限制。

4．虚拟机基本操作

当构建好 VMware vSphere 基础架构后，就可以创建使用虚拟机了。虚拟机正常运行也是整个虚拟化架构正常运行的关键之一。作为虚拟化架构管理人员，必须要考虑如何在企业生产环境中构建高效可用的虚拟机环境，以保证虚拟化架构的正常运行。

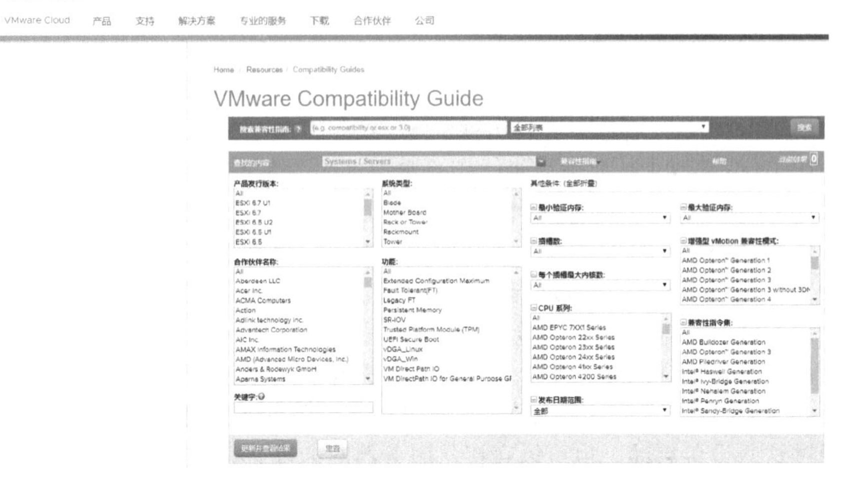

图 3-1-1　VMware 官网

（1）什么是虚拟机

虚拟机实际上与物理机一样，是运行操作系统和应用程序的计算机。虚拟机包含一组规范和配置文件，并由主机的物理资源提供支持。每个虚拟机都拥有一些虚拟设备，这些设备可提供与物理硬件相同的功能，并且可移植性更强、更安全，且更易于管理。虚拟机包含若干个文件，文件包括配置文件、虚拟磁盘文件、NVRAM 设置文件和日志文件等，这些文件存储在存储设备上。可以通过 VMware vSphere Client 及 Web Client 工具对虚拟机进行配置。

对 ESXi 进行必要的配置之后，就可以创建虚拟机了，有多种方法可以启动创建虚拟机的过程，可以在主机弹出的右键菜单中，选择“新建虚拟机”；也可以直接单击主机上下文命令组中的第一个按钮；还可以在“入门”选项卡中单击“创建新虚拟机”命令，如图 3-1-2 所示。

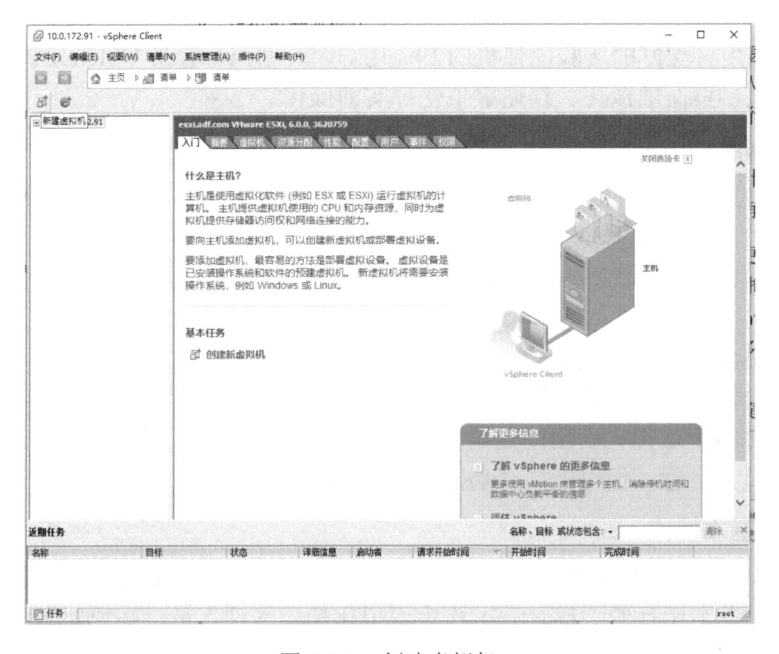

图 3-1-2　创建虚拟机

（2）创建虚拟机的详细步骤

创建虚拟机的详细步骤如下。

① 选择“典型”或者“自定义”方式创建虚拟机。“典型”方式跳过了一些需要更改其默认值的选项，从而缩短了虚拟机创建过程。“自定义”方式允许用户在创建过程中干预更多的细节。这里选择“自定义”方式，如图 3-1-3 所示。

② 为虚拟机命名。为了便于后期管理和维护，应当注意命名规范化，使虚拟机的名称和用途具有关联性，或使虚拟机的名称和主机名保持一致，现在创建虚拟机是为了随后将其作为基础架构组件，如图 3-1-4 所示。

图 3-1-3　创建虚拟机之一

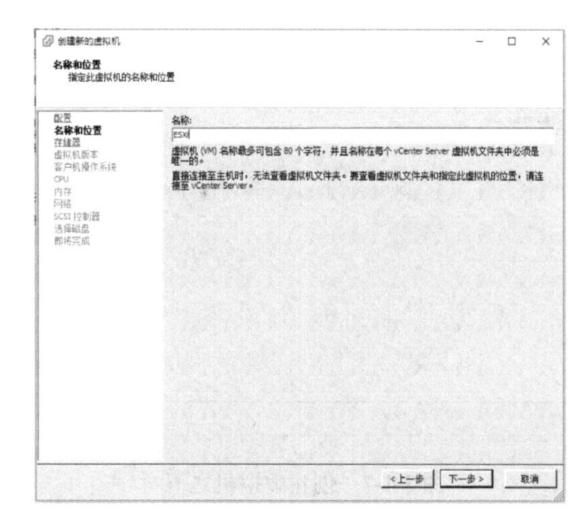

图 3-1-4　创建虚拟机之二

③ 为虚拟机选择数据存储空间，虚拟机的硬件描述文件、内存交换文件、磁盘映像文件和快照文件等都将存储在这个位置。目前，在这个 ESXi 主机上既没有挂载第二个硬盘，也没有连接到外置存储，因此只能选择唯一的一个本地存储器，如图 3-1-5 所示。

④ 选择虚拟机版本，即虚拟硬件的版本。虽然 ESXi 6.0 最高可以支持到版本 11，但 vSphere Client 只支持到版本 8，版本 9～11 的许多功能在 vSphere Client 中处于只读状态。要完全使用虚拟机版本 11，需要使用 vSphere Web Client，如图 3-1-6 所示。

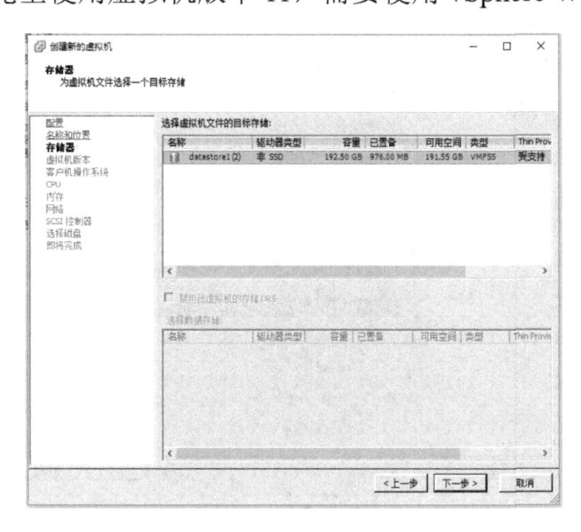

图 3-1-5　创建虚拟机之三

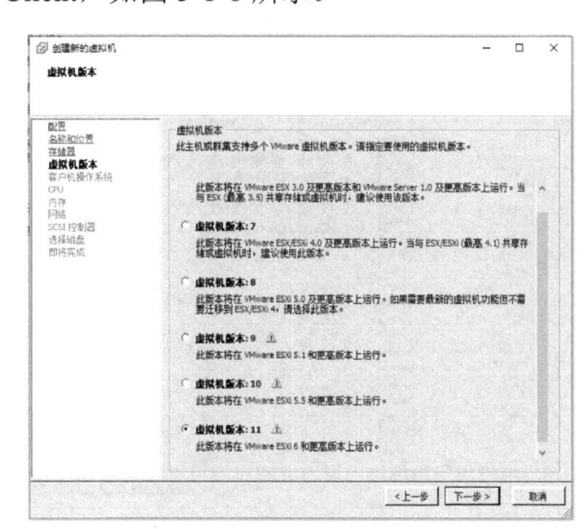

图 3-1-6　创建虚拟机之四

⑤ 为虚拟机选择操作系统，虚拟机也称客户机。为了保证虚拟硬件和操作系统的兼容性，同时兼顾客户机的性能，ESXi 内核会针对不同的操作系统提供不同的虚拟硬件。因此，必须显性地指定操作系统，并在随后安装操作系统时与其保持一致。这里选择“其他”，版本选择“VMware ESXi 6.5”，如图 3-1-7 所示。

⑥ 为虚拟机指定虚拟 CPU 插槽数和每个 CPU 的核心数。两者的乘积决定了核心总数，每个核心称为一个 vCPU。单个虚拟机的 vCPU 总数不得多于 ESXi 主机上的 CPU 逻辑核心总数。这里为虚拟机分配两个 vCPU，如图 3-1-8 所示。

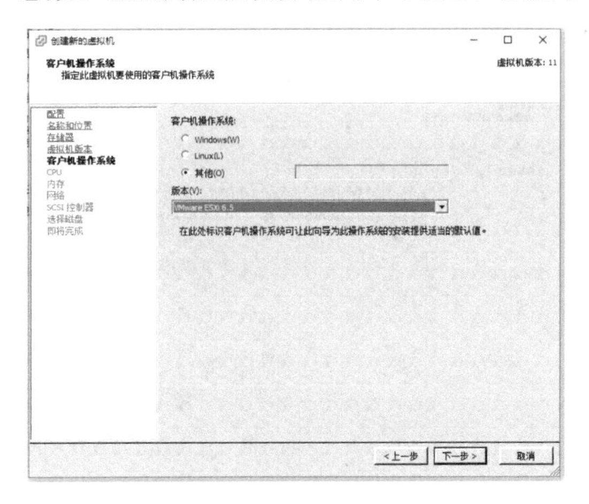

图 3-1-7　创建虚拟机之五

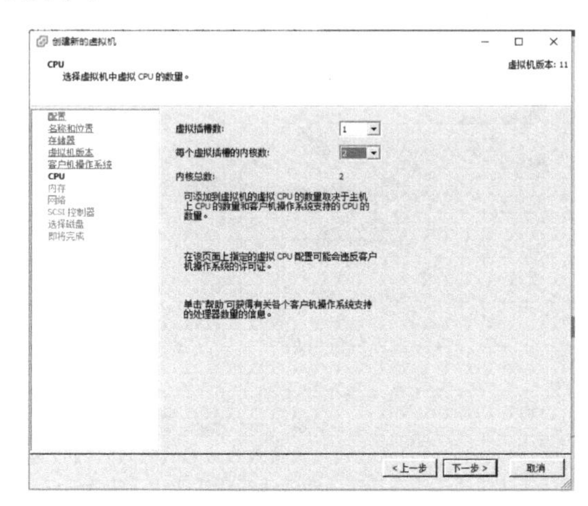

图 3-1-8　创建虚拟机之六

⑦ 为虚拟机分配内存容量。虚拟机内存允许大于物理内存，但这对实际性能并无帮助，甚至还会因为内存交换带来负面影响。这里为虚拟机分配 4GB 内存，如图 3-1-9 所示。

⑧ 选择虚拟网卡。其中 Intel E1000 是默认选项，是 Intel 82545EM 千兆网卡的模拟版本；VMXNET 2（增强型）提供了常用于现代网络的更高性能的功能，如巨帧和硬件卸载等；VMXNET 3 提供了多队列支持、IPv6 卸载和 MSI/MSI-X 中断交付功能，而且它的速率是 10Gbit/s。除了 Intel E1000，其他的都需要安装了 VMware Tools 之后才能工作。这里选择“VMXNET 3”，如图 3-1-10 所示。

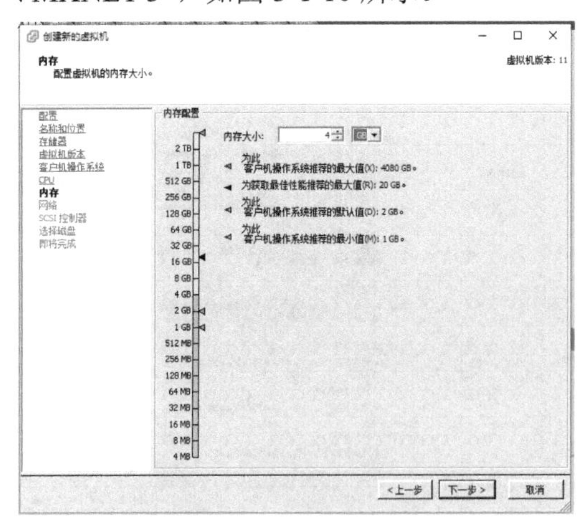

图 3-1-9　创建虚拟机之七

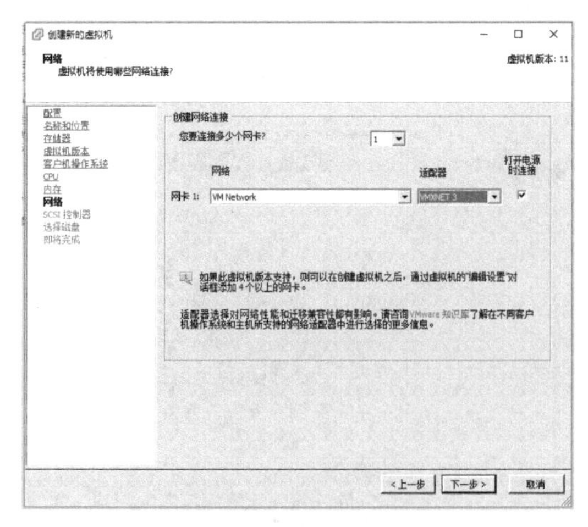

图 3-1-10　创建虚拟机之八

⑨ 选择 SCSI 控制器。这里选择默认的“LSI Logic SAS”，如图 3-1-11 所示。

VMware 准虚拟 SCSI（PVSCSI）控制器属于高性能存储控制器，可以实现高吞吐量和低 CPU 利用率。准虚拟 SCSI 控制器最适合于高性能存储环境，不适合 DAS 环境。VMware 建议创建一个与承载系统软件（引导磁盘）的磁盘配合使用的主控制器（默认为 LSI Logic），以及一个与存储用户数据（如数据库）的磁盘配合使用的独立 PVSCSI 控制器。准虚拟 SCSI 控制器适用于运行硬件版本 7 及更高版本的虚拟机。

⑩ 选择要使用的磁盘类型。这里选择“创建新的虚拟磁盘”，如图 3-1-12 所示。

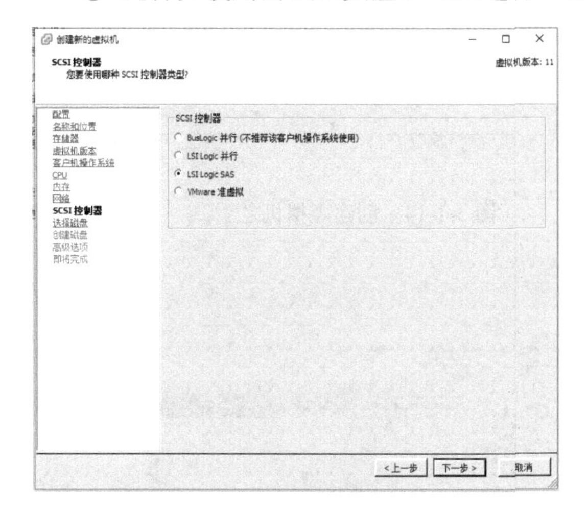

图 3-1-11 创建虚拟机之九

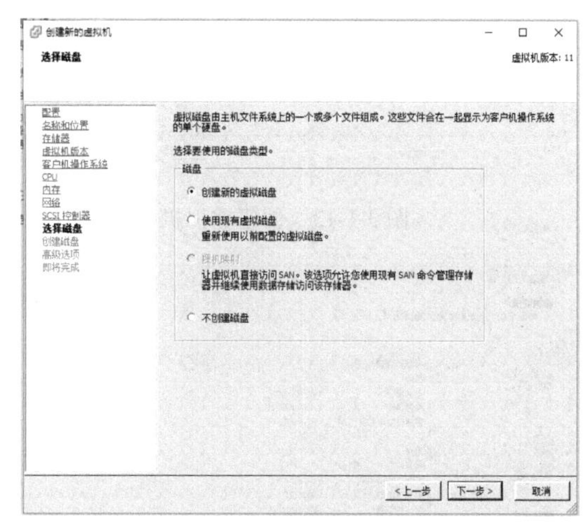

图 3-1-12 创建虚拟机之十

⑪ 创建磁盘类型，指定磁盘的容量、置备方式和位置。置备方式有 3 种：厚置备延迟置零、厚置备置零、Thin Provision（精简置备）。厚置备延迟置零立即分配（完全占用）和虚拟磁盘的容量相等的空间，但不立即清除原有数据；厚置备置零立即分配空间，并立即清除原有数据；Thin Provision 只使用实际有效数据所占用的空间，该空间随着数据的写入而增长，直到增长到为其分配的最大容量。一般情况下，选择 Thin Provision 能更合理地利用存储空间，性能也并不会降低多少。这里选择“Thin Provision”，如图 3-1-13 所示。磁盘位置保持默认，与虚拟机存储在同一目录中。

⑫ 高级选项。用户可在此选择虚拟设备节点和是否使用独立磁盘。通常保持默认，如图 3-1-14 所示。

⑬ 即将完成。用户可在此检查前面设置的所有内容，然后单击“完成”按钮，如图 3-1-15 所示。

5. 使用虚拟机控制台

创建虚拟机之后，该虚拟机便出现在清单里。通过导航栏找到虚拟机，右键单击虚拟机并在弹出的快捷菜单中选择“电源”→“打开电源”选项，以启动虚拟机，如图 3-1-16 所示；同样，再在弹出的快捷菜单中选择“打开控制台”选项。

虚拟机控制台是一个虚拟的交互设备，用于显示虚拟机的屏幕内容，并提供了一组控件用于控制虚拟机的电源状态、使用和管理虚拟机快照、使用虚拟的或由主机/客户端桌面平台提供的软盘驱动器、DVD 驱动器和 USB 控制器，如图 3-1-17 所示。图中的“连接到本地磁盘上的 ISO 映像”只有当虚拟机的电源开启时才能使用。

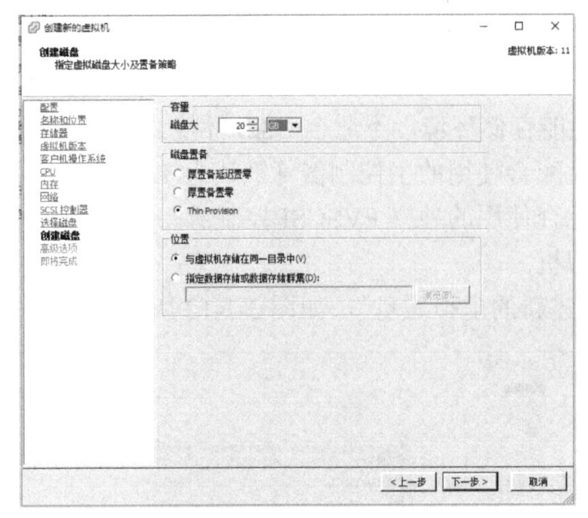

图 3-1-13　创建虚拟机之十一

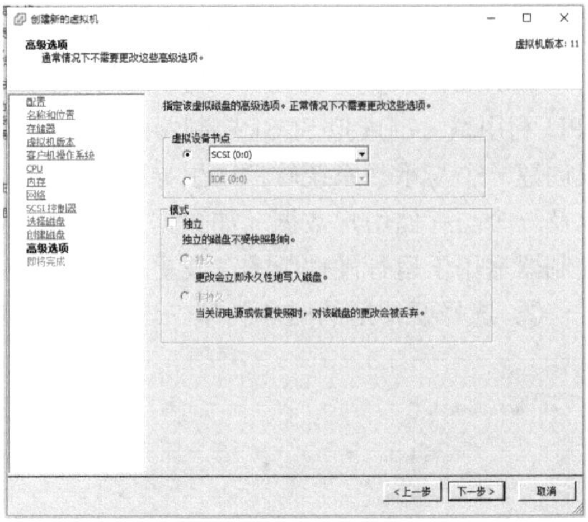

图 3-1-14　创建虚拟机之十二

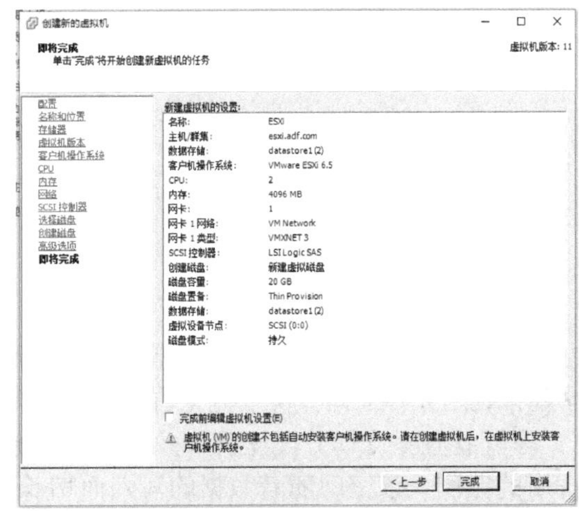

图 3-1-15　创建虚拟机之十三

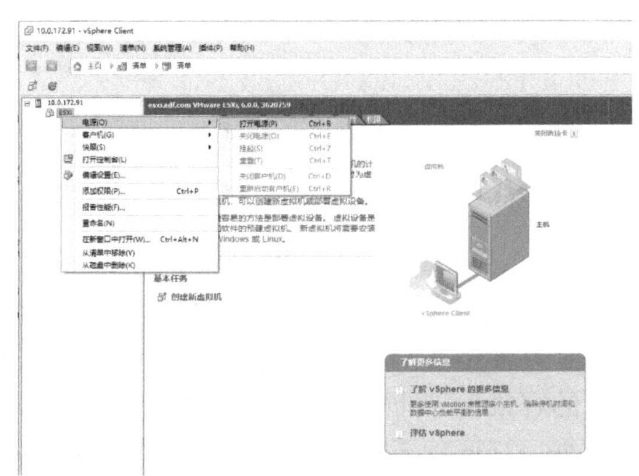

图 3-1-16　创建虚拟机之十四

注意，为虚拟机连接 ISO 映像时，有可能会出现死锁状态，即加载 ISO 文件的过程始终无法完成，这是一个已知的关于 vSphere Client 的程序 Bug。只要关闭 vSphere Client，重新登录，再次尝试即可解决。

虚拟机控制台还存在于虚拟机对象的“控制台”选项卡中，但建议选择弹出式的控制台，因为它使用起来更加方便。

虚拟机具有 6 种电源操作，分别是打开电源、关闭电源、挂起/继续运行、重置、关闭客户机及重新启动客户机。其中关闭电源是指强行断电，关闭客户机则是在操作系统中执行正常的关机命令；重置是指强制复位，而重新启动客户机则是在操作系统中执行重启命令。

由于创建的是全新的虚拟机，所以无法正常引导，需要先加载操作系统的安装光碟，通过虚拟机控制台加载光盘或 ISO 映像。“连接到本地设备”或“连接到本地磁盘上的 ISO 映像”两个选项中的“本地”特指安装 vSphere Client 的桌面平台，仅当虚拟机开启时才能选择“连接到本地磁盘上的 ISO 映像”。若选择“数据存储上的 ISO 映像”，则可以选择位于 ESXi 主机的数据存储或者网络上可用的 NFS、SAN 存储。

本书使用的方式是将必要的 ISO 存储在 vSphere Client 本地磁盘，先开启虚拟机再加载 ISO，然后选择虚拟机控制台的“虚拟机”→“客户机”→“发送”选项使虚拟机重启（但不能以复位的方式重启），即可由光盘引导，如图 3-1-18 所示。

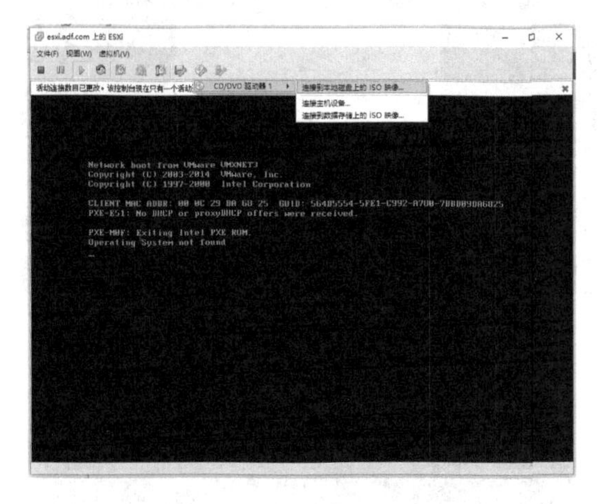

图 3-1-17 虚拟机控制台之一

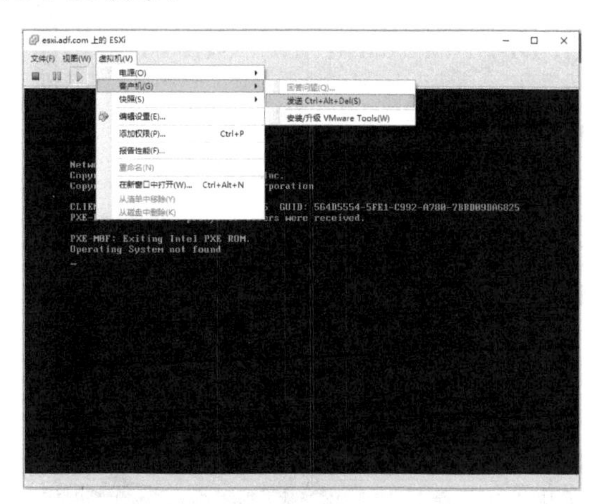

图 3-1-18 虚拟机控制台之二

VMware ESXi 安装的具体步骤如下。

（1）选择“ESXi-6.5.0-20180502001-standard Installer”，如图 3-1-19 所示，按“Enter”键继续。

（2）系统开始加载安装文件，如图 3-1-20 所示。

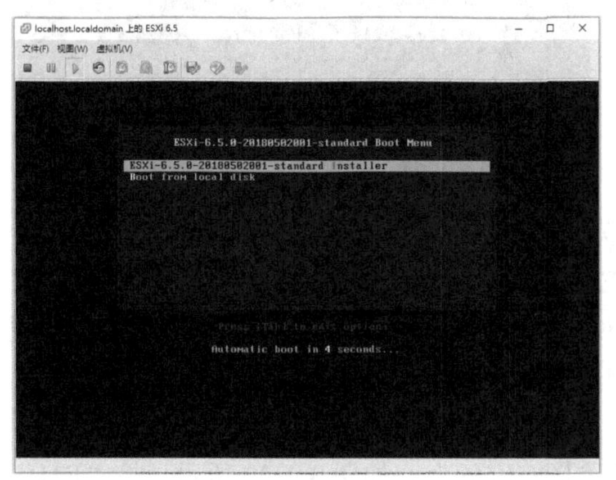

图 3-1-19 安装 VMware ESXi 之一

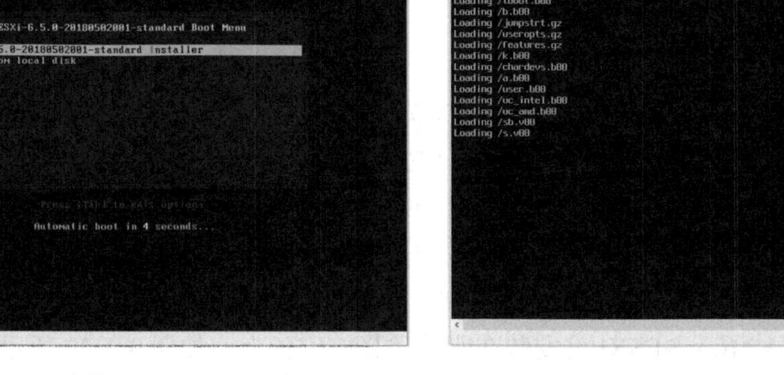

图 3-1-20 安装 VMware ESXi 之二

（3）系统载入安装文件成功，如图 3-1-21 所示。

（4）安装程序初始化完成之后，会在欢迎界面提示用户当前的硬件是否能被支持，如图 3-1-22 所示，按“Enter”键继续。

（5）系统出现“End User License Agreement（EULA）”界面，也就是最终用户许可协议，如图 3-1-23 所示，按“F11”键执行“Accept and Continue”命令，接受许可协议。

（6）系统提示选择安装 VMware ESXi 的磁盘，如图 3-1-24 所示，按“Enter”键继续安装。

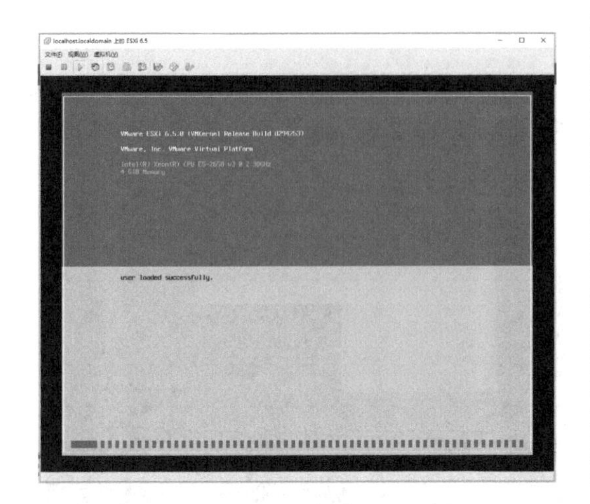

图 3-1-21　安装 VMware ESXi 之三

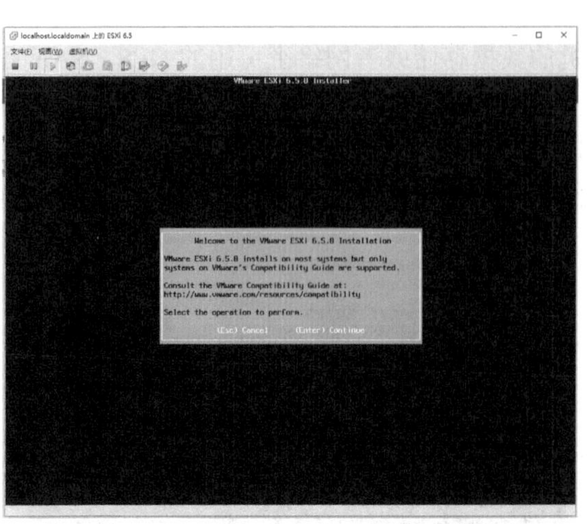

图 3-1-22　安装 VMware ESXi 之四

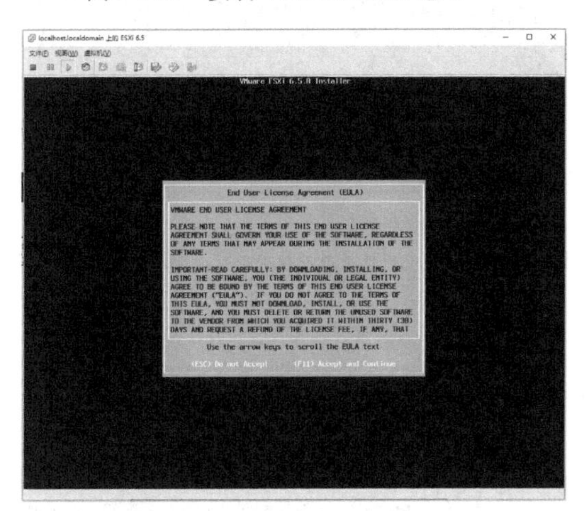

图 3-1-23　安装 VMware ESXi 之五

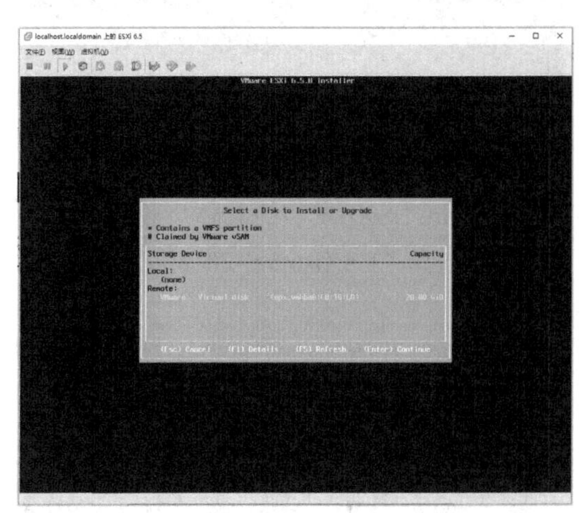

图 3-1-24　安装 VMware ESXi 之六

（7）系统提示选择主机键盘类型，默认为美式键盘，保持默认即可，安装后可直接在控制台中更改键盘类型，如图 3-1-25 所示，按“Enter”键继续安装。

（8）设置 root 用户密码，初次设置的密码长度不能少于 7 个字符。安装后可在控制台更改密码，修改密码必须满足密码复杂性要求：不少于 7 个字符，要求同时具有大小写字母、数字和特殊字符，并且仅有首字母为大写无效，如图 3-1-26 所示。

（9）系统提示 VMware ESXi 将安装在刚才选择的磁盘上，如图 3-1-27 所示，按“F11”键开始安装。

（10）开始安装 VMware ESXi，如图 3-1-28 所示。

（11）VMware ESXi 安装完成，如图 3-1-29 所示，按“Enter”键重启服务器。

（12）安装完成重启后，就会进入 ESXi 6.5 的控制台，如图 3-1-30 所示，可以对主机进行简单的设置。在控制台窗口中能看到服务器的信息，比如服务器的 CPU、内存的信息，网络 IP 信息。如果要访问这台主机，可以在浏览器中输入 IP 地址。刚安装好时，由于网络中有 DHCP 服务，所以 ESXi 6.5 系统会被分配到一个 IP 地址。若网络中没有 DHCP，则

ESXi 不会获得 IP 地址，需要手动进行配置。下面的章节将介绍 VMware ESXi 6.5 主机的基本配置，基本配置完成后，可以通过 VMware Client 客户端来对 VMware ESXi 6.5 主机进行日常管理。

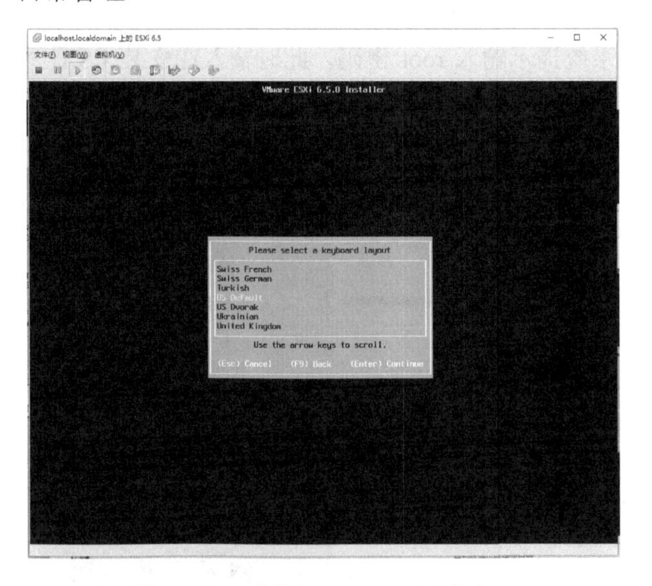

图 3-1-25　安装 VMware ESXi 之七

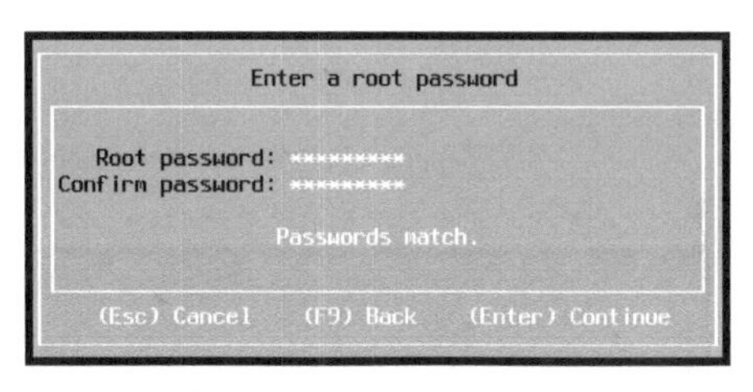

图 3-1-26　安装 VMware ESXi 之八

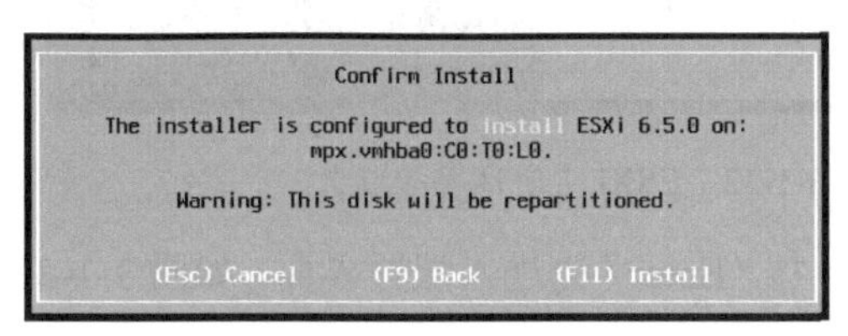

图 3-1-27　安装 VMware ESXi 之九

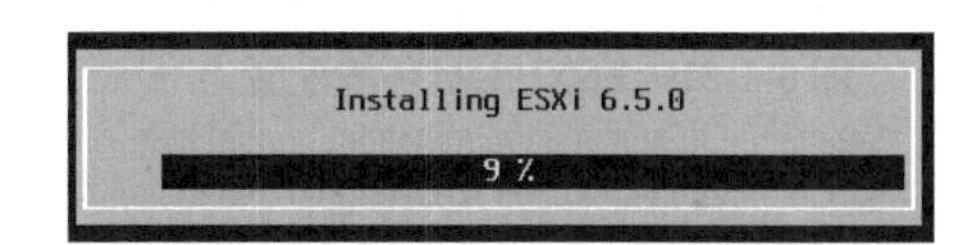

图 3-1-28　安装 VMware ESXi 之十

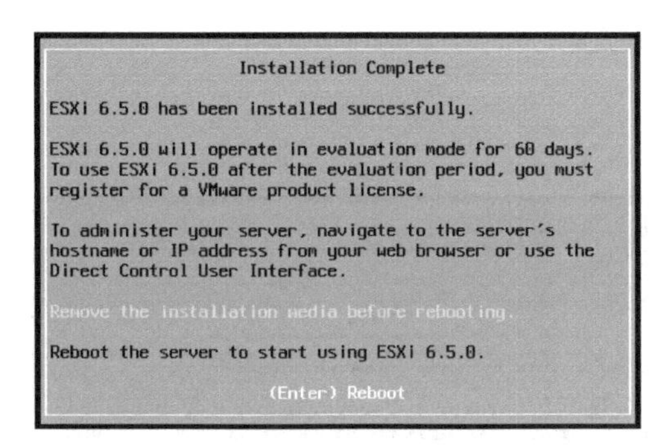

图 3-1-29　安装 VMware ESXi 之十一

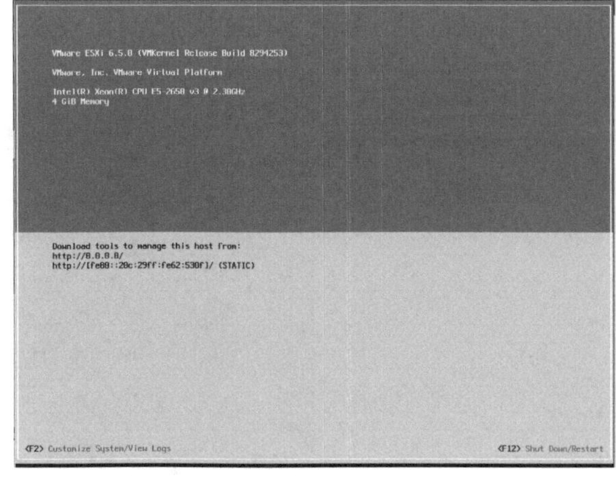

图 3-1-30　安装 VMware ESXi 之十二

3.1.3 配置 ESXi 环境

在生产环境中，一般会根据整体规划来确定 ESXi 主机的 IP 地址，通常不会使用 DHCP 获取的 IP 地址。通过以下操作可以修改 ESXi 主机的 IP 地址。

（1）按“F2”键进入主机配置模式，系统提示输入 root 密码，此时输入在安装 ESXi 系统时所设置的密码，如图 3-1-31 所示，按“Enter”键继续。

（2）选择“Configure Management Network”，配置管理网络，如图 3-1-32 所示，按“Enter”键继续。

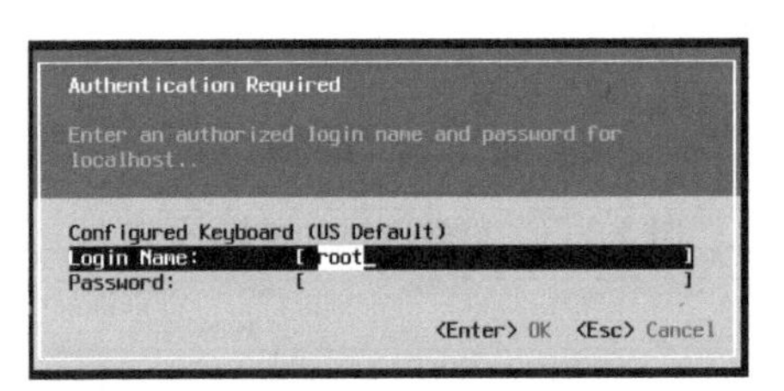

图 3-1-31 ESXi 主机环境配置之一

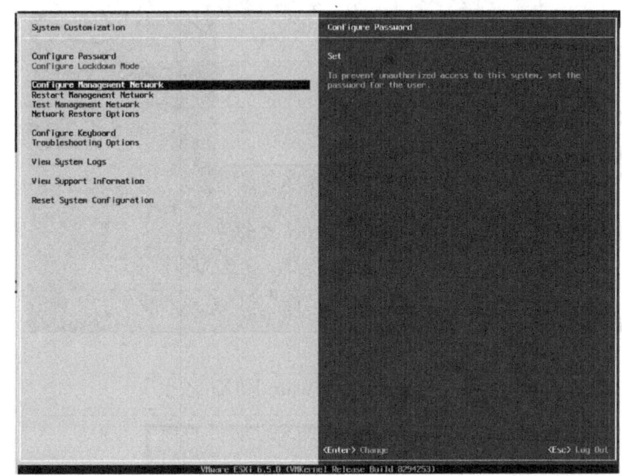

图 3-1-32 ESXi 主机环境配置之二

（3）选择“IPv4 Configuration”，对 IP 进行配置，按“Enter”键进入配置界面，如图 3-1-33 所示。

（4）按空格键选择“Set static IPv4 address and network configuration”，配置静态地址、子网掩码、默认网关，如图 3-1-34 所示，按“Enter”键完成配置。

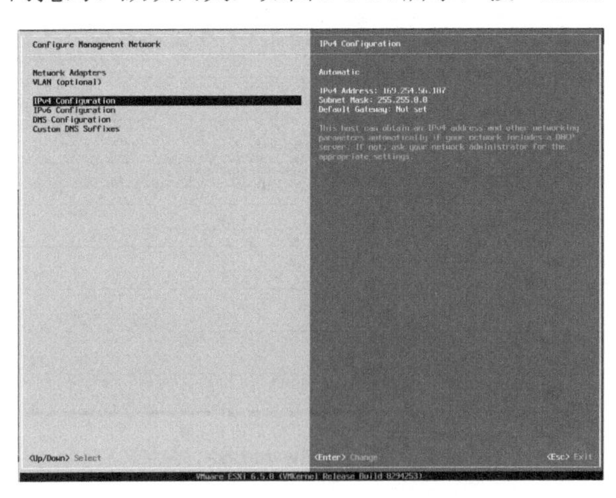

图 3-1-33 ESXi 主机环境配置之三

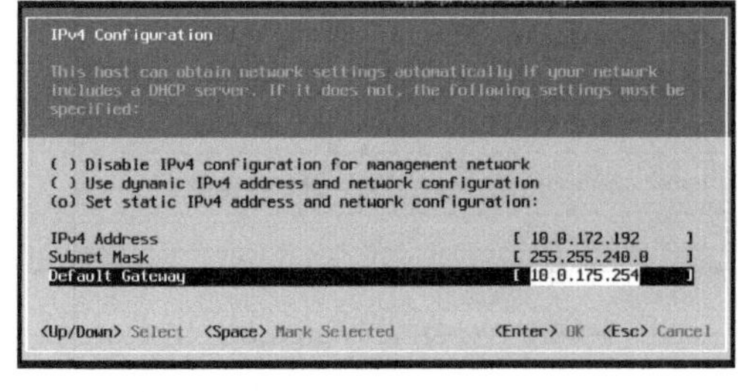

图 3-1-34 ESXi 主机环境配置之四

（5）按“Esc”键返回主菜单，在返回过程中，由于进行了网络设置，所以会提示是否重启网络，重启网络后设置立即生效。如图 3-1-35 所示，选择“Yes”。

（6）设置完成后，在主菜单上选择“Test Management Network”，可以进行网络测试，如图 3-1-36 所示。

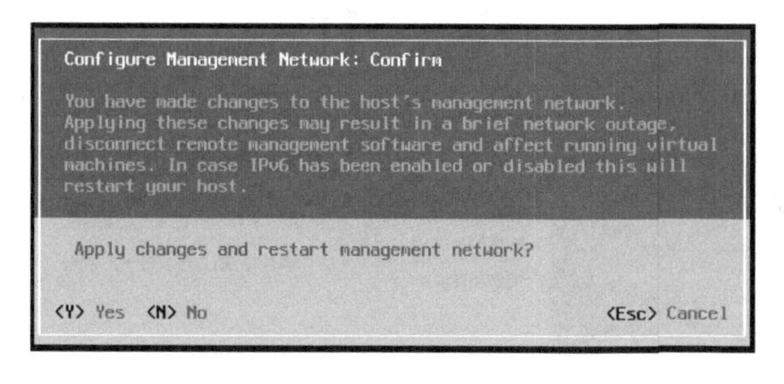

图 3-1-35　ESXi 主机环境配置之五

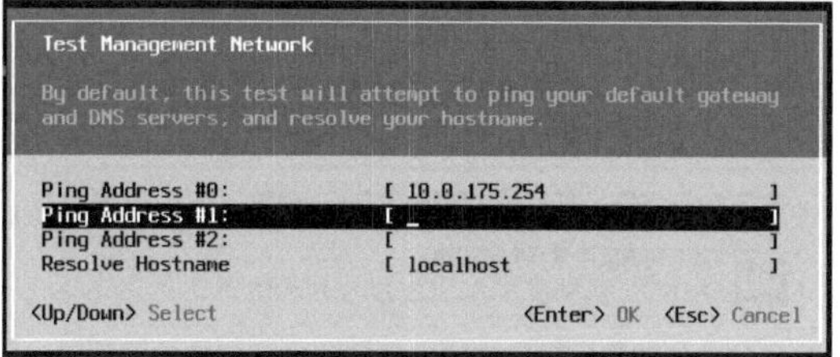

图 3-1-36　ESXi 主机环境配置之六

（7）设置 Ping 的网关、DNS 等 IP 地址。按“Enter”键进行 Ping 测试，如图 3-1-37 所示。

（8）在 VMware ESXi 控制台中按“F2”键，关闭 WMware ESXi 主机，按“ESC”键取消，按“F11”键重启，如图 3-1-38 所示。

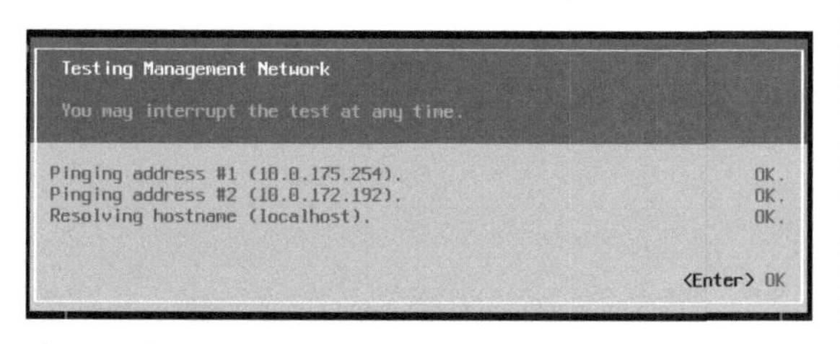

图 3-1-37　ESXi 主机环境配置之七

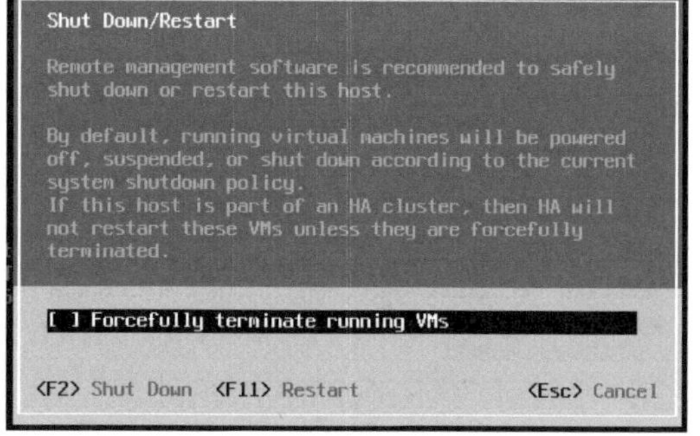

图 3-1-38　ESXi 主机环境配置之八

3.1.4　vSphere Client 的安装与使用

VMware vSphere Client 工具实际上就是标准的 Windows 程序，安装方式相当简单，使用默认方式即可完成安装。

（1）双击运行 WMware vSphere Client 6.0 安装程序，选择安装语言类型，如图 3-1-39 所示。

（2）进入 VMware vSphere Client 6.0 安装向导，如图 3-1-40 所示，单击“下一步”按钮。

（3）进入“最终用户许可协议”界面，选择“我接受许可协议中的条款”，如图 3-1-41 所示，然后单击“下一步”按钮。

（4）确定 VMware vSphere Client 工具安装的目标文件夹，如果需要修改，单击“更改”按钮，如果不修改，直接单击“下一步”按钮，如图 3-1-42 所示。

（5）进入“准备安装程序”界面，如图 3-1-43 所示，单击“安装”按钮。

（6）开始安装 VMware vSphere Client 工具，可以通过“状态”查看进度，如图 3-1-44 所示。

图 3-1-39　vSphere Client 安装之一　　图 3-1-40　vSphere Client 安装之二

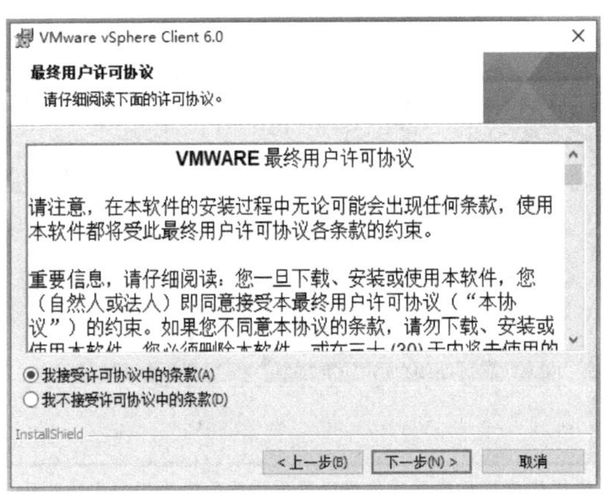

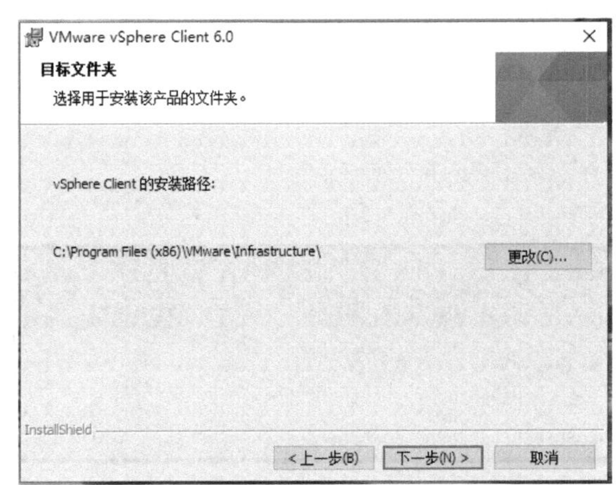

图 3-1-41　vSphere Client 安装之三　　图 3-1-42　vSphere Client 安装之四

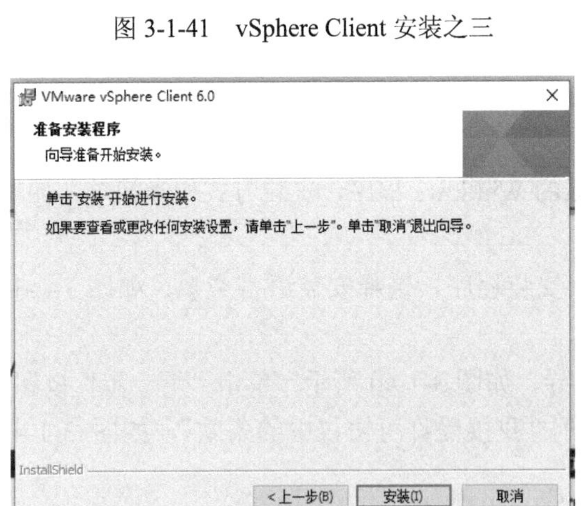

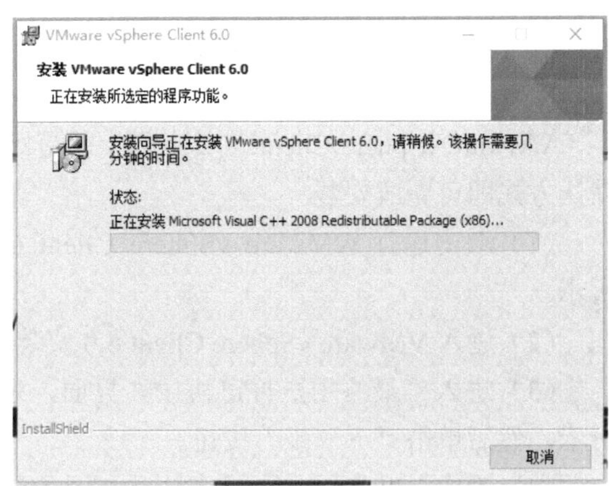

图 3-1-43　vSphere Client 安装之五　　图 3-1-44　vSphere Client 安装之六

（7）VMware vSphere Client 工具安装完成，如图 3-1-45 所示，单击“完成”按钮。

VMware vSphere Client 6.0 客户端工具安装完成，在没有安装 vCenter Server 之前，可以通过 VMware vSphere Client 客户端工具管理 ESXi 主机；安装 vCenter Server 后，推荐使用基于浏览器的 VMware Web Client 客户端工具来管理 vSphere 虚拟化环境，因为 VMware vSphere Client 工具不支持一些高级特性。

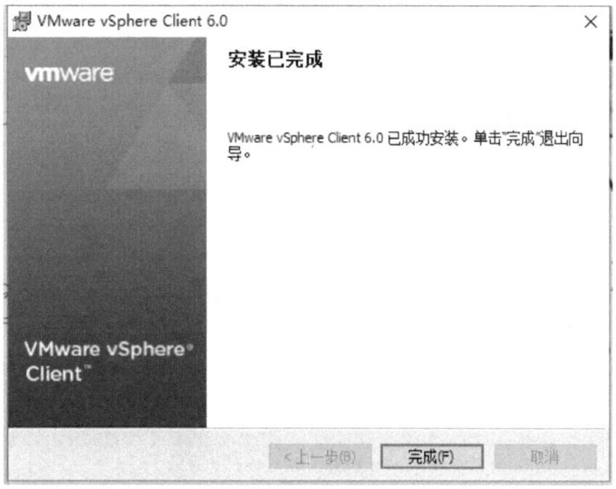

图 3-1-45 vSphere Client 安装之七

3.1.5 vSphere Web Client 配置虚拟机

（1）使用 vSphere Web Client 客户端登录 vCenter Server，在“虚拟机”上单击鼠标右键，在弹出的快捷菜单中选择“创建/主持虚拟机”选项，如图 3-1-46 所示。

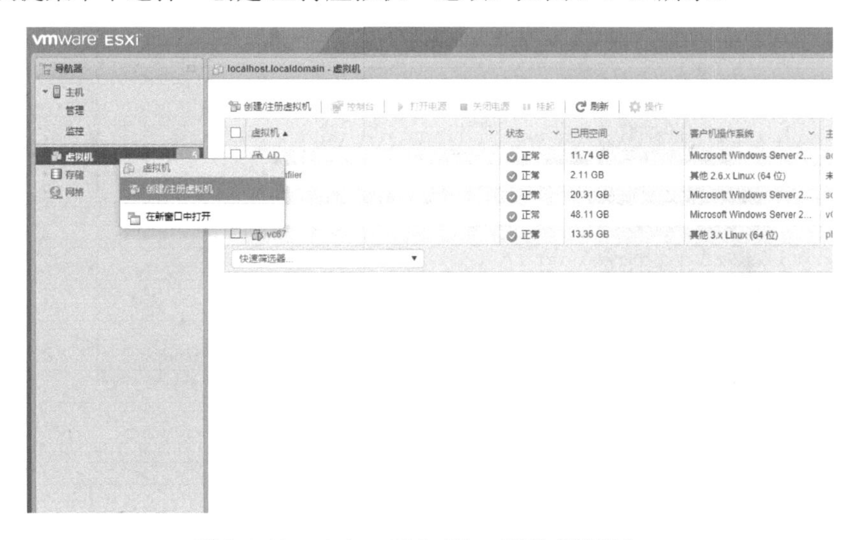

图 3-1-46 vSphere Web Client 配置虚拟机之一

（2）进入新建虚拟机向导，在“选择创建类型”界面中选择“创建新虚拟机”选项，如图 3-1-47 所示，单击“下一页”按钮。

（3）根据实际情况，输入需要创建的虚拟机的名称，以及选择操作系统的兼容性、类型、版本，如图 3-1-48 所示，单击“下一页”按钮。

（4）选择虚拟机文件放置的位置，除个别特殊情况外，虚拟机文件放置的位置为共享存储，以便后续使用 VMware vSphere 高级特性，如图 3-1-49 所示，单击“下一页”按钮。

（5）自定义设置，系统会给出一个基本的硬件配置，如图 3-1-50 所示，可以根据实际情况调整硬件配置，单击“下一页”按钮。

（6）确认创建虚拟机的基本配置，如图 3-1-51 所示，单击“完成”按钮。

（7）新的虚拟机 ESXi 创建完成，如图 3-1-52 所示。

图 3-1-47　vSphere Web Client 配置虚拟机之二

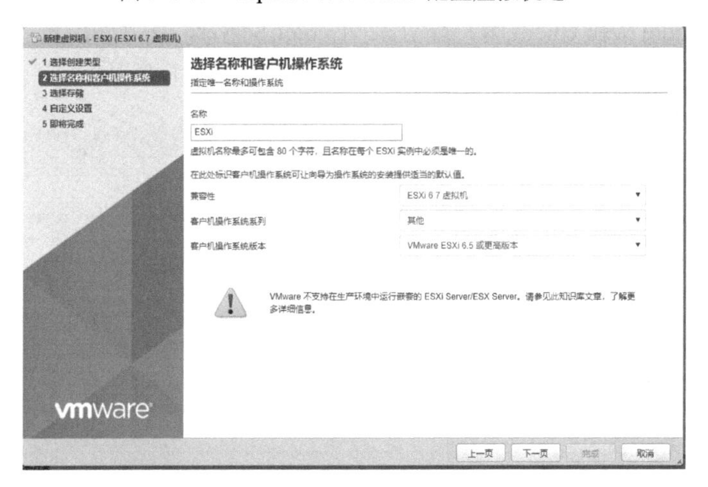

图 3-1-48　vSphere Web Client 配置虚拟机之三

图 3-1-49　vSphere Web Client 配置虚拟机之四

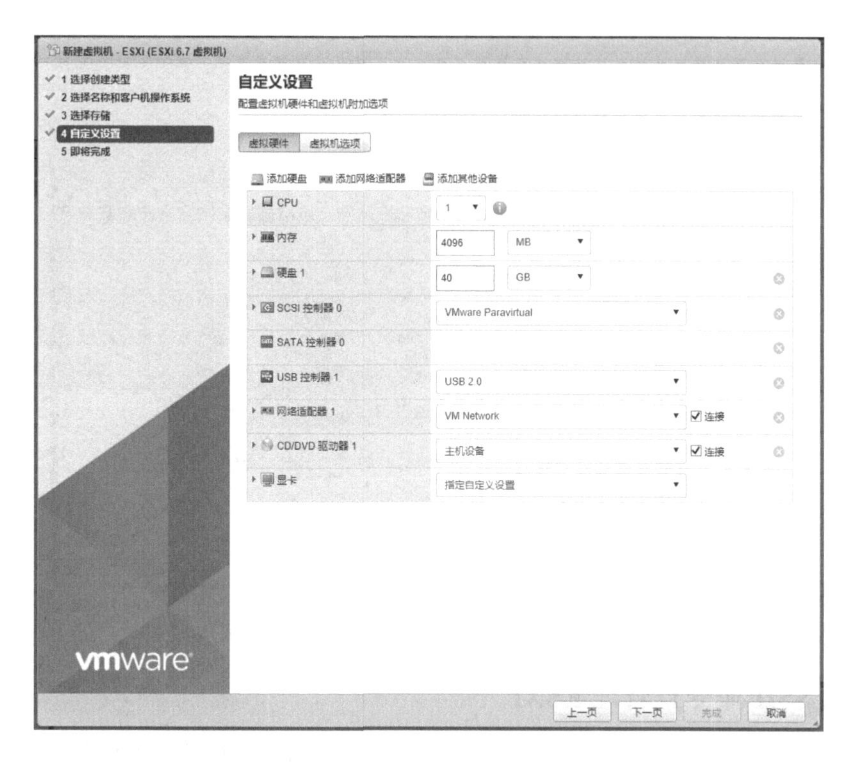

图 3-1-50　vSphere Web Client 配置虚拟机之五

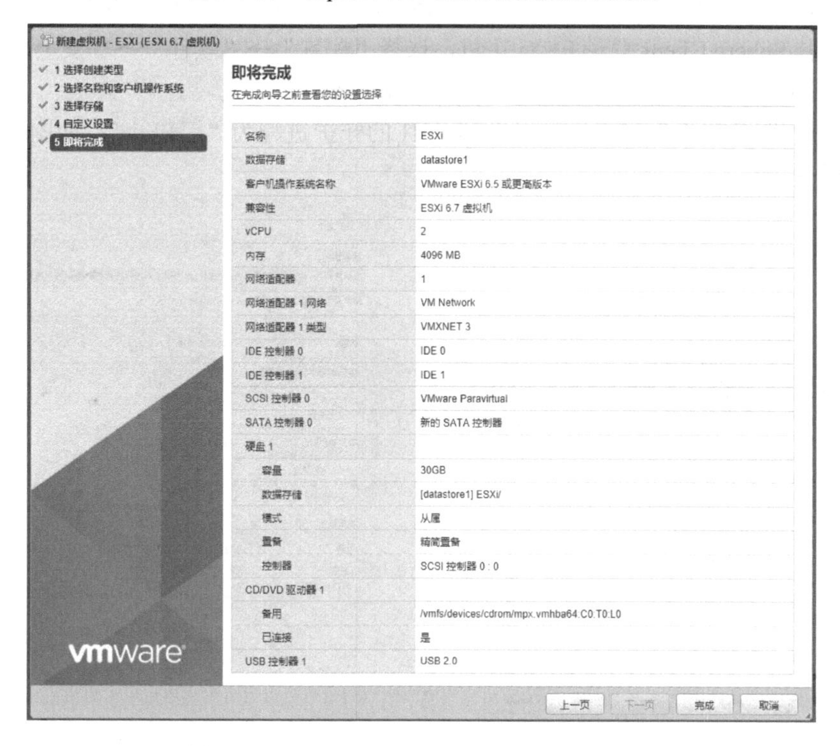

图 3-1-51　vSphere Web Client 配置虚拟机之六

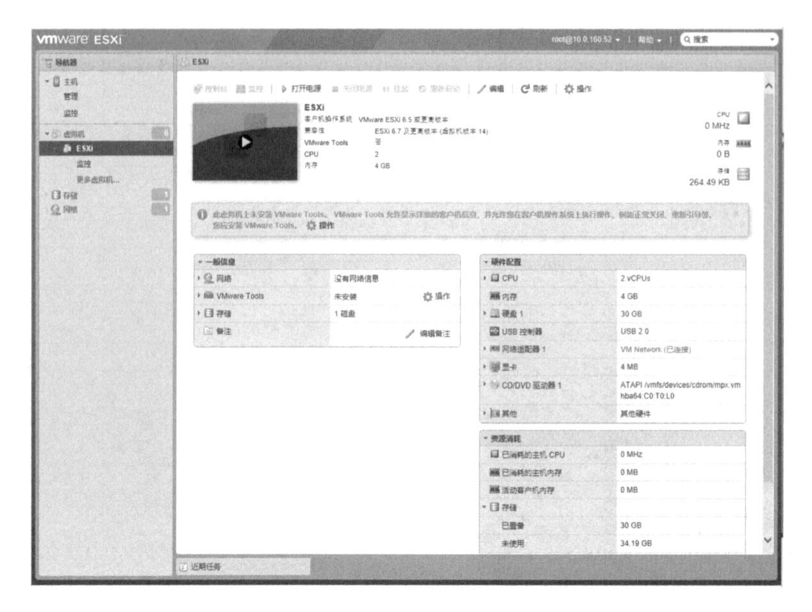

图 3-1-52　vSphere Web Client 配置虚拟机之七

3.1.6　开启 SSH 命令行管理 ESXi

SSH 默认是关闭的，在日常管理过程中，可能会用到命令行模式，可以通过 vSphere Client 工具或其他方式打开 SSH 命令行。本书使用 vSphere Client 工具，具体步骤如下。

（1）使用 vSphere Client 登录 ESXi 主机，选择“配置”→“软件”→“安全配置文件”→“服务”→“SSH”选项，如图 3-1-53 所示，单击“属性”按钮。

（2）通过“服务属性”窗口，可以看到 SSH 的守护进程为“已停止”，如图 3-1-54 所示，单击“选项”按钮。

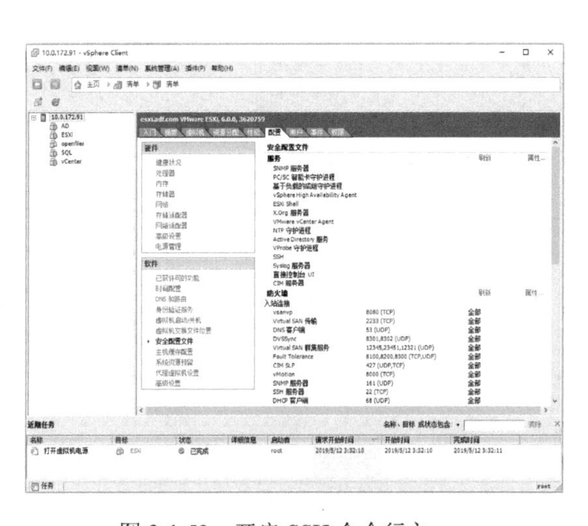

图 3-1-53　开启 SSH 命令行之一

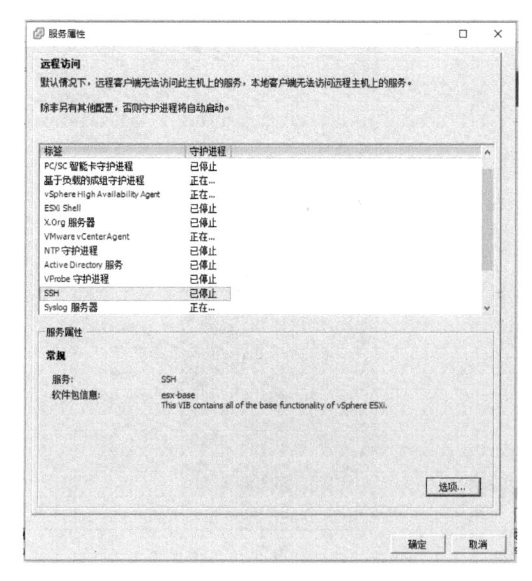

图 3-1-54　开启 SSH 命令行之二

（3）在“SSH（TSM-SSH）选项”对话框的“服务命令”中，单击“启动”按钮，打开

SSH 服务，如图 3-1-55 所示。

（4）回到“服务属性”窗口，可以看到 SSH 的守护进程为“正在运行”，如图 3-1-56 所示，单击“确定”按钮。

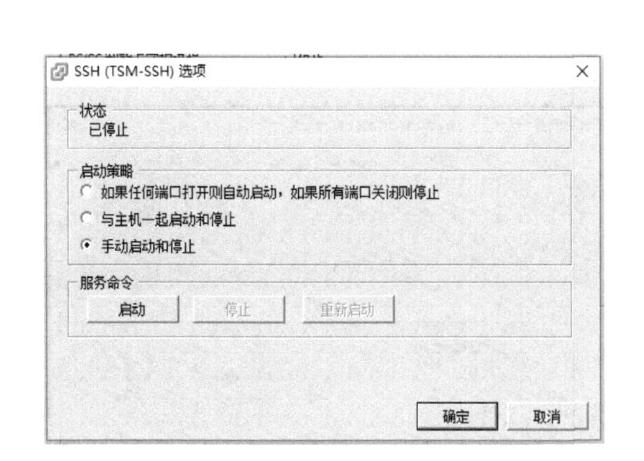

图 3-1-55　开启 SSH 命令行之三

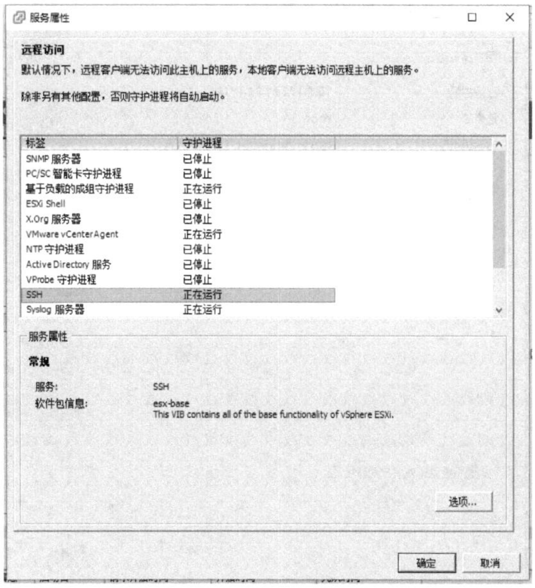

图 3-1-56　开启 SSH 命令行之四

（5）使用 Xshell 软件（安全终端模拟软件）创建一个新的连接，名称根据实际情况进行输入，协议使用 SSH，输入 ESXi 主机的 IP 地址，端口号默认 22，如图 3-1-57 所示，其他使用默认选项，单击“确定”按钮。

（6）在“SSH 用户名”对话框输入 ESXi 主机用户名 root，如图 3-1-58 所示，单击“确定”按钮。

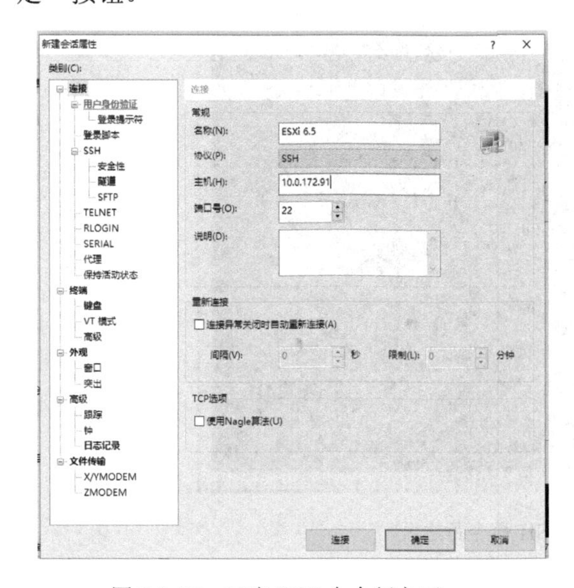

图 3-1-57　开启 SSH 命令行之五

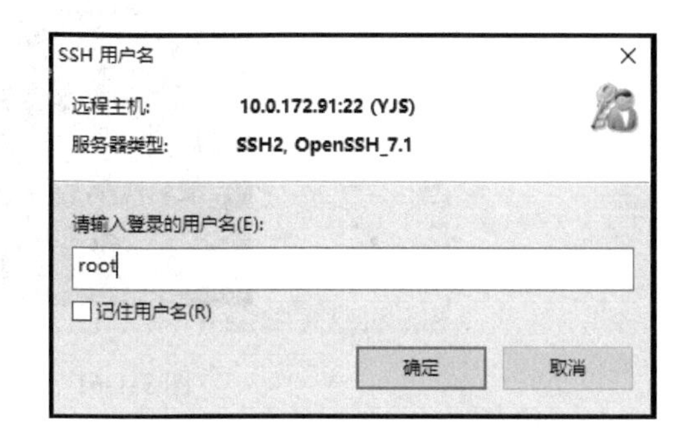

图 3-1-58　开启 SSH 命令行之六

（7）在“SSH用户身份验证”对话框选择“Keyboard Interactive”，如图3-1-59所示，单击“确定”按钮。

（8）在“SSH用户身份验证-Keyboard Interactive”对话框输入ESXi主机密码，如图3-1-60所示，单击“确定”按钮。

图3-1-59　开启SSH命令行之七

图3-1-60　开启SSH命令行之八

（9）成功登录，如图3-1-61所示。输入“ls”命令，可以查看ESXi主机当前目录下的文件；输入“vmware -v”命令，可以查看ESXi主机当前版本。

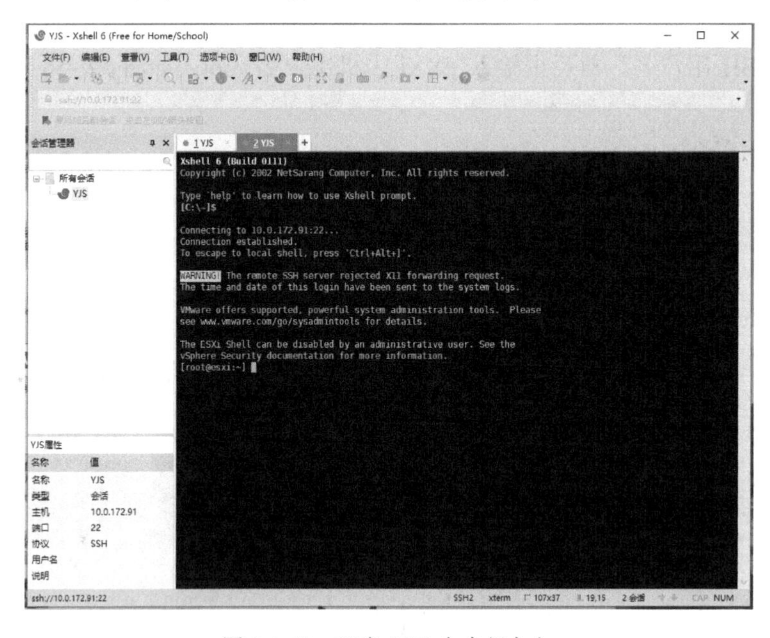

图3-1-61　开启SSH命令行之九

3.1.7 虚拟机快照与 OVF 模板部署

1. 虚拟机快照介绍

虚拟机快照是调试虚拟机时经常使用的功能之一，它的作用是将虚拟机当前的状态保存下来，后续由于误操作或其他原因导致虚拟机崩溃时，可以退回到之前保存的状态。快照可以创建多个时间点，可随意选择回到快照的时间点，特别需要说明的是，在生产环境下不能将虚拟机快照作为日常备份的工具。

当创建虚拟机快照时，会创建.vmdk、-delta.vmdk、.vmsd 和.vmsn 文件。默认情况下，所有增量磁盘与基本.vmdk 文件存储在一起。.vmsd 和.vmsn 文件存储在虚拟机目录中。

客户机操作系统可以写入.vmdk 文件。增量磁盘表示虚拟磁盘的当前状况和上次执行快照时的状况之间的差异。执行快照时，将保留虚拟磁盘的状况，从而阻止客户机操作系统写入，并会创建增量磁盘或子磁盘。

虚拟机快照可能会影响虚拟机性能，快照数量越多越明显，同时虚拟机快照不支持某些磁盘类型或使用总线共享配置的虚拟机。快照作为短期解决方案，用于捕获选定时间点的虚拟机状况，但不能用于虚拟机日常备份。虚拟机快照的部分限制如下。

- 不支持裸磁盘、RDM 物理模式磁盘或在客户机中使用 iSCSI 启动器的客户机操作系统。
- 不支持具有独立磁盘的已打开电源或已挂起的虚拟机快照。
- PCI vSphere Direct Path I/O 设备不支持快照。
- 不支持为总线共享配置的虚拟机快照。若需要使用总线共享，则作为备用解决方案，可考虑在客户机操作系统中运行备份软件。如果虚拟机当前具有快照，并阻止配置总线共享，可删除（整合）这些快照。
- 快照提供备份解决方案可以使用的磁盘的时间点映像，但快照不是备份和恢复的可靠方法。若包含虚拟机的文件丢失，则其快照文件也会丢失。另外，大量快照难以管理，占用大量磁盘空间，并且出现硬件故障时不受保护。
- 快照可能会对虚拟机的性能产生负面影响。性能降低多少基于快照或快照树保持原位的时间、树的深度，以及执行快照后虚拟机及其客户机操作系统发生更改的程度。另外，还可能会出现打开虚拟机电源所花费的时间变长的情况。因此，不要长时间在生产虚拟机上运行快照。
- 若虚拟机使用的虚拟磁盘容量大于 2TB，则完成快照操作需要更长的时间。

2. 创建虚拟机快照

对于虚拟机快照的创建，Windows 操作系统与 Linux 操作系统中的基本一样，本节介绍从 vSphere Client 登录到 vCenter 后如何创建虚拟机快照。

（1）登录 vCenter，选择要创建快照的虚拟机，单击鼠标右键，在弹出的快捷菜单中选择“快照”→“生成快照”选项，如图 3-1-62 所示。

（2）设置生成快照的名称及描述信息，默认情况下“生成虚拟机的内存快照”复选项已勾选，如图 3-1-63 所示，单击“确定”按钮。

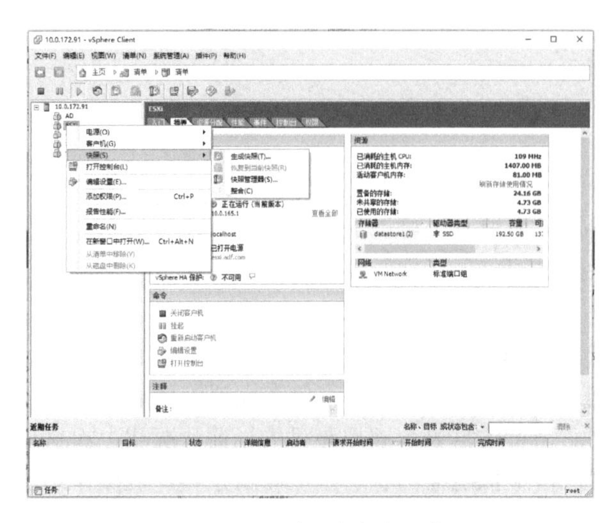

图 3-1-62　创建虚拟机快照之一

图 3-1-63　创建虚拟机快照之二

（3）系统开始生成虚拟机快照，如图 3-1-64 所示。

（4）虚拟机快照生成完成，可以从快照管理器中查看虚拟机快照信息，如图 3-1-65 所示。

图 3-1-64　创建虚拟机快照之三

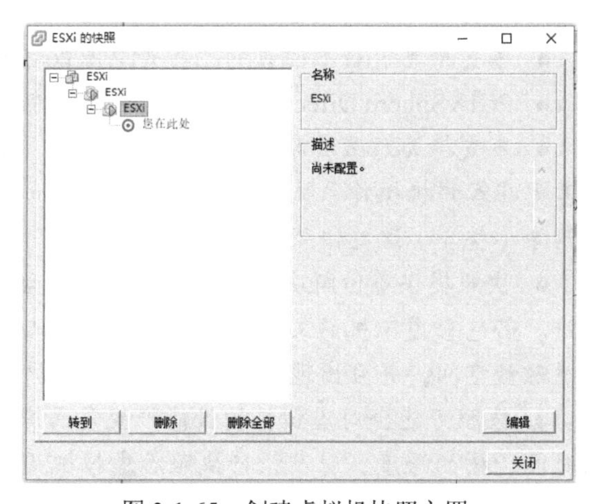

图 3-1-65　创建虚拟机快照之四

3. OVF 介绍

常见的虚拟磁盘格式包括 vmdk、vhd、raw 和 qcow2 等。

开放虚拟化格式（Open Virtualization Format，OVF）是用来描述虚拟机配置的标准格式，OVF 文件包括虚拟硬件设置、先决条件和安全属性等元数据。OVF 最初由 VMware 公司提出，目的是提高各种虚拟化平台之间的互操作性。OVF 由以下几种文件组成。

- OVF 是一个 XML 文件，包含虚拟磁盘等虚拟机硬件的信息。
- MF 是一个清单文件，包含各文件的 SHA1 值，用于验证 OVF 等文件的完整性。
- vmdk 是 VMware 虚拟磁盘文件，也可以使用其他格式的文件，从而提高虚拟化平台的互操作性。
- 为了简化 OVF 文件的移动和传播，还可以使用 OVA 文件。OVA 文件实际上是将 OVF、

MF、vmdk 等文件使用 tar 格式进行打包，然后将打包后文件的后缀改为 OVA 得来的。

OVF 文件具有以下优势。

- OVF 文件为压缩格式，下载速度更快。
- vSphere Client 会在导入 OVF 文件之前进行验证，确保文件与指定的目标服务器兼容。若文件与选定的主机不兼容，则该文件不能导入并将显示一则错误消息。
- OVF 文件可以封装多层应用程序和多个虚拟机。

4. OVF 模板部署

下面将在 ESXi 主机上部署 OVF 模板。

（1）导出 OVF 模板

① 进入 vCenter 管理中心，进入主页，单击“文件”→“导出”→“导出 OVF 模板”选项（导出前先验证是否已关闭虚拟机电源），如图 3-1-66 所示。

② 输入 OVF 文件的名称和指定存储目录，并指定是将虚拟机导出为 OVF（具有单独文件的文件夹）还是 OVA（单文件归档），这里选择“文件的文件夹（OVF）”，如图 3-1-67 所示，然后单击“确定”按钮。

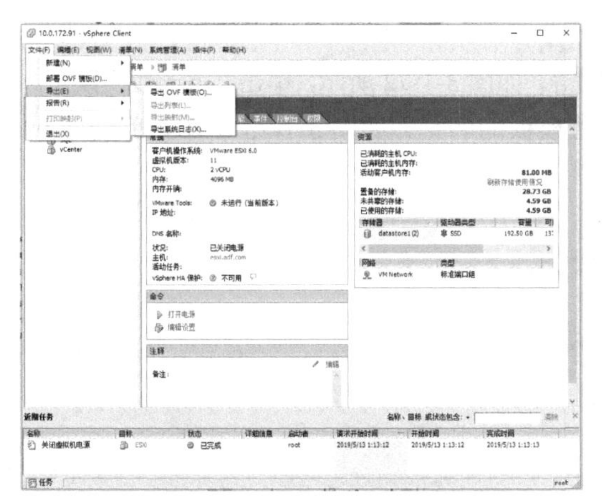

图 3-1-66　导出 OVF 模板之一

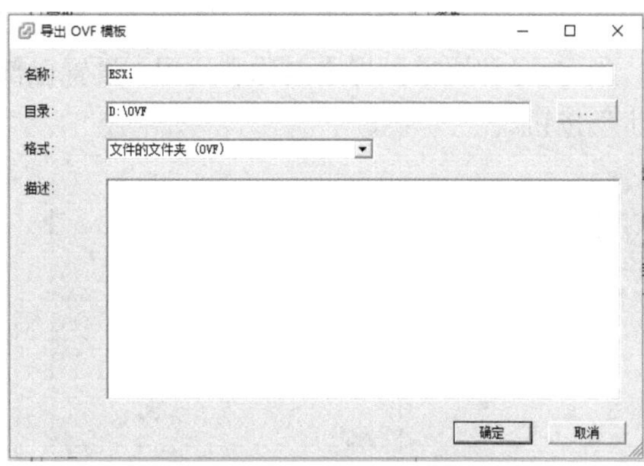

图 3-1-67　导出 OVF 模板之二

③ 启动 OVF 导出过程，导出过程可能需要几分钟的时间，窗口显示导出过程的进度，如图 3-1-68 所示。

④ 导出完成，如图 3-1-69 所示。

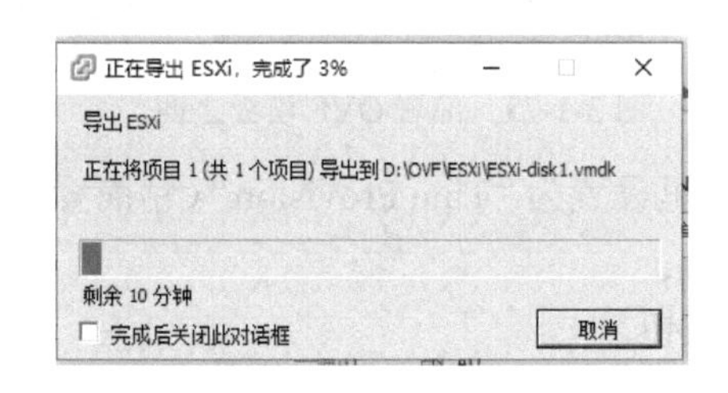

图 3-1-68　导出 OVF 模板之三

图 3-1-69　导出 OVF 模板之四

（2）部署 OVF 模板

① 使用 vSphere Client 连接到 ESXi 主机，选择“文件”→“部署 OVF 模板”选项，如图 3-1-70 所示。

② 指定源，单击“浏览”按钮找到 OVF 文件，如图 3-1-71 所示，单击“下一步”按钮。

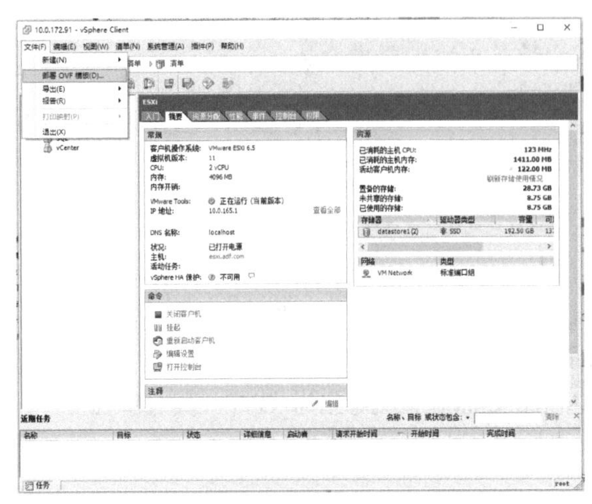

图 3-1-70　部署 OVF 模板之一

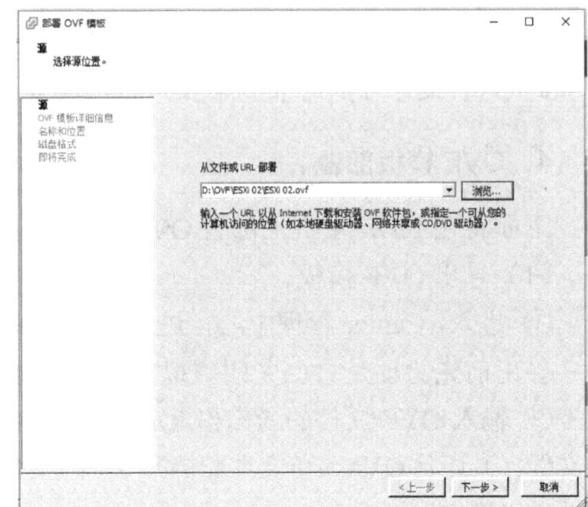

图 3-1-71　部署 OVF 模板之二

③ 验证 OVF 模板详细信息，包括磁盘占用空间等，如图 3-1-72 所示，单击“下一步”按钮。

④ 为已部署模板指定名称和位置，设置已部署模板的名称，如图 3-1-73 所示，单击“下一步”按钮。

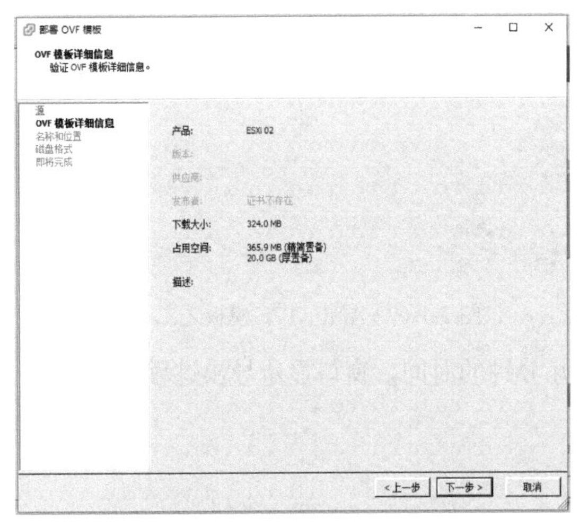

图 3-1-72　部署 OVF 模板之三

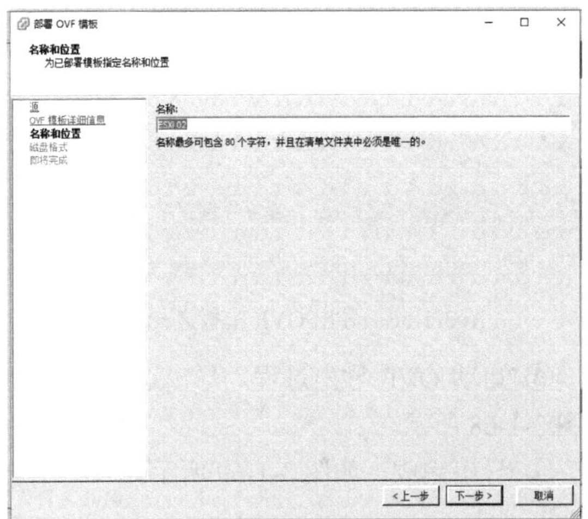

图 3-1-73　部署 OVF 模板之四

⑤ 选择虚拟磁盘的存放位置及磁盘置备方式，这里设置为“Thin Provision”（精简置备），如图 3-1-74 所示。

⑥ 启动部署，如图 3-1-75 所示，单击“完成”按钮。

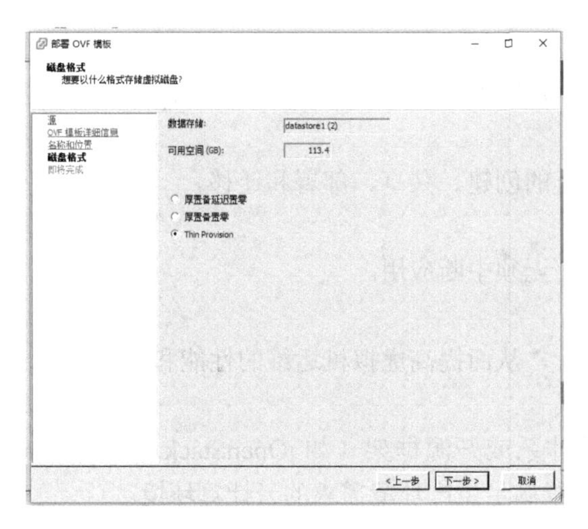

图 3-1-74　部署 OVF 模板之五

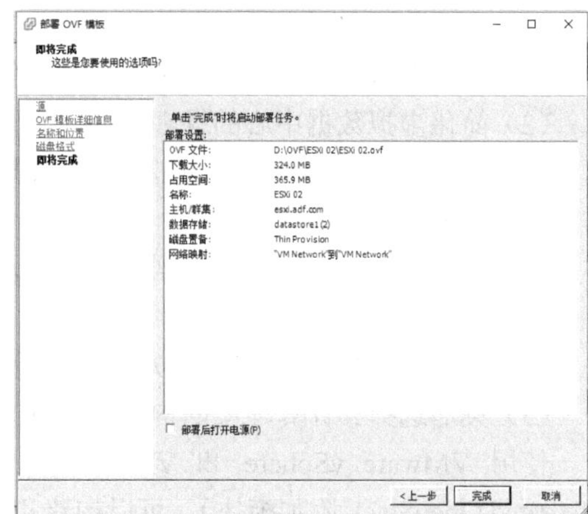

图 3-1-75　部署 OVF 模板之六

⑦ 正在部署 OVF 模板，如图 3-1-76 所示。

⑧ OVF 模板部署成功完成，如图 3-1-77 所示。

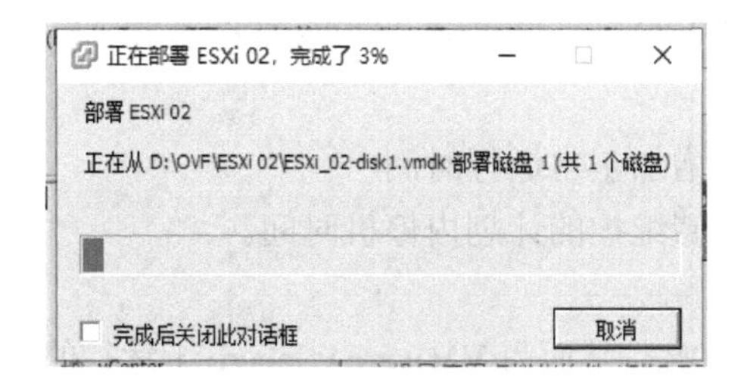

图 3-1-76　部署 OVF 模板之七

图 3-1-77　部署 OVF 模板之八

任务 3.2　VMware vSphere 体系结构

3.2.1　VMware vSphere 6.5 介绍

1．什么是 VMware vSphere

VMware vSphere 是业界领先的虚拟化平台，能够通过虚拟化纵向扩展和横向扩展应用、重新定义可用性及简化虚拟化数据中心，最终可实现高可用、恢复能力强的按需基础架构，这是任何云计算环境的理想基础。同时可以降低数据中心成本，增加系统和应用正常运行时间，显著简化 IT 运行数据中心的方式。

VMware vSphere 的两个核心组件是 ESXi 和 vCenter Server。ESXi 是用于创建和运行虚拟机及虚拟设备的虚拟化平台。vCenter Server 是管理平台，充当连接到网络的 ESXi 主机的中心管理员，vCenter Server 可用于将多个 ESXi 主机加入资源池中并管理这些资源。

2．VMware vSphere 的用途

VMware vSphere 的用途，主要分为以下几个方面。

（1）虚拟化应用

提供增强的可扩展性、性能和可用性，使用户能够虚拟化应用。

（2）简化虚拟数据中心的管理

凭借功能强大且简单直观的工具管理虚拟机的创建、共享、部署和迁移。

（3）数据中心迁移和维护

执行工作负载实时迁移和数据中心维护，而无须中断应用。

（4）为虚拟机实现存储转型

使外部存储阵列更多地以虚拟机为中心运行，从而提高虚拟机运维的性能和效率。

（5）灵活选择云计算环境的构建和运维方式

使用 VMware vSphere 和 VMware 产品体系或开源框架（如 OpenStack 和 VMware Integrated OpenStack 附加模块），可以构建和运维满足生产环境需求的云计算环境。

3. VMware vSphere 的优势

VMware vSphere 的优势，主要体现在以下几个方面。

（1）通过提高利用率和实现自动化获得高效率

可实现 15：1 或更高的整合率，将硬件利用率从 5%～15%提高到 80%甚至更高，而且无须牺牲性能。

（2）在整个云计算基础架构范围内最大限度地增加正常运行时间

减少计划外停机时间，并消除用于服务器和存储维护的计划内停机时间。

（3）大幅降低 IT 成本

使资金开销降幅高达 70%，运营开销降幅高达 30%，从而为 VMware vSphere 上运行的每个应用降低 20%～30%的 IT 基础架构成本。

（4）兼具灵活性和可控性

快速响应不断变化的业务需求而又不牺牲安全性或控制力，并且为 VMware vSphere 上运行的所有关键业务应用提供零接触式基础架构，以及内置的可用性、可扩展性和性能保证。

（5）可自由选择

使用基础标准的通用平台，既可利用现有 IT 资产，又可利用新一代 IT 服务，并且通过开放 API 与来自全球领先技术供应商体系的解决方案集成，以增强 VMware vSphere 的性能。

图 3-2-1 显示了 VMware vSphere 通过一整套应用和基础架构提供的一个完整的虚拟化平台。

图 3-2-1　完整的 VMware vSphere 虚拟化平台

3.2.2 VMware vSphere 架构

VMware vSphere 构建了整个虚拟基础架构，将数据中心转化为可扩展的聚合计算机基础架构。虚拟基础架构还可以作为云计算的基础。完美的 VMware vSphere 架构是由软件和硬件两方面组成的。VMware vSphere 平台从其自身的系统架构来看，可分为 3 个层次：基础架构层、管理层、界面层。这 3 层构成了 VMware vSphere 平台的整体，如图 3-2-2 所示。VMware vSphere 平台充分利用了虚拟化资源、控制资源和访问资源等各种计算机资源，同时还能使 IT 组织提供灵活可靠的 IT 服务。 vCenter Server 是 vSphere 的管理层，用于控制和整合 vSphere 环境中所有的 ESXi 主机，为整个 vSphere 架构提供集中式的管理。

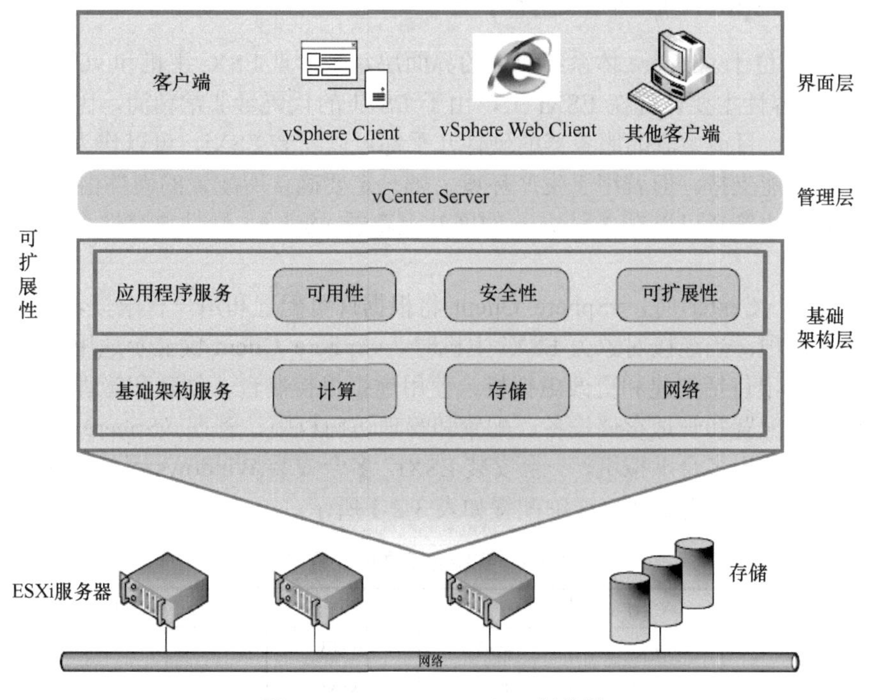

图 3-2-2 VMware vSphere 架构图

vCenter Server 可以让管理员轻松应对数百台 ESXi 主机和数千台虚拟机的大型环境。除了集中化的管理，vCenter Server 还提供了 vSphere 中绝大部分的高级功能，这些功能无法直接通过 ESXi 来使用，内容如下。

- 快速的虚拟机部署，包括克隆功能和通过虚拟机模板进行部署。
- 基于角色的访问控制，可用于多租户情景下的权限分配。
- 更好的资源委派控制，显著提高资源池的灵活性。
- 虚拟机热迁移和虚拟机存储位置的热前置，可以在虚拟机不停机的情况下改变其驻留的主机和数据存储设备。
- 分布式资源调度，用于在主机之间自动迁移虚拟机，以实现负载均衡。
- 高可用性，用于保护虚拟机或虚拟机上的应用程序，减少意外停机时间。
- 基于双机热备的容错，提供比高可用性更高级别的保护，真正实现零停机时间。

- 主机配置文件，将状况良好的 ESXi 主机的配置作为合规性标准，用于配置检查及错误配置的快速恢复。
- 分布式交换机，一种跨越多个主机的虚拟交换机，用于在复杂的虚拟网络环境下简化网络维护工作，并提供相对于标准虚拟交换机更多的实用功能。

一个典型的 vSphere 虚拟化架构，通常将通信流量分为 5 种不同的类型，每种流量使用独立的通道，并两两冗余。如果使用的存储方案是 iSCSI 或 NFS，并且整个架构运行在千兆以太网上，那么标准配置应该是每台 ESXi 主机配有 10 个网卡。完整的 vSphere 架构还需要用到 DNS 服务，最好有域环境，并为每个组件分配 IP 地址和定义域名。

3.2.3 VMware vSphere 版本和运行环境

vSphere Client 位于 vSphere 体系结构中的界面层，是管理 ESXi 主机和 vCenter 的工具。vSphere 的硬件兼容性主要体现在 ESXi 上，由于 ESXi 的代码量非常精简，因此许多硬件的驱动并没有被集成。目前主流的服务器的硬件几乎都可以安装 ESXi，可以作为实验环境，甚至很多桌面平台也能支持。但若用于生产环境，则一定要确认所配置的硬件由 VMware 官方宣称受支持。企业决策者可以在 VMware 的网站上查看 vSphere 硬件兼容性列表，以确认硬件是否受支持。

当连接对象为 vCenter 时，vSphere Client 将根据许可配置和用户权限显示可供 vSphere 环境使用的所有选项；当连接对象为 ESXi 主机时，vSphere Client 仅显示适用于单台主机管理的选项，这些选项包括创建和更改虚拟机、使用虚拟机控制台、创建和管理虚拟网络、管理多个物理网卡、配置和管理存储设备、配置和管理访问权限、管理 vSphere 许可证等。本书的实验环境一共使用多台虚拟机，一台安装 ESXi，多台安装 Windows 系统，使用 Openfiler 系统构建了 iSCSI 存储，实验环境详细配置如表 3-2-1 所示。

表 3-2-1　实验环境详细配置

设备名称	CPU	内　存	硬　盘	备　注
ESXi	1×2	4GB	30GB	
Openfiler	1×2	4GB	10GB×5	
Active Directory	1×2	4GB	30GB	安装后内存可以调到 2GB
SQL Server	1×2	4GB	30GB	安装后内存可以调到 2GB
vCenter	1×2	8GB	40GB	安装后内存可以调到 4GB
Windows7	1	2GB	15GB	
Composer	1×2	2GB	30GB	
Connection	1×2	2GB	30GB	

安装完成后，启动 vSphere Client，通过分配的 IP 地址登录，详细操作步骤如下。

（1）使用 VMware vSphere Client 客户端登录 ESXi 主机，输入 IP 地址，进入实验环境平台，如图 3-2-3 所示。

（2）系统出现“安全警告”对话框，如图 3-2-4 所示，直接单击“忽略”按钮。

（3）成功使用 VMware vSphere Client 客户端工具登录 ESXi 6.5 主机，如图 3-2-5 所示。

vSphere Client 和 vSphere Web Client 所有管理功能都可通过 vSphere Web Client 来获取。这些功能的子集可通过 vSphere Client 来获取。

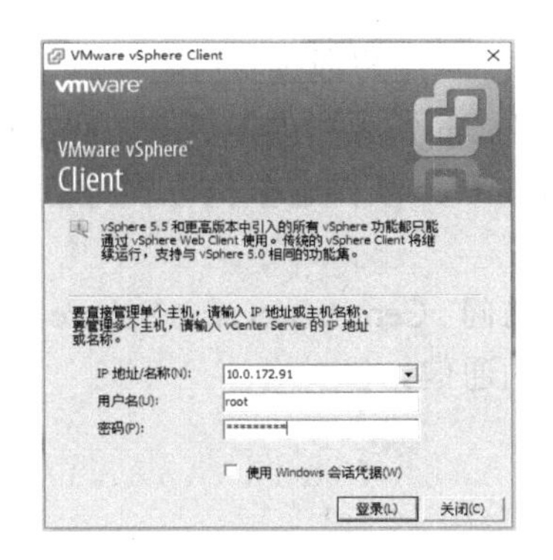

图 3-2-3　vSphere Client 登录之一

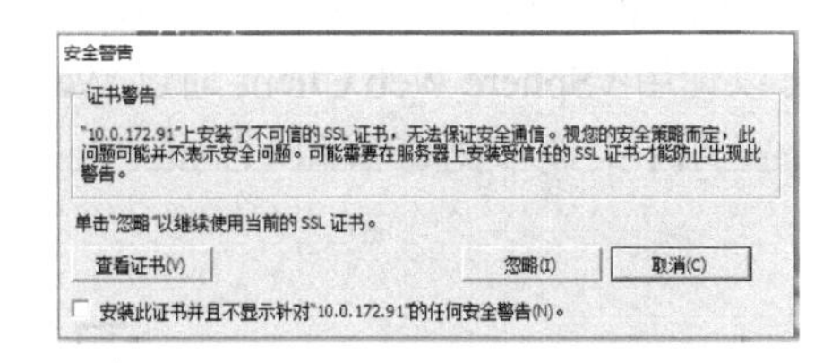

图 3-2-4　vSphere Client 登录之二

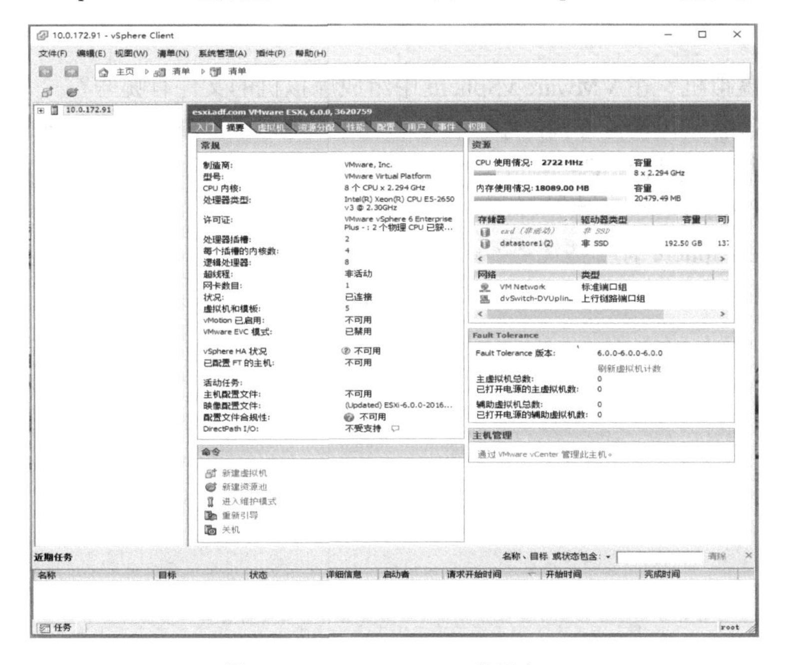

图 3-2-5　vSphere Client 登录之三

比较这两个客户端，如表 3-2-2 所示。

表 3-2-2　两个客户端比较

客户端	vSphere Client	vSphere Web Client
应用程序	本地安装的应用程序	Web 应用程序
操作系统	仅限 Windows 操作系统	跨平台
连接	可以连接到 vCenter Server 或直接连接到主机	只能连接到 vCenter Server
管理功能	除 vSphere 5.1 中引入的新功能之外的所有管理功能	所有管理功能
可扩展	—	基于插件的可扩展架构
用户	专用功能的 Virtual Infrastructure 管理员	Virtual Infrastructure 管理员、技术支持、网络操作中心操作员、虚拟机所有者

vSphere Client 使用 VMware API 访问 vCenter Server。当用户通过身份验证后，在 vCenter Server 中会启动一个会话，此时用户可以看到分配给自己的资源和虚拟机。访问虚拟机控制台时，vSphere Client 首先通过 VMware API 从 vCenter Server 获得虚拟机位置；然后，vSphere Client 连接到相应的主机并提供对虚拟机控制台的访问。

用户可以使用 vSphere Web Client 通过 Web 浏览器访问 vCenter Server。vSphere Web Client 使用 VMware API 来调节浏览器和 vCenter Server 之间的通信。

习　题

简答题

1．什么是虚拟机？在 VMware vSphere 中组成虚拟机的文件有哪些？

2．虚拟磁盘的三种置备方式：厚置备延迟置零、厚置备置零、精简置备有什么区别？分别适合哪些类型的虚拟机？

3．vShpere 和 ESXi 的关系是什么？

4．VMware vSphere 有哪些优势？

项目 4

vCenter Server 平台部署

本项目学习目标

知识目标

- 掌握安装基于 Linux 版本的 vCenter Server 与部署 VCSA；
- 掌握安装基于 Windows 版本的 vCenter Server 与部署 SQL 和域控制器。

能力目标

- 学会安装 vCenter Server；
- 学会部署 VCSA；
- 熟练使用 vCenter Server 管理主机和集群。

vCenter Server 是 VMware vSphere 虚拟化架构中的核心管理工具，充当 ESXi 主机及虚拟机中心管理点，利用 vCenter Server，可以集中管理多台 ESXi 主机及其虚拟机。安装、配置和管理 vCenter Server 不当，可能会导致管理效率降低，或者致使 ESXi 主机和虚拟机停机。

vCenter Server 提供 ESXi 主机管理、虚拟机管理、模板管理、虚拟机部署、任务调度、统计与日志、警报与事件管理等特性，还提供了很多适应现代数据中心的高级特性，如 vSphere vMotion（在线迁移）、vSphere DRS（分布式资源调度）、vSphere HA（高可用性）和 vSphere FT（容错）等。本章主要介绍 vCenter Server 平台的安装与部署，高级特性将在后续章节进行介绍。

针对不同的环境，VMware vSphere 推出了两个版本的 vCenter Server：一个是 Windows 版本的 vCenter Server（VC），另一个是 Linux 版本的 vCenter Server Appliance（VCSA）。两个版本的主要功能几乎没有区别，并且都支持 SQL Server 及 Oracle 作为外部数据库。

任务 4.1 主要介绍基于 Linux 版本的 VCSA 的安装部署且使用内置数据库；任务 4.2 主要介绍基于 Windows 版本的 VC 的安装部署且使用外置数据库 SQL Server 管理主机和虚拟机。

任务 4.1　安装 vCenter Server 与部署 VCSA

4.1.1　部署 VCSA

本例采用一台装有 Windows Server 2012 R2 的虚拟机安装 VCSA。具体安装步骤如下。

（1）在虚拟机中挂载 VCSA 安装文件，打开挂载文件目录，如图 4-1-1 所示。

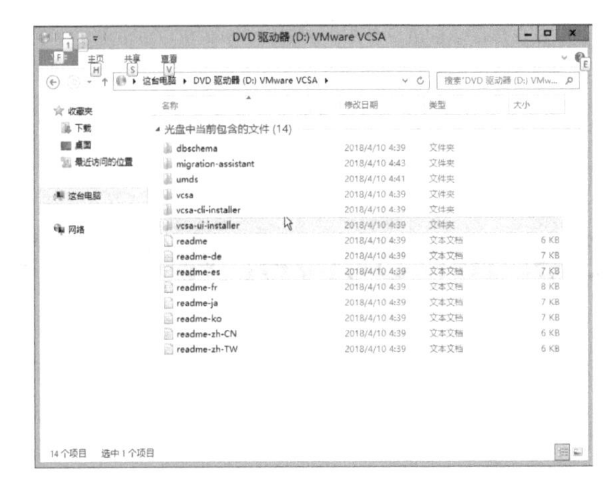

图 4-1-1 部署 VCSA 之一

（2）依次打开“VCSA-ui-install”→“win32”文件夹，如图 4-1-2 所示，双击“installer”文件进行安装。

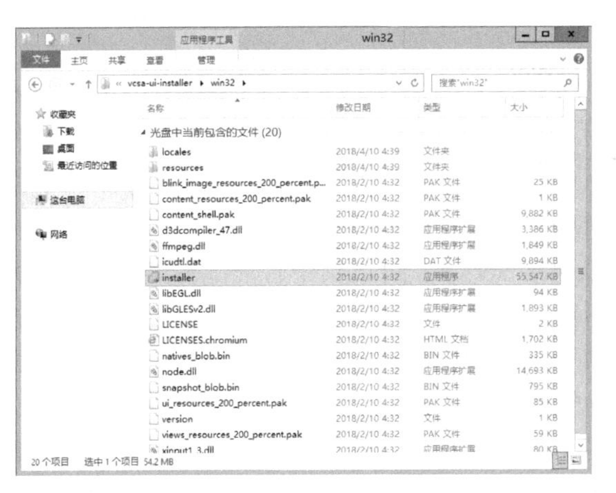

图 4-1-2 部署 VCSA 之二

（3）在 vCenter Server Appliance 安装程序引导界面中选择“安装”选项，如图 4-1-3 所示。

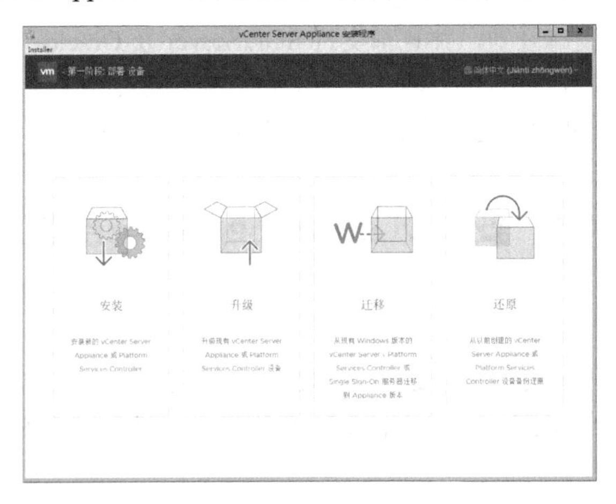

图 4-1-3 部署 VCSA 之三

（4）进入“简介”界面，提示安装分为两个阶段，如图 4-1-4 所示，单击“下一页”按钮。

图 4-1-4　部署 VCSA 之四

（5）进入“最终用户许可协议”界面，勾选“我接受许可协议条款”，如图 4-1-5 所示，单击“下一页”按钮。

图 4-1-5　部署 VCSA 之五

（6）选择“嵌入式 Platform Services Controller”，如图 4-1-6 所示，单击“下一页”按钮。

图 4-1-6　部署 VCSA 之六

（7）设置设备部署目标，可使用 ESXi 主机或 vCenter Server 设备，并输入相应目录的用户名和密码，本例使用 ESXi 主机，如图 4-1-7 所示，单击“下一页”按钮。

图 4-1-7　部署 VCSA 之七

（8）弹出“证书警告”，如图 4-1-8 所示，单击“是”按钮。

图 4-1-8 部署 VCSA 之八

（9）设置 VCSA 6.7 虚拟机名称及 root 密码，如图 4-1-9 所示，单击“下一页”按钮。

图 4-1-9 部署 VCSA 之九

（10）选择部署大小，如图 4-1-10 所示，单击“下一页”按钮。

部署大小	vCPU	内存 (GB)	存储 (GB)	主机数 (上限)	虚拟机数 (上限)
微型	2	10	300	10	100
小型	4	16	340	100	1000
中型	8	24	525	400	4000
大型	16	32	740	1000	10000
超大型	24	48	1180	2000	35000

图 4-1-10 部署 VCSA 之十

（11）选择 VCSA 6.7 虚拟机数据存储，勾选“启用精简磁盘模式”，单击“下一页”按钮。

图 4-1-11 部署 VCSA 之十一

（12）根据实际情况配置 VCSA 6.7 虚拟机网络，如图 4-1-12 所示，单击“下一页”按钮。

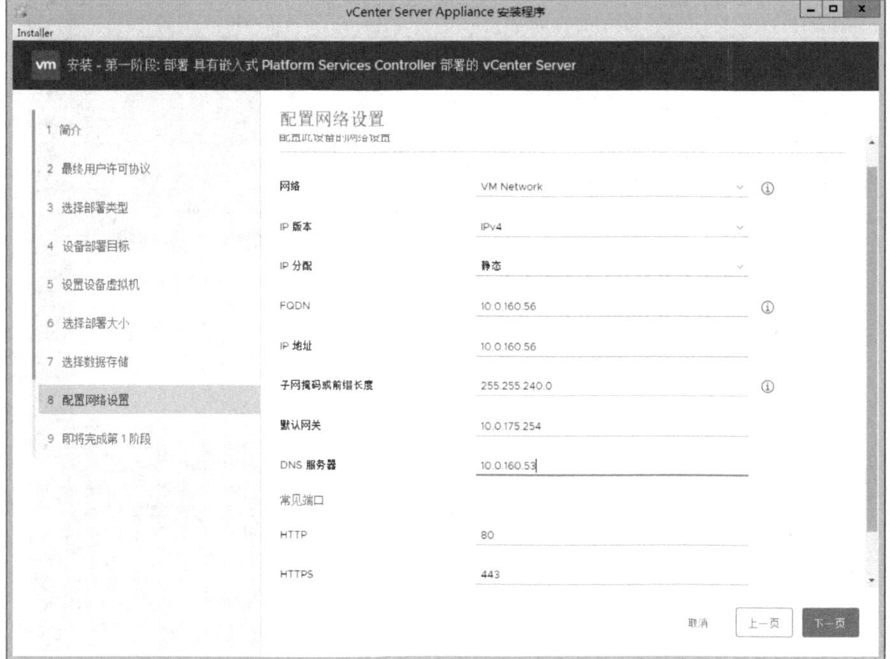

图 4-1-12　部署 VCSA 之十二

（13）确认第一阶段配置的参数，如图 4-1-13 所示，单击“完成”按钮。

图 4-1-13　部署 VCSA 之十三

（14）开始第一阶段部署，如图 4-1-14 所示，部署的时长取决于物理服务器的性能。

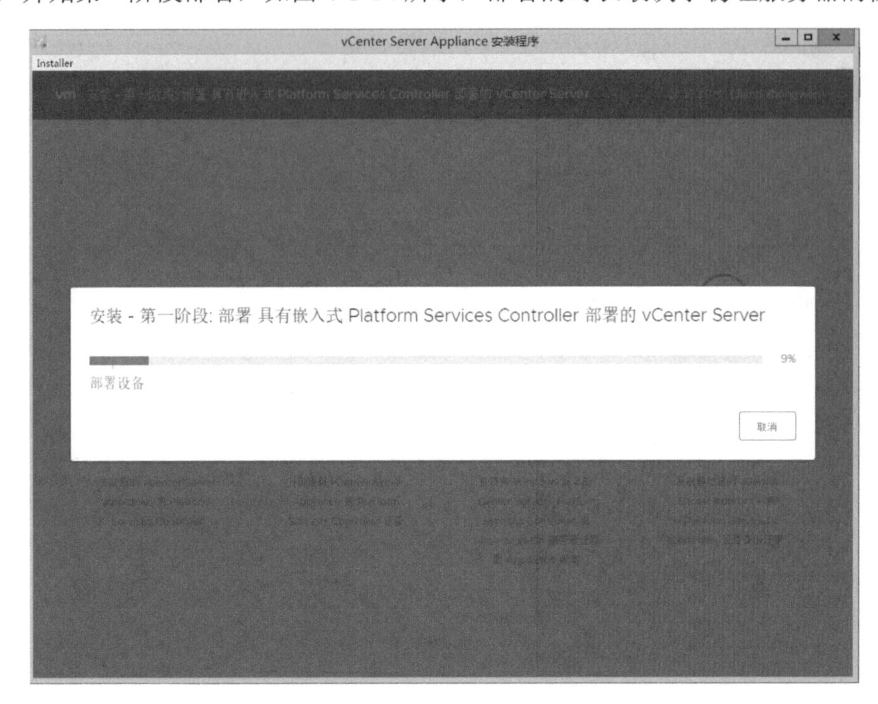

图 4-1-14　部署 VCSA 之十四

（15）在部署的过程中，VCSA 6.7 虚拟机电源会打开，可以 Ping 通，如图 4-1-15 所示。

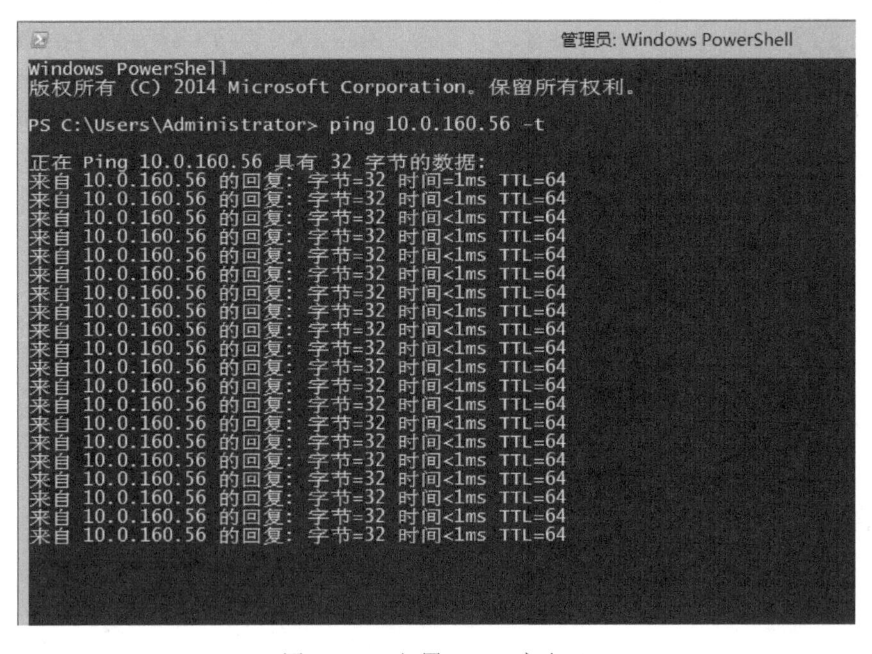

图 4-1-15　部署 VCSA 之十五

（16）第一阶段部署完成，成功后将出现提示，如图 4-1-16 所示，单击“继续”按钮开始第二阶段设置。

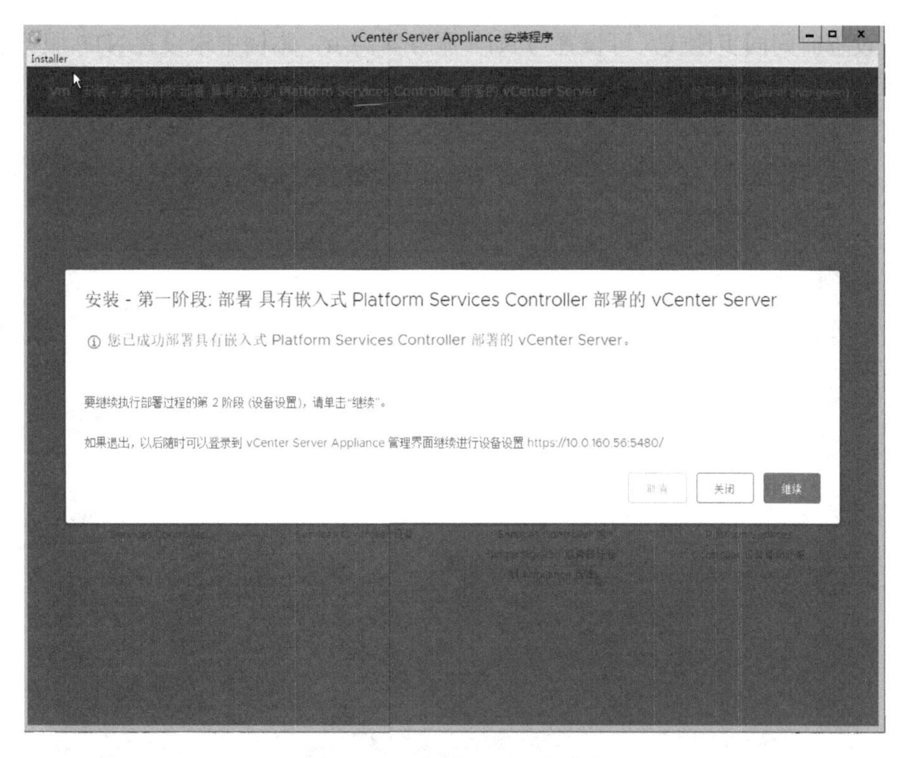

图 4-1-16　部署 VCSA 之十六

(17) 开始第二阶段部署，如图 4-1-17 所示，单击“下一步”按钮。

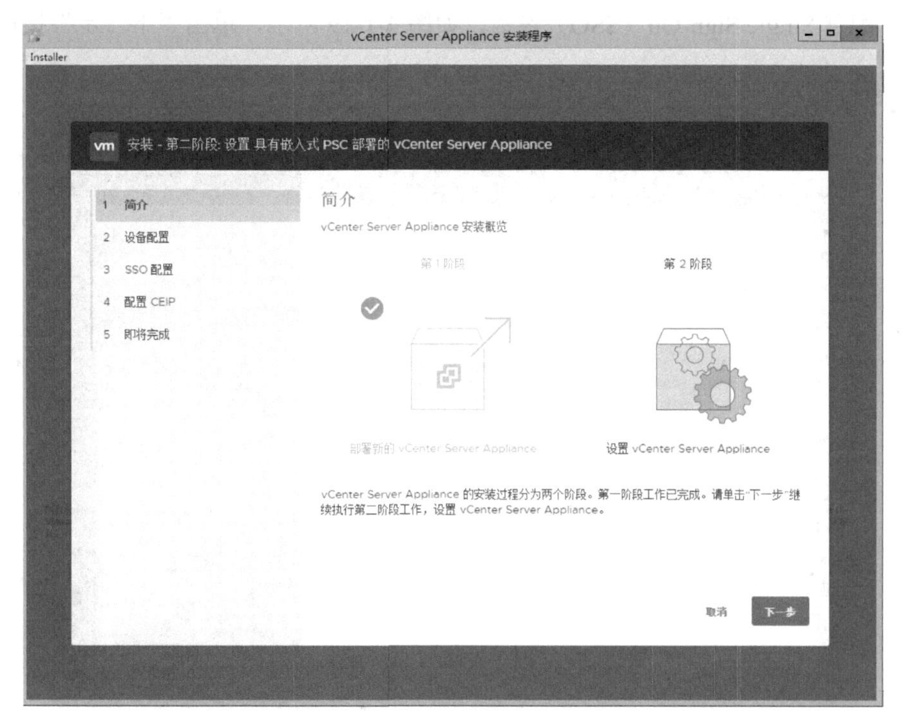

图 4-1-17　部署 VCSA 之十七

（18）设置时间同步模式，可设置与 NTP 服务器同步，本例中未设置 NTP 服务器，故选择“与 ESXi 主机同步时间”，如图 4-1-18 所示，单击“下一步”按钮。

图 4-1-18　部署 VCSA 之十八

（19）配置 Single Sign-On（SSO）参数，如图 4-1-19 所示，单击“下一步”按钮。

图 4-1-19　部署 VCSA 之十九

（20）确认是否加入 CEIP，如图 4-1-20，单击“下一步”按钮。

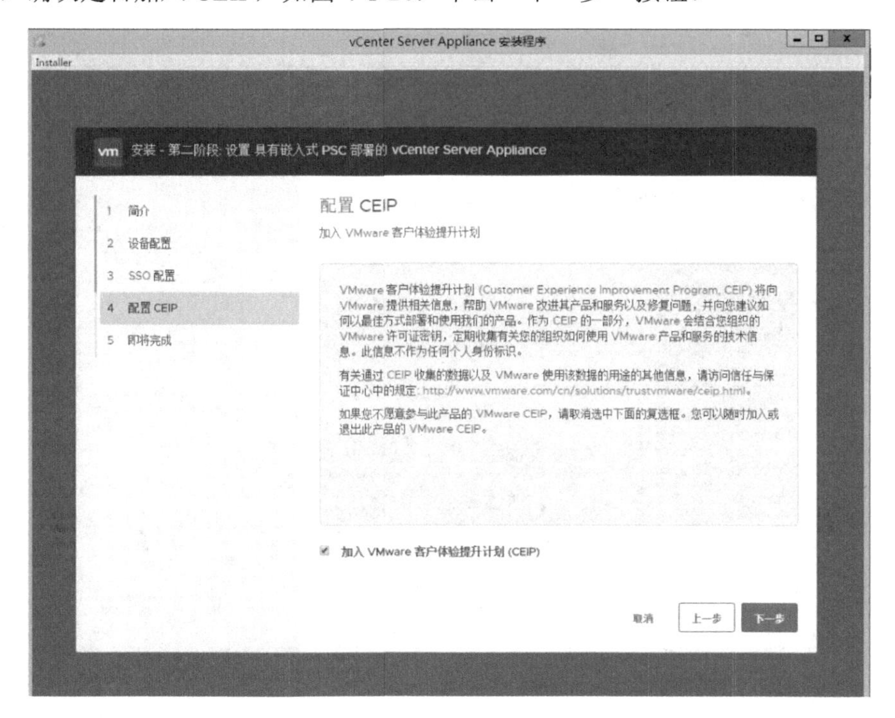

图 4-1-20　部署 VCSA 之二十

（21）确认第二阶段部署的参数，如图 4-1-21 所示，单击“完成”按钮。

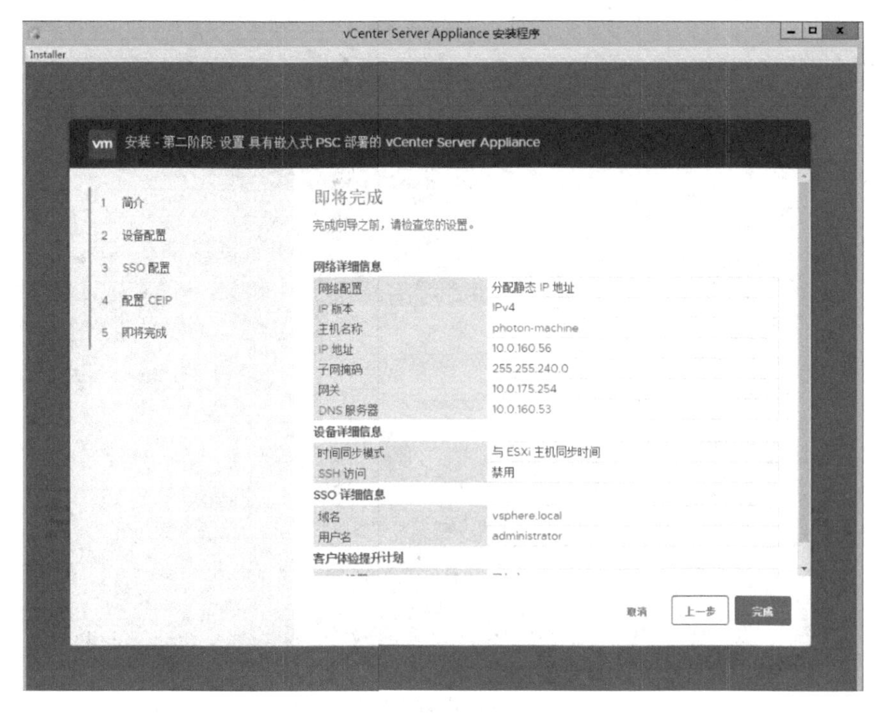

图 4-1-21　部署 VCSA 之二十一

（22）弹出警告确认框，如图 4-1-22 所示，单击“确定”按钮继续。

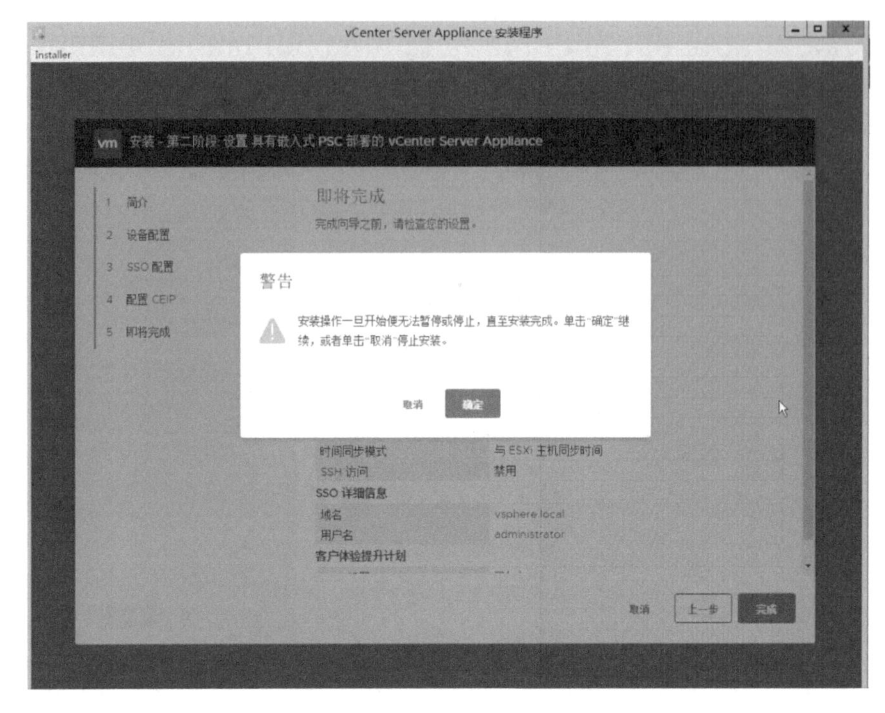

图 4-1-22　部署 VCSA 之二十二

（23）开始配置，如图 4-1-23 所示。

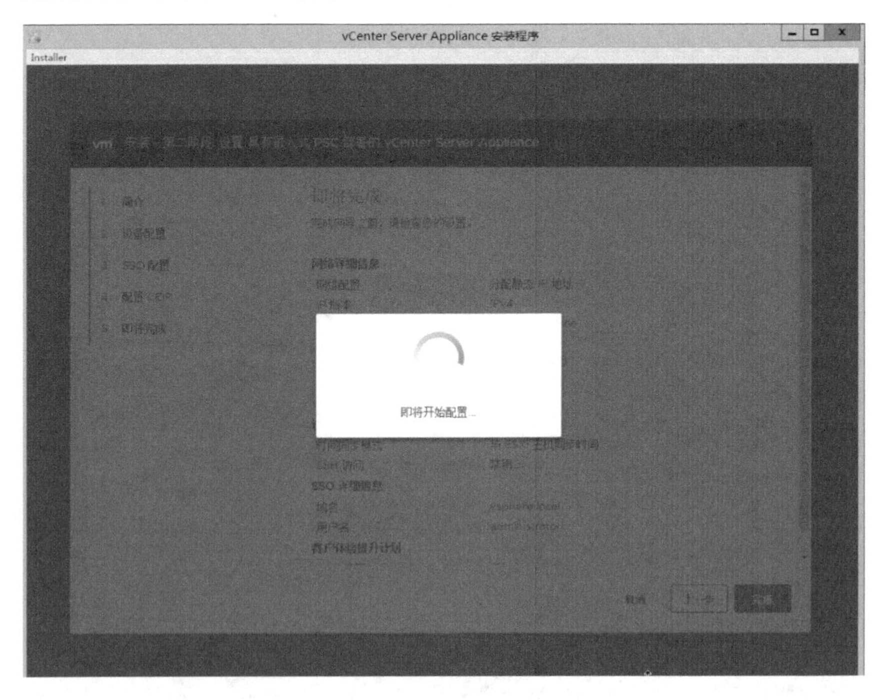

图 4-1-23　部署 VCSA 之二十三

（24）第二阶段安装开始，如图 4-1-24 所示，设置时间取决于物理服务器性能。

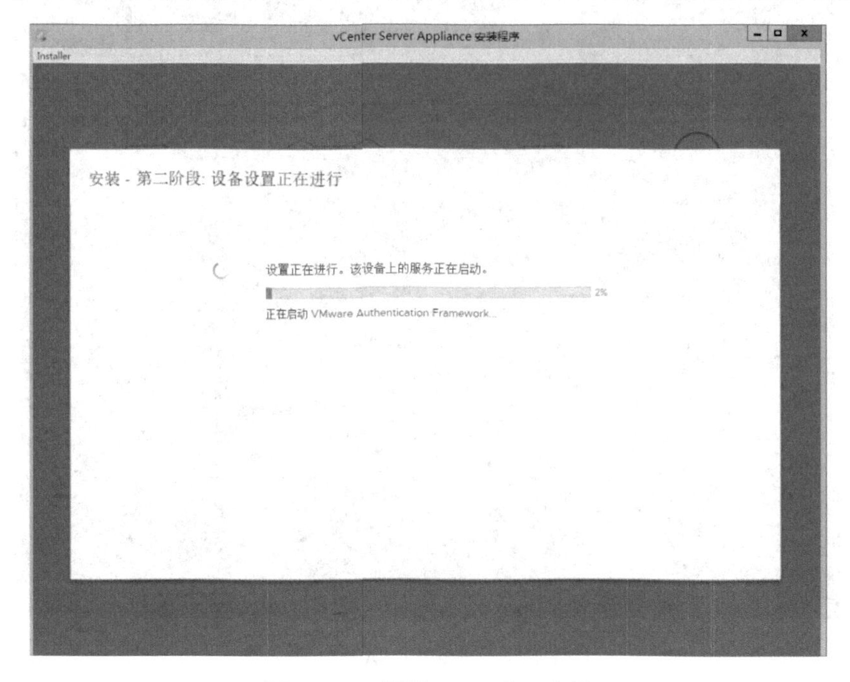

图 4-1-24　部署 VCSA 之二十四

（25）第二阶段完成，完成时提示如图 4-1-25 所示，单击“关闭”按钮。

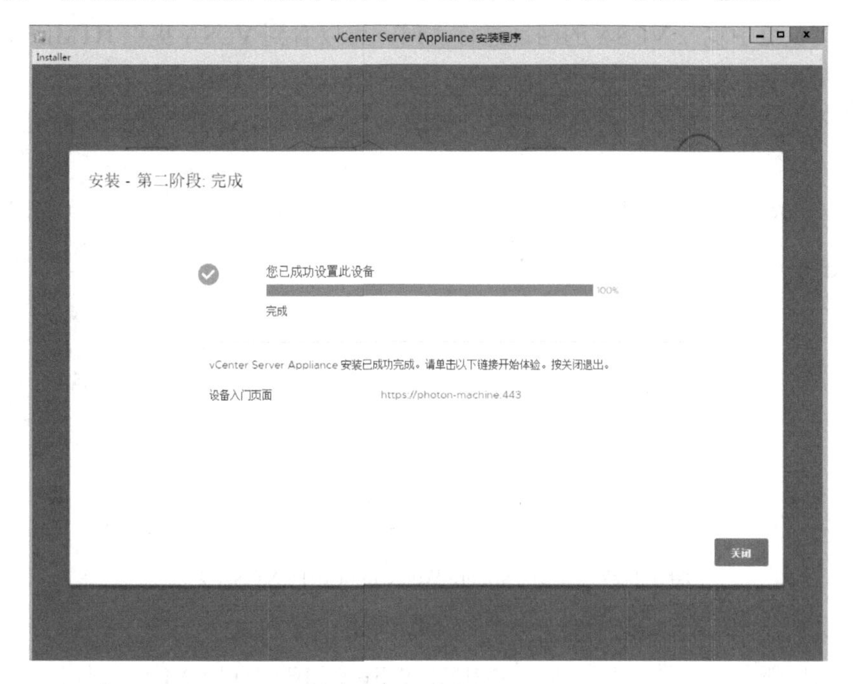

图 4-1-25　部署 VCSA 之二十五

（26）安装完成后，查看 VSCA 虚拟机控制台，如图 4-1-26 所示，与 ESXi 控制台类似。

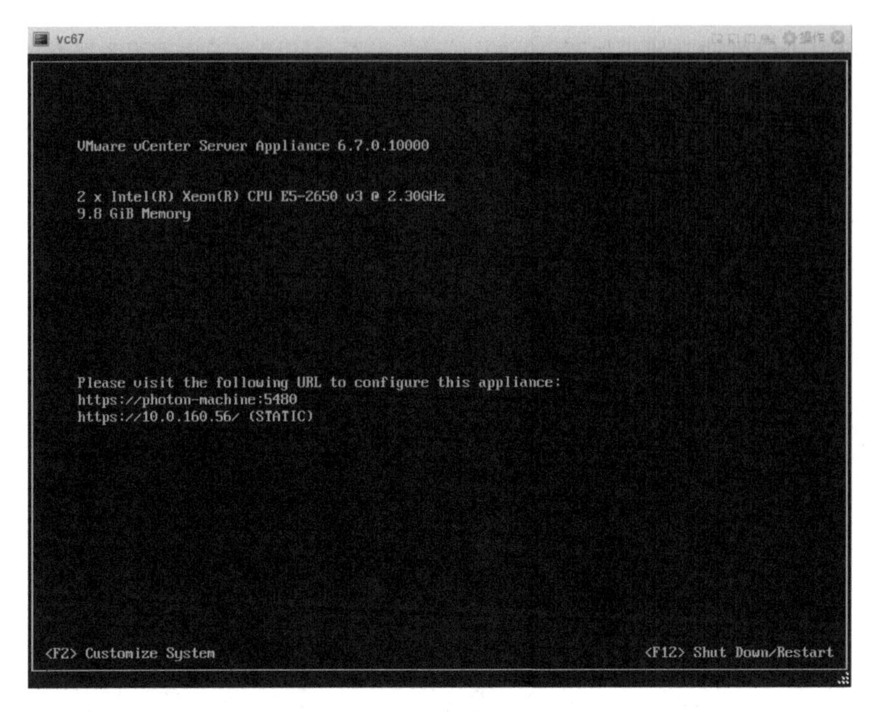

图 4-1-26　部署 VCSA 之二十六

4.1.2　使用 vSphere Web Client 访问 VCSA

（1）在浏览器中输入 VCSA 的网址进行访问，可以看到 VCSA 提供 HTML5 及 FLEX 两个选择，如图 4-1-27 所示，单击“启动 VSPHERE CLIENT(HTML5)”按钮。

（2）输入安装时设置的用户名和密码，如图 4-1-28 所示，单击“登录”按钮。

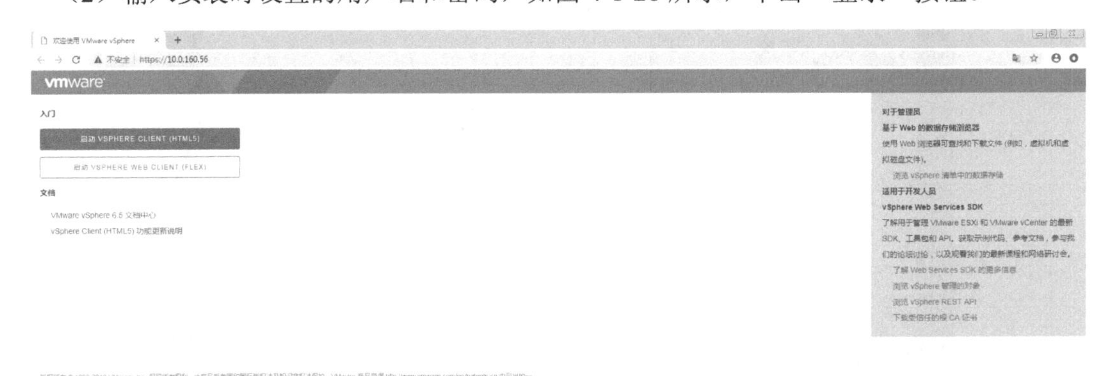

图 4-1-27　使用 vSphere Web Client 访问 VCSA 之一

（3）登录后显示 VCSA 6.7 HTML5 界面，如图 4-1-29 所示。

（4）返回步骤（1），单击“启动 VSPHERE WEB CLIENT(FLEX)”按钮启动 FLEX 界面，如图 4-1-30 所示。

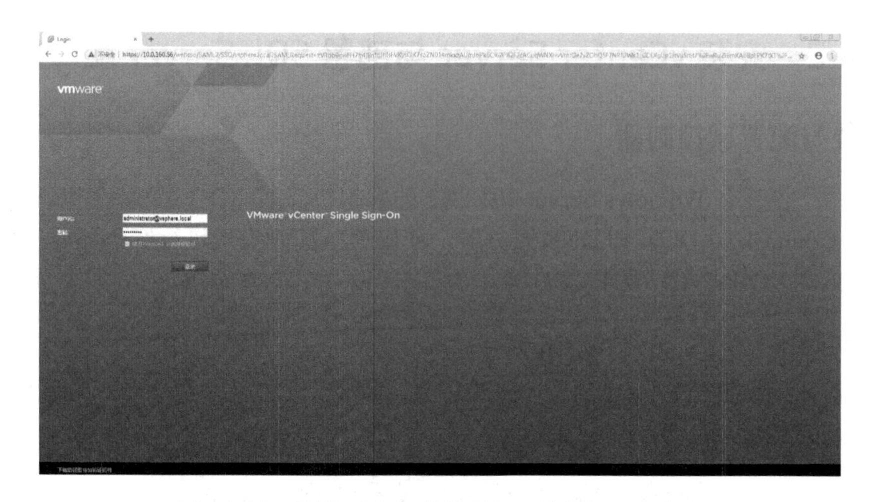

图 4-1-28　使用 vSphere Web Client 访问 VCSA 之二

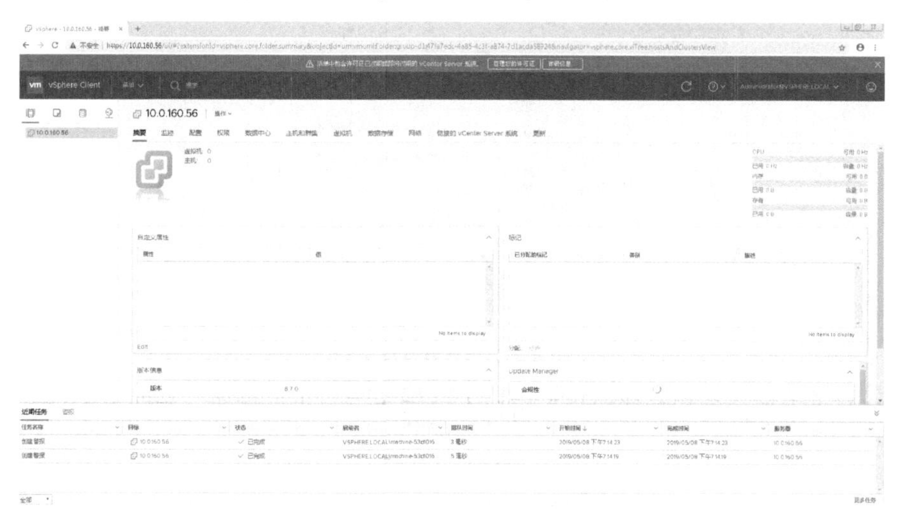

图 4-1-29　使用 vSphere Web Client 访问 VCSA 之三

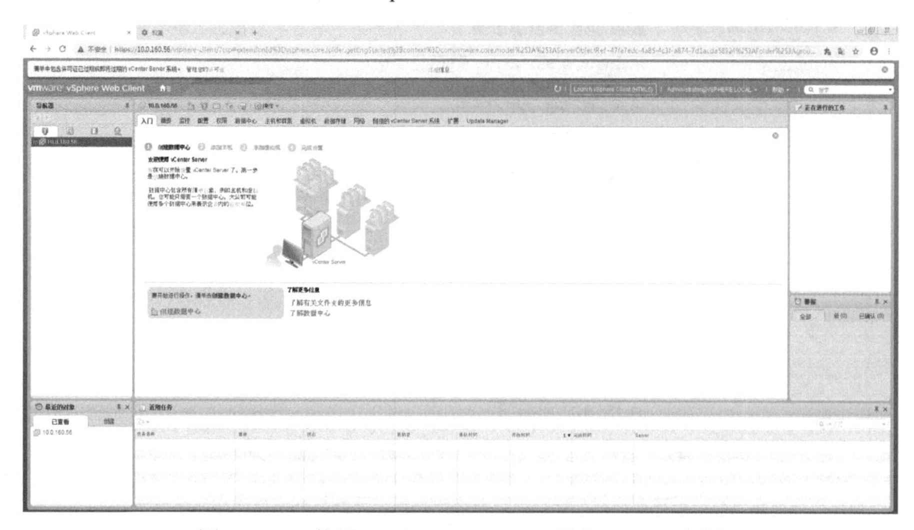

图 4-1-30　使用 vSphere Web Client 访问 VCSA 之四

任务 4.2　安装 vCenter Server 与部署 SQL Server 和域控制器

4.2.1　安装与配置域控制器

本例采用一台装有 Windows Server 2012 R2 的虚拟机安装 AD（Active Directory）域控制器（Domain Controller，DC）和 DNS 服务器，使用单域控制模式进行实验环境搭建。

在 Windows 下安装 AD，要求 CPU 至少为 2 核，内存至少为 4GB，磁盘大小至少为 30GB。

1. 安装 AD

（1）准备好一台装有 Windows Server 2012 R2 的虚拟机后，启动“服务器管理器”，选择“添加角色和功能”选项，如图 4-2-1 所示。

图 4-2-1　安装 AD 之一

（2）打开“添加角色和功能向导”窗口，单击“下一步”按钮，如图 4-2-2 所示。

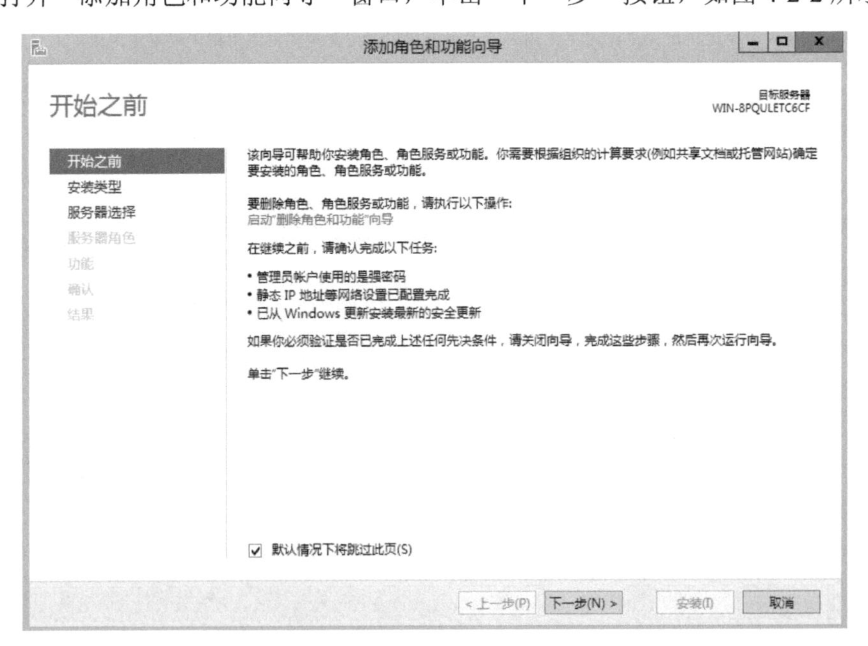

图 4-2-2　安装 AD 之二

（3）进入“选择安装类型”界面，“基于角色或基于功能的安装”，单击“下一步”按钮，所图 4-2-3 所示。

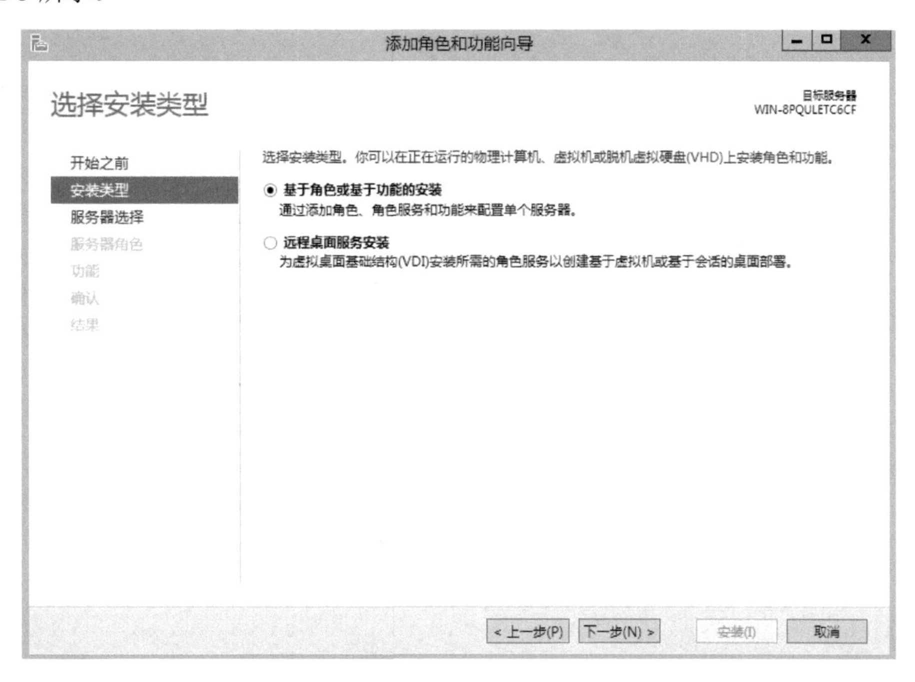

图 4-2-3　安装 AD 之三

（4）进入“选择目标服务器”界面，选择“从服务器池中选择服务器”，单击“下一步”按钮，如图 4-2-4 所示。

图 4-2-4　安装 AD 之四

（5）进入“选择服务器角色”界面，勾选“Active Directory 域服务”，单击“下一步”按钮，如图 4-2-5 所示。

图 4-2-5　安装 AD 之五

（6）在弹出的“添加角色和功能向导”对话框中单击“添加功能”按钮，如图 4-2-6 所示。

图 4-2-6　安装 AD 之六

（7）进入“选择功能”界面，勾选“.NET Framework 3.5 功能”，单击“下一步”按钮，如图 4-2-7 所示。

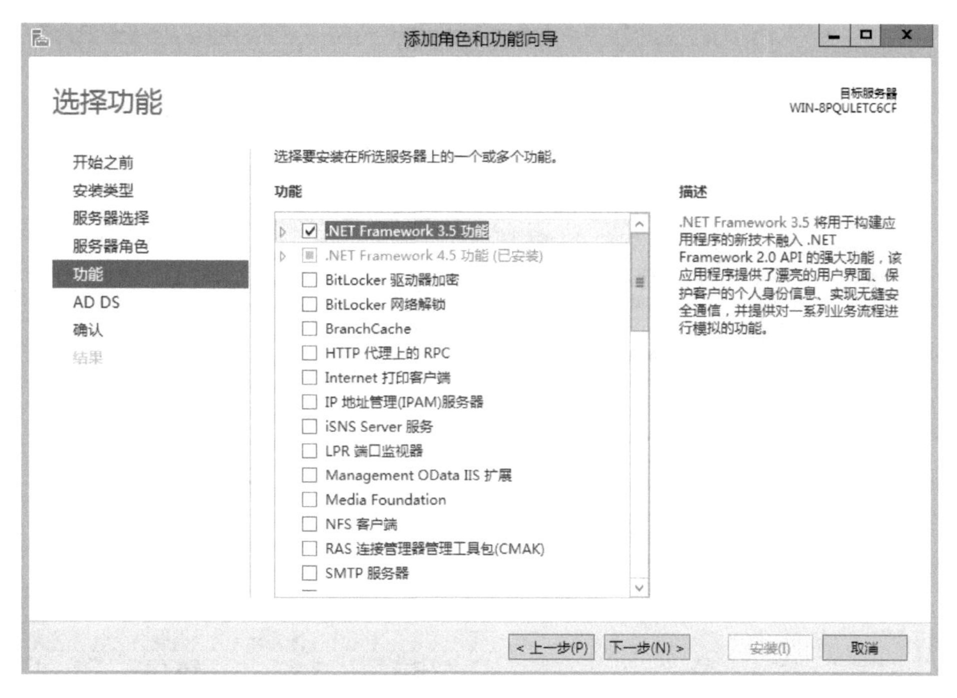

图 4-2-7 安装 AD 之七

（8）进入“Active Directory 域服务”界面，单击“下一步”按钮，如图 4-2-8 所示。

图 4-2-8 安装 AD 之八

（9）进入“确认安装所选内容”界面，单击“安装”按钮，如图 4-2-9 所示。

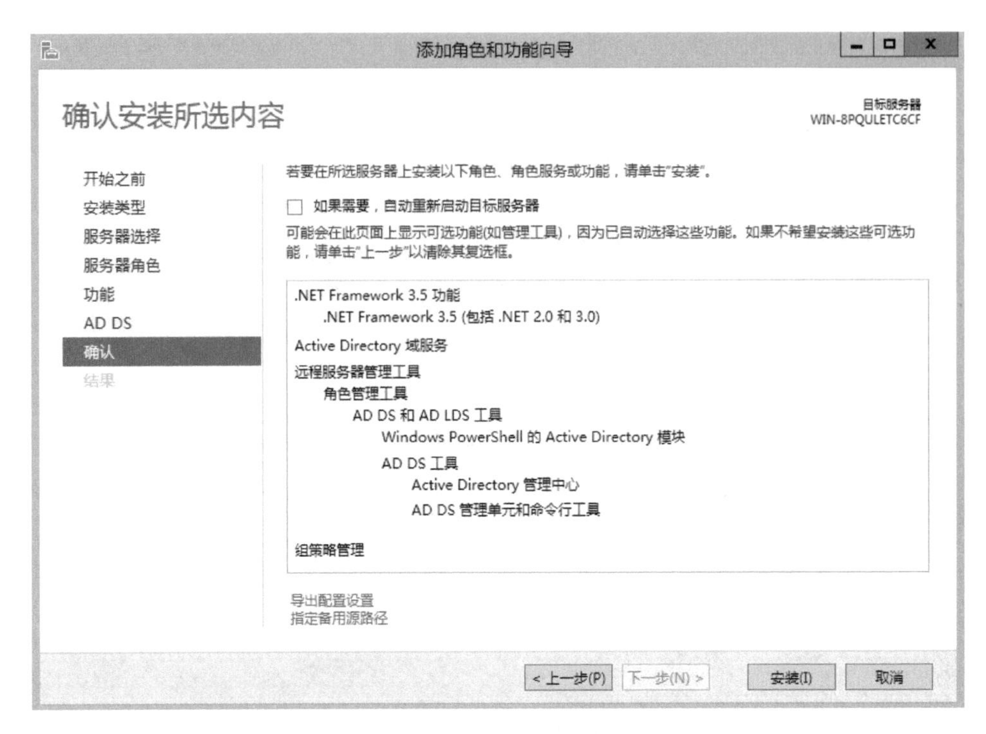

图 4-2-9　安装 AD 之九

（10）查看安装进度，等待安装完成，如图 4-2-10 所示。

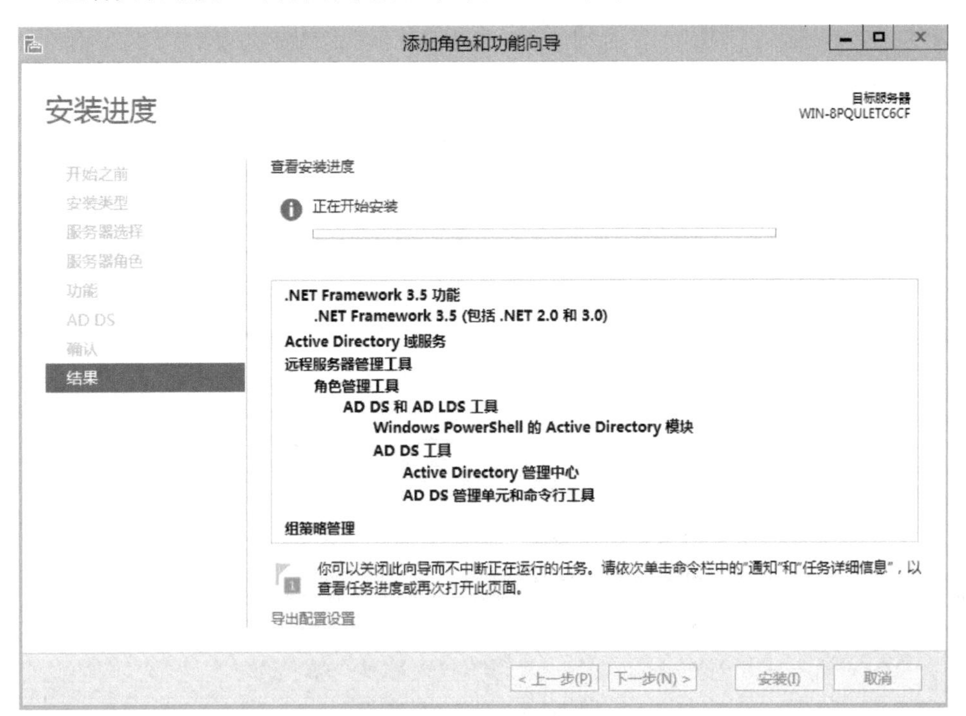

图 4-2-10　安装 AD 之十

（11）安装成功后，界面如图 4-2-11 所示。

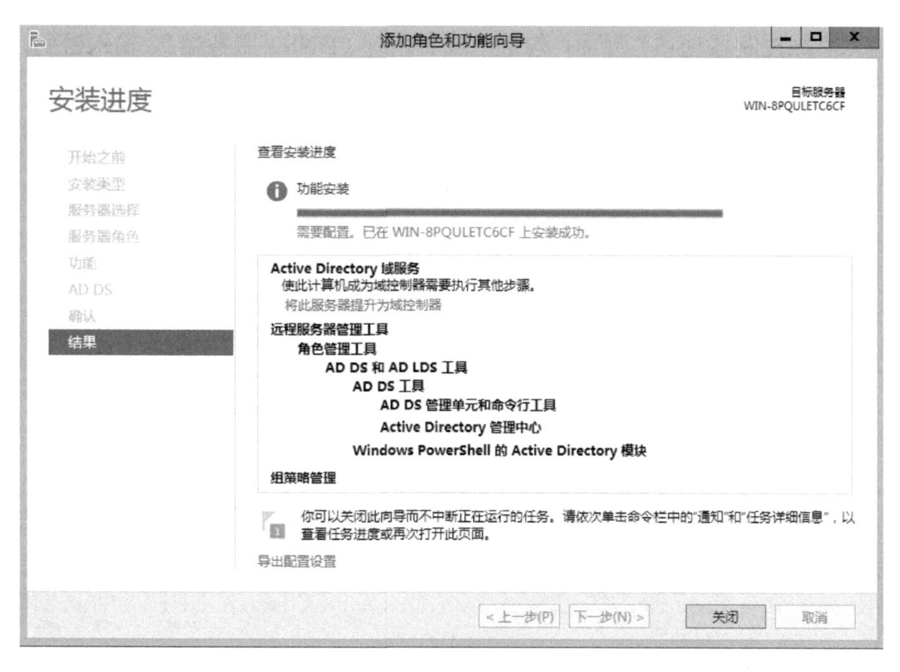

图 4-2-11　安装 AD 之十一

2. 配置 AD

（1）安装完成后，打开“Active Directory 域服务配置向导”窗口，在“部署配置”界面，选择“添加新林”选项，在“根域名”中输入自己设置的域名，本实验以 cxxg.com 为例，单击“下一步”按钮，如图 4-2-12 所示。

图 4-2-12　配置 AD 之一

（2）进入“域控制器选项”界面，勾选“域名系统（DNS）服务器”，输入密码，单击“下一步”按钮，如图 4-2-13 所示。

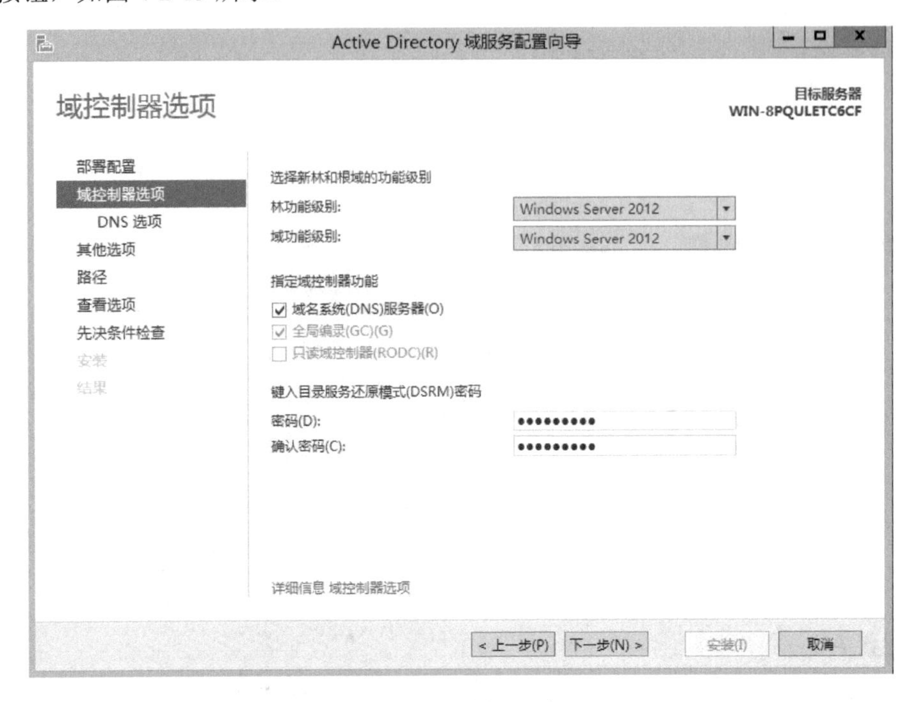

图 4-2-13　配置 AD 之二

（3）进入“其他选项”界面，输入“NetBIOS 域名”，单击“下一步”按钮，如图 4-2-14 所示。

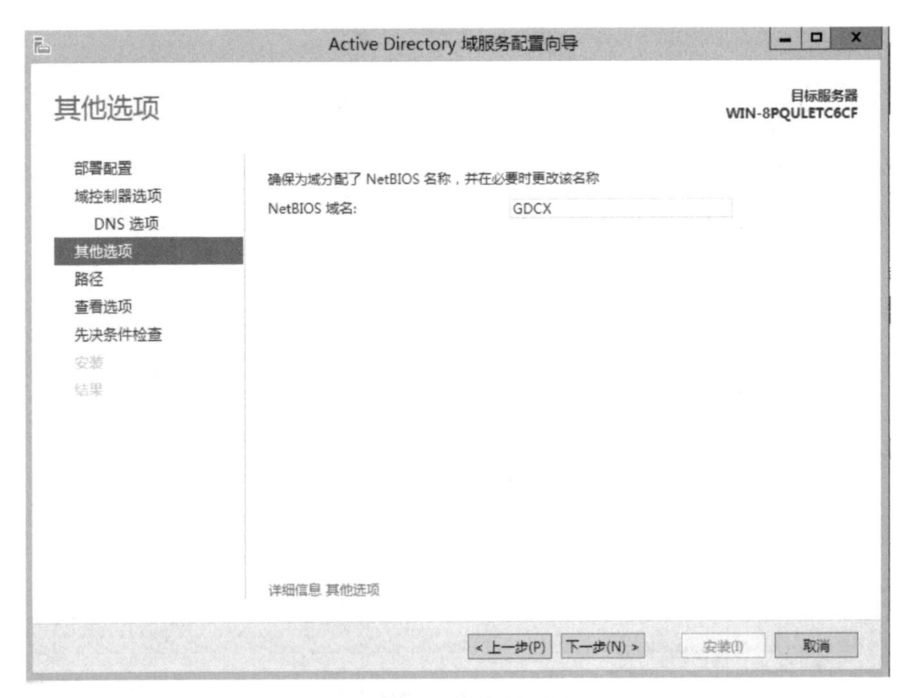

图 4-2-14　配置 AD 之三

（4）进入“路径”界面，指定 AD DS 数据库、日志文件和 SYSVOL 的位置，单击“下一步”按钮，如图 4-2-15 所示。

图 4-2-15　配置 AD 之四

（5）进入“查看选项”界面，检查之前的配置，单击“下一步”按钮，如图 4-2-16 所示。

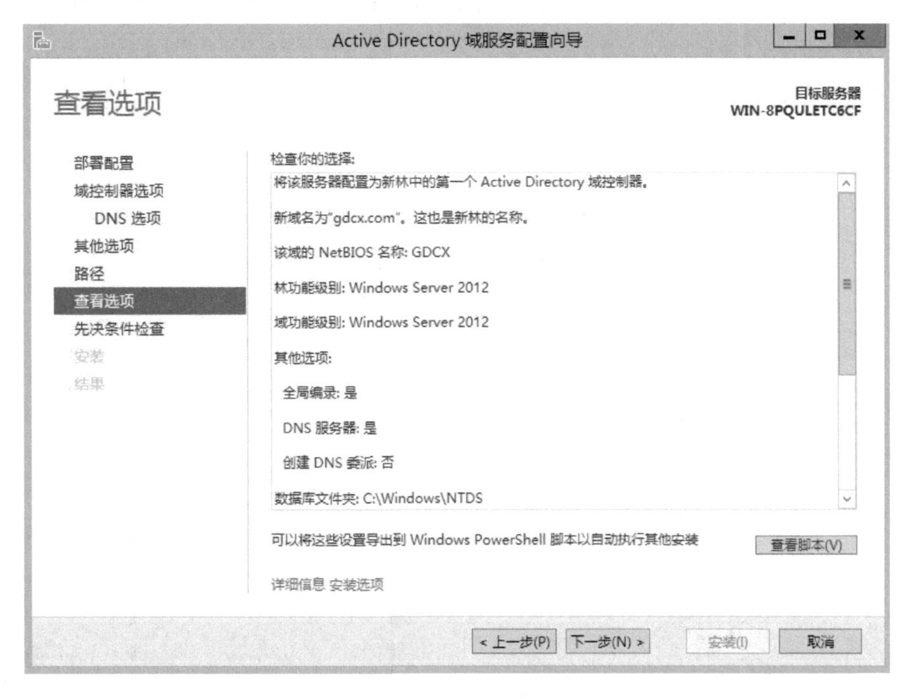

图 4-2-16　配置 AD 之五

（6）进入“先决条件检查”界面，如图 4-2-17 所示，确认无误后，单击“安装”按钮。

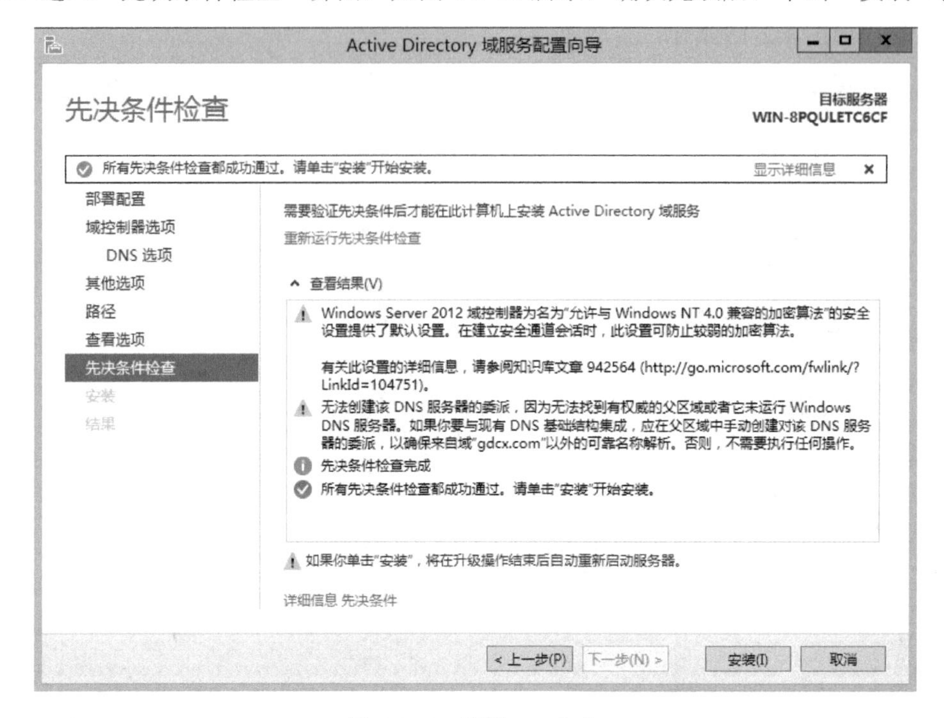

图 4-2-17　配置 AD 之六

（7）查看安装进度，如图 4-2-18 所示。

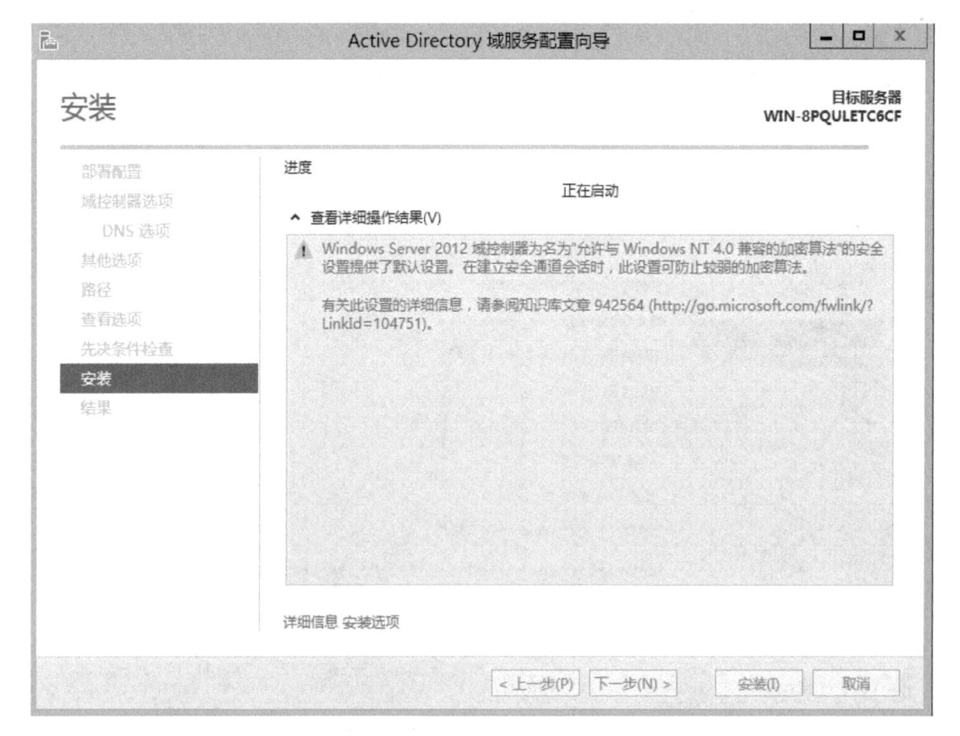

图 4-2-18　配置 AD 之七

（8）安装完成后，域控制器配置成功，如图 4-2-19 所示。

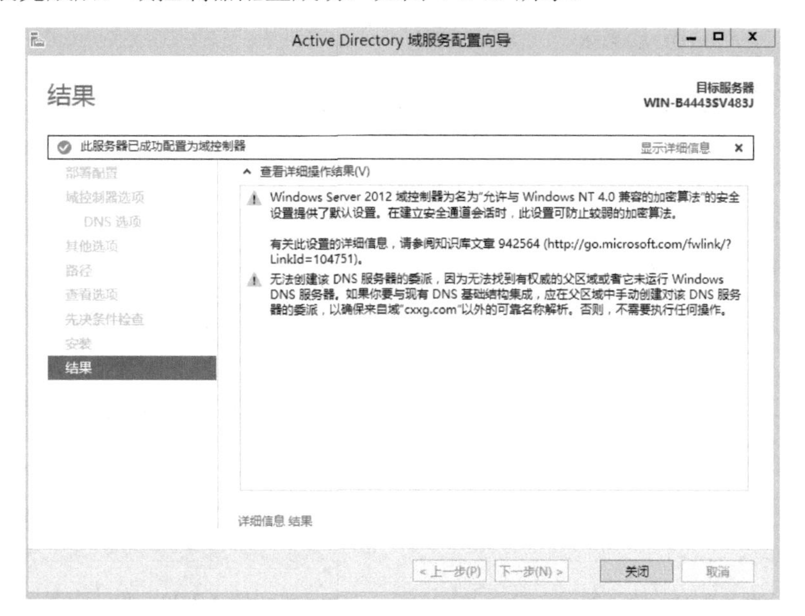

图 4-2-19　配置 AD 之八

3. 验证配置

准备一台客户机，使用客户端加入域，验证域控制器是否配置成功。

（1）打开客户端“系统属性”对话框，如图 4-2-20 所示。

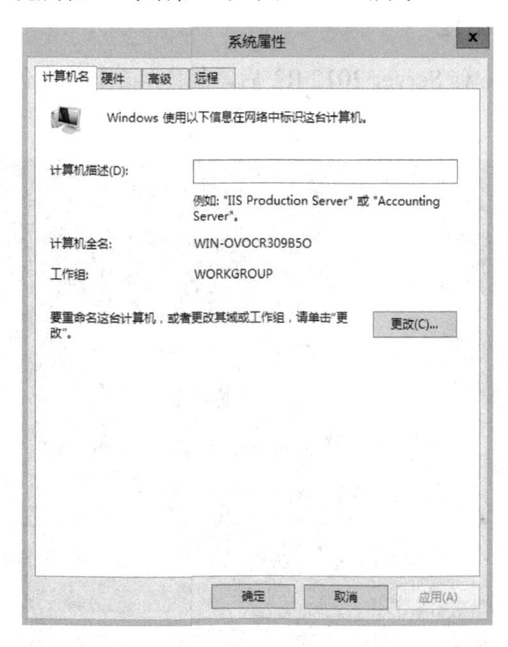

图 4-2-20　验证配置之一

（2）单击“更改”按钮，在“域”中输入前面创建的域“cxxg.com”，单击“确定”按钮，如图 4-2-21 所示。

（3）若客户端成功加入域，则会出现加入域成功的提示，如图 4-2-22 所示。

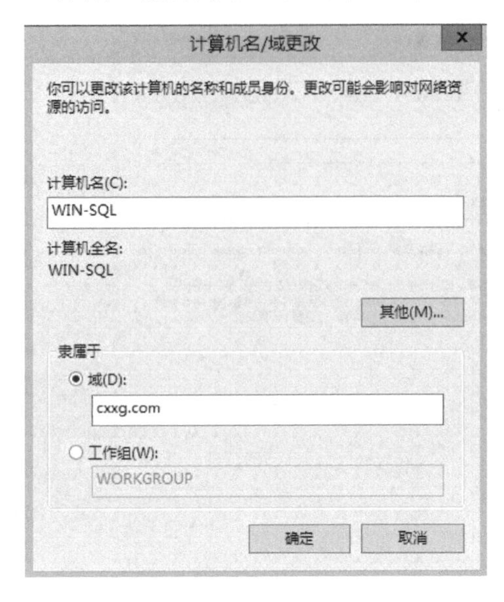

图 4-2-21　验证配置之二

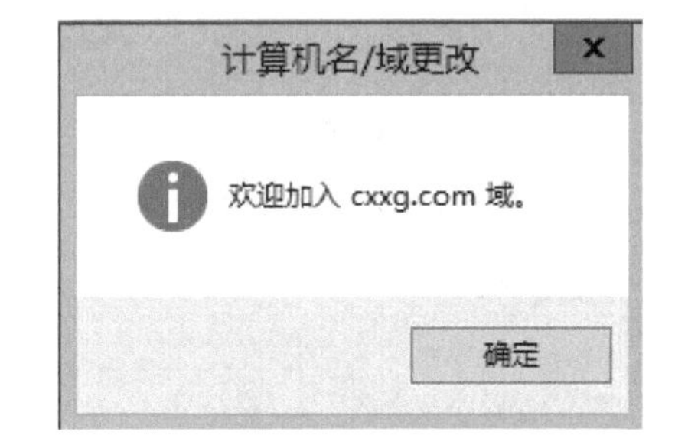

图 4-2-22　验证配置之三

4.2.2　安装与配置 SQL Server

下面采用一台装有 Windows Server 2012 R2 的虚拟机安装 SQL Server 2012。注意，在 Windows 下安装 SQL Server，要求 CPU 至少为 2 核，内存至少为 4GB，磁盘至少为 30GB。

1. 安装 SQL Server 2012

（1）安装好一台 Windows Server 2012 R2 后，加入 4.2.1 节中创建的域，并使用域用户登录，如图 4-2-23 所示。

图 4-2-23　安装 SQL Server 2012 之一

（2）运行 SQL Server 2012 安装程序，在安装前可以查看 SQL Server 2012 对硬件和软件的要求，如图 4-2-24 所示，选择“安装”选项。

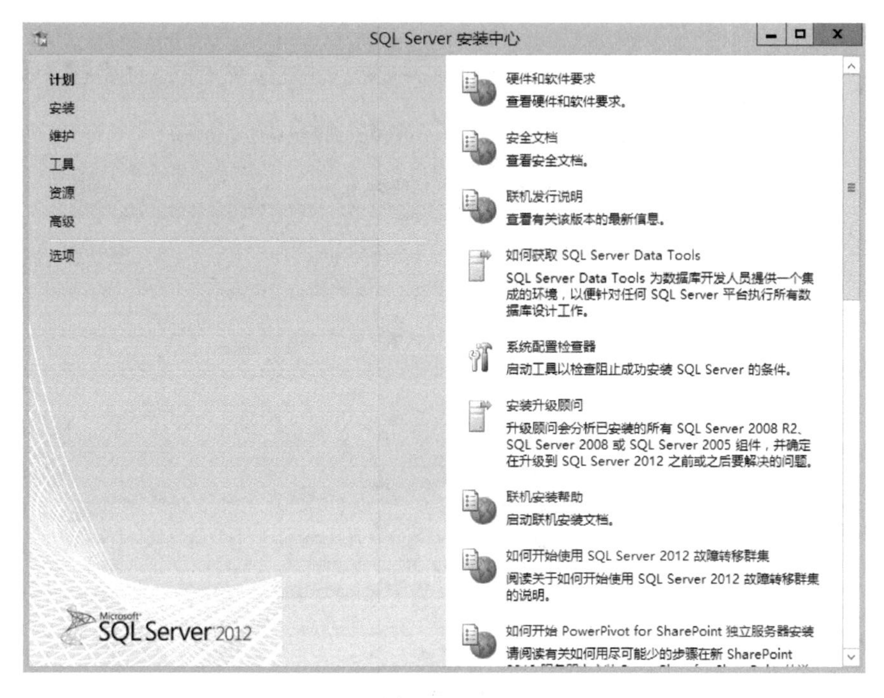

图 4-2-24　安装 SQL Server 2012 之二

（3）选择“全新 SQL Server 独立安装或向现有安装添加功能”选项，如图 4-2-25 所示。

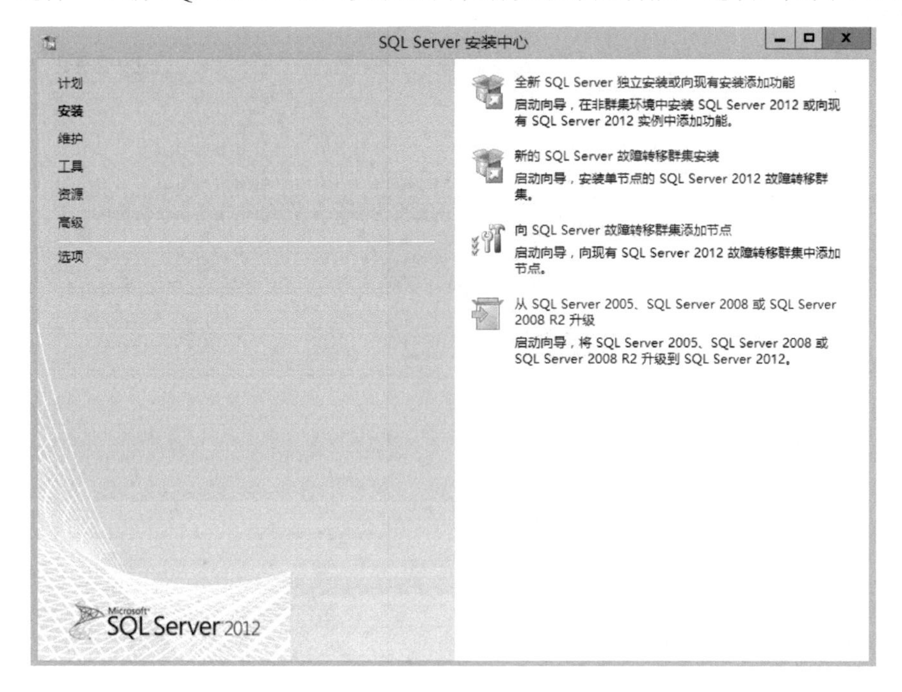

图 4-2-25　安装 SQL Server 2012 之三

（4）进行安装程序支持规则检查，检查操作系统是否支持 SQL Server 2012 的安装，确认所有状态均为“已通过”，否则后续安装过程可能会出现问题，如图 4-2-26 所示，单击“确定”按钮。

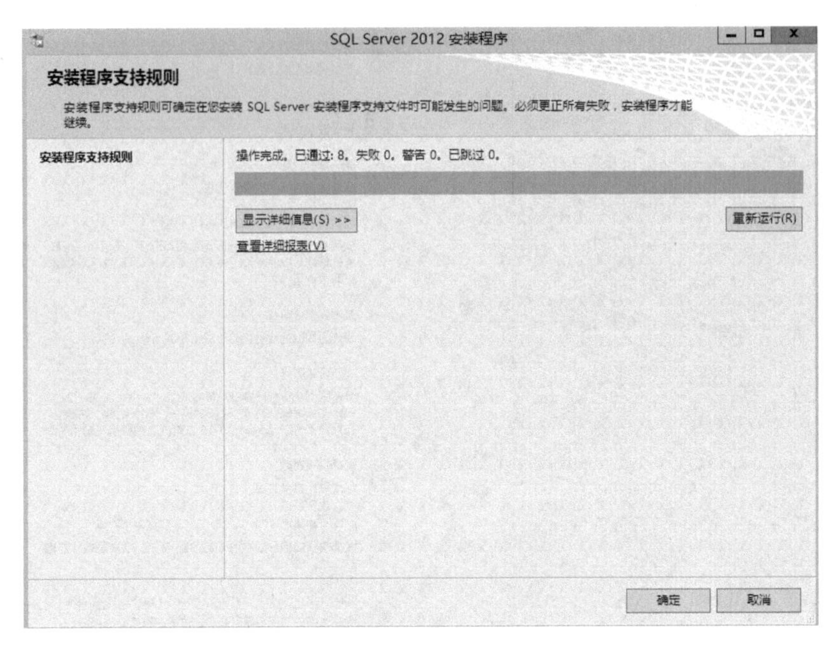

图 4-2-26　安装 SQL Server 2012 之四

（5）进入“产品密匙”界面，输入 SQL Server 2012 产品密钥，如图 4-2-27 所示，单击“下一步”按钮。

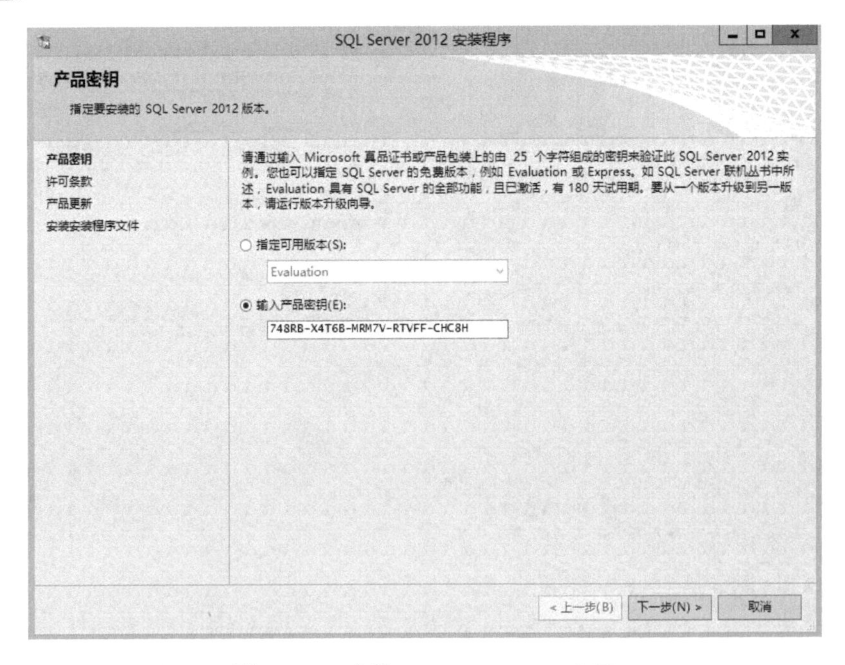

图 4-2-27　安装 SQL Server 2012 之五

（6）进入“许可条款”界面，阅读“MICROSOFT 软件许可条款”，勾选“我接受许可条款”，如图 4-2-28 所示，单击“下一步”按钮。

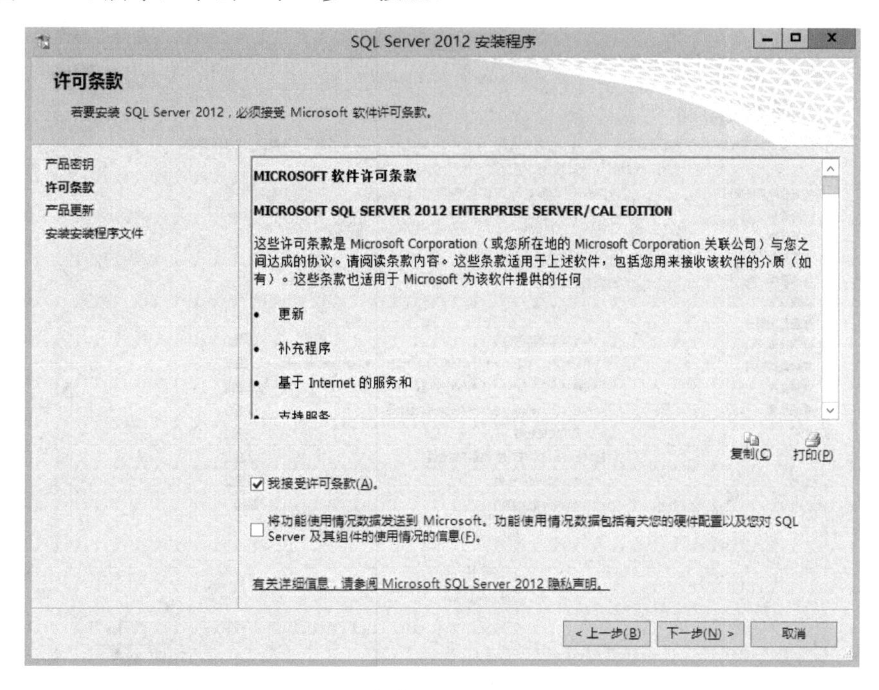

图 4-2-28　安装 SQL Server 2012 之六

（7）进入“产品更新”界面，如图 4-2-29 所示，勾选“包括 SQL Server 产品更新”，单击“下一步”按钮。

图 4-2-29　安装 SQL Server 2012 之七

（8）进行安装程序支持规则检查，再次检查操作系统是否支持 SQL Server 2012 的安装，确认除 Windows 防火墙以外的所有状态均为“已通过”，如图 4-2-30 所示，单击“下一步”按钮。

图 4-2-30　安装 SQL Server 2012 之八

（9）在“产品密钥”和“许可条款”界面重复步骤（5）和（6）的操作。进入“设置角色”界面，选择“SQL Server 功能安装”，如图 4-2-31 所示，单击“下一步”按钮。

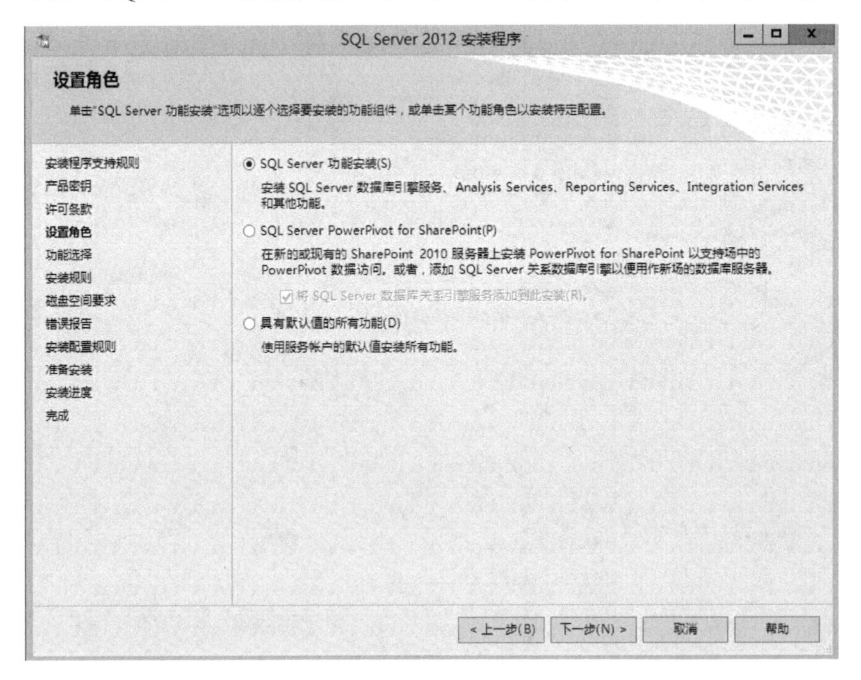

图 4-2-31　安装 SQL Server 2012 之九

（10）进入“功能选择”界面，选择需要安装的功能，如图 4-2-32 所示，单击“下一步”按钮。

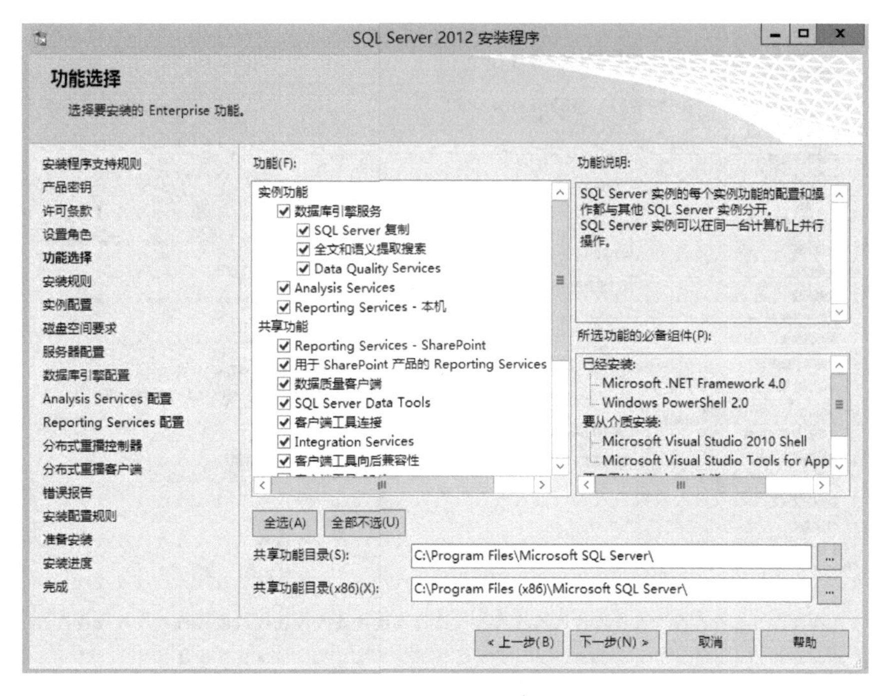

图 4-2-32　安装 SQL Server 2012 之十

（11）进入“安装规则”界面，进行 SQL Server 2012 安装规则检查，确认所有状态均为“已通过”，如图 4-2-33 所示，单击“下一步”按钮。

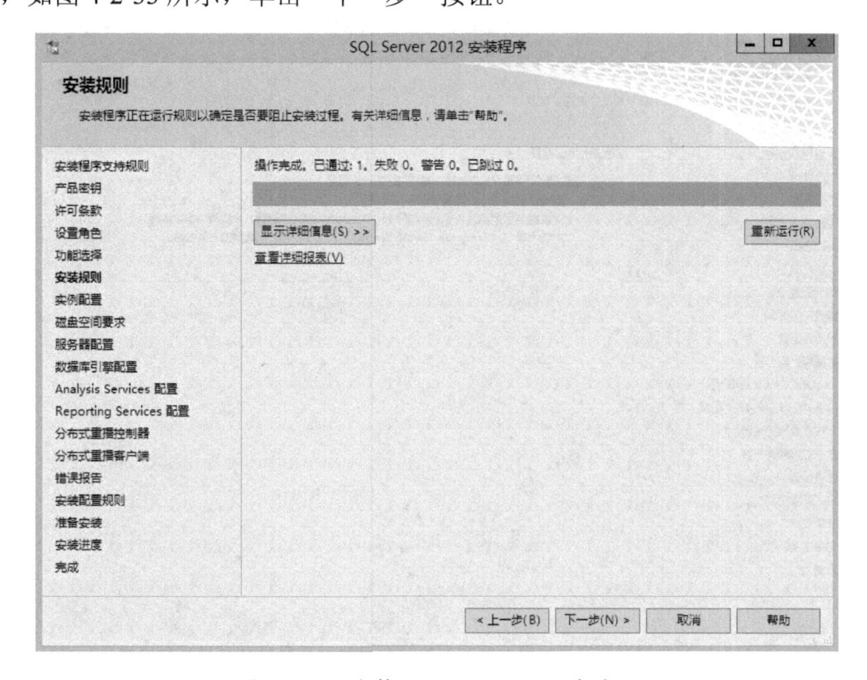

图 4-2-33　安装 SQL Server 2012 之十一

（12）进入“实例配置”界面，为数据库指定“实例 ID”及“实例根目录”，根据实际情况进行设置，如图 4-2-34 所示，单击“下一步”按钮。

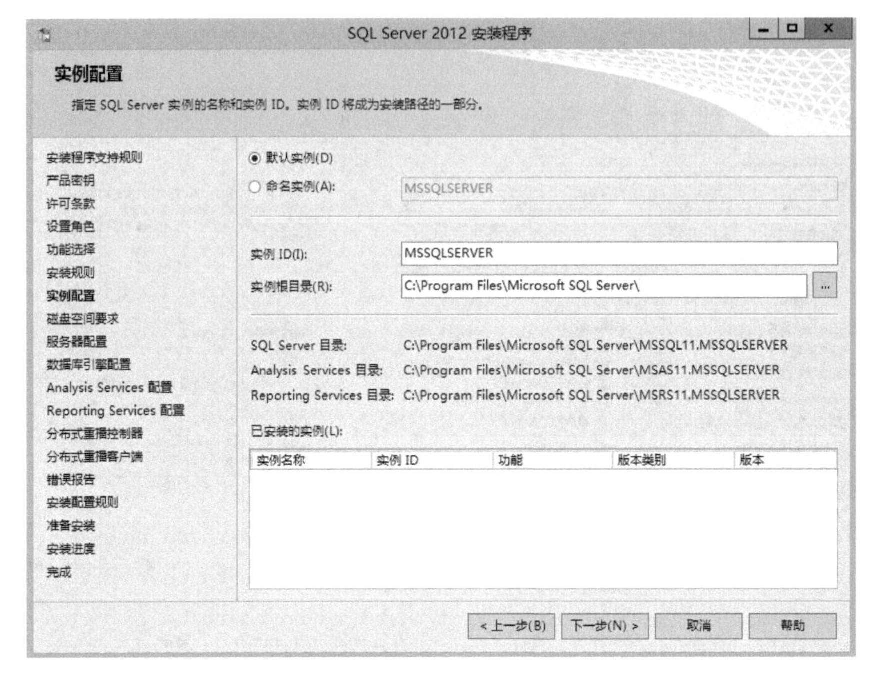

图 4-2-34　安装 SQL Server 2012 之十二

（13）进入“磁盘空间要求”界面，确认安装数据库所需的磁盘空间，如图 4-2-35 所示，单击“下一步”按钮。

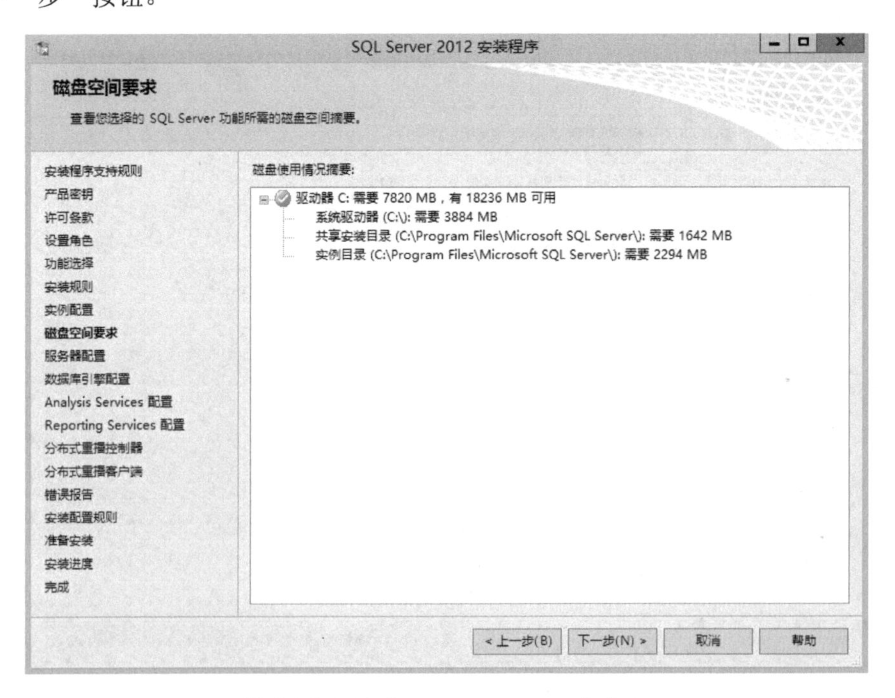

图 4-2-35　安装 SQL Server 2012 之十三

（14）进入“服务器配置”界面，指定服务账户和排序规则配置，可以根据实际情况修改，如图 4-2-36 所示，单击“下一步”按钮。

图 4-2-36　安装 SQL Server 2012 之十四

（编者注：在本书部分软件截图中，出现“帐户”一词，按照汉语规范，正确的写法应为“账户”，本书正文中统一使用“账户”一词。）

（15）进入“数据库引擎配置”界面，设置 SQL Server 2012 数据库引擎身份验证模式、管理员和数据目录，根据实际情况配置，如图 4-2-37 所示，单击“下一步”按钮。

图 4-2-37　安装 SQL Server 2012 之十五

（16）进入“Analysis Services 配置”界面，指定 Analysis Services 服务器模式、管理和数据目录，如图 4-2-38 所示，单击“下一步”按钮。

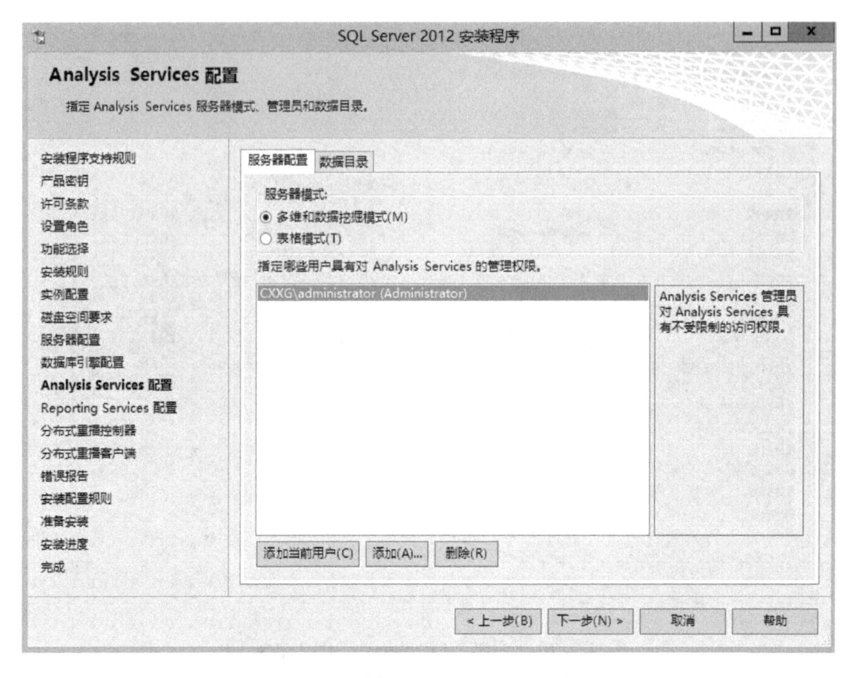

图 4-2-38　安装 SQL Server 2012 之十六

（17）进入“Reporting Services 配置”界面，指定 Reporting Services 配置模式，如图 4-2-39 所示，单击“下一步”按钮。

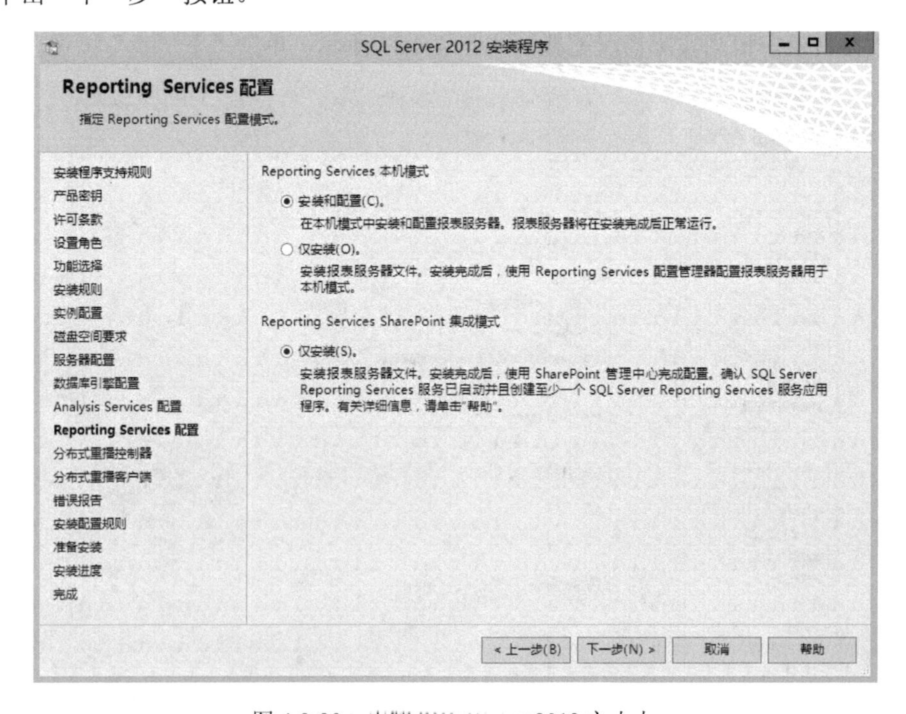

图 4-2-39　安装 SQL Server 2012 之十七

（18）指定分布式重播控制器服务的访问权限，如图 4-2-40 所示，单击“下一步”按钮。

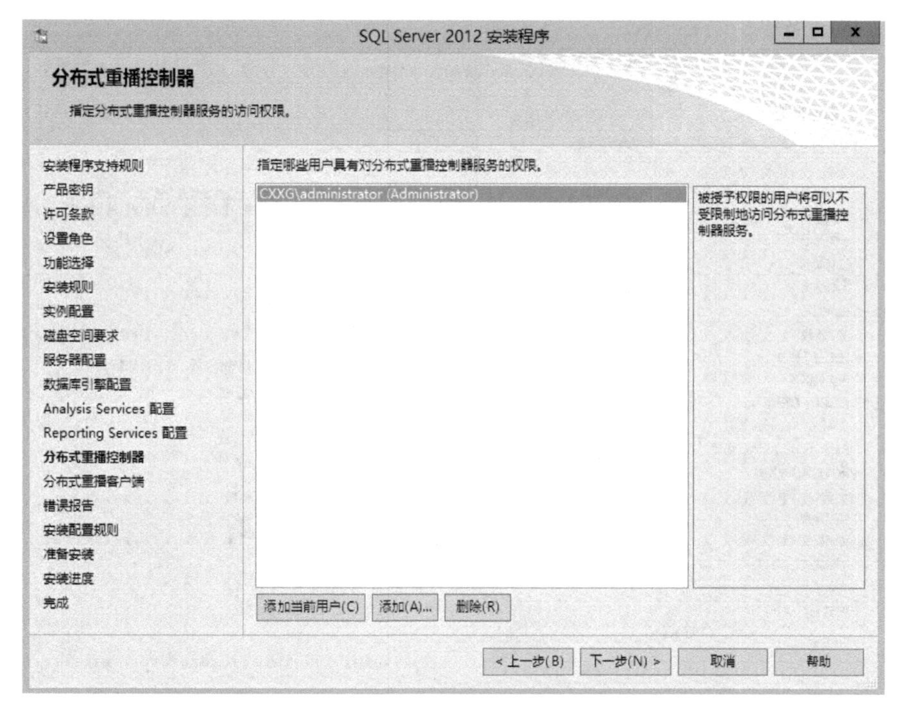

图 4-2-40　安装 SQL Server 2012 之十八

（19）为分布式重播客户端指定相应的控制器和数据目录，如图 4-2-41 所示，单击“下一步”按钮。

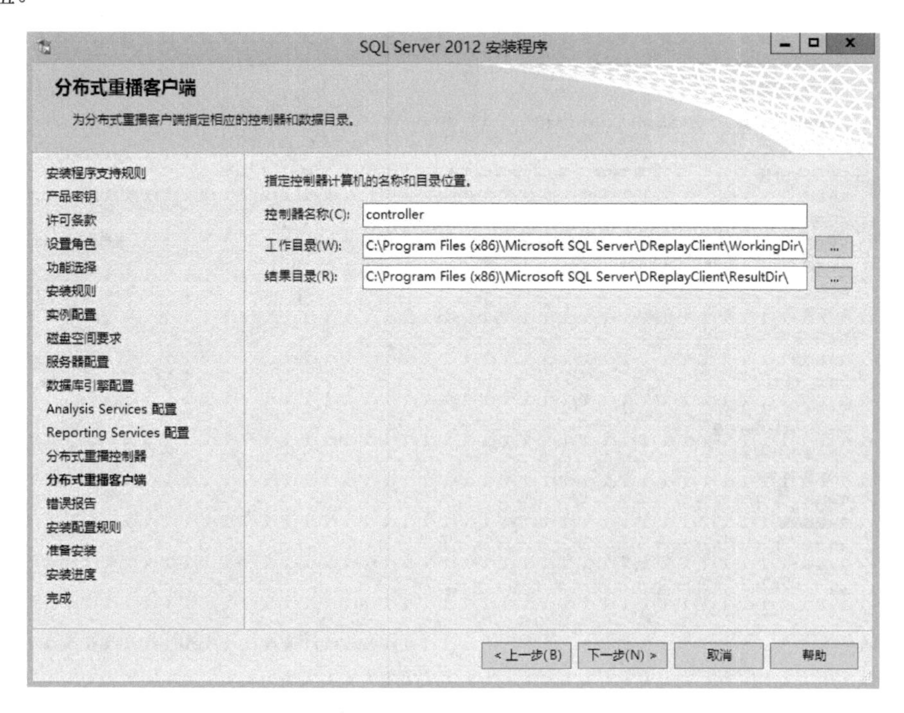

图 4-2-41　安装 SQL Server 2012 之十九

（20）选择是否将错误报告和使用情况报告给 Microsoft，这里不勾选，如图 4-2-42 所示，单击“下一步”按钮。

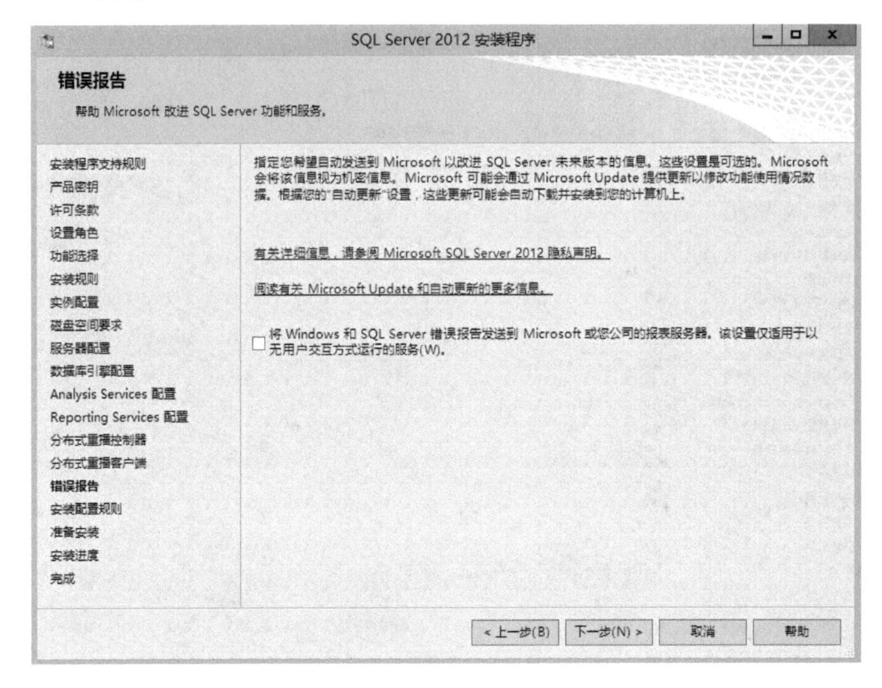

图 4-2-42　安装 SQL Server 2012 之二十

（21）进行安装配置规则检查，确定勾选的组件状态为“已通过”，如图 4-2-43 所示，单击“下一步”按钮。

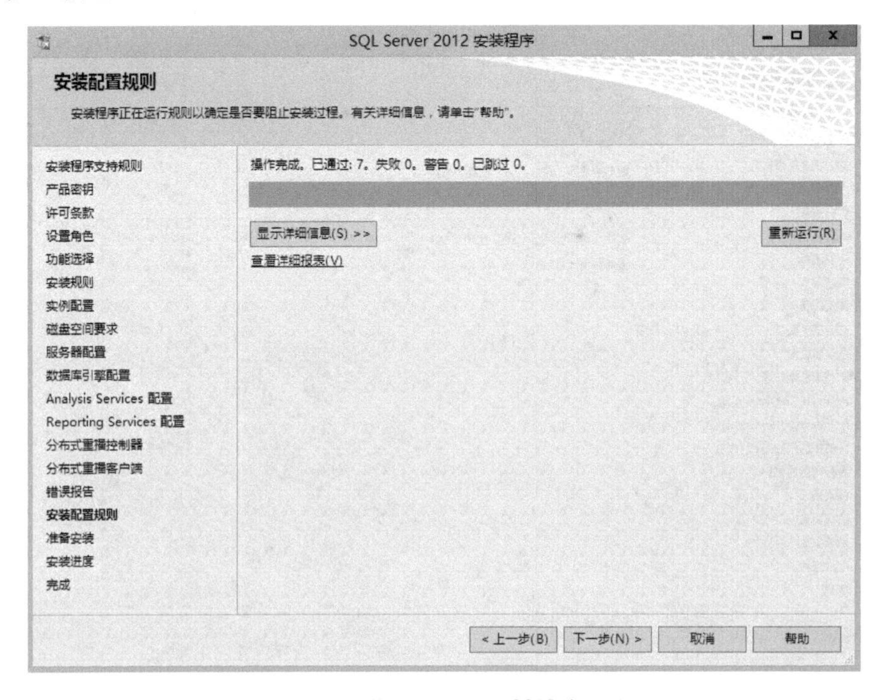

图 4-2-43　安装 SQL Server 2012 之二十一

（22）准备安装 SQL Server 2012，验证要安装的功能，如图 4-2-44 所示，单击“安装”按钮。

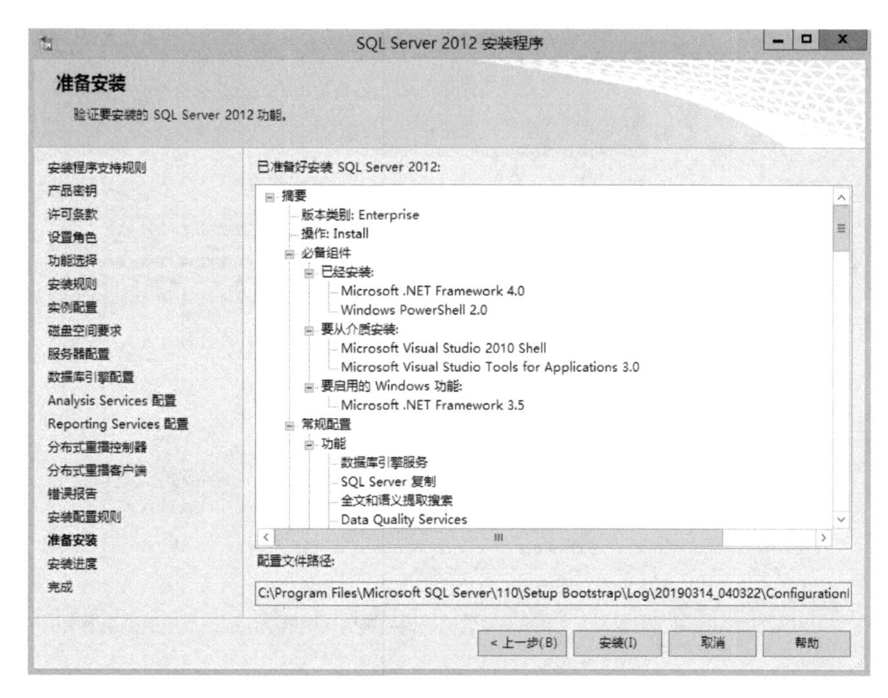

图 4-2-44　安装 SQL Server 2012 之二十二

（23）开始安装 SQL Server 2012，如图 4-2-45 所示。

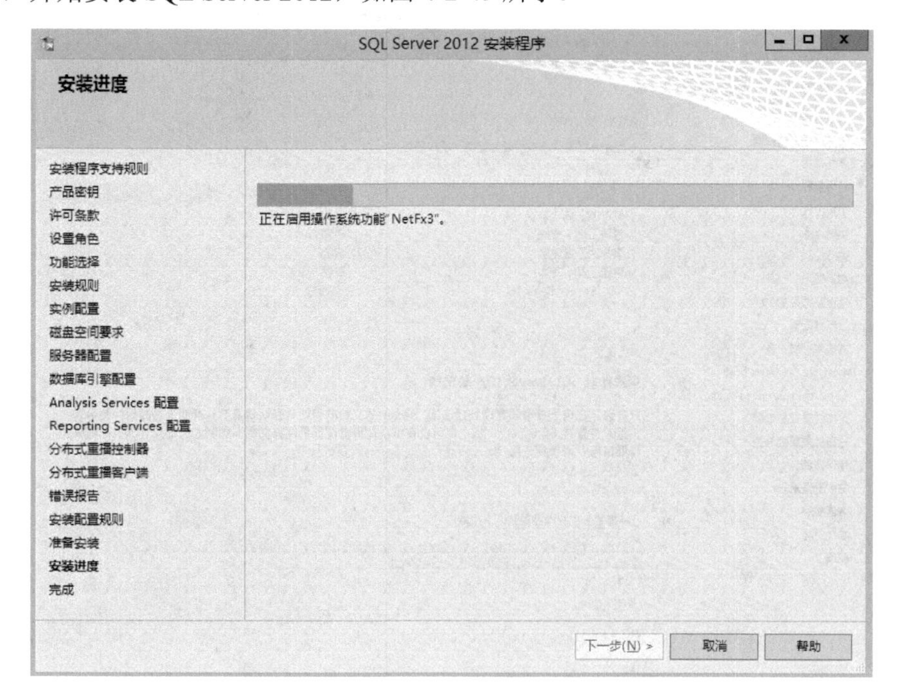

图 4-2-45　安装 SQL Server 2012 之二十三

（24）在安装过程中需要添加“.NET Framework 3.5 功能”，勾选后单击“下一步”按钮，确认安装完成后，关闭界面，继续安装 SQL Server 2012，如图 4-2-46 所示。

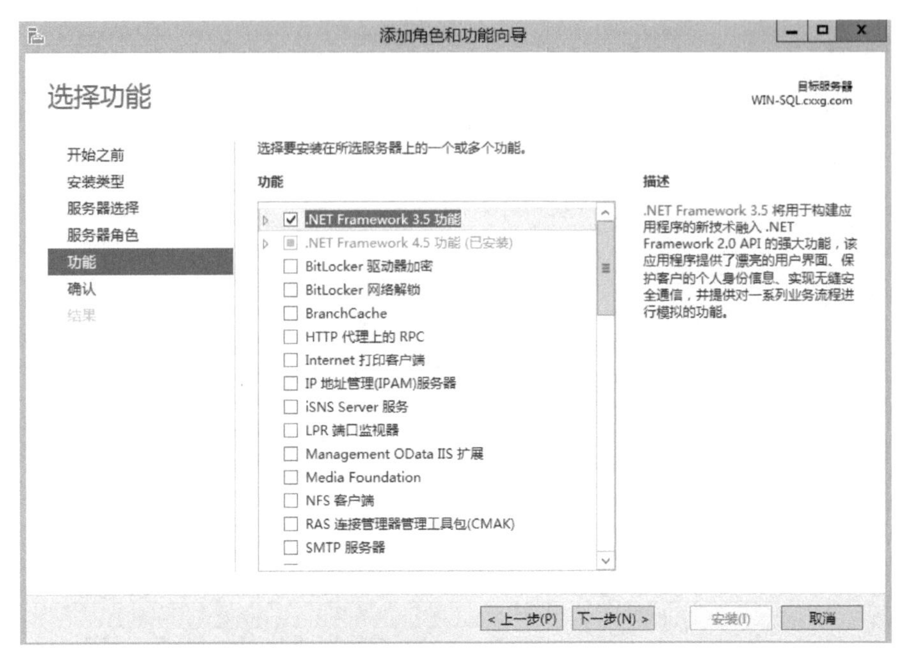

图 4-2-46　安装 SQL Server 2012 之二十四

（25）安装完成，确认所有功能状态为“成功”，如图 4-2-47 所示，单击“关闭”按钮。

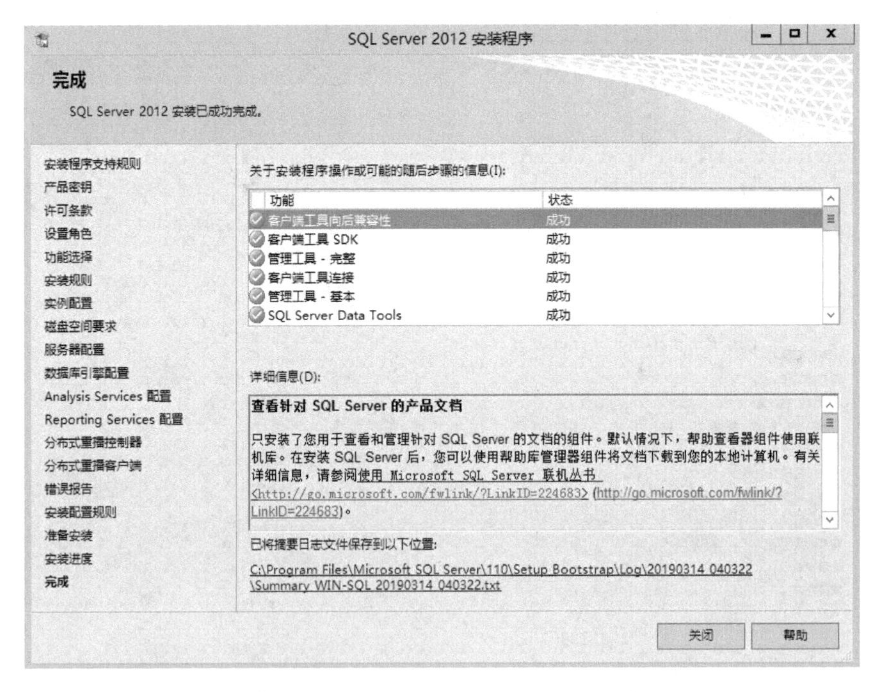

图 4-2-47　安装 SQL Server 2012 之二十

至此，SQL Server 2012 安装结束。

2. 创建 vCenter Server 所需的数据库

（1）使用“Microsoft SQL Server Management Studio”登录 SQL Server 2012 数据库，输入服务器名称，此处使用服务器的 IP 地址，身份验证根据安装情况进行选择，如图 4-2-48 所示，单击“连接”按钮。

图 4-2-48 创建数据库之一

（2）登录成功后，在“数据库”上单击鼠标右键，选择“新建数据库”选项，如图 4-2-49 所示。

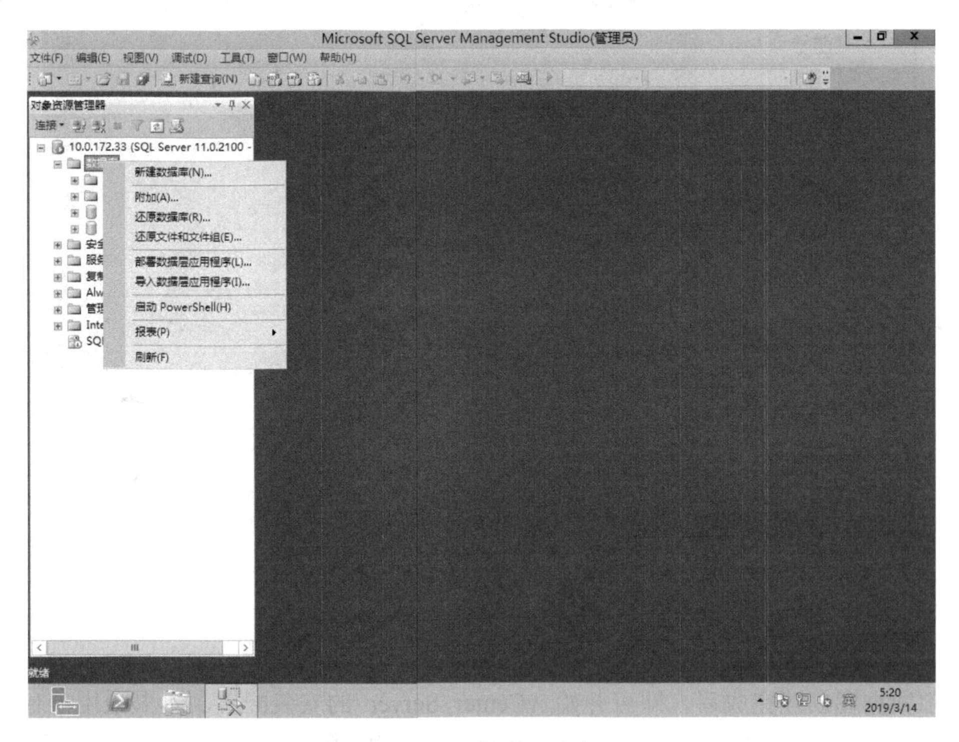

图 4-2-49 创建数据库之二

（3）输入数据库名称“composer”，其他选项默认，如图 4-2-50 所示，单击“确定”按钮。

图 4-2-50　创建数据库之三

（4）vCenter Server 所需数据库创建完成，如图 4-2-51 所示。

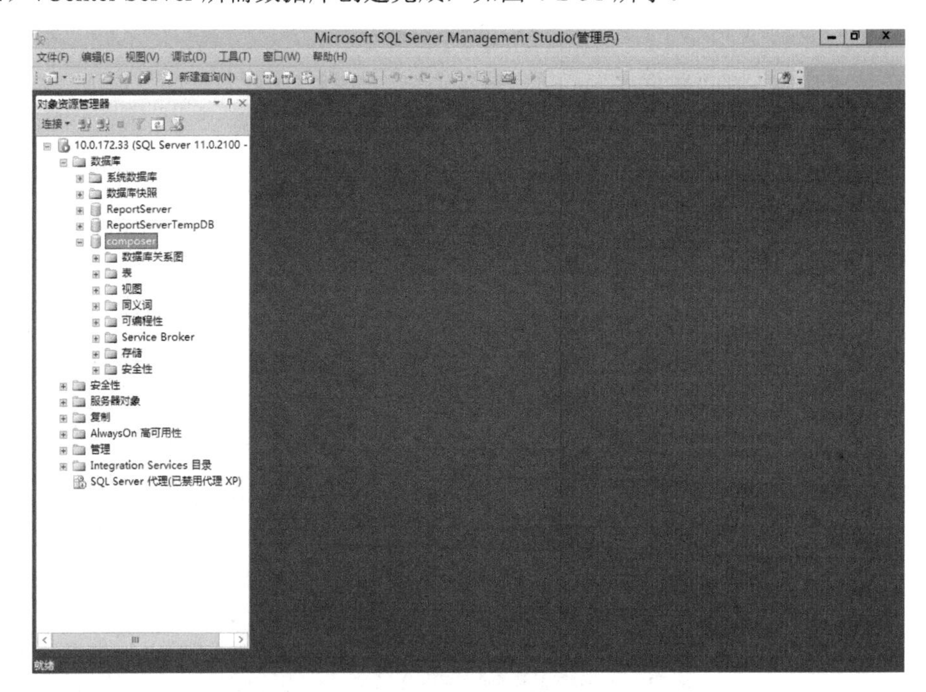

图 4-2-51　创建数据库之四

4.2.3　安装 vCenter Server

外部数据库创建完成后，即可开始 vCenter Server 的安装配置。本书采用一台单独的 Windows Server 2012 虚拟机安装 vCenter Server，要求 CPU 至少为 2 核，内存大小至少为 8GB，磁盘大小至少为 40GB。

1. 配置 ODBC 数据源

Windows Server 2012 虚拟机连接 SQL Server 2012 数据库需要客户端连接工具，在配置 ODBC 数据源之前，需要先安装客户端连接工具，该工具位于 SQL Server 2012 安装光盘中，文件名为“sqlncli.exe”。

（1）在安装 SQL Server 2012 的 Windows Server 2012 虚拟机中关闭防火墙，避免因内网环境导致数据库连接失败，如图 4-2-52 所示。

图 4-2-52　配置 ODBC 数据源之一

（2）在 Windows Server 2012 虚拟机中挂载 SQL Server 2012 安装光盘，在光盘中搜索“sqlncli.exe”，如图 4-2-53 所示。

图 4-2-53　配置 ODBC 数据源之二

（3）双击与操作系统对应的程序，进行安装，如图 4-2-54 所示，单击“下一步”按钮。

（4）进入“许可协议”界面，选择“我同意许可协议中的条款”，如图 4-2-55 所示，单击“下一步”按钮。

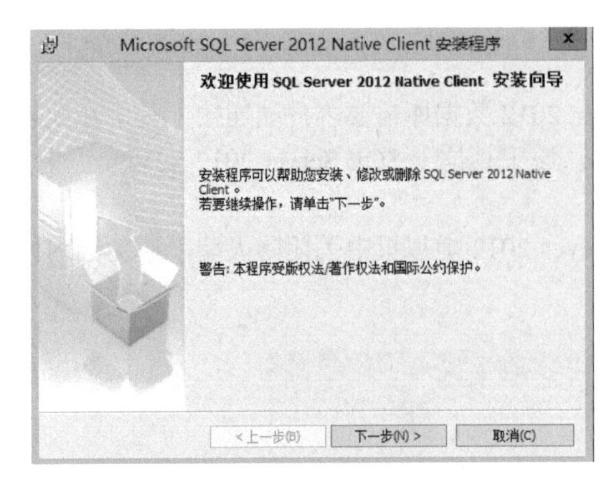

图 4-2-54　配置 ODBC 数据源之三

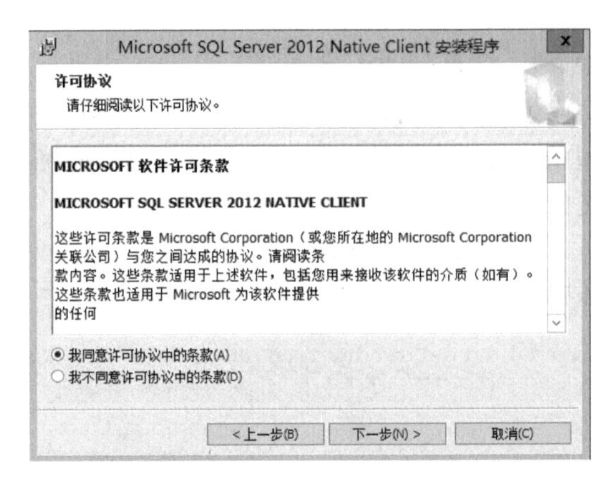

图 4-2-55　配置 ODBC 数据源之四

（5）进入“功能选择”界面，选择“客户端组件”，如图 4-2-56 所示，单击“下一步”按钮。

图 4-2-56　配置 ODBC 数据源之五

（6）进入“准备安装程序”界面，如图 4-2-57 所示，单击“安装”按钮。

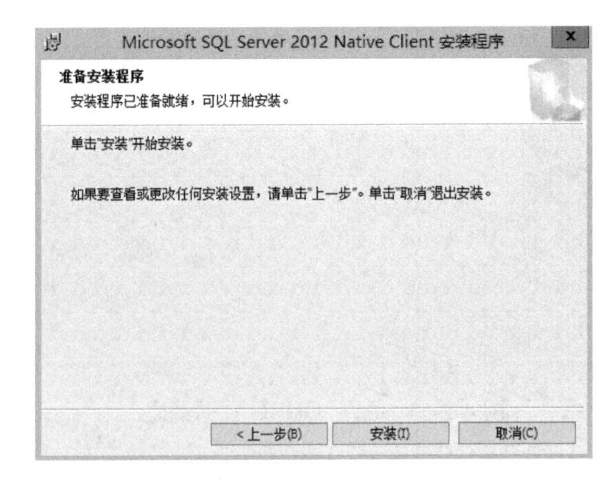

图 4-2-57　配置 ODBC 数据源之六

（7）安装完成，如图 4-2-58 所示，单击“完成”按钮。

（8）打开安装完成的 SQL Server 2012 Native Client 程序，选择“系统 DSN”选项卡，如图 4-2-59 所示，单击“添加”按钮。

图 4-2-58　配置 ODBC 数据源之七

图 4-2-59　配置 ODBC 数据源之八

（9）在“创建新数据源”对话框中选择“SQL Server Native Client 11.0”，如图 4-2-60 所示，单击“完成”按钮。

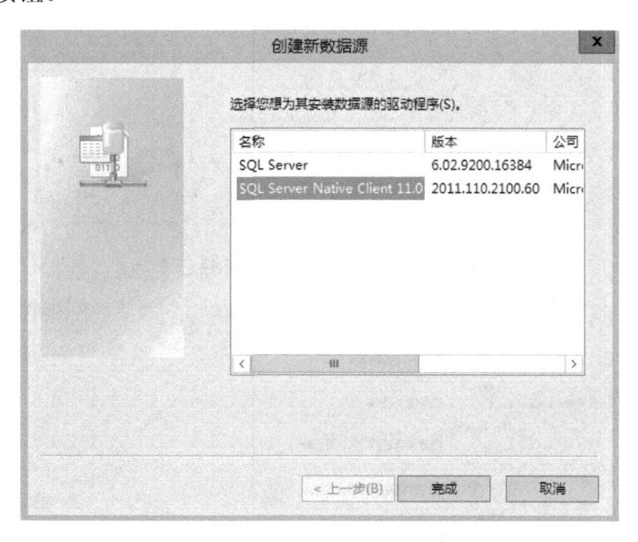

图 4-2-60　配置 ODBC 数据源之九

（10）输入数据源名称、描述及连接的服务器，如图 4-2-61 所示，单击“下一步”按钮。

（11）选择“使用用户输入登录 ID 和密码的 SQL Server 验证”，输入登录 ID 和密码，如图 4-2-62 所示，单击“下一步”按钮。

（12）勾选“更改默认的数据库为:”，选择刚创建的数据库，如图 4-2-63 所示，单击“下一步”按钮。

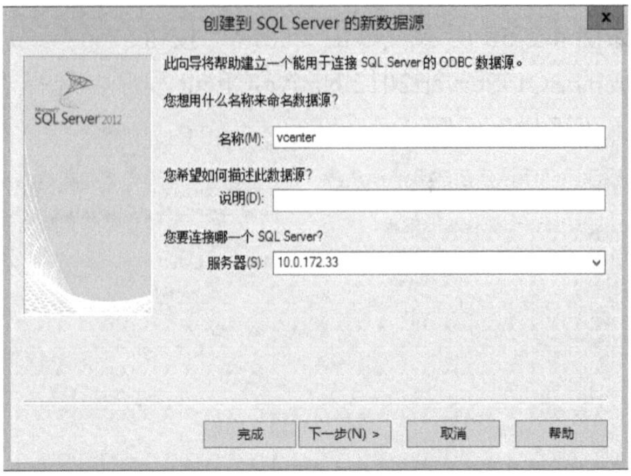

图 4-2-61　配置 ODBC 数据源之十

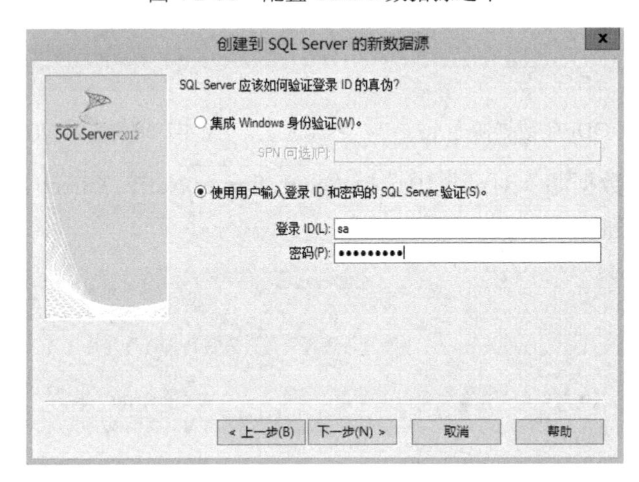

图 4-2-62　配置 ODBC 数据源之十一

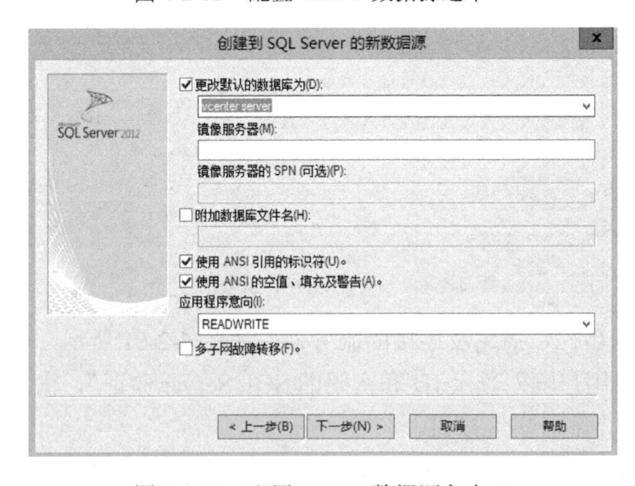

图 4-2-63　配置 ODBC 数据源之十二

（13）其他参数使用默认值即可，如图 4-2-64 所示，单击“完成”按钮。

（14）单击“测试数据源”按钮，测试数据源是否能连接到数据库，如图 4-2-65 所示。

图 4-2-64　配置 ODBC 数据源之十三

（15）若数据库连接测试成功，则出现如图 4-2-66 所示的测试结果，单击“确定”按钮。

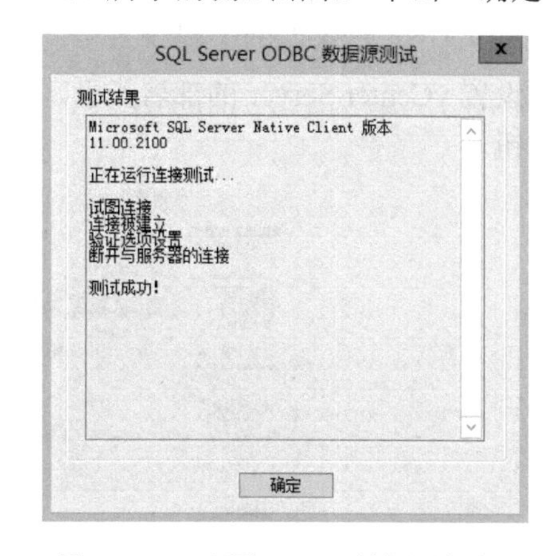

图 4-2-65　配置 ODBC 数据源之十四　　　图 4-2-66　配置 ODBC 数据源之十五

2. 安装 vCenter Server

配置好 ODBC 数据源后，即可进行 vCenter Server 的安装。

（1）运行 vCenter Server 安装程序，如图 4-2-67 所示，单击“安装”按钮。

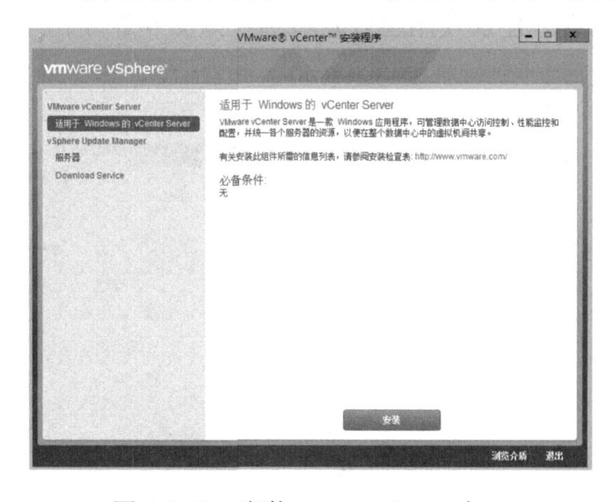

图 4-2-67　安装 vCenter Server 之一

（2）进入 vCenter Server 安装向导，如图 4-2-68 所示，单击“下一步”按钮。

（3）勾选“我接受许可协议条款”，如图 4-2-69 所示，单击“下一步”按钮。

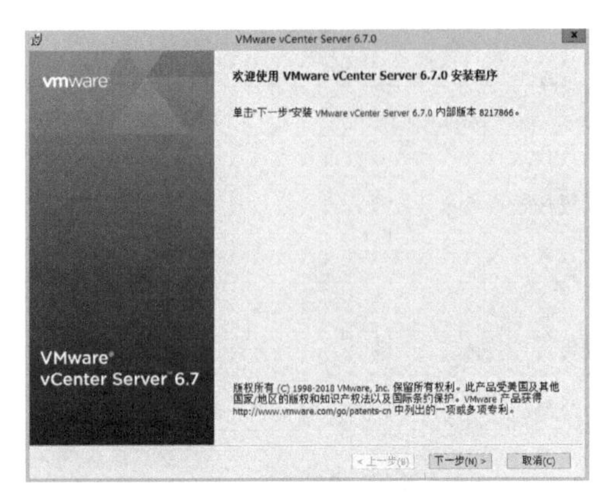

图 4-2-68　安装 vCenter Server 之二

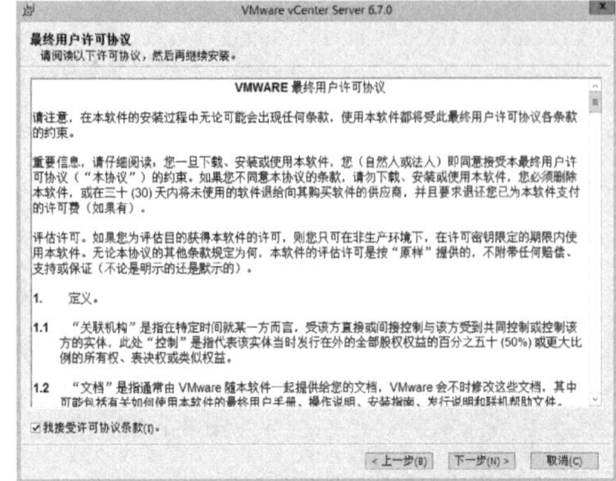

图 4-2-69　安装 vCenter Server 之三

（4）设置 vCenter Server 的部署类型，选择“嵌入式部署”，如图 4-2-70 所示，单击“下一步”按钮。

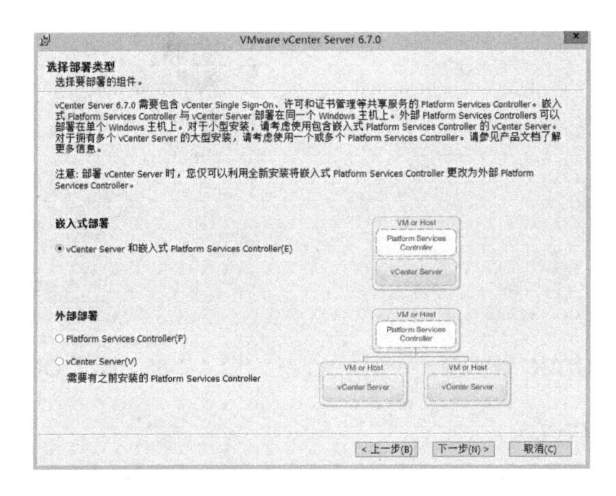

图 4-2-70　安装 vCenter Server 之四

（5）设置系统网络名称，建议使用全限定域名，如图 4-2-71 所示，单击“下一步”按钮。

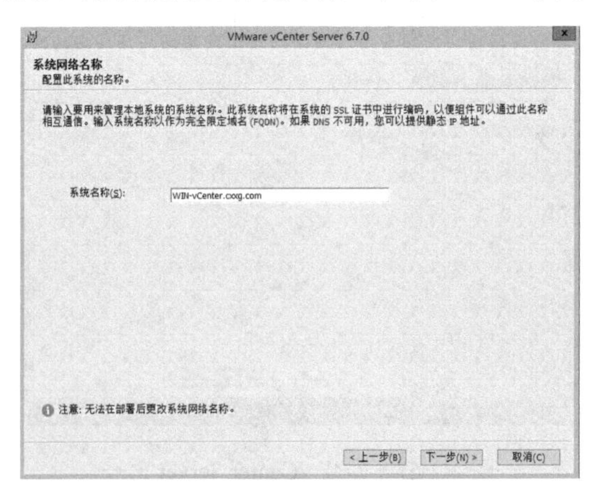

图 4-2-71　安装 vCenter Server 之五

（6）设置 Single Sign-On（SSO）相关信息，如图 4-2-72 所示，单击“下一步”按钮。

（7）设置 vCenter Server 服务账户信息，如图 4-2-73 所示，单击“下一步”按钮。

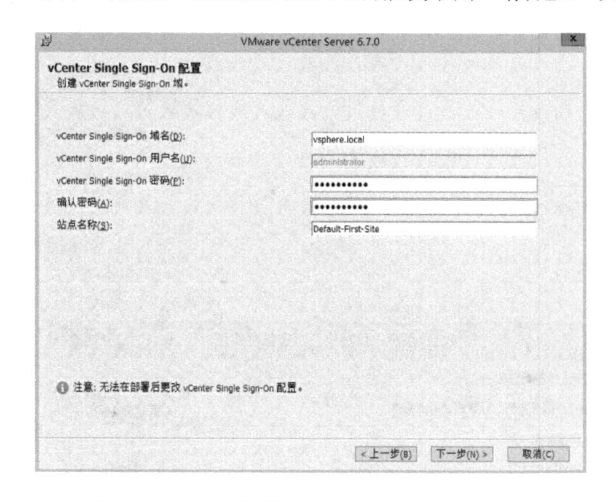

图 4-2-72　安装 vCenter Server 之六

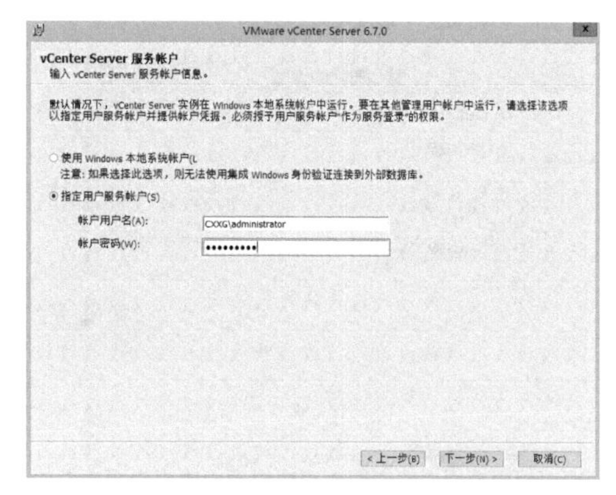

图 4-2-73　安装 vCenter Server 之七

（8）若出现如图 4-2-74 所示的提示，则需要在本地组策略中赋予账户相应的权限。

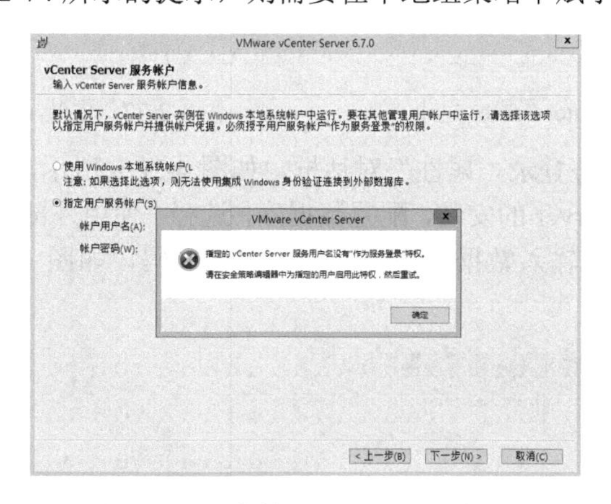

图 4-2-74　安装 vCenter Server 之八

（9）在命令行中输入“gpedits.msc”，打开“本地组策略编辑器”窗口，依次选择“计算机配置”→“Windows 设置”→“安全设置”→“本地策略”→“用户权限分配”选项，如图 4-2-75 所示，鼠标右键单击“作为服务登录”选项，在弹出的快捷菜单中选择“属性”选项。

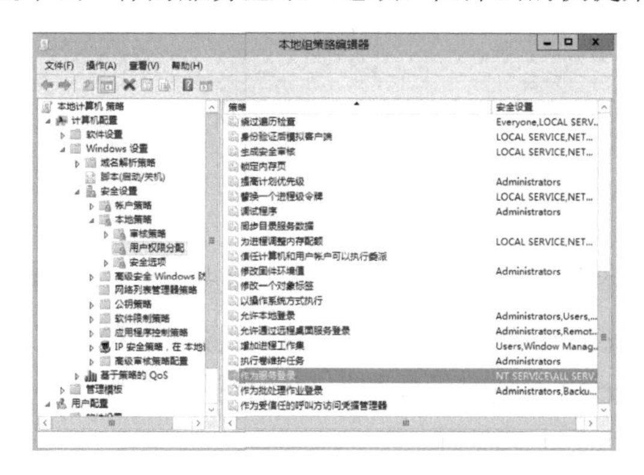

图 4-2-75　安装 vCenter Server 之九

（10）在“作为服务登录　属性”对话框中单击“添加用户或组”按钮，如图 4-2-76 所示。

（11）在“输入对象名称来选择”文本框中输入步骤（7）中设置的账户，如图 4-2-77 所示，单击“确定”按钮。

图 4-2-76　安装 vCenter Server 之十

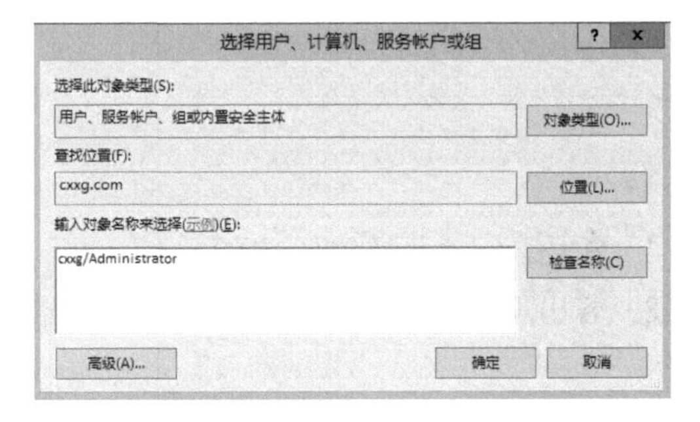

图 4-2-77　安装 vCenter Server 之十一

（12）回到“作为服务登录　属性”对话框，如图 4-2-78 所示，单击“确定”按钮。

（13）继续 vCenter Server 的安装，配置数据库，选择“使用外部数据库”，在“系统 DSN”处选择创建好的数据库，输入数据库用户名和数据库密码，如图 4-2-79 所示，单击“下一步”按钮。

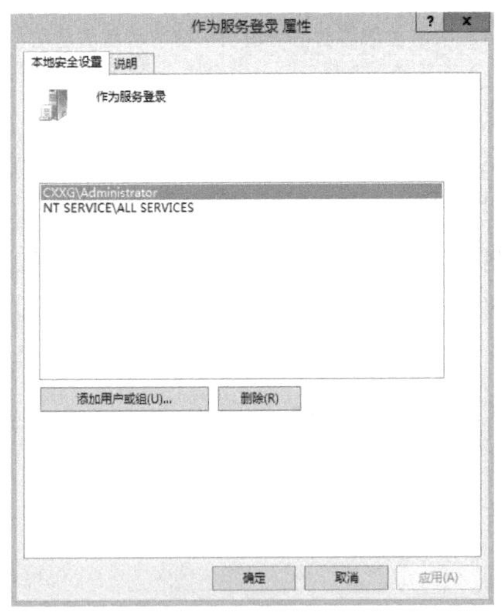

图 4-2-78　安装 vCenter Server 之十一二

图 4-2-79　安装 vCenter Server 之十三

（14）配置 vCenter Server 的网络设置和端口，如图 4-2-80 所示，单击“下一步”按钮。

（15）设置 vCenter Server 安装目录和数据存储位置，如图 4-2-81 所示，单击“下一步”按钮。

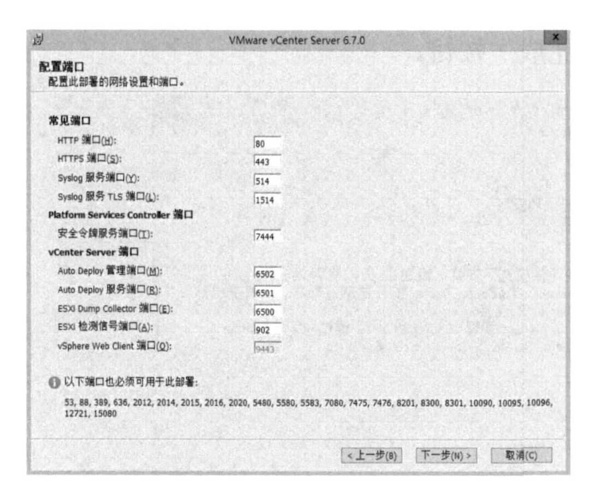

图 4-2-80　安装 vCenter Server 之十四

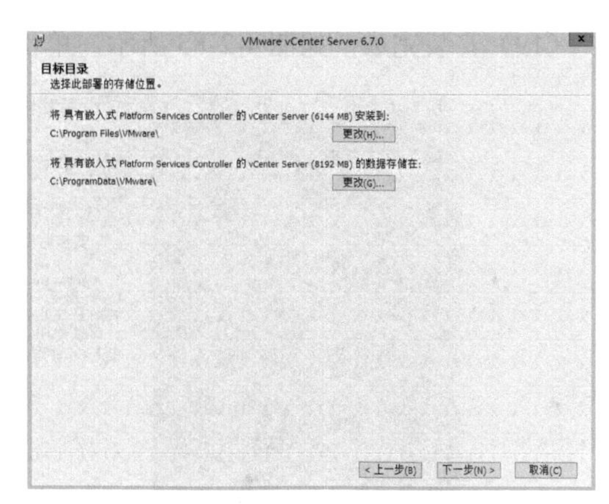

图 4-2-81　安装 vCenter Server 之十五

（16）进入“用户体验提升计划”界面，勾选“加入 VMware 用户体验提升计划”，如图 4-2-82 所示，单击“下一步”按钮。

（17）在“准备安装”界面中，确定配置，如图 4-2-83 所示，单击“安装”按钮。

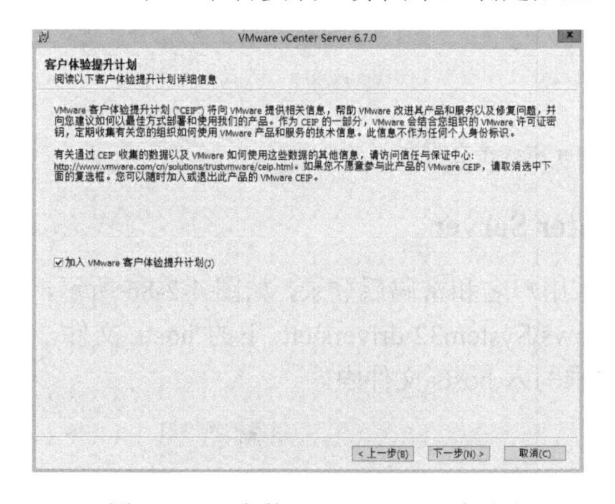

图 4-2-82　安装 vCenter Server 之十六

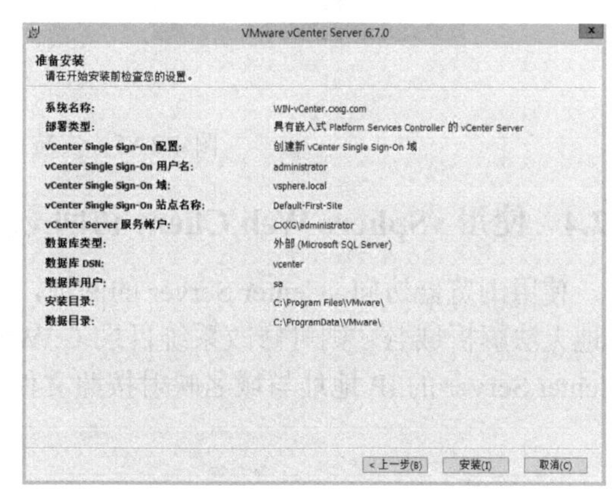

图 4-2-83　安装 vCenter Server 之十七

（18）开始安装 vCenter Server，如图 4-2-84 所示，整个安装时间约为 30 分钟。

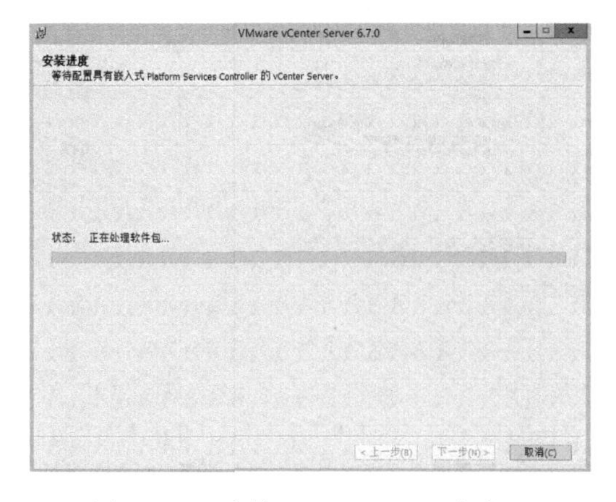

图 4-2-84　安装 vCenter Server 之十八

（19）安装完成，如图 4-2-85 所示，单击“完成”按钮。

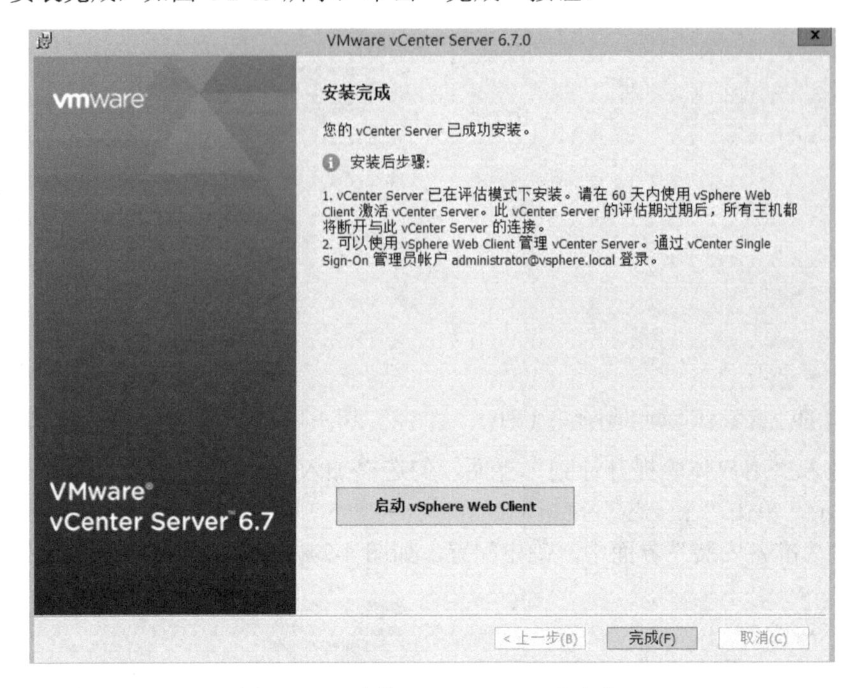

图 4-2-85　安装 vCenter Server 之十九

4.2.4　使用 vSphere Web Client 访问 vCenter Server

使用浏览器访问 vCenter Server 的网址，输入用户名和密码后登录，如图 4-2-86 所示，若本地无法解析域名，则可修改系统目录 C:\Windows\System32\drivers\etc 下的 hosts 文件，将 vCenter Server 的 IP 地址与域名映射按照文件要求写入 hosts 文件中。

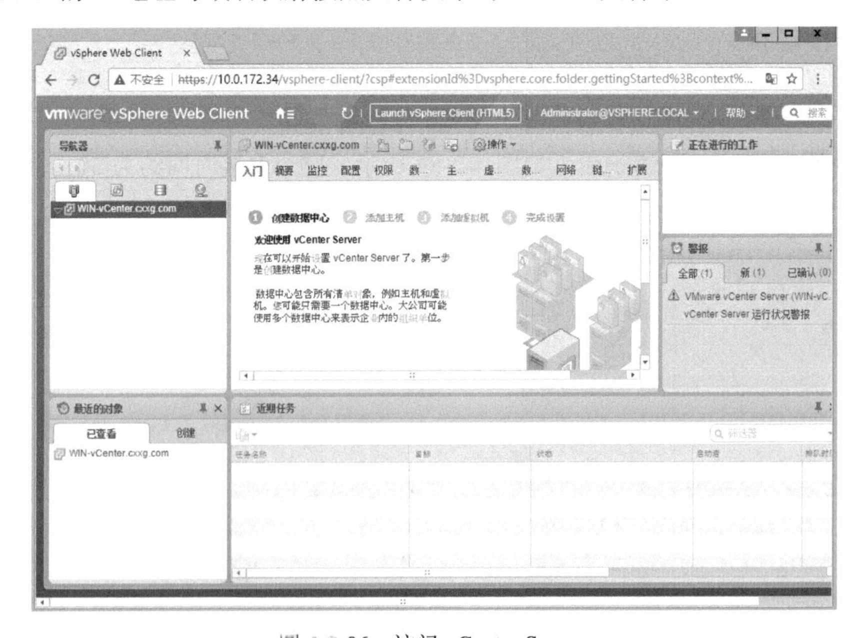

图 4-2-86　访问 vCenter Server

习 题

一、简答题

1．VMware vCenter Server 分为哪两个版本，两者之间有什么区别？

2．VMware vCenter Server 使用内置数据库和外置数据库的区别是什么？

3．使用 AD 管理主机和用户有什么作用？

二、操作题

1．安装 VCSA，并使用 Web 登录 VCSA，完成数据中心、群集的创建及主机的添加。

2．安装 vCenter Server，并使用 Web 登录 vCenter Server，完成数据中心、群集的创建及主机的添加。

项目 5

vCenter Server 平台应用

本项目学习目标

知识目标

- 掌握虚拟机模板与克隆的概念和创建过程；
- 掌握 VMware vSphere 网络的配置；
- 掌握 Openfiler 存储的概念与配置。

能力目标

- 学会创建虚拟机模板，并能从模板新建虚拟机；
- 学会创建标准交换机与分布式交换机；
- 能熟练使用 Openfiler 创建 iSCSI 共享存储并挂载。

任务 5.1　虚拟机模板与克隆

如果需要在一个虚拟化架构中创建多个具有相同操作系统的虚拟机，使用模板可以大大减少工作量。模板是一个预先配置好的虚拟机的备份，即模板是由现有的虚拟机创建出来的。

要使用虚拟机模板，首先需要使用操作系统光盘 ISO 文件安装好一个虚拟机，安装好虚拟机操作系统后，安装 VMware Tools，同时可以安装必要的软件，然后将虚拟机转换或克隆为模板，后续可以随时使用此模板部署新的虚拟机。从一个模板中创建出来的虚拟机具有与原始虚拟机相同的网卡类型和驱动程序，但是会拥有不同的 MAC 地址。

如果需要使用模板部署多台加入同一个活动目录域的 Windows 虚拟机，每个虚拟机的操作系统必须具有不同的 SID（Security Identifier）。SID 安全标识符是 Windows 操作系统用来标识用户、组和计算机账户的唯一号码。Windows 操作系统会在安装时自动生成唯一的 SID，在使用模板部署虚拟机时，vCenter Server 支持使用 sysprep 工具为虚拟机操作系统创建新的 SID。

5.1.1　创建模板虚拟机

登录 vCenter Server 平台，使用 HTML5 访问 vCenter Server，在 vCenter Server 下依次添加数据中心、添加群集、添加主机。

（1）鼠标右键单击添加的主机，在弹出的快捷菜单中选择“新建虚拟机”选项，如图 5-1-1 所示。

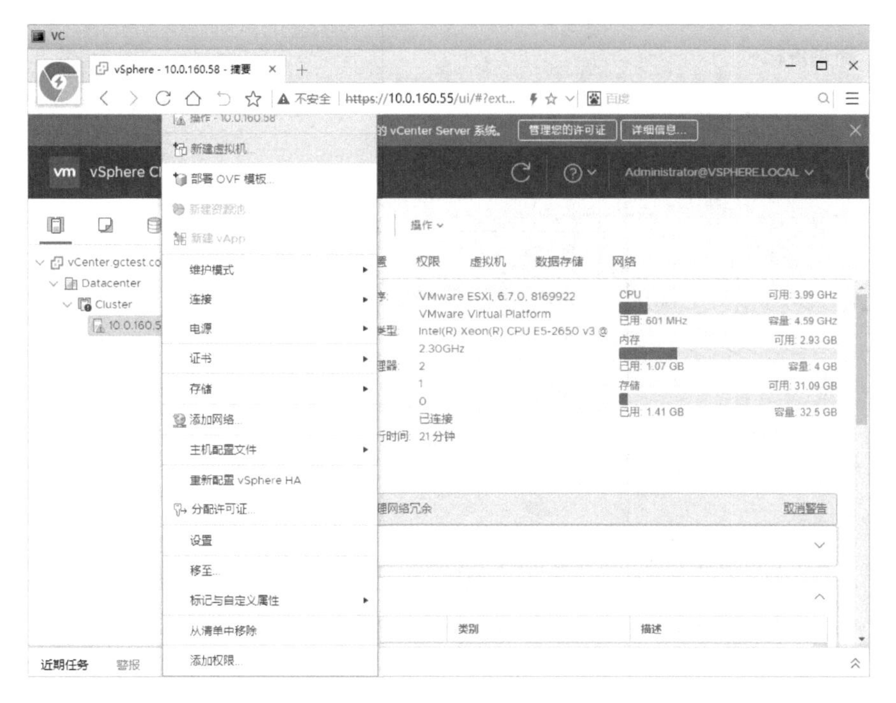

图 5-1-1　创建模板虚拟机之一

（2）在“选择创建类型”界面，选择“创建新虚拟机”选项，如图 5-1-2 所示，单击“NEXT”按钮。

图 5-1-2　创建模板虚拟机之二

（3）在“选择名称和文件夹”界面，输入虚拟机名称“win7”，如图 5-1-3 所示，单击“NEXT”按钮。

图 5-1-3　创建模板虚拟机之三

（4）在“选择计算资源”界面，选中添加的主机，如图 5-1-4 所示，单击“NEXT”按钮。

图 5-1-4　创建模板虚拟机之四

（5）在“选择存储”界面，选择要存储配置和磁盘文件的数据存储，如图 5-1-5 所示，单击“NEXT”按钮。

图 5-1-5　创建模板虚拟机之五

（6）在“选择兼容性”界面，根据实际选择虚拟机需要兼容的主机版本，如图 5-1-6 所示，单击“NEXT”按钮。

图 5-1-6　创建模板虚拟机之六

（7）在“选择客户机操作系统”界面，选择需要安装的模板虚拟机的操作系统版本，本书以 Microsoft Windows 7（32 位）为例，如图 5-1-7 所示，单击“NEXT”按钮。

图 5-1-7　创建模板虚拟机之七

（8）在“自定义硬件”界面，根据需要配置虚拟硬件，并挂载操作系统安装镜像，如图 5-1-8 所示，单击“NEXT”按钮完成。

图 5-1-8　创建模板虚拟机之八

（9）鼠标右键单击刚创建的虚拟机，在弹出的快捷菜单中选择“启动”→“打开电源”选项，如图 5-1-9 所示，完成。

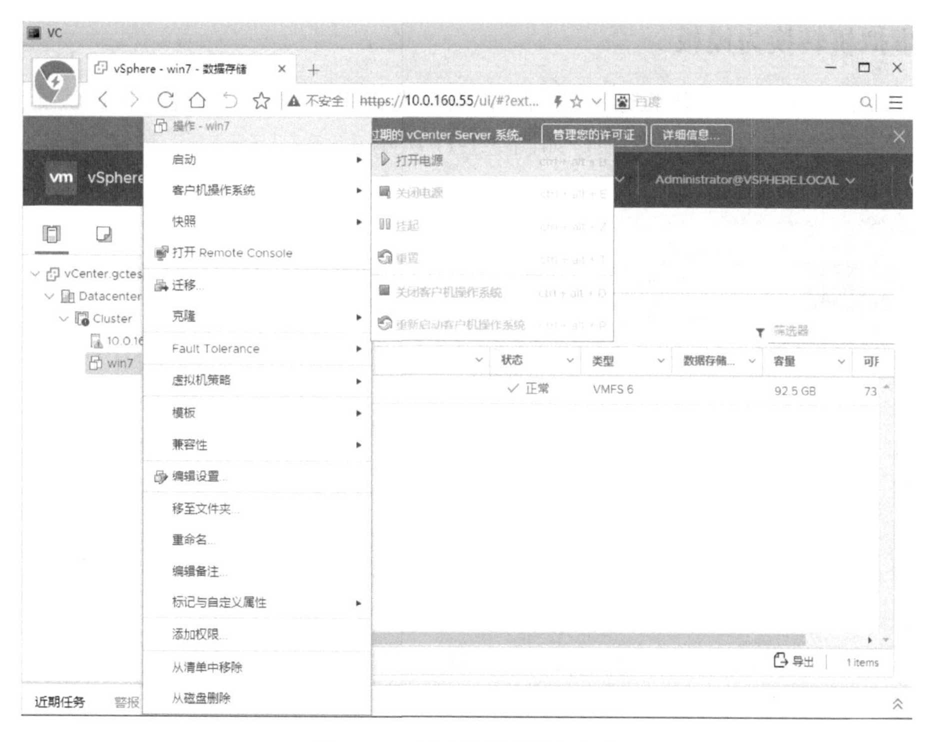

图 5-1-9　创建模板虚拟机之九

（10）根据提示完成操作系统的安装，如图 5-1-10 所示。

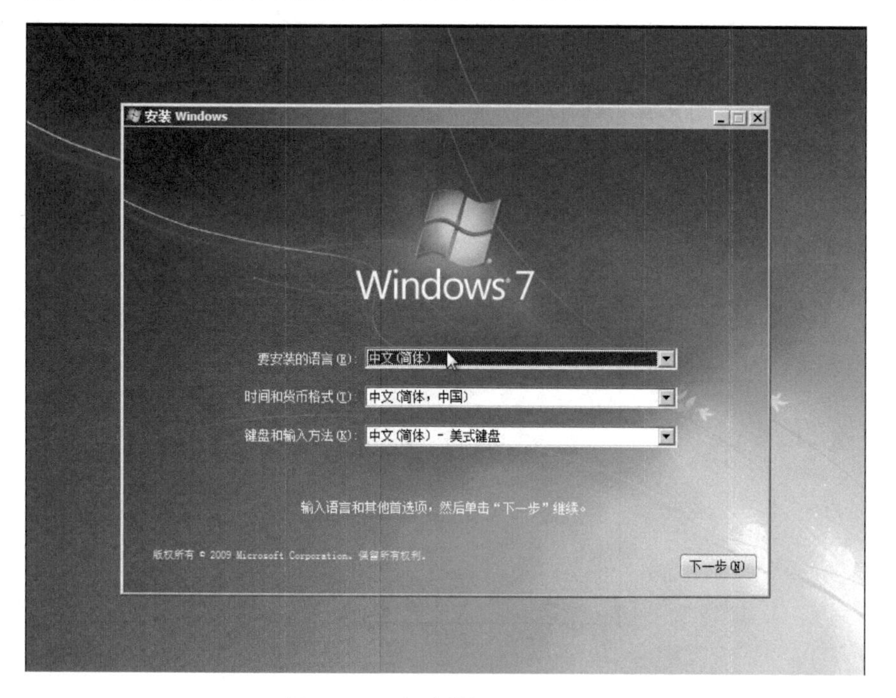

图 5-1-10　创建模板虚拟机之十

操作系统安装完成后，模板虚拟机即创建完成。

5.1.2 虚拟机转换为模板

（1）关闭 5.1.1 节中打开的虚拟机电源，鼠标右键单击虚拟机，在弹出的快捷菜单中选择“克隆”→“克隆为模板”选项，如图 5-1-11 所示。

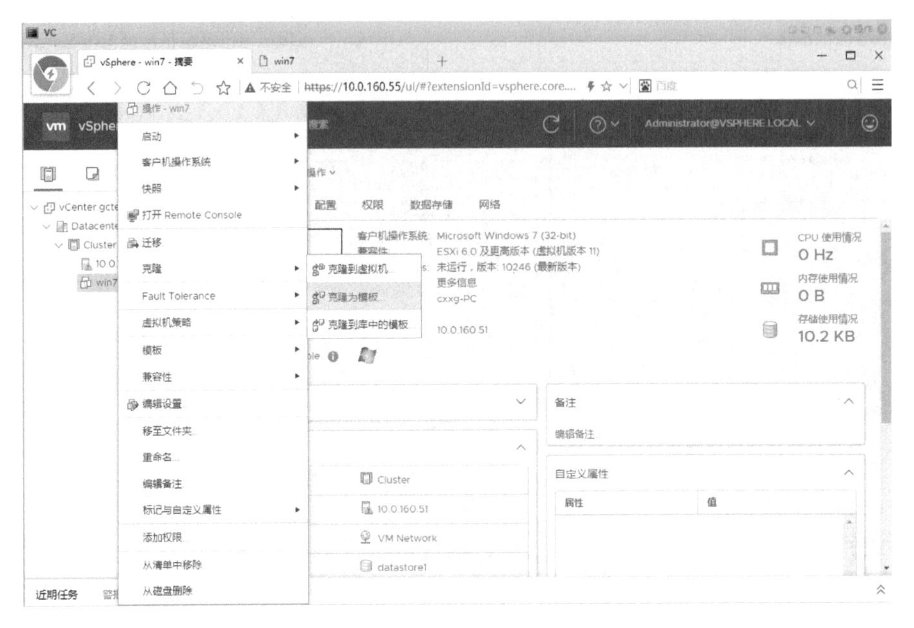

图 5-1-11　虚拟机转换为模板之一

（2）输入虚拟机模板名称“win7-ghost”，如图 5-1-12 所示，单击“NEXT”按钮。

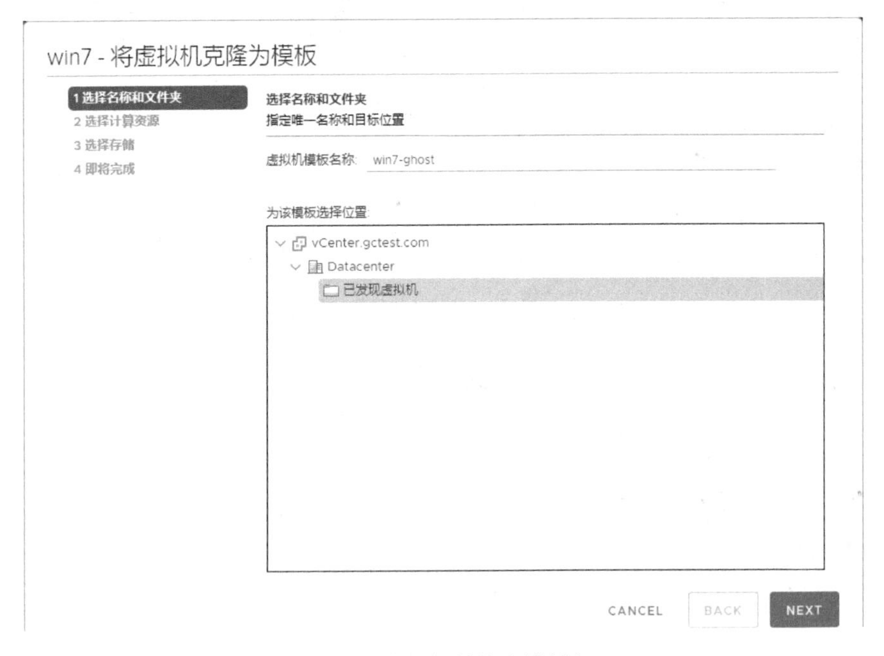

图 5-1-12　虚拟机转换为模板之二

（3）为模版选择计算资源，如图 5-1 13 所示，单击“NEXT”按钮。

图 5-1-13　虚拟机转换为模板之三

（4）选择虚拟磁盘格式、虚拟机存储策略，如图 5-1-14 所示，单击“NEXT”按钮。

图 5-1-14　虚拟机转换为模板之四

（5）确认虚拟机模板的配置，检查无误后单击“FINISH”按钮，完成模板创建，如图 5-1-15 所示。

图 5-1-15　虚拟机转换为模板之五

（6）创建完成后，打开 vCenter Server 中的“虚拟机和模板”选项，可以查看到刚克隆成功的模板“win7-ghost”，如图 5-1-16 所示。

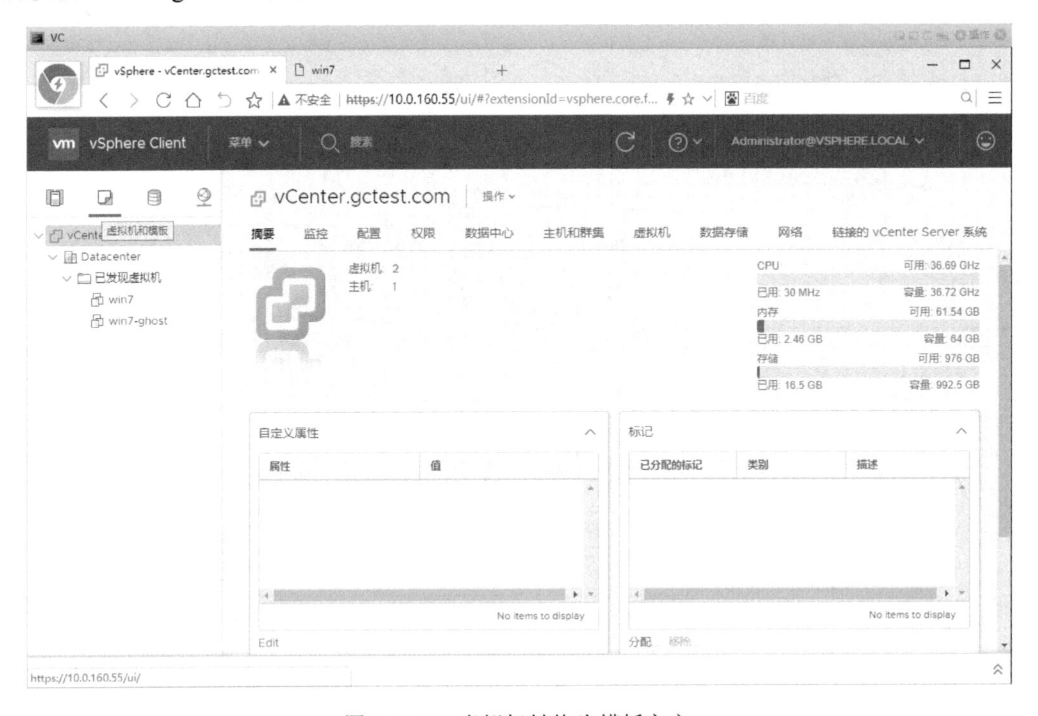

图 5-1-16　虚拟机转换为模板之六

至此，虚拟机转换为模板配置完成，以后可通过模板批量部署虚拟机。

5.1.3　创建规范

下面为 Windows 7 操作系统创建新的自定义规范，当使用模板部署虚拟机时，可以调用此自定义规范。

（1）单击 vCenter Server 界面左上角“VM”图标，打开主页，如图 5-1-17 所示。单击“监控”区域的“虚拟机自定义规范”选项，创建规范。

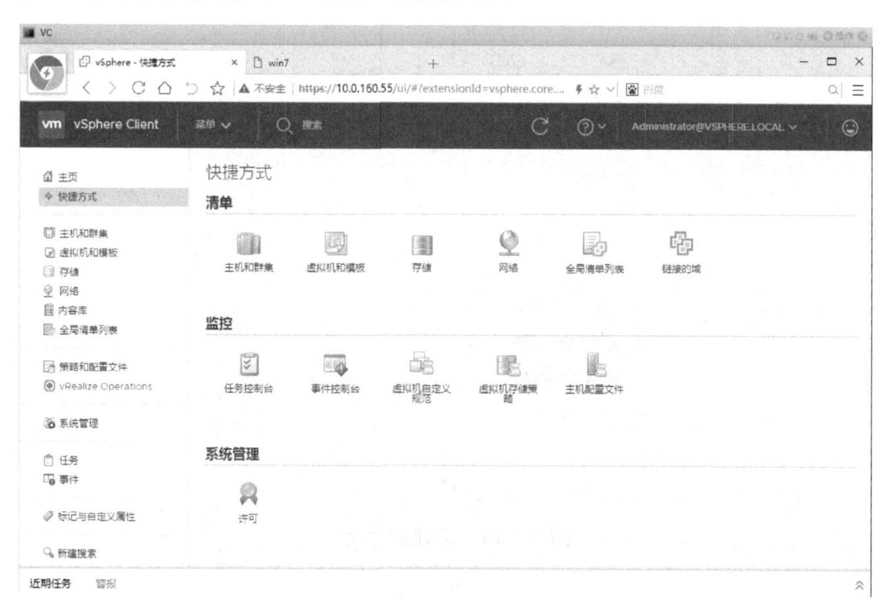

图 5-1-17　创建规范之一

（2）单击“虚拟机自定义规范”界面的“新建”按钮，如图 5-1-18 所示。

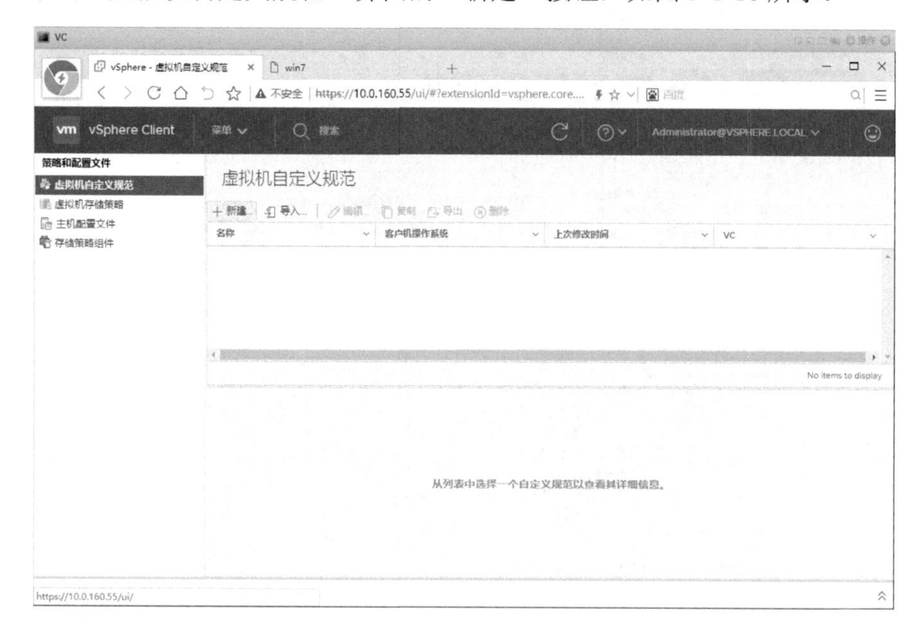

图 5-1-18　创建规范之二

（3）输入虚拟机自定义规范的名称“Windows 7”，选择目标客户机操作系统“Windows”，如图 5-1-19 所示，单击“NEXT”按钮。

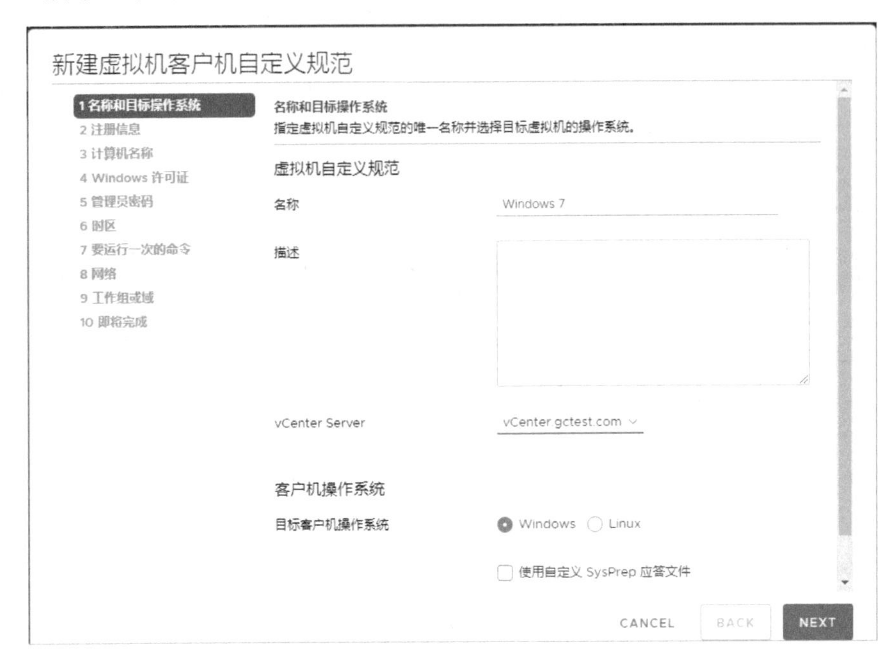

图 5-1-19　创建规范之三

（4）输入客户机操作系统的所有者名称和所有者组织，如图 5-1-20 所示，单击“NEXT”按钮。

图 5-1-20　创建规范之四

（5）设置计算机名称，选择“在克隆/部署向导中输入名称”，如图 5-1-21 所示，单击“NEXT”按钮。

图 5-1-21　创建规范之五

（6）输入 Windows 产品密钥，并设置服务器许可证模式为“按服务器”，如图 5-1-22 所示，单击“NEXT”按钮。

图 5-1-22　创建规范之六

（7）设置管理员密码，如图 5-1-23 所示，单击“NEXT”按钮。

图 5-1-23　创建规范之七

（8）设置时区为“(GMT+08:00)北京，重庆，香港特别行政区，乌鲁木齐”，如图 5-1-24 所示，单击“NEXT”按钮。

图 5-1-24　创建规范之八

（9）设置用户首次登录时要运行的命令，本例中不设置，如图 5-1-25 所示，单击“NEXT”按钮。

图 5-1-25　创建规范之九

（10）设置网络，选择“手动选择自定义设置”，选中网卡 1，单击“编辑”按钮，如图 5-1-26 所示。

图 5-1-26　创建规范之十

（11）在“编辑网络”对话框中，本例选择“当使用规范时，提示用户输入 IPv4 地址”，并根据当前实际环境输入子网掩码、默认网关、DNS 等信息，如图 5-1-27 所示，单击“确定”按钮。

图 5-1-27　创建规范之十一

（12）设置工作组或域，本例中使用默认的“工作组”，如图 5-1-28 所示，单击“NEXT”按钮。

图 5-1-28　创建规范之十二

（13）确认配置，检查无误后单击“FINISH”按钮，完成规范的创建，如图 5-1-29 所示。

图 5-1-29　创建规范之十三

至此，自定义规范创建完成，在虚拟机自定义规范界面中可以看到刚创建的规范。

5.1.4　从模板部署虚拟机

通过模板部署虚拟机，模板不会消失。具体部署过程如下。

（1）鼠标右键单击创建好的虚拟机模板“win7-ghost”，如图 5-1-30 所示，在弹出的快捷菜单中选择“从此模板新建虚拟机”选项。

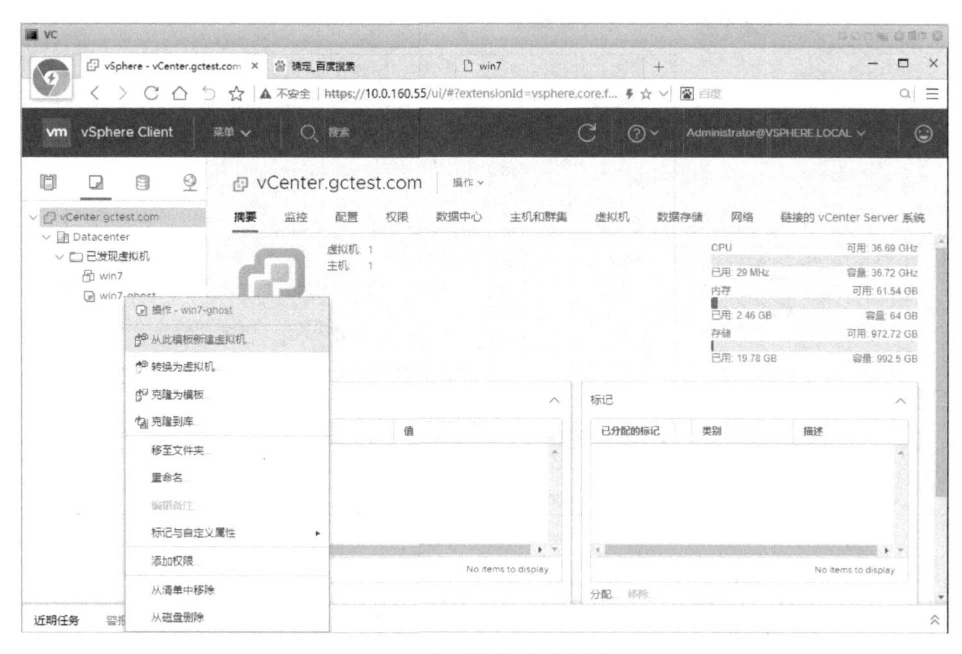

图 5-1-30　从模板部署虚拟机之一

（2）设置虚拟机名称并选择虚拟机的位置，如图 5-1-31 所示，单击“NEXT”按钮。

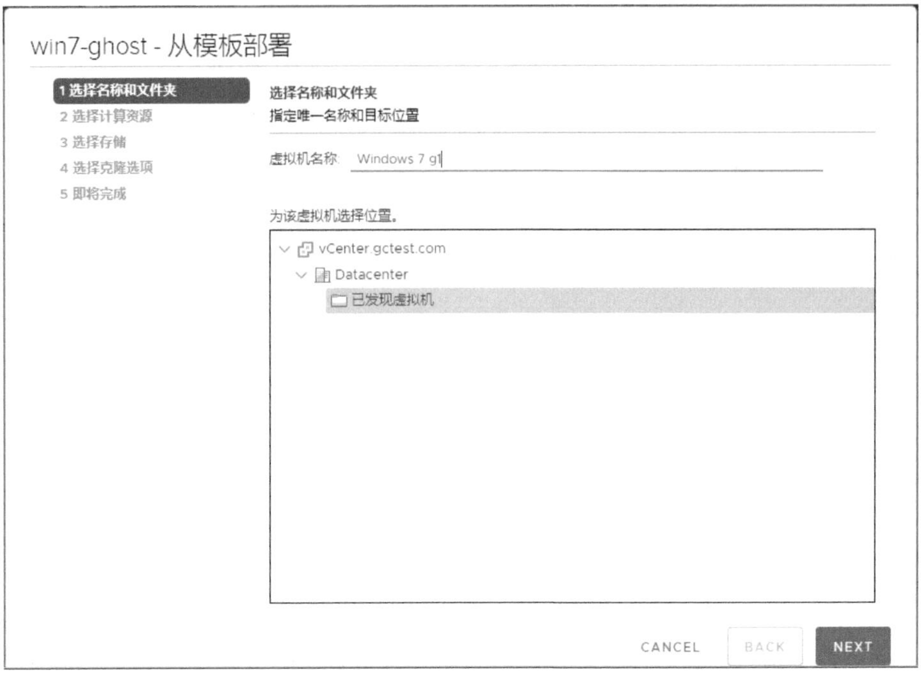

win7-ghost - 从模板部署
1 选择名称和文件夹
2 选择计算资源
3 选择存储
4 选择克隆选项
5 即将完成
选择名称和文件夹
指定唯一名称和目标位置
虚拟机名称 Windows 7 g1
为该虚拟机选择位置。
vCenter.gctest.com
Datacenter
已发现虚拟机
CANCEL
BACK
NEXT

图 5-1-31　从模板部署虚拟机之二

（3）选择该虚拟机的计算资源，如图 5-1-32 所示，单击“NEXT”按钮。

win7-ghost - 从模板部署
1 选择名称和文件夹
2 选择计算资源
3 选择存储
4 选择克隆选项
5 即将完成
选择计算资源
为此操作选择目标计算资源
Datacenter
Cluster
10.0.160.51
兼容性
兼容性检查成功。
CANCEL
BACK
NEXT

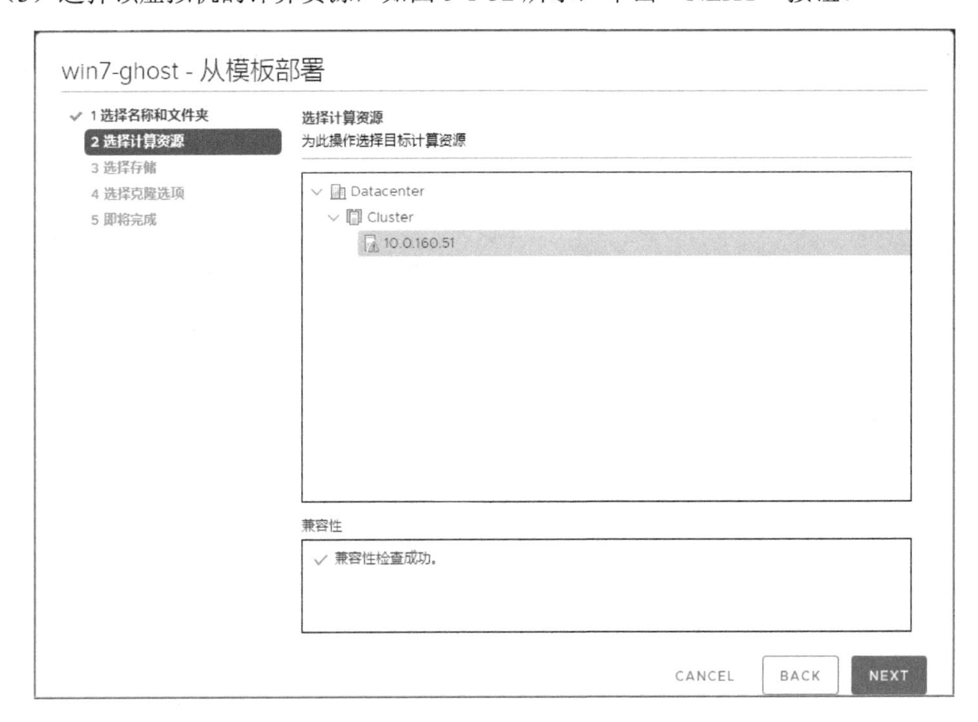

图 5-1-32　从模板部署虚拟机之三

（4）选择虚拟磁盘格式和虚拟机存储策略，如图 5-1-33 所示，单击“NEXT”按钮。

图 5-1-33　从模板部署虚拟机之四

（5）在“选择克隆选项”界面，勾选“自定义操作系统”及“自定义此虚拟机的硬件（实验）”，如图 5-1-34 所示，单击“NEXT”按钮。

图 5-1-34　从模板部署虚拟机之五

（6）在“自定义客户机操作系统”界面，选中 5.1.3 节中创建的自定义规范“Windows 7”，如果不使用自定义规范，使用模板部署的虚拟机，SID 会相同，从而造成系统冲突，如图 5-1-35 所示。

图 5-1-35　从模板部署虚拟机之六

（7）使用 5.1.3 节中创建的自定义规范后，需要为虚拟机指定计算机名称并进行网络适配器设置，如图 5-1-36 所示，单击“NEXT”按钮。

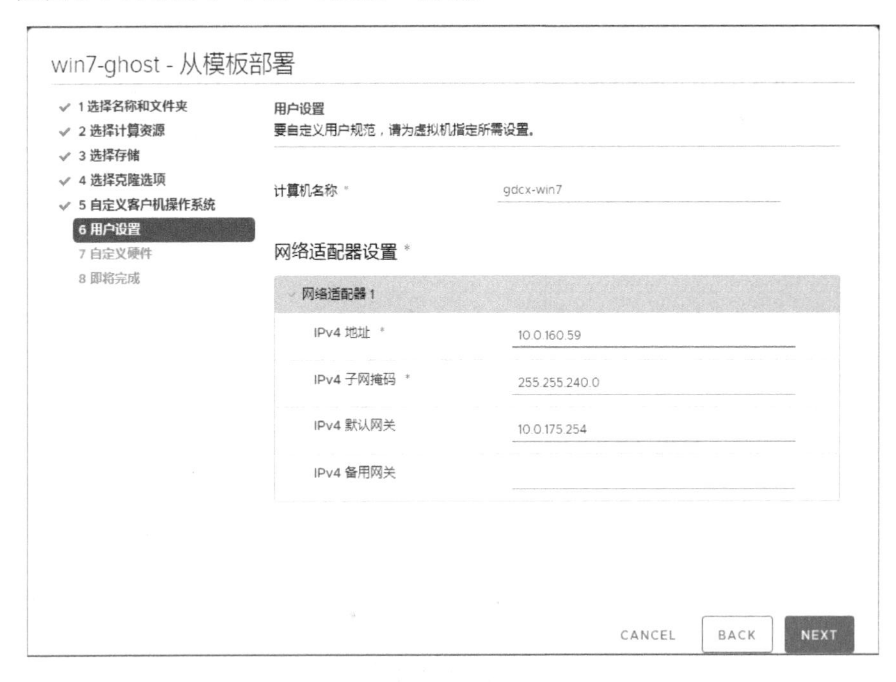

图 5-1-36　从模板部署虚拟机之七

（8）修改虚拟机的硬件配置，如图 5-1-37 所示，单击“NEXT”按钮。

图 5-1-37　从模板部署虚拟机之八

（9）确认虚拟机配置，如图 5-1-38 所示，检查无误后单击“FINISH”按钮完成。

图 5-1-38　从模板部署虚拟机之九

至此，通过模板部署虚拟机完成，在 vCenter Server 中可以看到通过模板创建好的虚拟机“Windows 7 g1”。

任务 5.2 配置 VMware vSphere 网络

5.2.1 虚拟交换机的介绍

虚拟交换机用来实现 ESXi 主机、虚拟机和外部网络的通信，其功能类似于真实的二层交换机。虚拟交换机在二层网络运行，能够保存 MAC 地址表，基于 MAC 地址转发数据帧，支持 VLAN 配置，支持 IEEE802.1Q 中继。但是虚拟交换机没有真实交换机所提供的高级特性，例如，不能远程登录（Telnet）到虚拟交换机上，虚拟交换机没有命令行接口（CLI），也不支持生成树协议（STP）等。

虚拟交换机支持的连接类型包括虚拟机端口组、VMkernel 端口和上行链路端口。VMkernel 端口也称 VMknic，是用来为 ESXi 主机提供服务的端口，主要用来支持 ESXi 管理访问、vMotion 虚拟机迁移、iSCSI 存储访问、vSphere FT 容错等特性，VMkernel 端口需要配置 IP 地址。虚拟机端口组是用来为虚拟机提供服务的端口组，它可以支持虚拟机之间的互相访问，允许虚拟机访问外部网络。虚拟机端口组上还能配置 VLAN、安全、流量调整、网卡绑定等高级特性，每个虚拟交换机上有各自的虚拟机端口组。一个虚拟交换机上可以包含一个或多个 VMkernel 端口和虚拟机端口组，也可以在一台 ESXi 主机上创建多个虚拟交换机，每个虚拟交换机包含一个端口或端口组。

VMware vSphere 虚拟交换机分为两种：标准交换机和分布式交换机。

（1）标准交换机

标准交换机是由 ESXi 主机虚拟出来的交换机，ESXi 主机在安装之后会自动创建一个标准交换机 vSwitch0。标准交换机只在一台 ESXi 主机内部工作，因此必须在每台 ESXi 上独立管理每个 vSphere 标准交换机，ESXi 管理流量、虚拟机流量等数据通过标准交换机传送到外部网络。当 ESXi 主机的数据较少时，使用标准交换机较为合适。因为每次配置修改都需要在 ESXi 上复制，所以在大规模的环境中使用标准交换机会增加管理员的工作负担。

（2）分布式交换机

分布式交换机是以 vCenter Server 为中心创建的虚拟交换机。分布式交换机可以跨越多台 ESXi 主机，即多台 ESXi 主机存在同一台分布式交换机。当 ESXi 主机的数据较多时，使用分布式交换机可以大幅度提高管理员的工作效率。除了 vSphere 的软件分布式交换机，还可以选择更强大的第三方硬件级虚拟交换机，如 Cisco Nexus 1000V、华为 Cloud Engine 1800V 等。

当数据中心部署的 ESXi 主机数量少于 10 台时，可以只使用标准交换机，不需要使用分布式交换机；当数据中心部署的 ESXi 主机的数量多于 10 台少于 50 台时，建议使用分布式交换机，合理的配置会为网络管理带来更高的效率；当数据中心部署的 ESXi 主机数量多于 50 台时，建议使用硬件级分布式交换机，不仅能简化网络的管理，而且能带来性能的提升。

5.2.2 标准交换机的创建与配置

标准交换机分为基于 VMkernel 流量的标准交换机和基于虚拟机流量的标准交换机，本节以基于虚拟机流量的标准交换机为例创建标准交换机，基于 VMkernel 流量的标准交换机的创建过程与之类似，不同之处在于，基于 VMkernel 流量的标准交换机必须配置 IP，且端口属性配置可以选择需要启用的各类服务，如 vMotion 流量、FT 日志记录等。

（1）使用浏览器登录 vCenter Server，选中需要配置网络的 ESXi 主机，选择“配置”→“网络”→“虚拟交换机”选项，可以看到默认创建的虚拟交换机 vSwitch0，如图 5-2-1 所示，单击“添加网络”按钮。

图 5-2-1　标准交换机的创建与配置之一

（2）在弹出的创建向导中，进入“选择连接类型”界面，选择“标准交换机的虚拟机端口组”，如图 5-2-2 所示，单击“NEXT”按钮。

图 5-2-2　标准交换机的创建与配置之二

（3）进入“选择目标设备”界面，选择“新建标准交换机”，如图 5-2-3 所示，单击“NEXT”按钮。

图 5-2-3　标准交换机的创建与配置之三

（4）进入“创建标准交换机”界面，如图 5-2-4 所示，单击“分配的适配器”下方的“+”按钮。

图 5-2-4　标准交换机的创建与配置之四

（5）在弹出的界面中选中要分配的网络适配器，如图 5-2-5 所示，单击“确定”按钮。若此处没有网络适配器，则可以关闭 ESXi 主机后添加网络适配器后再开机。

图 5-2-5 标准交换机的创建与配置之五

（6）回到“创建标准交换机”界面，可以查看到已选择的适配器信息，如图 5-2-6 所示，单击“NEXT”按钮。

图 5-2-6 标准交换机的创建与配置之六

（7）在“连接设置”界面，输入自定义的“网络标签”，如图 5-2-7 所示，单击“NEXT”按钮。

图 5-2-7　标准交换机的创建与配置之七

（8）在“即将完成”界面，检查配置是否有误，如图 5-2-8 所示，无误后单击“FINISH”按钮完成配置。

图 5-2-8　标准交换机的创建与配置之八

（9）创建完成后，回到虚拟交换机界面，可以查看到刚创建的标准交换机 vSwitch1，如图 5-2-9 所示。

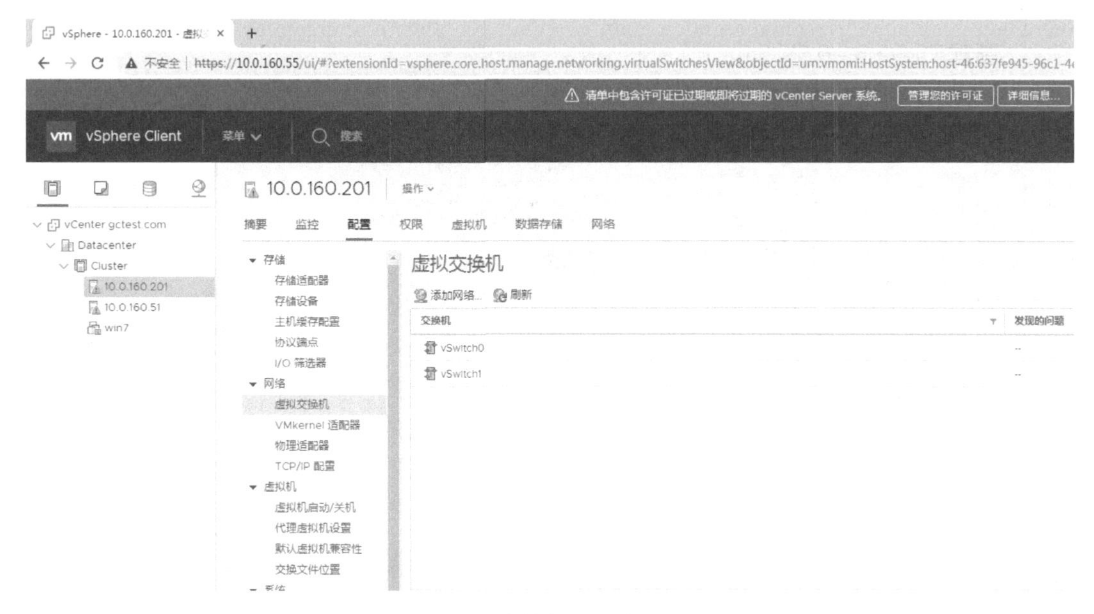

图 5-2-9　标准交换机的创建与配置之九

至此，标准交换机创建完成。

5.2.3　分布式交换机的创建与配置

（1）使用浏览器登录 vCenter Server，在主页中选择“网络”选项卡，鼠标右键单击“数据中心”，在弹出的快捷菜单中选择“Distributed Switch”→“新建 Distributed Switch”选项，如图 5-2-10 所示。

图 5-2-10　分布式交换机的创建与配置之一

（2）在新建向导中，进入“名称与位置”界面，设置自定义的分布式交换机的名称和位置，如图 5-2-11 所示，单击“NEXT”按钮。

（3）进入“选择版本”界面，选择分布式交换机的版本，不同的版本具有不同的功能特性，此处选择“6.6.0-ESXi 6.6 及更高版本”，如图 5-2-12 所示，单击“NEXT”按钮。

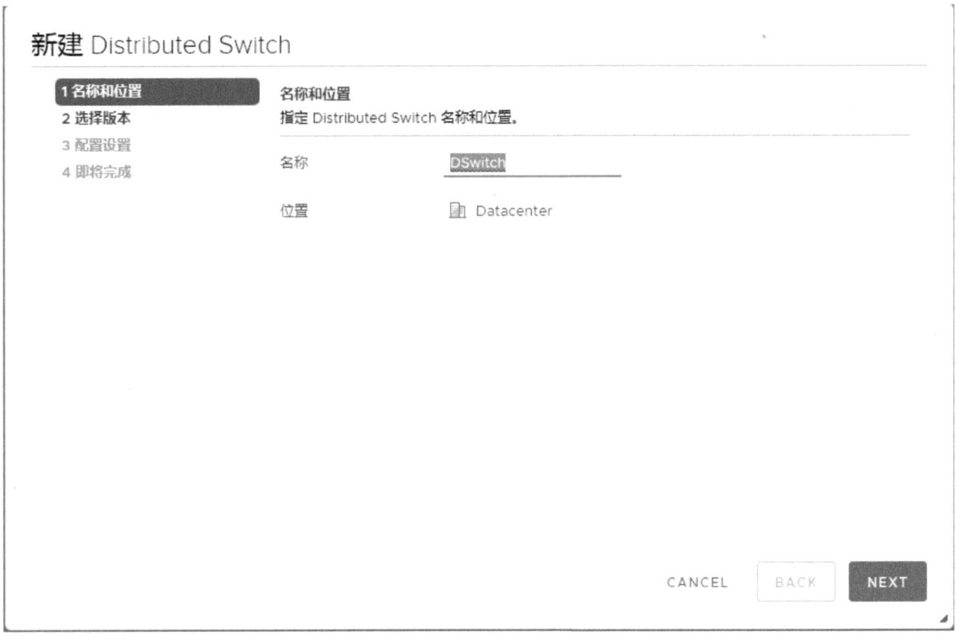

图 5-2-11　分布式交换机的创建与配置之二

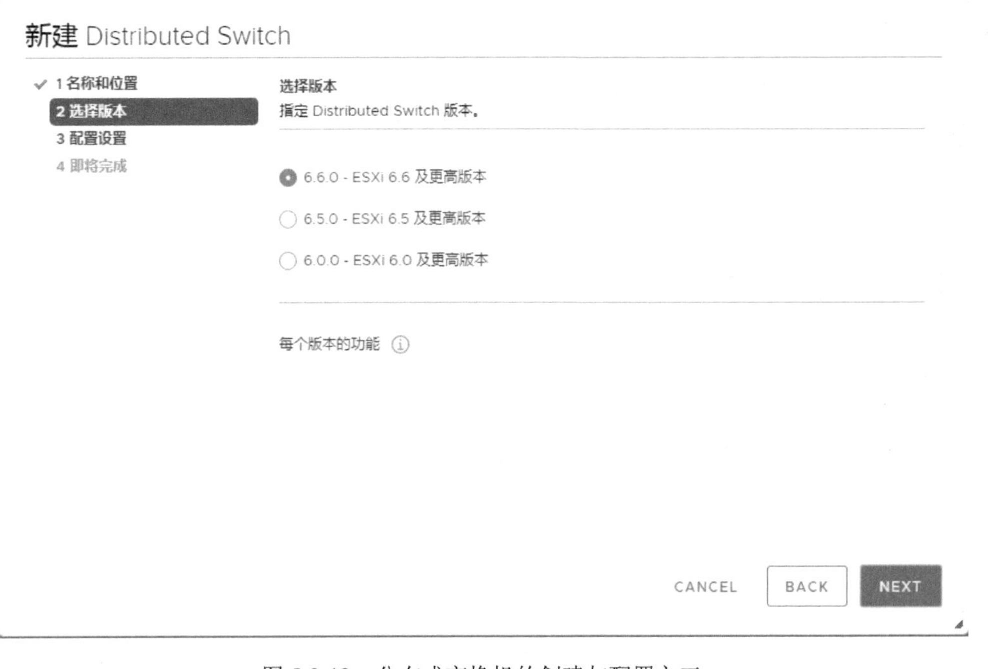

图 5-2-12　分布式交换机的创建与配置之三

（4）进入"配置设置"界面，配置分布式交换机上行链路端口数量，所谓上行链路端口数量是指定的 ESXi 主机用于分布式交换机连接物理交换机的以太网口数量，一定要根据实际情况配置。例如，目前环境中有两台 ESXi 主机，每台 ESXi 主机有两个以太网口用于分布式交换机，那么此处的上行链路端口数量为 4，其他参数保持默认即可，创建好分布式交换机后可以修改，如图 5-2-13 所示，单击"NEXT"按钮。

图 5-2-13　分布式交换机的创建与配置之四

（5）检查分布式交换机的相关参数，如图 5-2-14 所示，确认无误后，单击“FINISH”按钮。

图 5-2-14　分布式交换机的创建与配置之五

（6）分布式交换机创建完成，如图 5-2-15 所示。

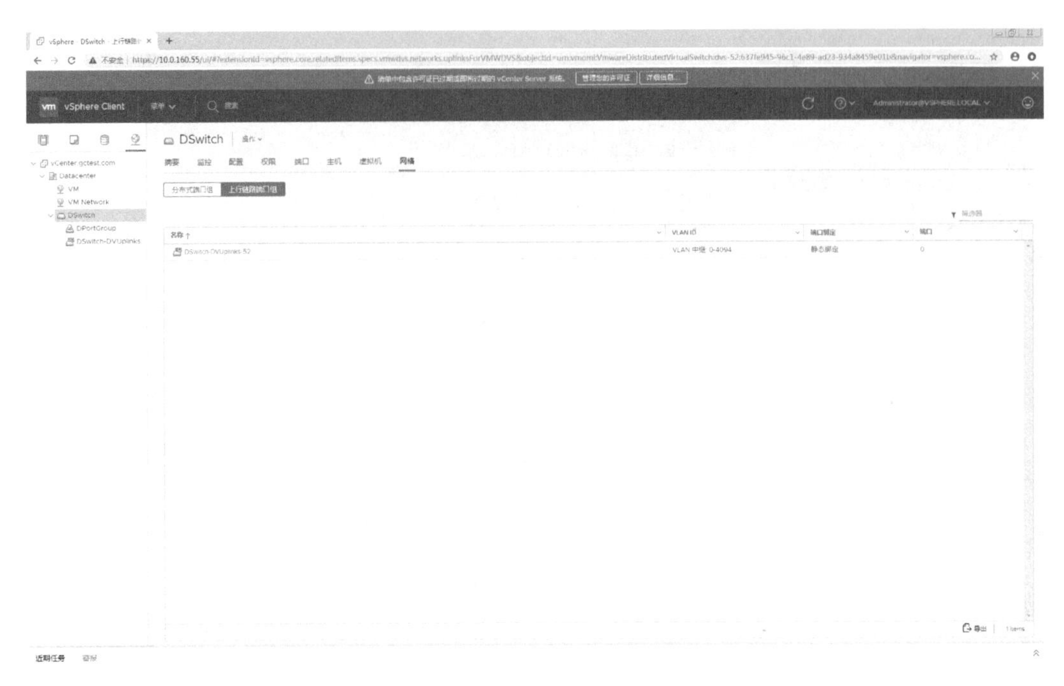

图 5-2-15　分布式交换机的创建与配置之六

任务 5.3　Openfiler 存储

本节主要介绍如何使用 Openfiler 实现 iSCSI 共享存储。Openfiler 是一个基于 Linux 的免费网络存储管理工具，为用户提供一个功能强大且简单易用的 Web 界面，支持在单一框架中提供各类文件的网络连接存储（NAS）、基于块的存储区域网（SAN）等，同时提供基于 CIFS、NFS、HTTP/DAV，FTP 和 iSCSI 等多种协议的访问功能。

5.3.1　iSCSI 存储介绍

iSCSI，是 Internet Small Computer System Interface 的缩写，翻译成中文为“小型计算机系统接口”。

iSCSI 是基于 TCP/IP 协议的，用来建立和管理 IP 存储设备、主机和客户机等之间的相互连接，并创建 SAN（存储区域网络）。SAN 使得 SCSI 协议应用于高速数据传输网络成为可能，这种传输以数据块级别（block-level）在多个数据存储网络间进行。

iSCSI 存储最大的好处是能够在不增加专业设备的情况下，利用现有服务器及以太网环境快速搭建。相对 FC SAN 存储来说，iSCSI 存储是相对便宜的 IP SAN 解决方案，也称为 VMware vSphere 存储性价比最高的解决方案。

需要注意的是，目前 85%的 iSCSI 存储在部署过程中只采用 iSCSI Initiator 软件方式实施，对于 iSCSI 传输的数据将使用服务器 CPU 进行处理，这样会额外增加服务器 CPU 的使用率。所以，在服务器方面，使用 TCP 卸载引擎（TOE）和 iSCSI HBA 卡可以有效地节省 CPU 使用率，尤其适用于速度较慢但注重性能的应用程序服务器。

5.3.2　Openfiler 系统安装

在 ESXi 6.7 中新建虚拟机，操作系统选择“其他 2.6 x Linux（64 位）”，要求 CPU 至少为 2 核，内存至少为 2GB，本例中设置 5 块硬盘作为磁盘阵列，每块硬盘的大小为 8GB，实际应用中设置的共享存储的容量一般会比较大。

（1）新建虚拟机，进入“选择名称和客户机操作系统”界面，指定唯一的名称，客户机操作系统版本选择“其他 2.6 x Linux（64 位）”，如图 5-3-1 所示，单击“下一页”按钮。

图 5-3-1　Openfiler 系统安装之一

（2）进入“自定义设置”界面，配置虚拟机硬件，设置 CPU 为 2（核），内存为 2048MB，并设置 5 块硬盘，每块硬盘的大小为 8GB，如图 5-3-2 所示，单击“下一页”按钮。

图 5-3-2　Openfiler 系统安装之二

（3）挂载 Openfiler，安装光盘镜像文件，如图 5-3-3 所示。

（4）虚拟机创建完成后，打开虚拟机电源，进入安装画面，如图 5-3-4 所示，按“Enter”键。

（5）进入 Openfiler 欢迎界面，如图 5-3-5 所示，单击“Next”按钮。

（6）在选择键盘布局列表中，选择默认的“U.S.English”，单击“Next”按钮。

图 5-3-3　Openfiler 系统安装之三

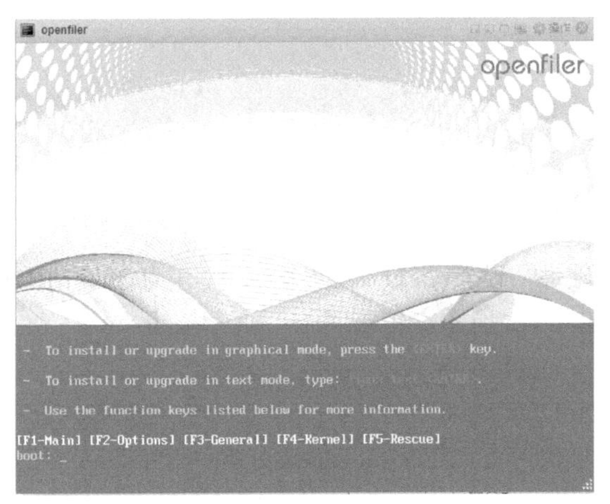

图 5-3-4　Openfiler 系统安装之四

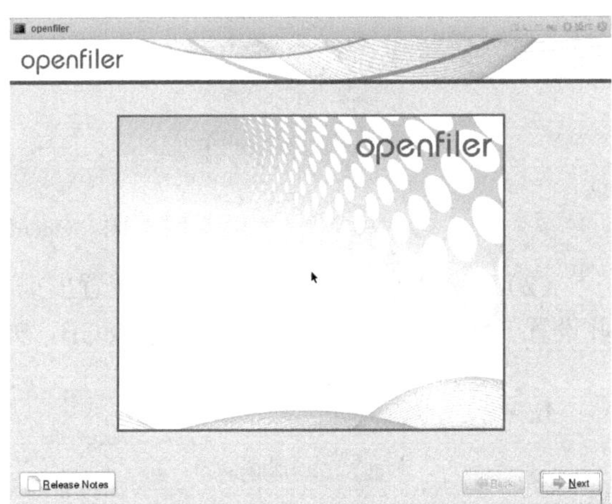

图 5-3-5　Openfiler 系统安装之五

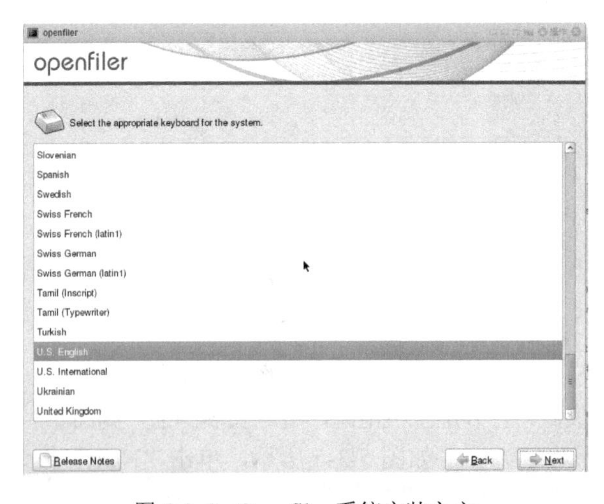

图 5-3-6　Openfiler 系统安装之六

（7）弹出初始化硬盘警告，本例中添加了 5 块硬盘，故在警告弹框中连续单击 5 次“Yes”按钮，如图 5-3-7 所示，然后单击“Next”按钮。

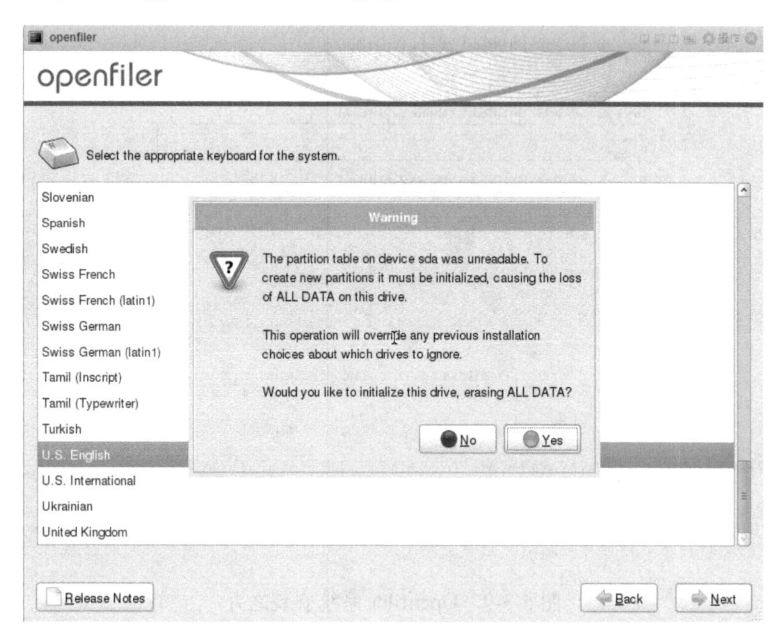

图 5-3-7　Openfiler 系统安装之七

（8）设置磁盘分区，磁盘分区默认设置为自动分区，自动分区意味着整个磁盘都被系统占用，因此选择手动分区“Create custom layout”，如图 5-3-8 所示，单击“Next”按钮。

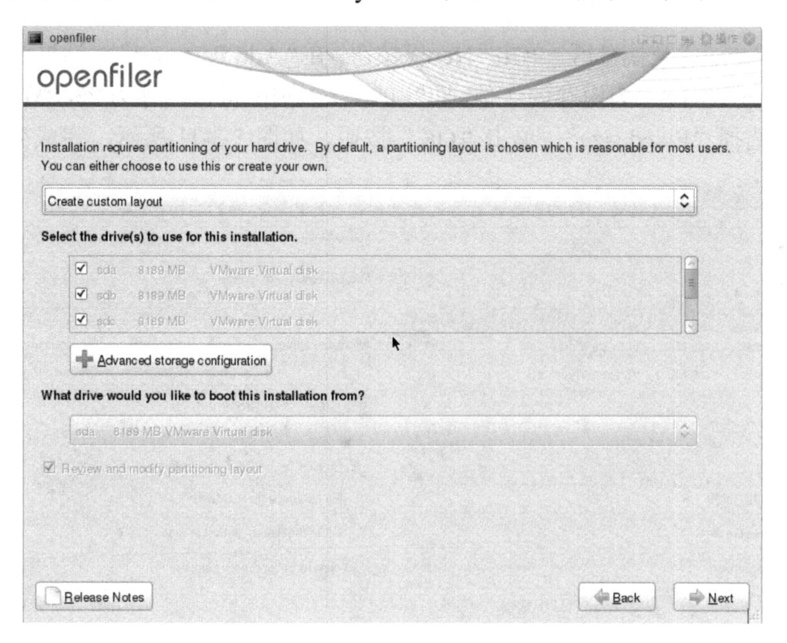

图 5-3-8　Openfiler 系统安装之八

（9）磁盘设置，这里将建立三个分区，安装 Openfiler，分别是：①“/boot”引导分区；②“swap”交换分区；③“/”根分区。如图 5-3-9 所示。

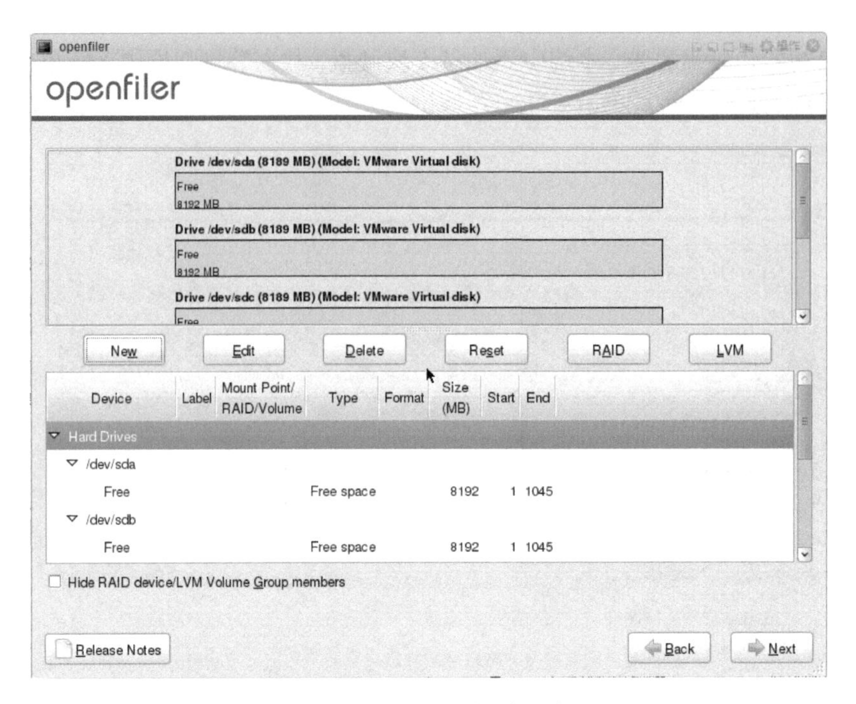

图 5-3-9 Openfiler 系统安装之九

（10）创建“/boot”引导分区。单击“New”按钮，在“Add Partition”对话框中，“Mount Point”选择“/boot”，“File System Type”选择“ext3”，“Size”选择“100”，“Additional Size Options”选择“Fixed size”，勾选“Force to be primary partition”，使其成为主分区，单击“OK”按钮，如图 5-3-10 所示，完成引导分区设置。

（11）创建“swap”交换分区。单击“New”按钮，在“Add Partition”对话框中，“File System Type”选择“swap”，“Size”为内存的 2 倍，即“4096”（本例中机器内存为 2048MB），“Additional Size Options”选择“Fixed size”，单击“OK”按钮，如图 5-3-11 所示，完成交换分区设置。

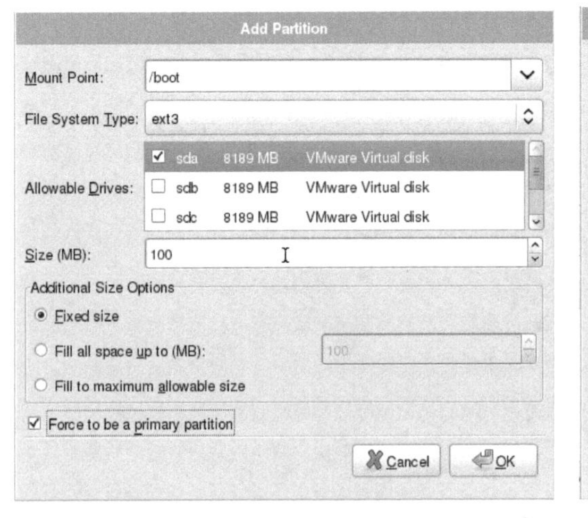

图 5-3-10 Openfiler 系统安装之十

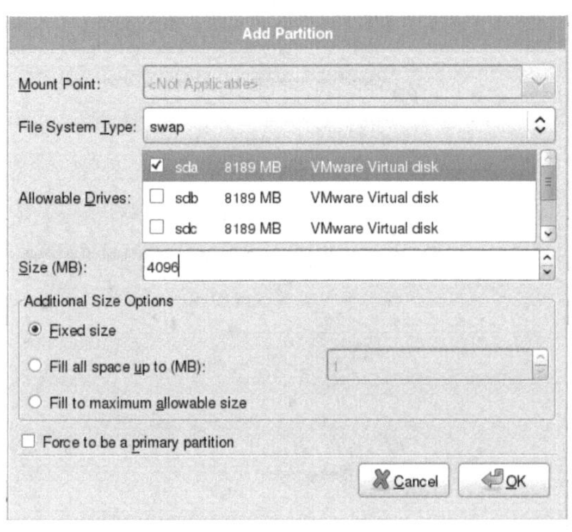

图 5-3-11 Openfiler 系统安装之十一

（12）创建“/”根分区。单击“New”按钮，在“Add Partition”对话框中，“Mount Point”

选择“/”,“File System Type”选择“ext3”,“Additional Size Options”选择“Fill to maximum allowable size”，单击“OK”按钮，如图 5-3-12 所示，完成根分区设置。

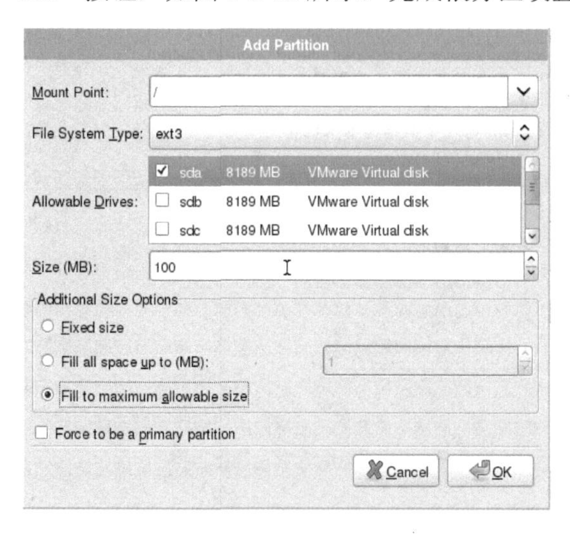

图 5-3-12 Openfiler 系统安装之十二

（13）创建完成后，单击“Next”按钮，如图 5-3-13 所示。

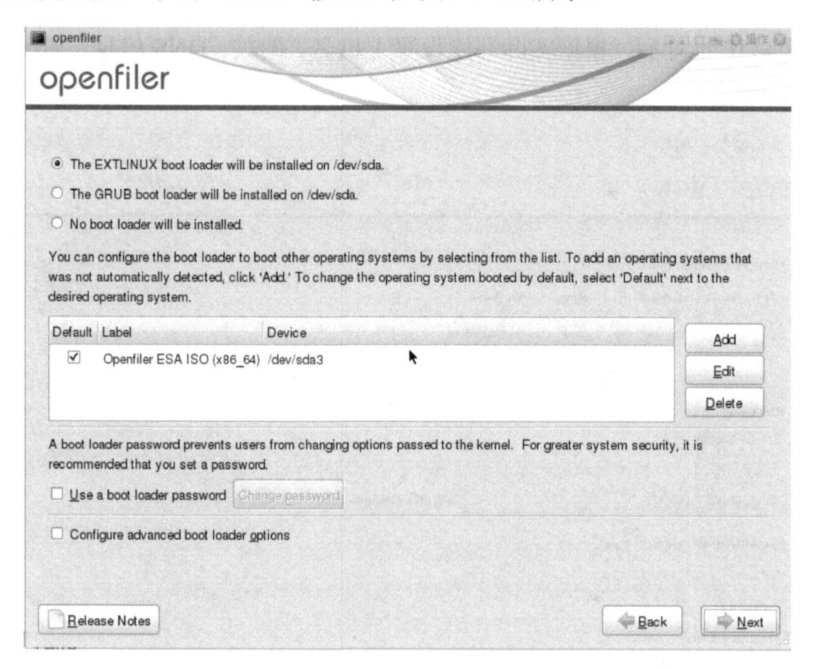

图 5-3-13 Openfiler 系统安装之十三

（14）进入网络设置界面，单击“Edit”按钮，在“Edit Interface”对话框中，选择“Enable IPv4 support”中的“Manual configuration”，填入 IP 地址（IP Address）和掩码（Prefix），本例中“IP Address”为“10.0.160.57”,“Prefix”为“255.255.240.0”，如图 5-3-14 所示，单击“OK”按钮。

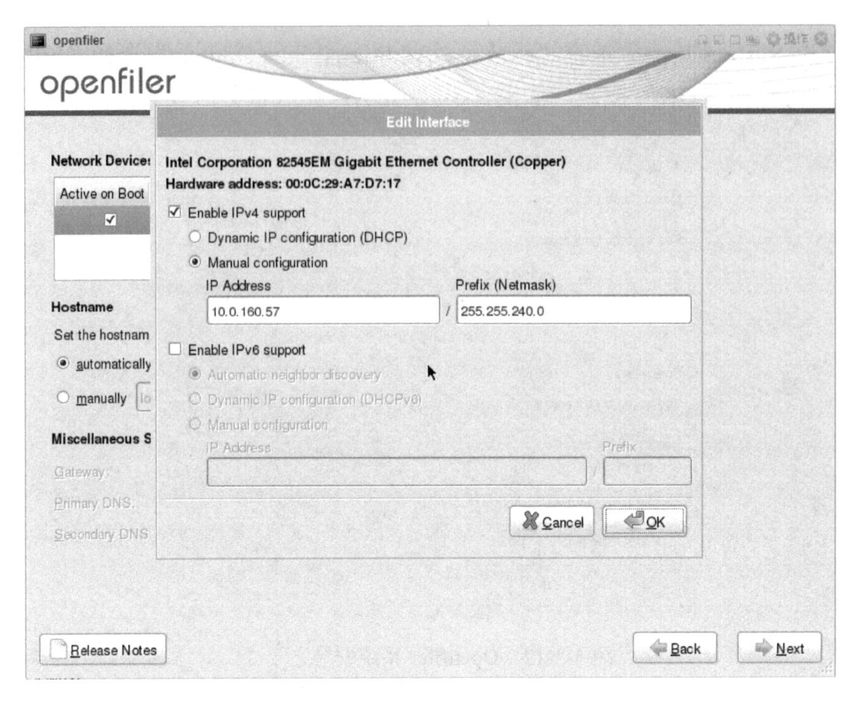

图 5-3-14　Openfiler 系统安装之十四

（15）设置完 IP 地址后，根据实际环境设置主机名、网关、DNS 信息，如图 5-3-15 所示，单击“Next”按钮。

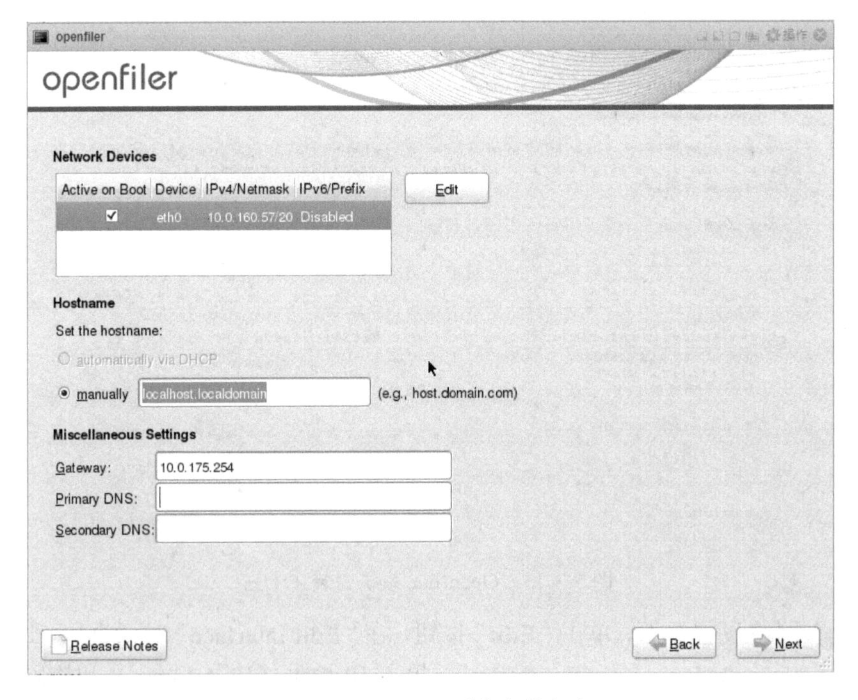

图 5-3-15　Openfiler 系统安装之十五

（16）设置时区，选择“Asia/Shanghai”，如图 5-3-16 所示，单击“Next”按钮。

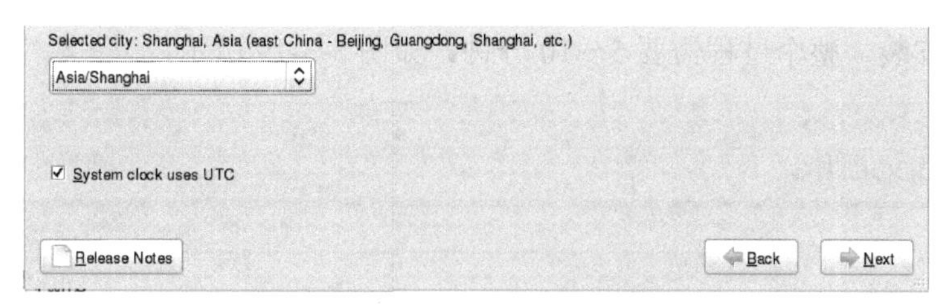

图 5-3-16　Openfiler 系统安装之十六

（17）设置系统管理员密码，如图 5-3-17 所示，设置完成后，单击“Next”按钮。

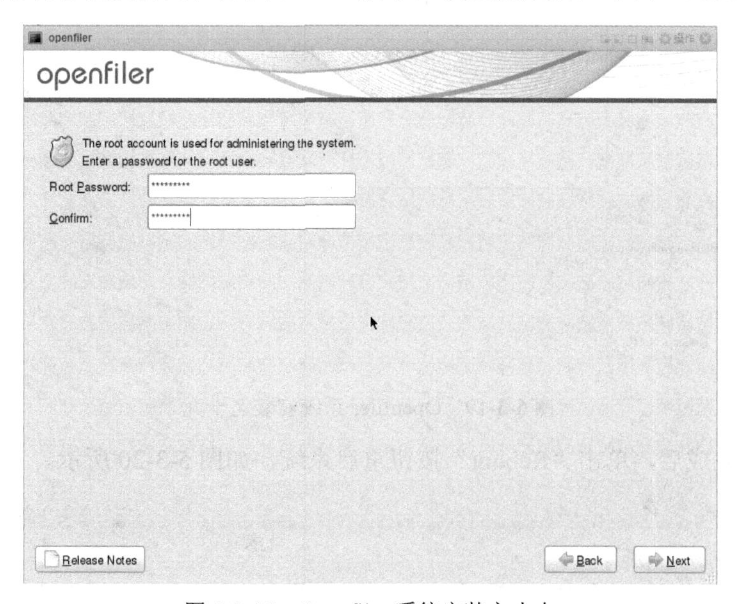

图 5-3-17　Openfiler 系统安装之十七

（18）确认安装，如图 5-3-18 所示，单击“Next”按钮，开始安装。

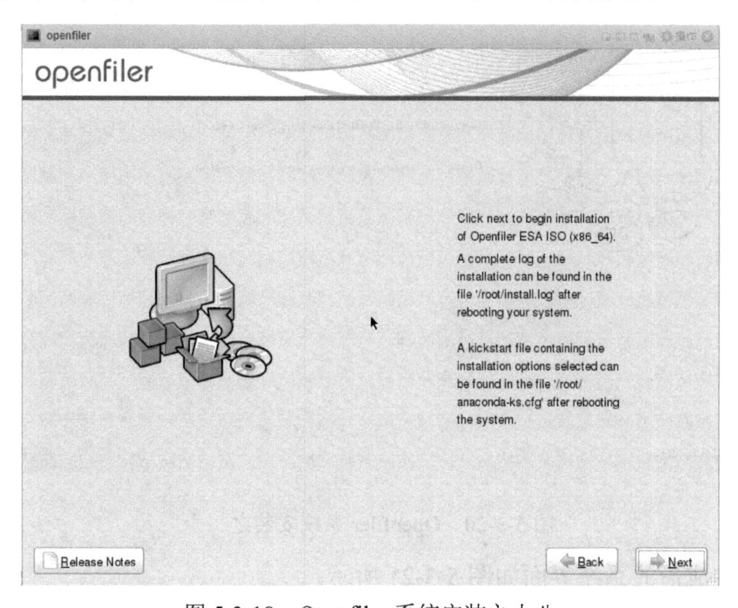

图 5-3-18　Openfiler 系统安装之十八

（19）开始安装，整个过程需要5～10分钟，如图5-3-19所示，

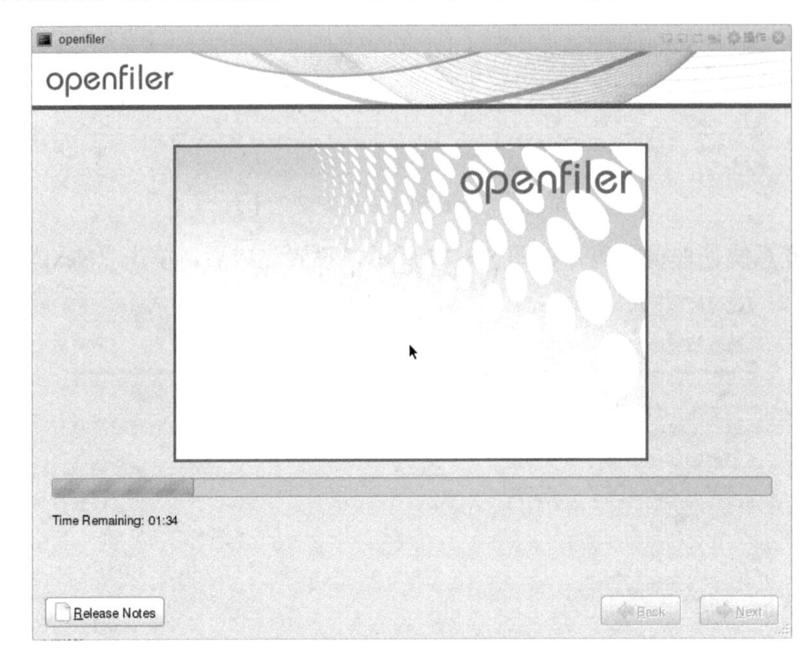

图5-3-19　Openfiler系统安装之十九

（20）安装完成后，单击“Reboot”按钮重启系统，如图5-3-20所示。

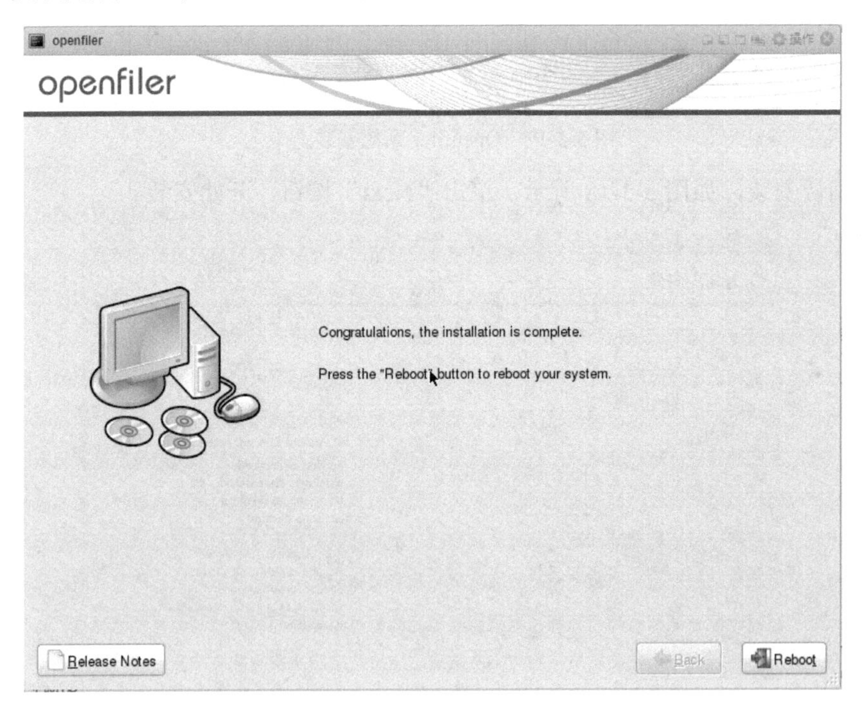

图5-3-20　Openfiler系统安装之二十

（21）安装完成后的系统界面如图5-3-21所示。

```
-----------------------------------------------------------------------------
|          Commercial Support: http://www.openfiler.com/support/            |
|  Administrator Guide: http://www.openfiler.com/buy/administrator-guide    |
|    Community Support: http://www.openfiler.com/community/forums/          |
|   Internet Relay Chat: server: irc.freenode.net    channel: #openfiler    |
-----------------------------------------------------------------------------
|           (C) 2001-2011 Openfiler. All Rights Reserved.                   |
|    Openfiler is licensed under the terms of the GNU GPL, version 2        |
|              http://www.gnu.org/licenses/gpl-2.0.html                     |
-----------------------------------------------------------------------------

Welcome to Openfiler ESA, version 2.99.1

Web administration GUI: https://10.0.160.57:446/

localhost login:
```

图 5-3-21　Openfiler 系统安装之二十一

5.3.3　Openfiler 配置

（1）在浏览器中输入 Openfiler 系统的网址，本例为 https://10.0.160.57:446，用户名为 Openfiler，密码为 password，单击“Log In”按钮。

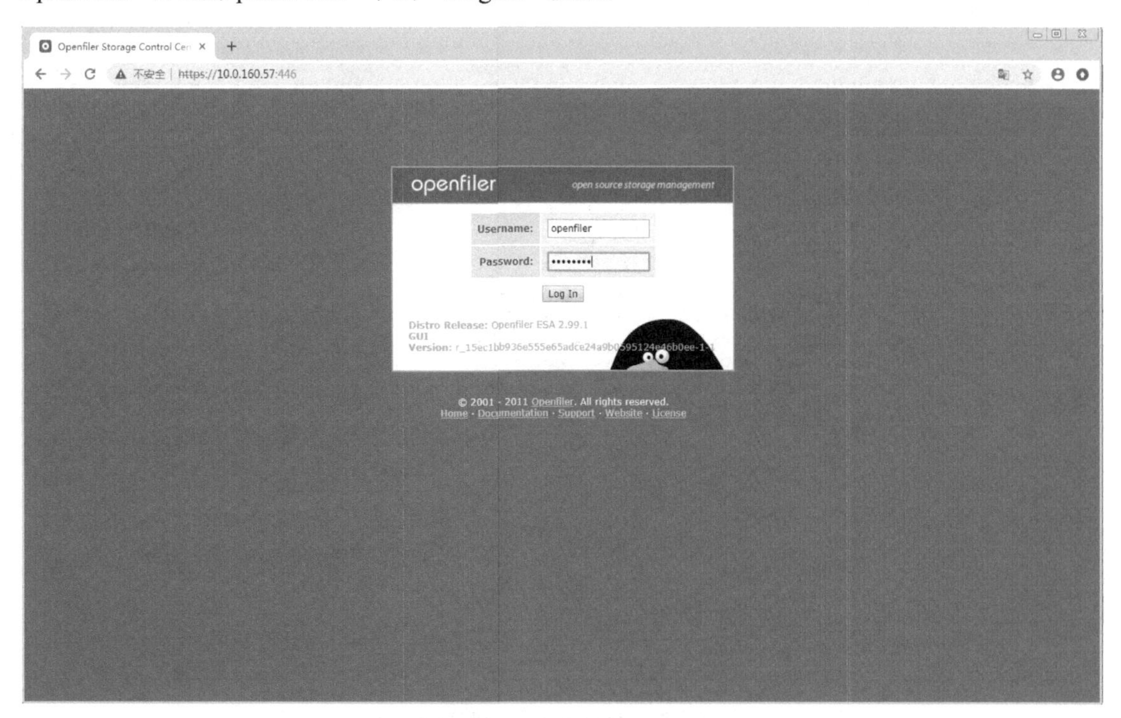

图 5-3-22　Openfiler 系统配置之一

（2）登录后显示界面如图 5-3-23 所示。

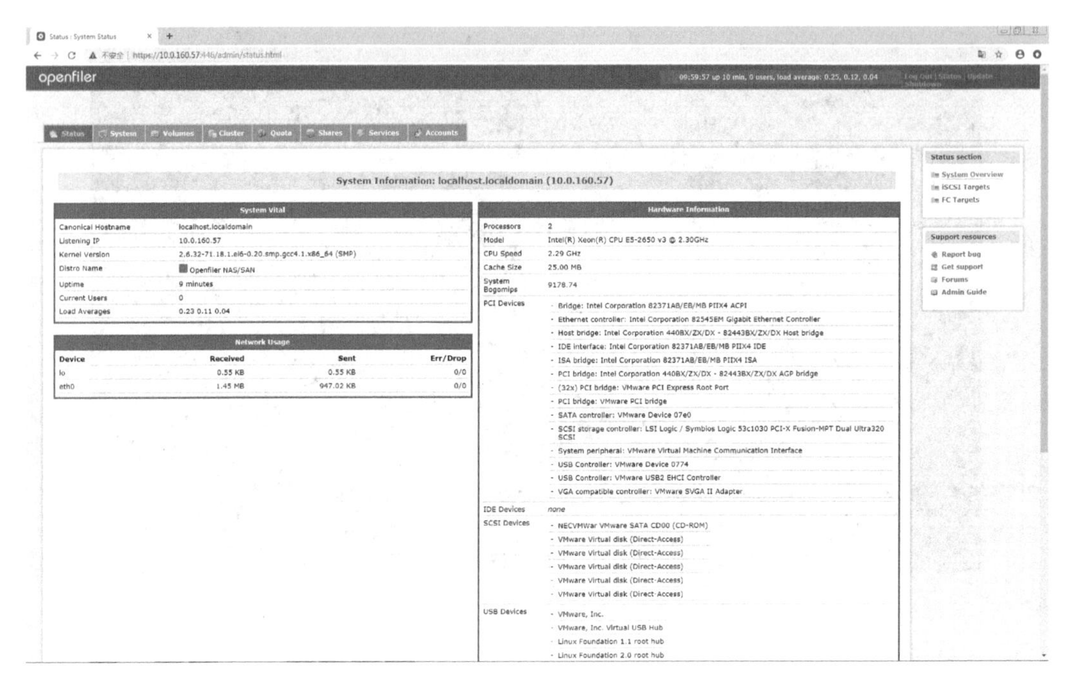

图 5-3-23　Openfiler 系统配置之二

（3）依次选择“Volumes”→“Block Devices”选项，如图 5-3-24 所示，本例中对 sdb、sdc、sdd、sde 四块磁盘做磁盘阵列。

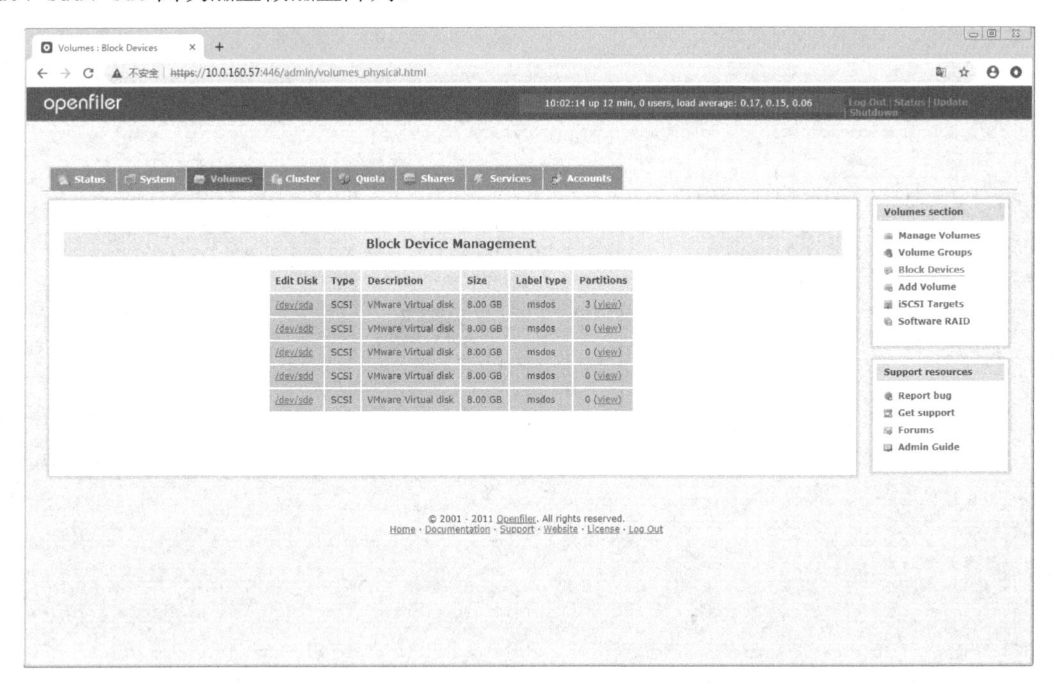

图 5-3-24　Openfiler 系统配置之三

（4）选择“/dev/sdb”，进入如图 5-3-25 所示的界面，“Partition Type”选择“RAID array member”，单击“Create”按钮。

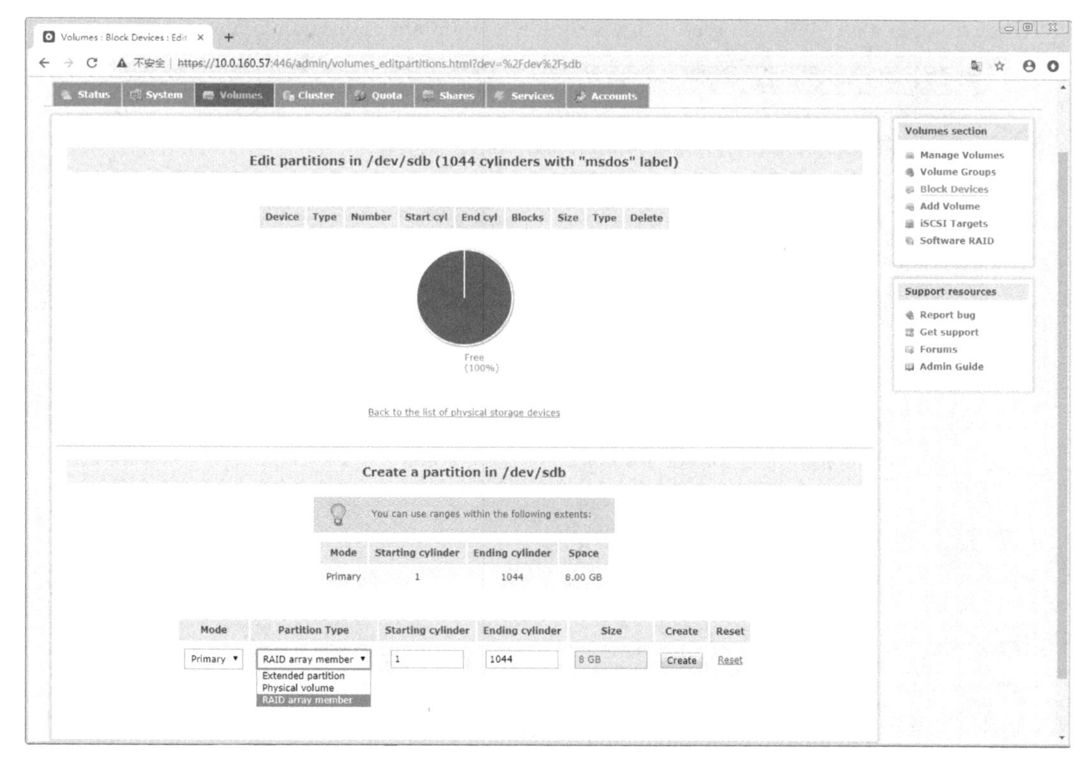

图 5-3-25　Openfiler 系统配置之四

（5）依次对 sdc、sdd、sde 执行步骤（4）的操作，操作完成后，再次查看步骤（3）的界面，可以看到 sda、sdc、sdd、sde 的“Partitions”由 0 变为 1，如图 5-3-26 所示。

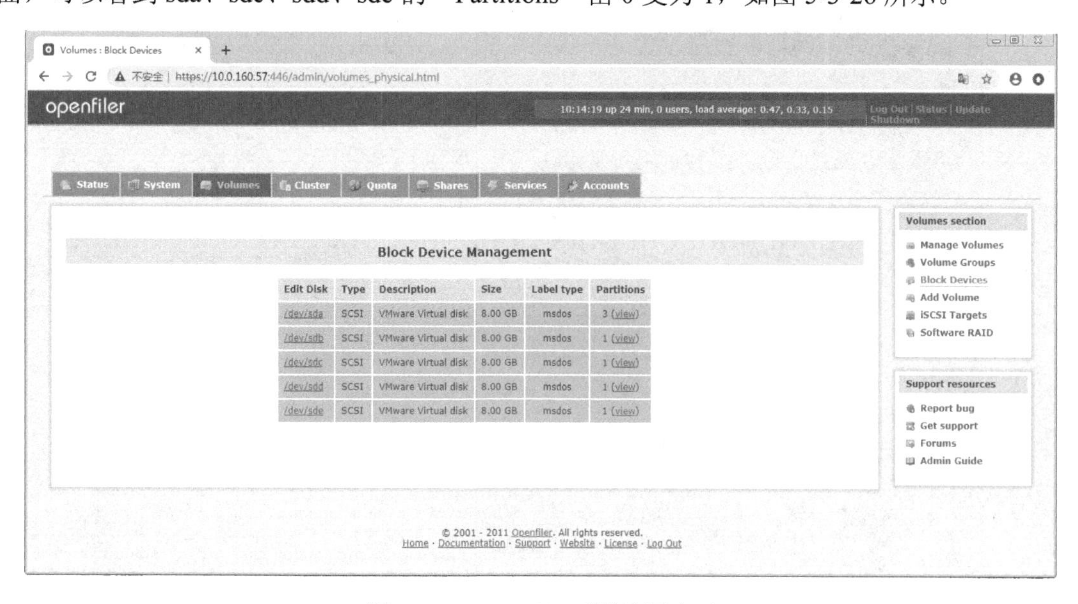

图 5-3-26　Openfiler 系统配置之五

（6）依次选择“Volumes”→“Software RAID”选项，如图 5-3-27 所示。

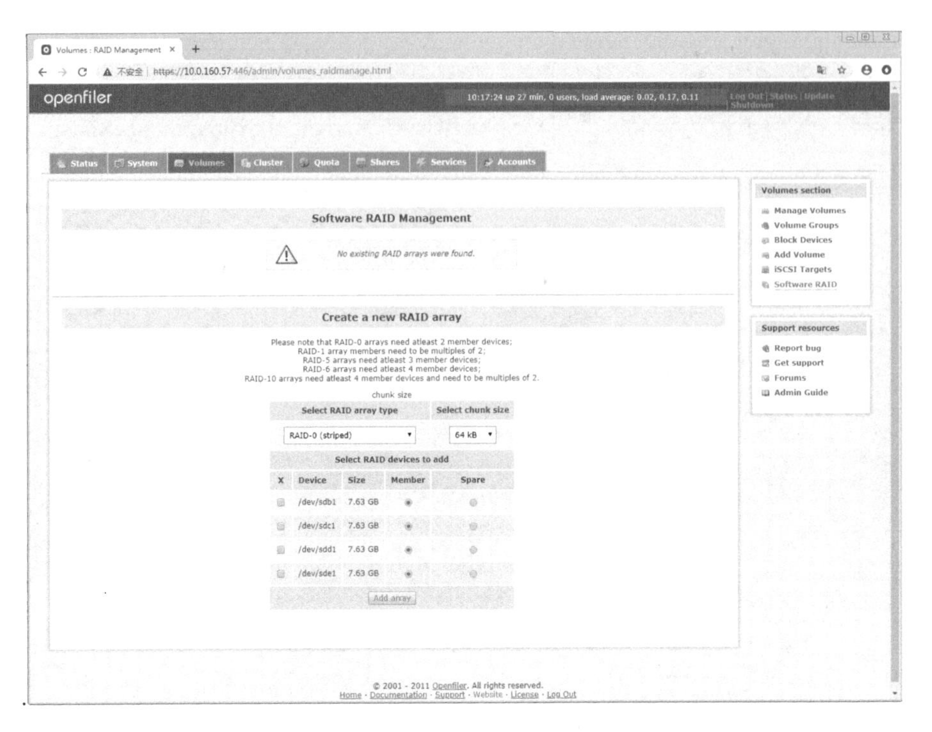

图 5-3-27　Openfiler 系统配置之六

（7）在步骤（6）的界面中，“Select RAID array type”选择“RAID-5(parity)”，勾选“/dev/sdb1”“/dev/sdc1”“/dev/sdd1”“/dev/sde1”，如图 5-3-28 所示，单击“Add array”按钮。

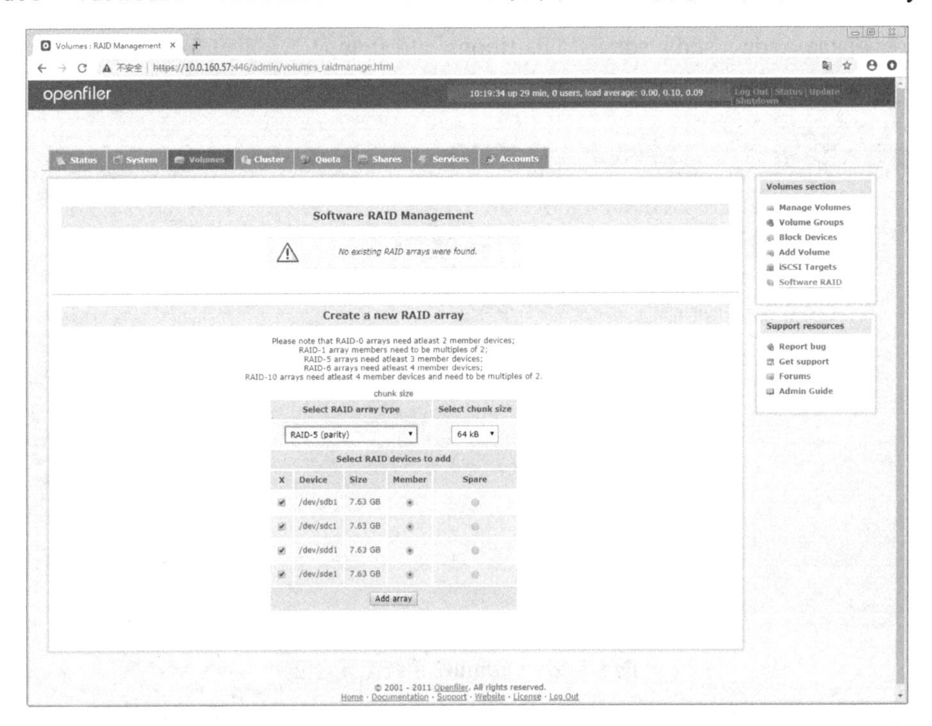

图 5-3-28　Openfiler 系统配置之七

（8）创建完成以后，界面会显示刚创建的磁盘阵列，在“Synchronization”字段会显示创建的进度，如图 5-3-29 所示。

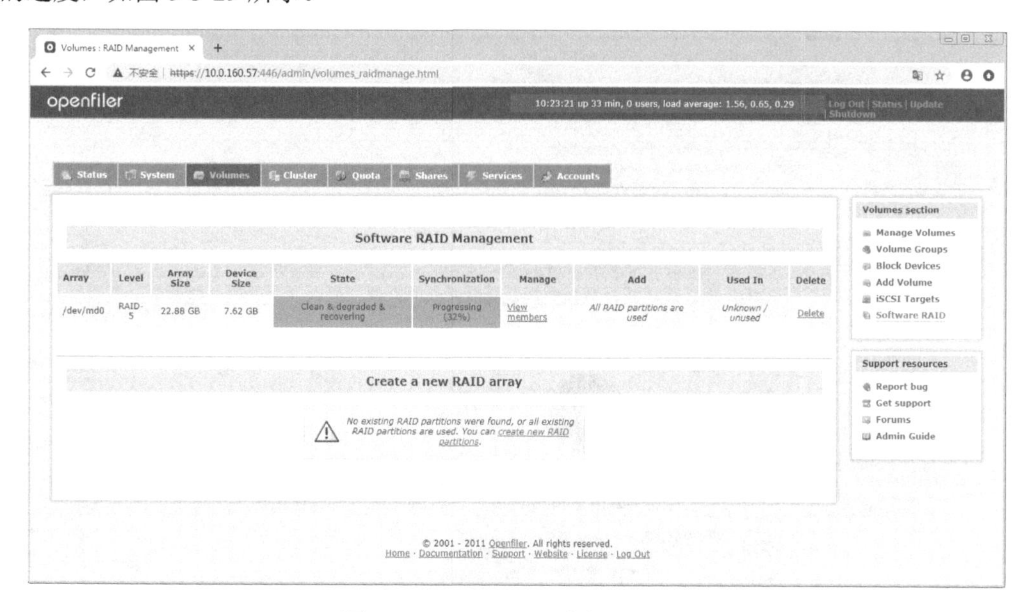

图 5-3-29　Openfiler 系统配置之八

（9）依次选择“Volumes”→“Volume Groups”选项，在“Volume group name(no spaces)”中输入自定义卷组名称，勾选“/dev/md0”，如图 5-3-30 所示，单击“Add volume group”按钮，建立卷组。

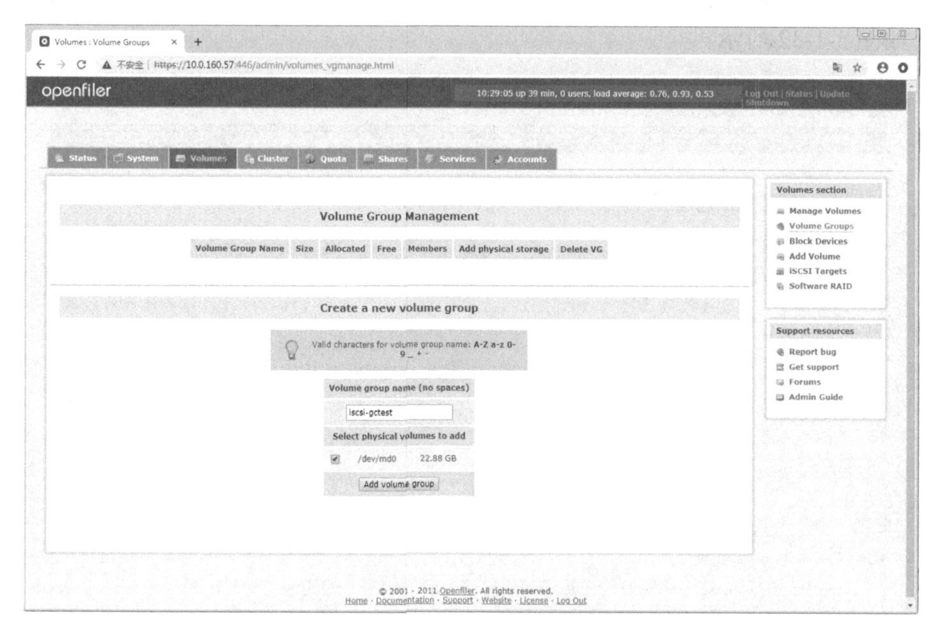

图 5-3-30　Openfiler 系统配置之九

（10）依次选择“Volumes”→“Add Volume”选项，在界面下方输入自定义的“Volume Name”和“Required Space”，“Filesystem/volume type”选择“block(iSCSI,FC,etc)”，如图 5-3-31 所示，

单击“Create”按钮，添加卷组。

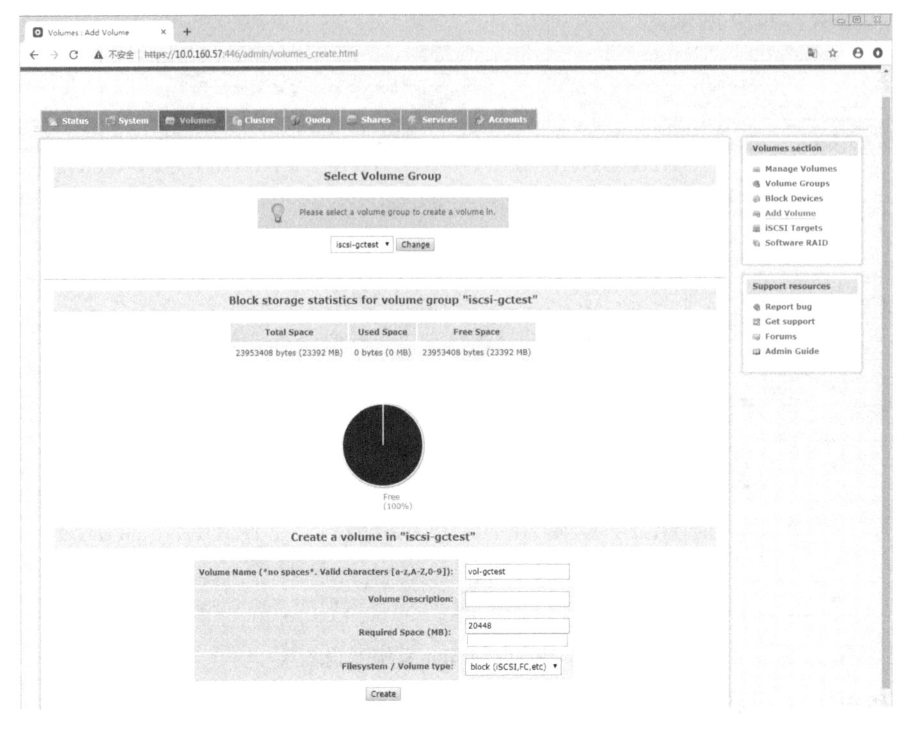

图 5-3-31　Openfiler 系统配置之十

（11）添加完成后，依次选择“Volumes”→“Manage Volumes”选项可以查看到刚添加的卷组，如图 5-1-32 所示。

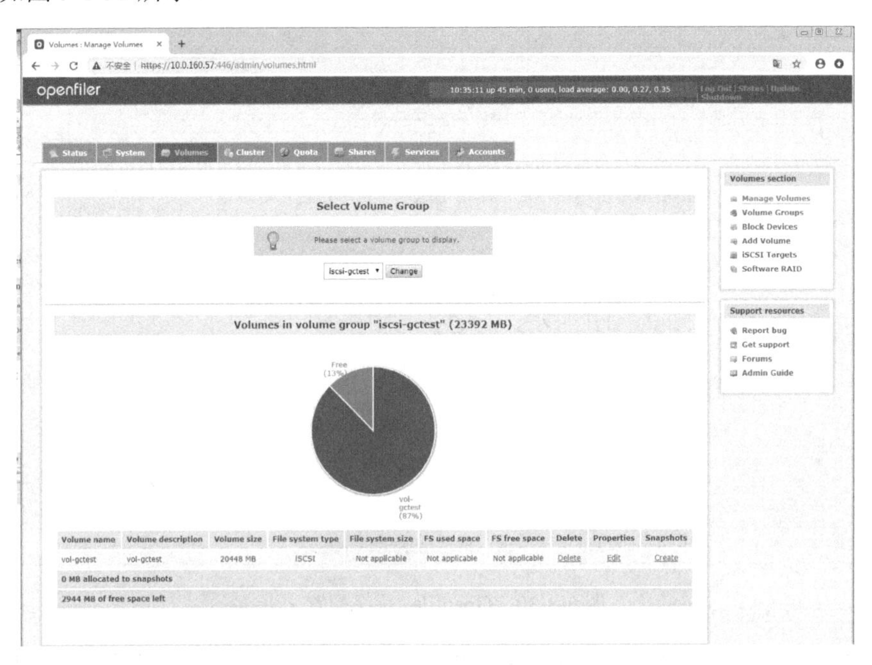

图 5-3-32　Openfiler 系统配置之十一

（12）依次选择“Services”→“Manage Services”选项，如图 5-3-33 所示。

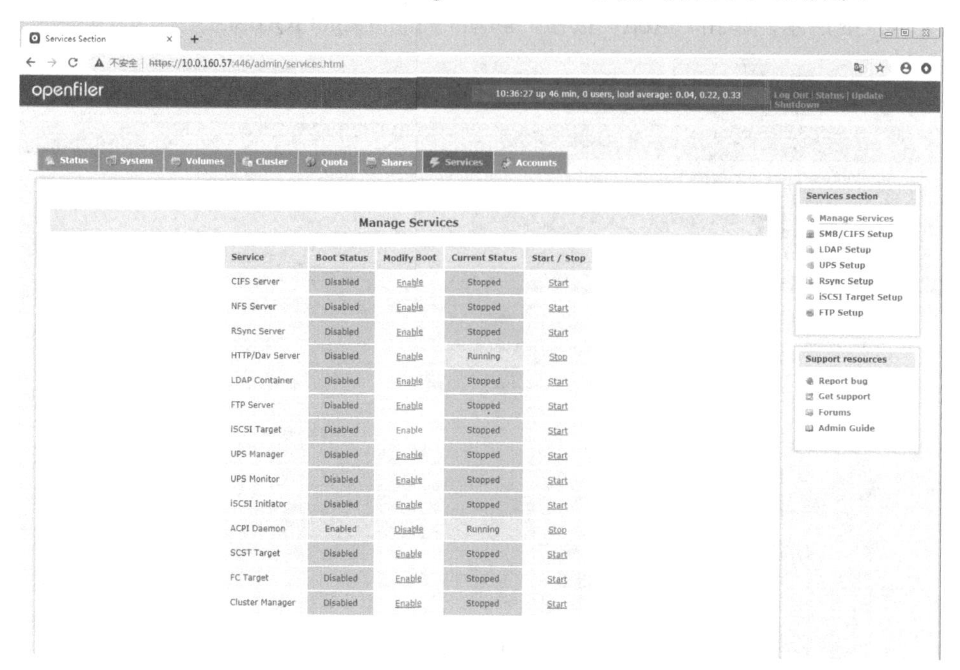

图 5-3-33　Openfiler 系统配置之十二

（13）找到“iSCSI Target”，单击“Enable”和“Start”按钮，开启“iSCSI Target”服务，开启完成后的界面如 5-3-34 所示。

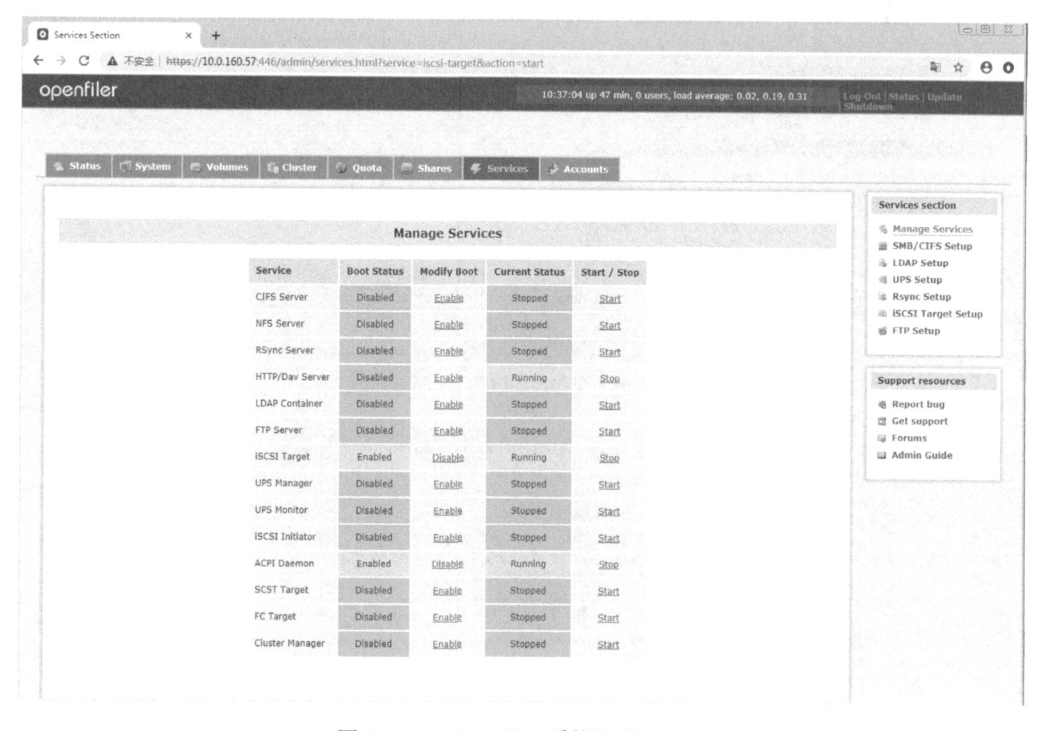

图 5-3-34　Openfiler 系统配置之十三

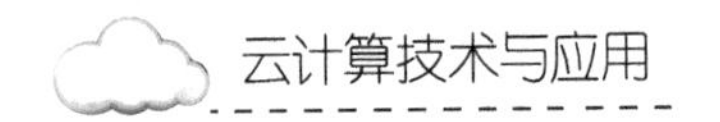

（14）依次选择“Volumes”→“iSCSI Targets”选项，选择“Target Configuration”选项卡，如图 5-3-35 所示，单击“Add”按钮，新增一个“Target IQN”。

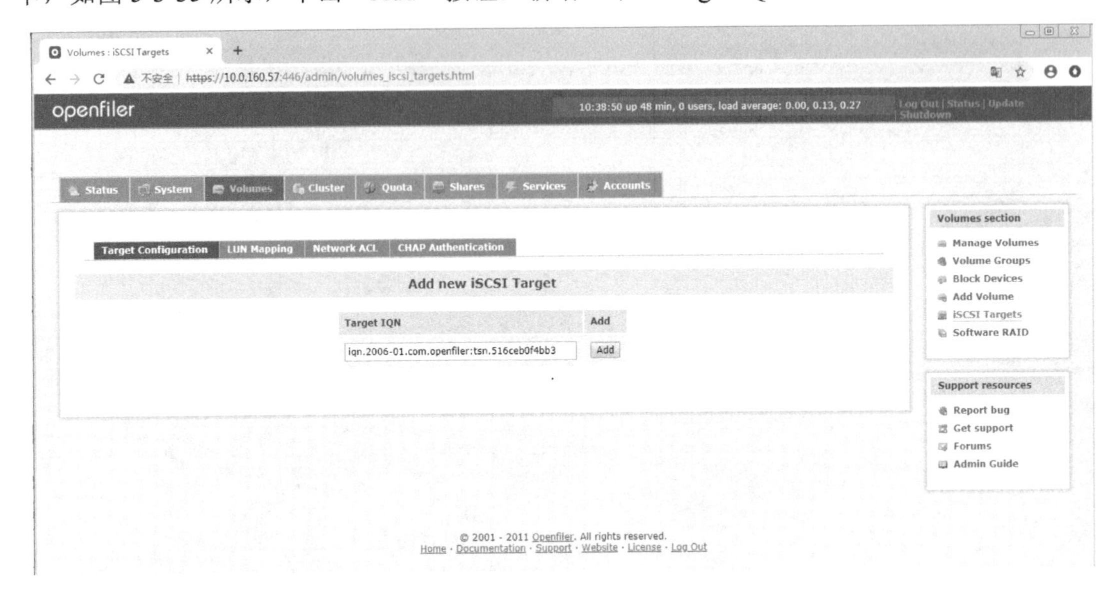

图 5-3-35　Openfiler 系统配置之十四

（15）添加完成后的界面如图 5-3-36 所示。

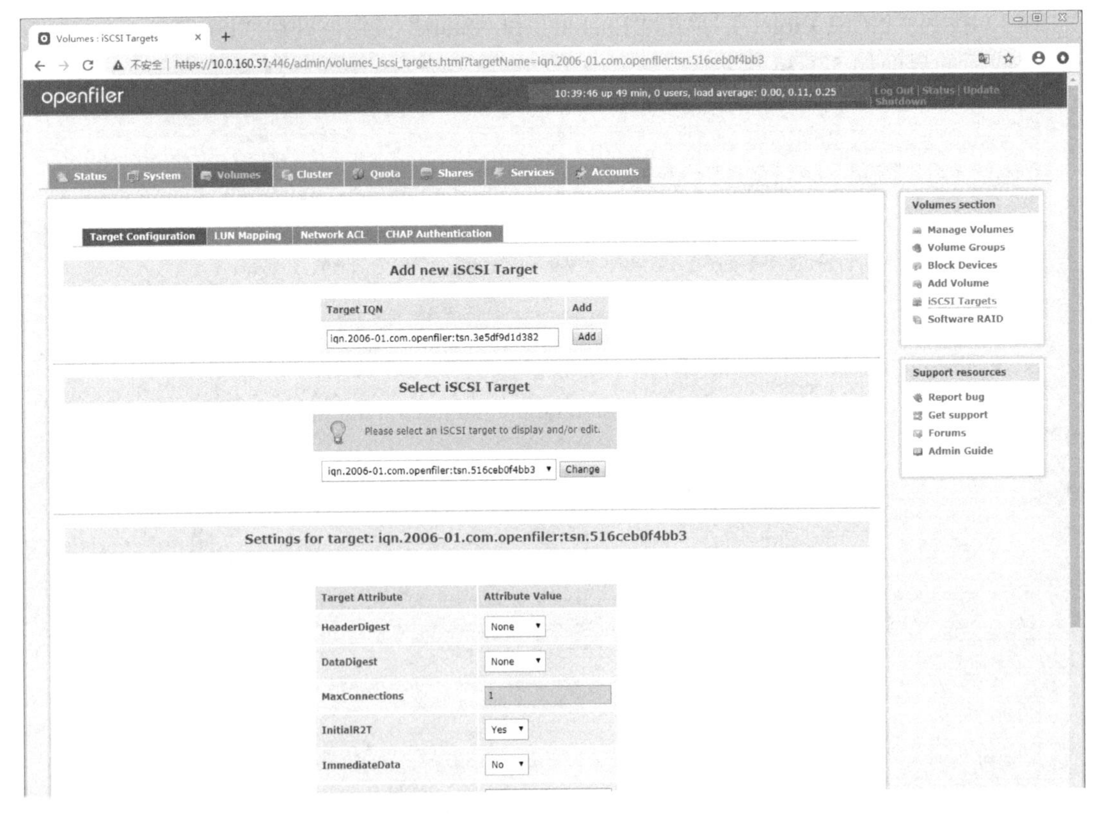

图 5-3-36　Openfiler 系统配置之十五

（16）依次选择“Volumes”→“iSCSI Targets”选项，选择“LUN Mapping”选项卡，如图 5-3-37 所示，单击“Map”按钮。

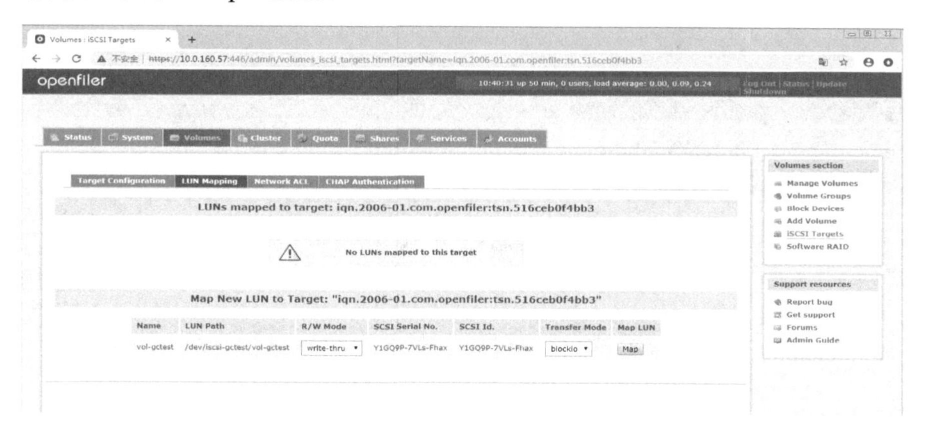

图 5-3-37　Openfiler 系统配置之十六

（17）执行 Map 操作后，界面显示如图 5-3-38 所示。

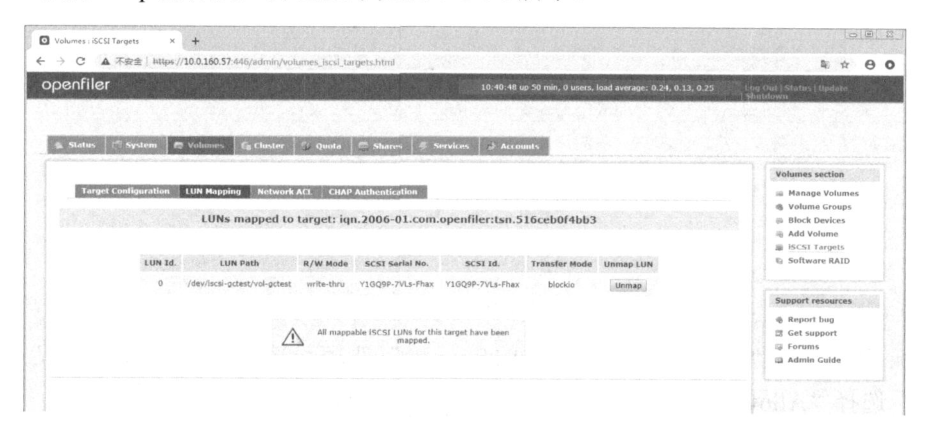

图 5-3-38　Openfiler 系统配置之十七

（18）依次选择“Volumes”→“iSCSI Targets”选项，选择“Network ACL”选项卡，如图 5-3-39 所示，单击“Local Networks”链接。

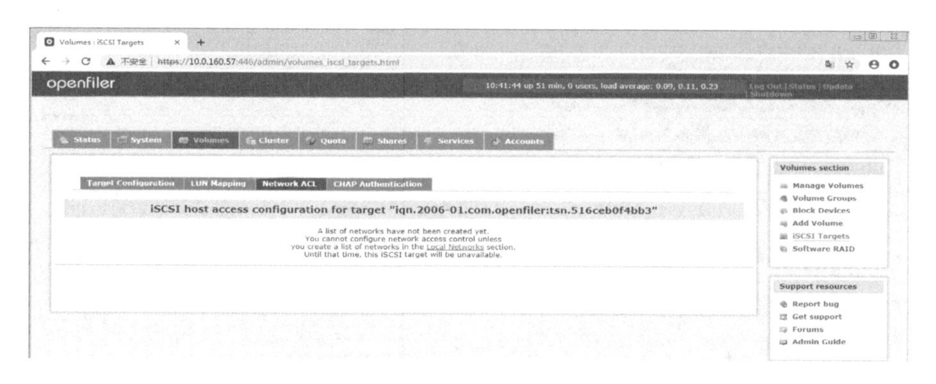

图 5-3-39　Openfiler 系统配置之十八

（19）在如图 5-3-40 所示的界面中，在“Network Access Configuration”部分设置 Openfiler 的网段及子网掩码信息，单击“Update”按钮。

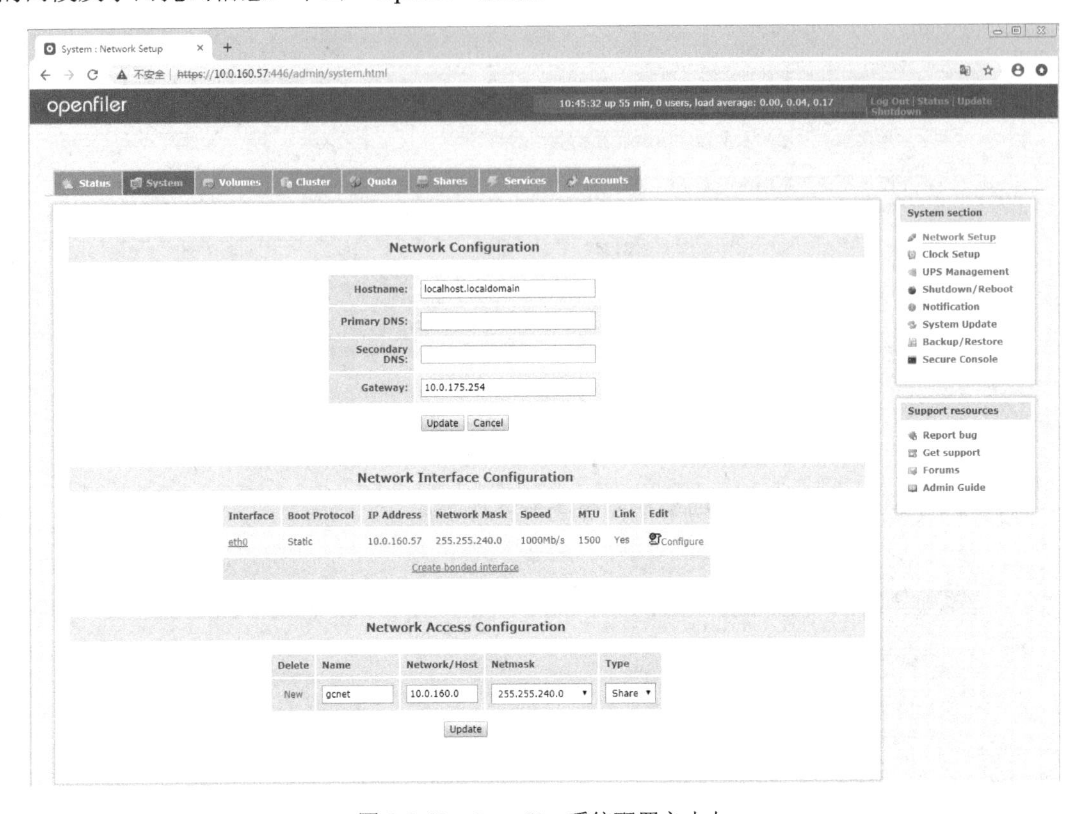

图 5-3-40　Openfiler 系统配置之十九

（20）依次选择“Volumes”→“iSCSI Targets”选项，选择“Network ACL”选项卡，“Access”选择“Allow”，如图 5-3-41 所示，单击“Update”按钮。

至此，Openfiler iSCSI 存储配置完成。

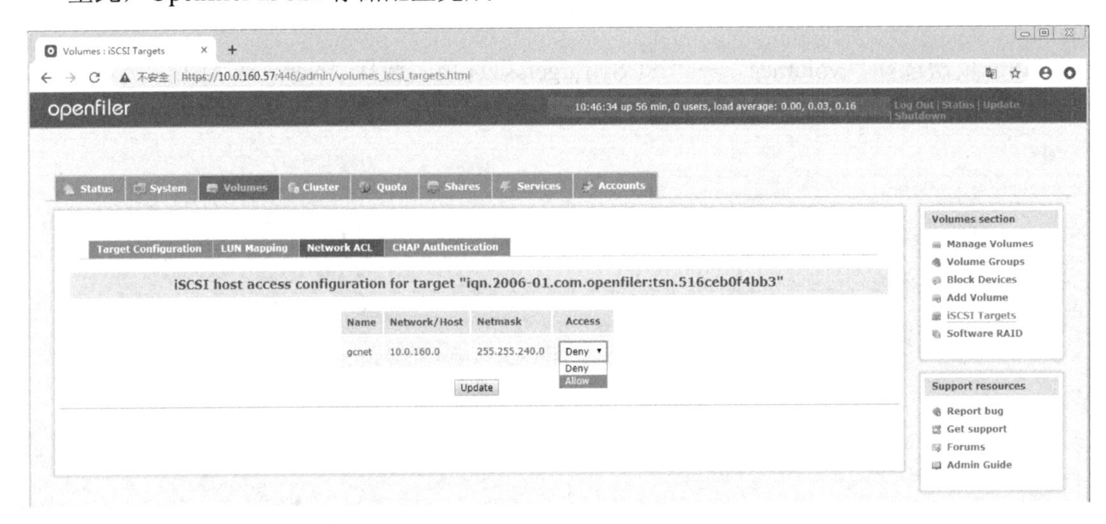

图 5-3-41　Openfiler 系统配置之二十

5.3.4　存储的挂载

（1）登录 vCenter Server 平台，添加数据中心、群集、主机后，选中要添加存储的主机，选择“配置”→“存储”→“存储适配器”选项，单击“添加软件适配器”按钮，如图 5-3-42 所示。

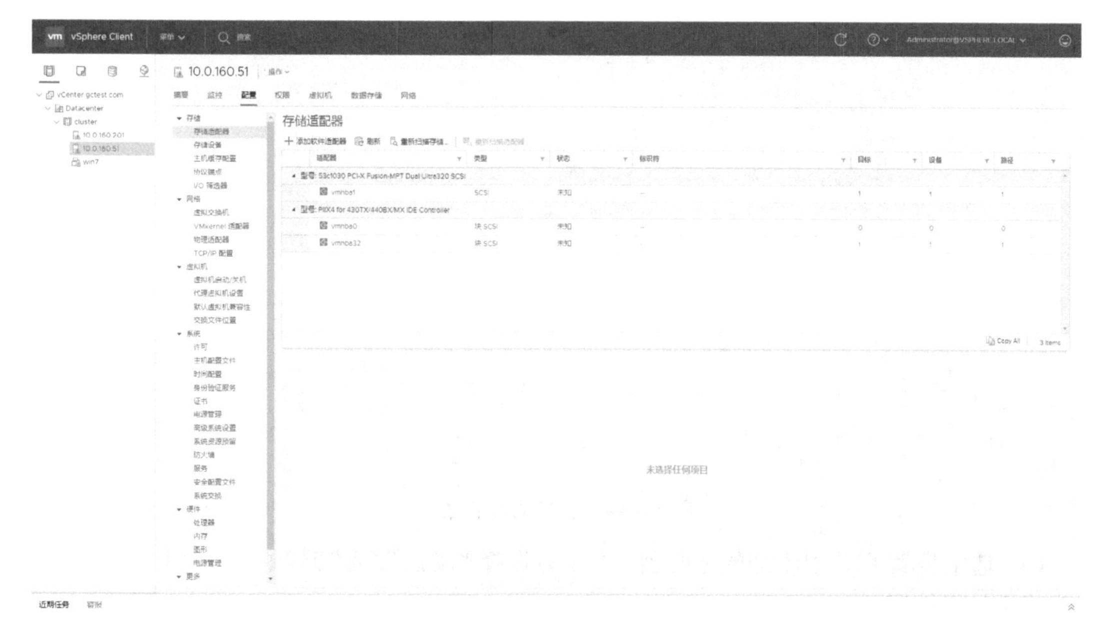

图 5-3-42　存储的挂载之一

（2）在弹出的“添加软件适配器”对话框选中“添加软件 iSCSI 适配器”，如图 5-3-43 所示，单击“确定”按钮。

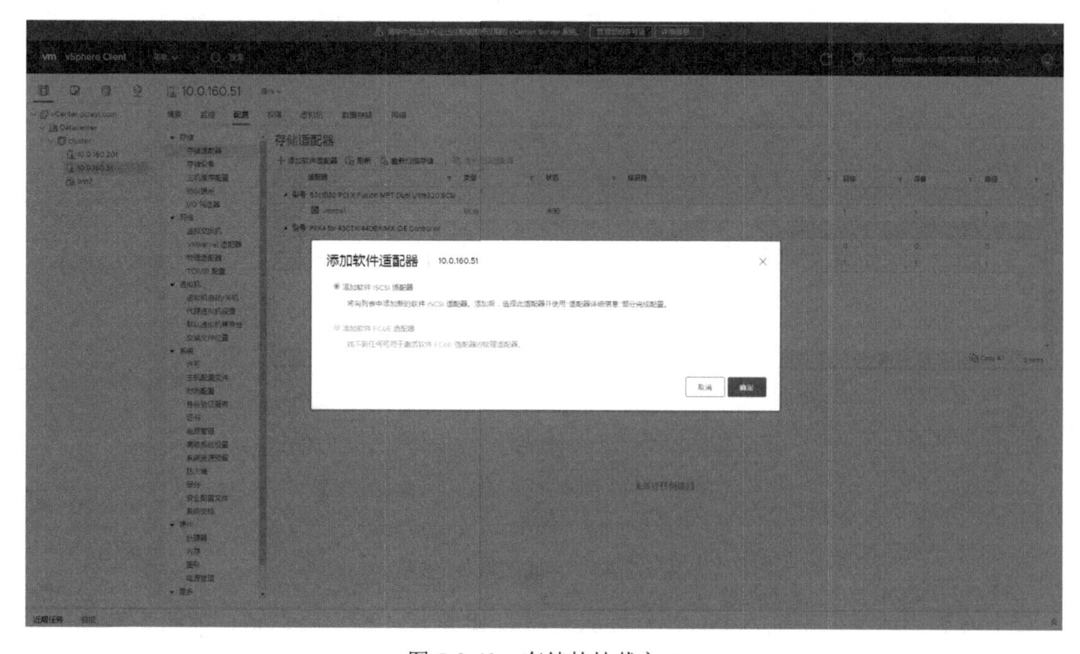

图 5-3-43　存储的挂载之二

（3）添加完成后，可以看到界面多了一个 iSCSI Software Adapter 型号的适配器“vmhba33”。

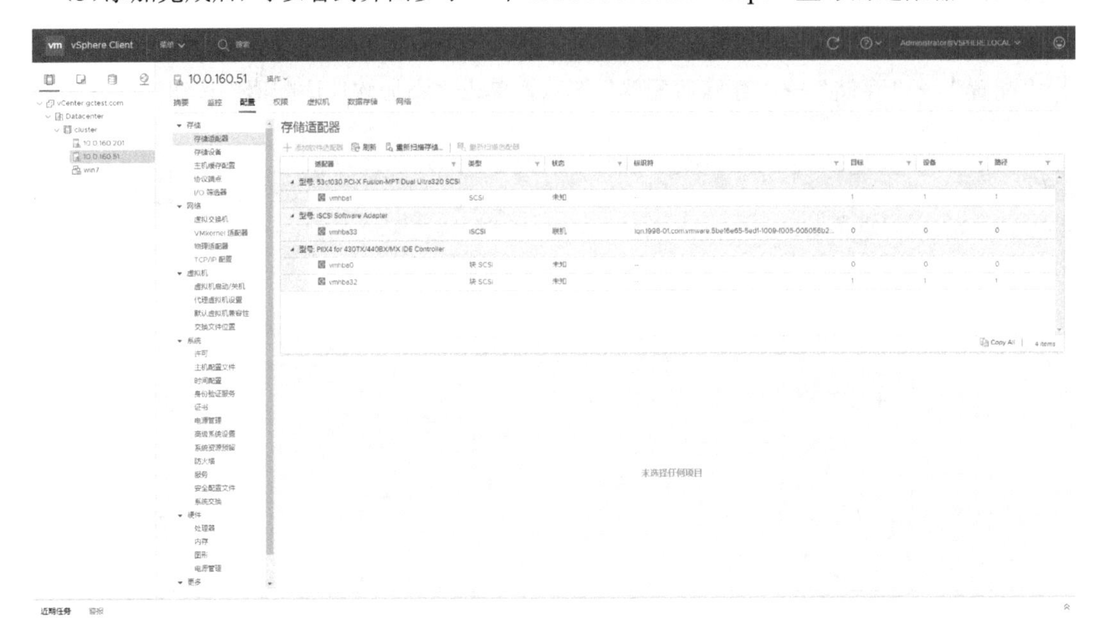

图 5-3-44　存储的挂载之三

（4）选中步骤（3）中添加的适配器，在下方选择“动态发现”选项卡，如图 5-3-45 所示，单击“添加”按钮。

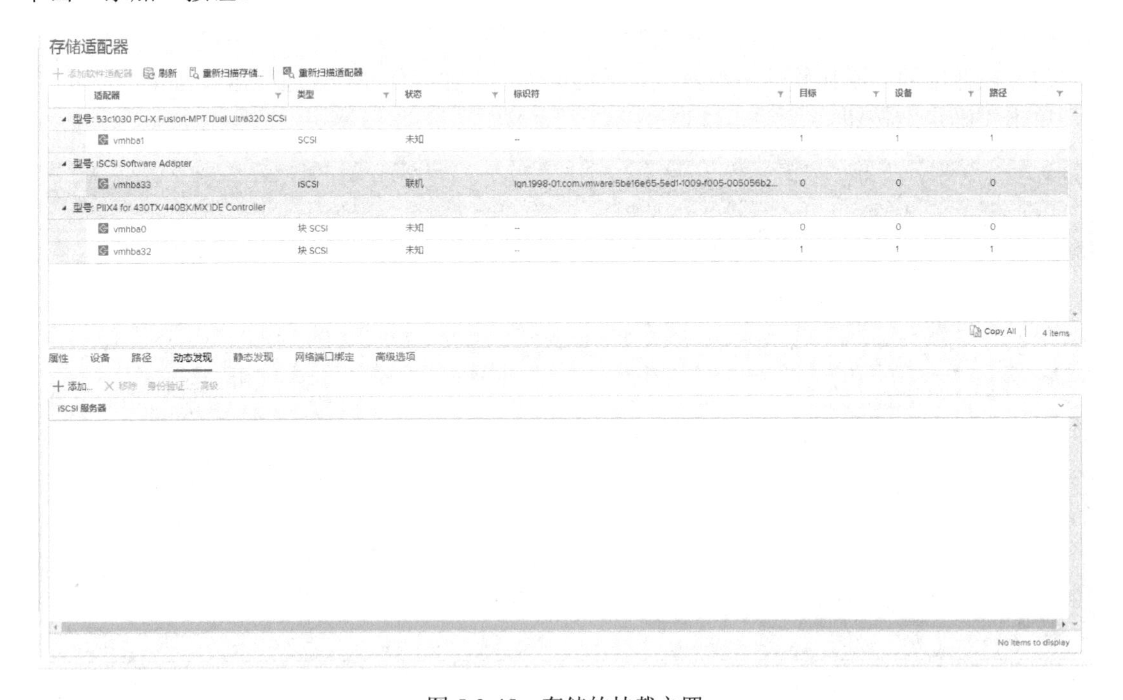

图 5-3-45　存储的挂载之四

（5）在弹出的界面中输入 iSCSI 目标服务器的 IP 地址，端口号默认，如图 5-3-46 所示，单击“确定”按钮。

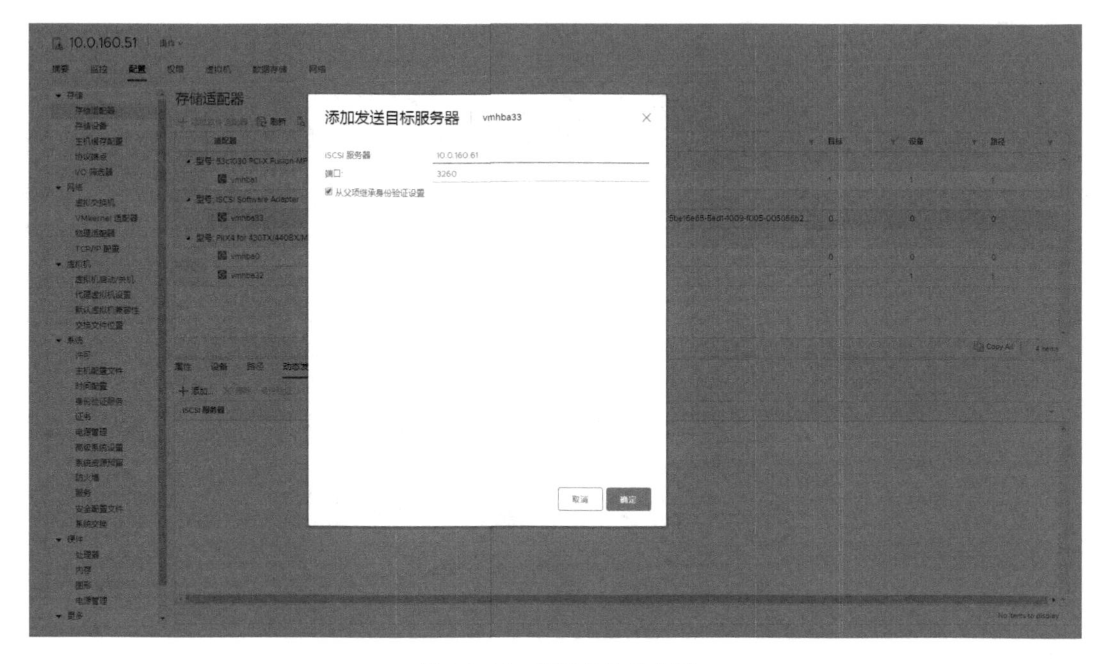

图 5-3-46　存储的挂载之五

（6）添加完成后，上方会提示“由于最近更改了配置，建议重新扫描 vmhba33”，如图 5-3-47 所示，单击提示下方的“重新扫描存储”按钮。

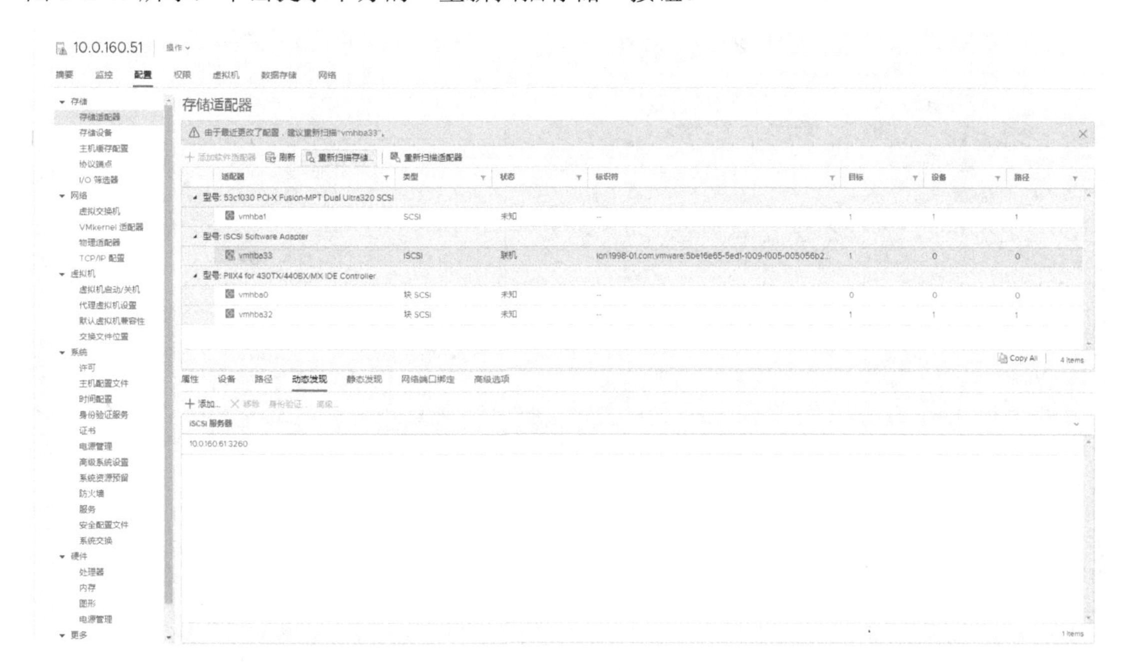

图 5-3-47　存储的挂载之六

（7）弹出“重新扫描存储”对话框，如图 5-3-48 所示，单击“确定”按钮。

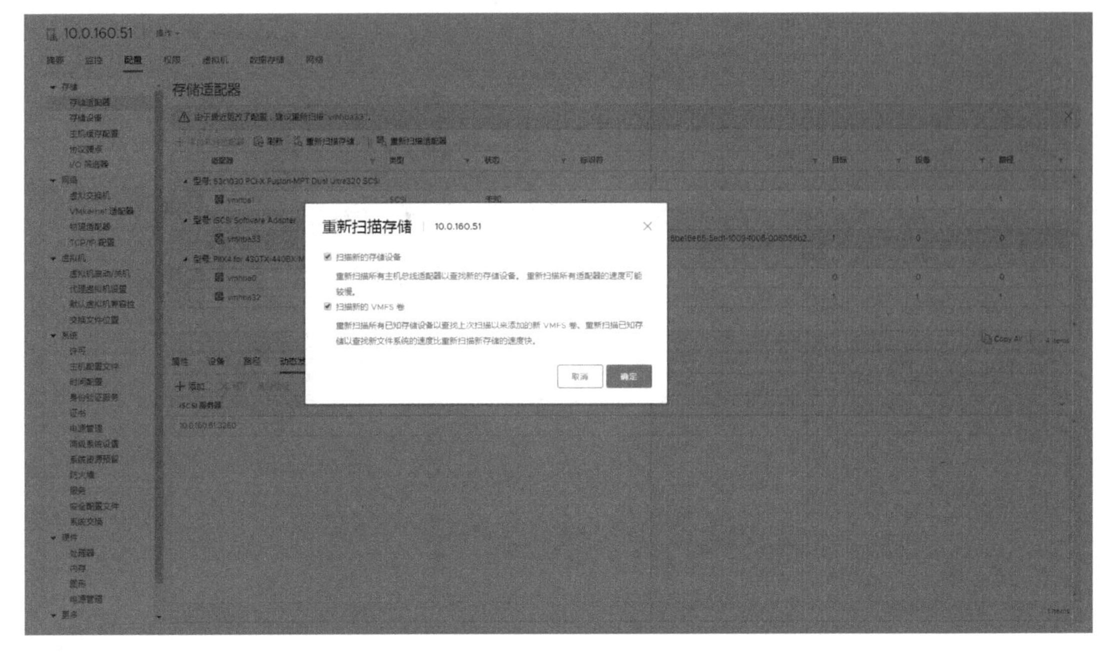

图 5-3-48　存储的挂载之七

（8）扫描完成后，选中 iSCSI 适配器，在下方选择“设备”选项卡，可以看到，刚添加的 Openfiler 存储器已经能被检测到，如图 5-3-49 所示。

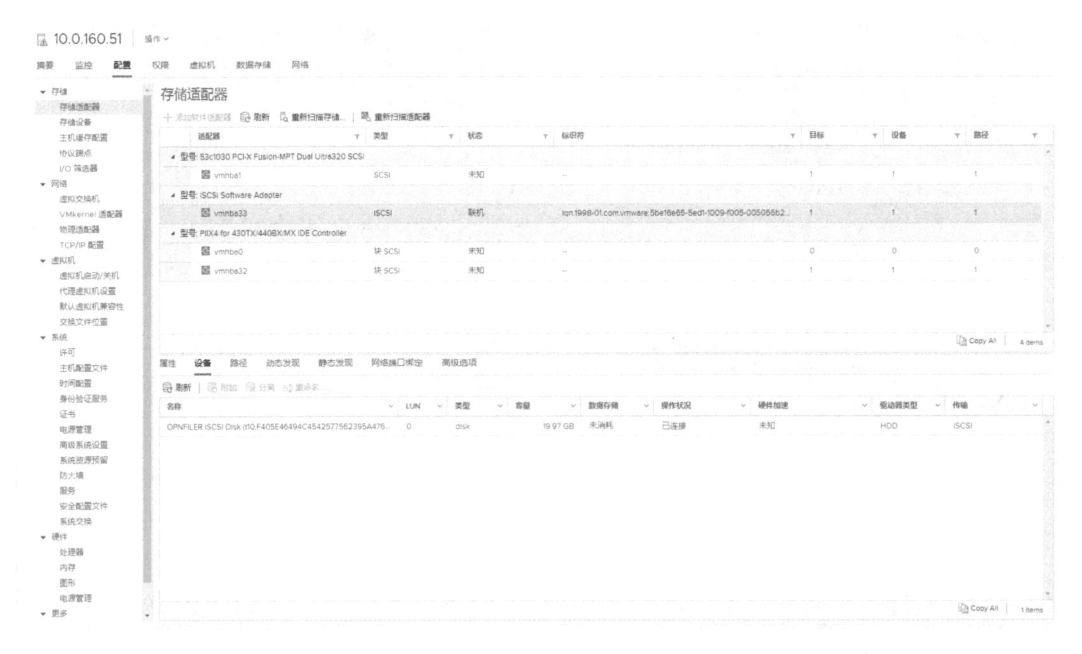

图 5-3-49　存储的挂载之八

（9）选中要添加 iSCSI 的 ESXi 主机，单击鼠标右键，在弹出的快捷菜单中依次选择“存储”→“新建数据存储”选项，如图 5-3-50 所示。

图 5-3-50　存储的挂载之九

（10）在弹出的新建向导中，在“类型”界面选择“VMFS”的数据存储类型，如图 5-3-51 所示，单击“NEXT”按钮。

图 5-3-51　存储的挂载之十

（11）进入“名称和设备选择”界面，输入“数据存储名称”，并选中检测到的 Openfiler 存储设备，如图 5-3-52 所示，单击“NEXT”按钮。

图 5-3-52　存储的挂载之十一

（12）进入“分区配置”界面，选择默认即可，如图 5-3-53 所示，单击“NEXT”按钮。

图 5-3-53　存储的挂载之十二

（13）确认配置，如图 5-3-54 所示，检查无误后单击“FINISH”按钮，完成配置向导。

图 5-3-54 存储的挂载之十三

（14）添加完成后，选中添加存储的 ESXi 主机，打开“数据存储”选项卡，可以看到新建的 Openfiler 存储已经成功添加至该主机的数据存储中，如图 5-3-55 所示。

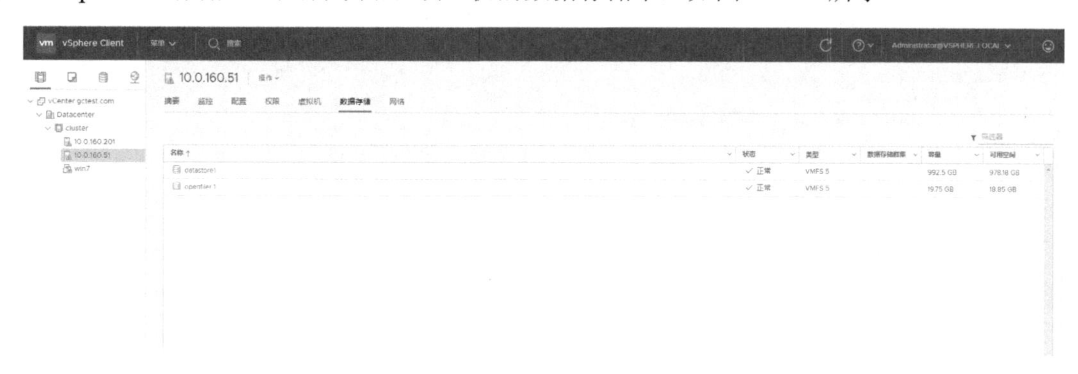

图 5-3-55 存储的挂载之十四

至此，Openfiler 存储挂载完成。

习　题

一、简答题

1．VMware vCenter Server 分为哪两个版本，两者之间的有什么区别？

2．使用虚拟机模板创建虚拟机有什么好处？

3．标准交换机与分布式交换机的区别是什么？

4．VMkernel 端口与虚拟机端口组分别有什么作用？

5．什么是 iSCSI 存储？使用 iSCSI 存储有什么好处？

二、操作题

1．使用 vCenter Server 创建虚拟机模板，并使用模板创建虚拟机。

2．使用 vCenter Server 分别完成标准交换机和分布式交换机的创建。

3．使用 Openfiler 创建 iSCSI 存储，要求使用 4 块 10GB 的硬盘做 Raid-5 磁盘阵列。

项目 6

vCenter Server 平台高级特性

本项目学习目标

知识目标

- 掌握迁移虚拟机的概念与配置；
- 掌握虚拟机高可用性（HA）的概念与配置；
- 掌握 Fault Tolerance 功能的原理与配置。

能力目标

- 学会使用 vMotion 功能迁移虚拟机；
- 能熟练掌握 HA 的配置；
- 能熟练掌握 FT 的配置。

任务 6.1 迁移虚拟机

VMware 将迁移分为冷迁移（Cold Migration）和热迁移（Live Migration），两者的区别在于迁移的过程中虚拟机是处于关闭状态还是开启状态，它们应用的情景不同。

冷迁移是指在群集、数据中心和 vCenter Server 实例的主机之间迁移已关闭或已挂起的虚拟机。必须先关闭或挂起虚拟机，然后才能开始冷迁移过程。将迁移挂起的虚拟机视为冷迁移是因为尽管虚拟机已开启，但不在运行。通过使用冷迁移，可以将关联磁盘从一个数据存储移至另一个数据存储。相较于使用热迁移技术的应用 vMotion，使用冷迁移可以降低目标主机的检查要求。例如，虚拟机包含复杂的应用程序设置时，如果使用冷迁移，则不需要检查 CPU 兼容性，而使用 vMotion 期间的兼容性检查可能会阻止虚拟机移至另一个主机。

vMotion，即实时迁移，是一种热迁移技术，它可以在不中断服务的情况下将正在运行的虚拟机，从一台 ESXi 主机迁移到另一台 ESXi 中，或者将虚拟机的存储进行迁移。这样的技术对虚拟机的高可用性提供了强大的支持。

vMotion 实时迁移的原理是在激活 vMotion 后，系统先将源 ESXi 主机上的虚拟机内存状态克隆到目标 ESXi 主机上，目标 ESXi 主机再接管虚拟机硬盘文件，当所有操作完成后，在目标 ESXi 主机上激活虚拟机。

6.1.1 冷迁移虚拟机

冷迁移是对已关闭电源的虚拟机进行迁移。通过冷迁移，可以选择将关联的磁盘从一个数据存储移动到另一个数据存储。虚拟机不需要位于共享存储器上。在开始冷迁移过程前，必须关闭要迁移的虚拟机的电源。

若虚拟机配置 64 位客户机操作系统，则尝试将其迁移到不支持 64 位操作系统的主机时，vCenter Server 会生成警告。冷迁移虚拟机时，不会应用 CPU 兼容性检查。冷迁移的具体步骤如下。

（1）关闭虚拟机“win7”的电源，虚拟机“win7”现在在 IP 地址为 10.0.160.51 的 ESXi 主机上，现通过冷迁移将其迁移到 IP 地址为 10.0.160.201 的 ESXi 主机上，如图 6-1-1 所示。

图 6-1-1　冷迁移虚拟机之一

（2）鼠标右键单击“win7”，在弹出的快捷菜单中选择“迁移”选项，如图 6-1-2 所示。

图 6-1-2　冷迁移虚拟机之二

（3）在“选择迁移类型”界面，由于本例中 10.0.160.51 和 10.0.160.201 两台 ESXi 主机使用不同的存储器，因此在迁移类型中选择“更改计算资源和存储”选项，以确保虚拟机可以正常迁移，如图 6-1-3 所示，单击“NEXT”按钮。

图 6-1-3　冷迁移虚拟机之三

（4）进入“选择计算资源”界面，选择虚拟机将要迁移的目标 ESXi 主机 10.0.160.201，如图 6-1-4 所示，单击“NEXT”按钮。

图 6-1-4　冷迁移虚拟机之四

（5）进入“选择存储”界面，选择目标 ESXi 主机 10.0.160.201 的存储空间，如图 6-1-5 所示，单击“NEXT”按钮。

图 6-1-5　冷迁移虚拟机之五

（6）进入“选择网络”界面，选择目标 ESXi 主机的网络，如图 6-1-6 所示，单击“NEXT”按钮。

图 6-1-6　冷迁移虚拟机之六

（7）确认配置信息是否正确，如图 6-1-7 所示，若检查无误，则单击“FINISH”按钮，开始迁移。

图 6-1-7　冷迁移虚拟机之七

（8）选择界面左下角的“近期任务”选项卡，可以查看迁移的进度，如图 6-1-8 所示。

图 6-1-8　冷迁移虚拟机之八

（9）迁移完成后，可以看到虚拟机“win7”已经由 IP 地址为 10.0.160.51 的 ESXi 主机迁移至 IP 地址为 10.0.160.201 的主机，如图 6-1-9 所示。

图 6-1-9　冷迁移虚拟机之九

至此，冷迁移虚拟机完毕。

6.1.2　更改虚拟机的数据存储

6.1.1 节中已经介绍了虚拟机计算资源与数据存储的迁移，迁移完成后，可以看到，虚拟机“win7”的存储已由 ESXi 主机 10.0.160.51 迁移至 ESXi 主机 10.0.160.201，如图 6-1-10 所示，其中，datastore1 为 ESXi 主机 10.0.160.51 的存储，datastore1（1）为 ESXi 主机 10.0.160.201 的存储。

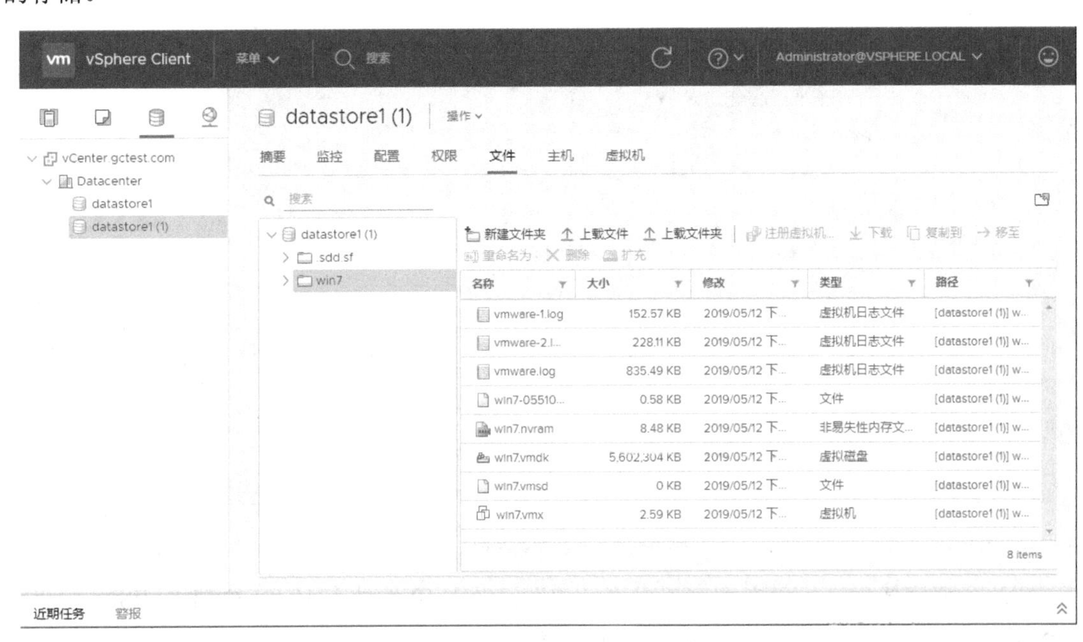

图 6-1-10　更改虚拟机的数据存储之一

6.1.3　启用 vMotion 功能

（1）选中 vMotion 迁移的源主机和目标主机的 VMkernel 适配器，如图 6-1-11 所示，单击“编辑”按钮。

图 6-1-11　启用 vMotion 功能之一

（2）勾选“vMotion”和“管理”复选框，单击“OK”按钮，完成启动，如图 6-1-12 所示。

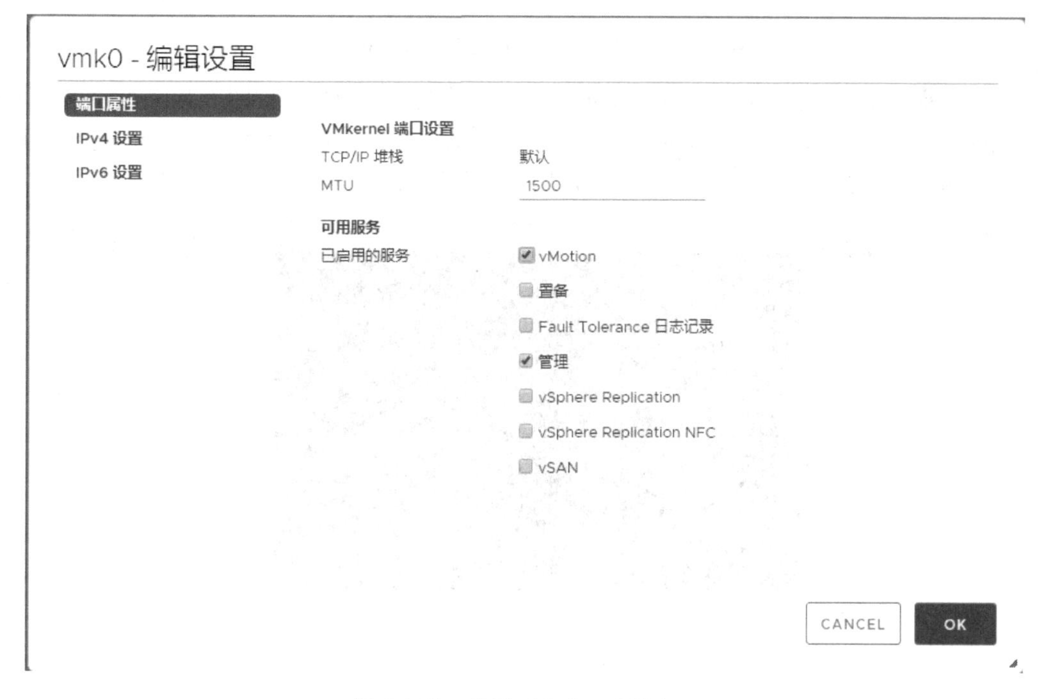

图 6-1-12　启用 vMotion 功能之二

6.1.4　使用 vMotion 热迁移虚拟机

vMotion 热迁移，即在不中断服务的情况下，将正在运行的虚拟机从一台 ESXi 主机迁移到另一台 ESXi 主机中，或者将虚拟机的存储进行迁移。

（1）将 6.1.1 节中的虚拟机开机，其余步骤同 6.1.1 节，不同的是在迁移的过程中，多了“选择 vMotion 优先级”界面，这里选择“安排优先级高的 vMotion”选项，如图 6-1-13 所示。

图 6-1-13　使用 vMotion 热迁移虚拟机之一

（2）在迁移的过程开始前，持续 Ping 正在迁移的这台虚拟机，如图 6-1-14 所示，发现在迁移期间，虚拟机一直在响应 Ping，并无数据包的请求超时，说明在使用 vMotion 迁移正在运行的虚拟机时，虚拟机一直在正常运行，所提供的服务也一直处于可用状态。

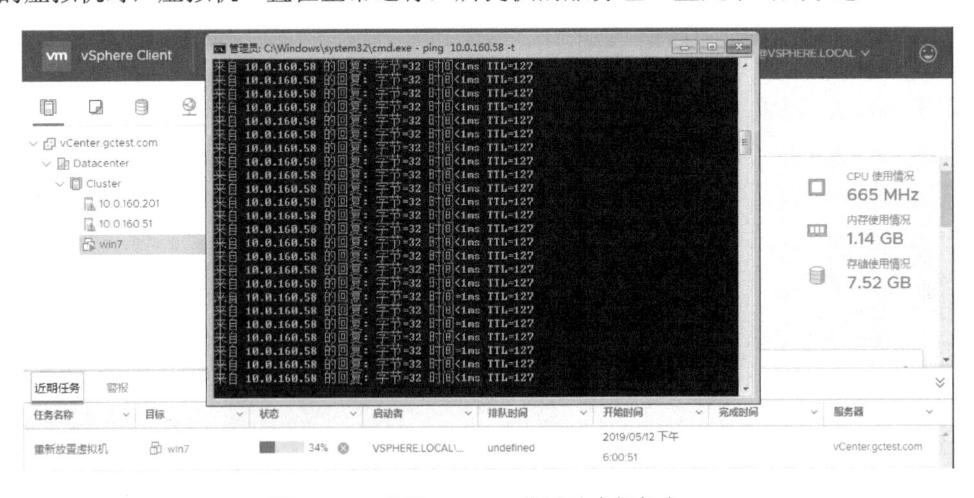

图 6-1-14　使用 vMotion 热迁移虚拟机之二

任务 6.2　虚拟机高可用性（HA）

6.2.1　VMware HA 的工作原理

高可用性（High Availability，HA）描述一个系统为了减少停工时间，经过专门的设计，从而保持其服务的高度可用性，它是 VMware vSphere 虚拟化架构的高级特性之一。实际上，在虚拟化架构出现之前，在操作系统级别就已经大规模使用了高可用性技术。vSphere HA 实现的是虚拟化级别的高可用性，具体来说，当一台 ESXi 主机发生故障时，其上运行的虚拟机能够自动在其他 ESXi 主机上重新启动，虚拟机在重新启动完成之后，可以继续提供服务，从而最大限度地保证服务不中断。

VMware vSphere 虚拟化架构从 5.0 版本开始采用一个名为错误域管理器（Fault Domain Manager，FDM）使用群集作为高可用性的基础，HA 将虚拟机及 ESXi 主机集中在群集内，从而为虚拟机提供高可用性。群集中所有 ESXi 主机均会受到监控，如果某台 ESXi 主机发生故障，故障 ESXi 主机上的虚拟机将在群集中正常的 ESXi 主机上重新启动。

1．HA 运行的基本原理

当在群集中启用 HA 时，系统会自动选举一台 ESXi 主机作为首选主机（Master 主机），其余的 ESXi 主机作为从属主机（Slave 主机）。Master 主机与 vCenter Server 进行通信，并监控所有受保护的 Slave 主机状态。Master 主机使用管理网络和数据存储检测信号来确定故障的类型。当不同类型的 ESXi 主机故障时，Master 主机检测并处理相应的故障，让虚拟机重新启动。当 Master 主机本身出现故障时，Slave 主机会重新进行选举，产生 Master 主机。

2．Master/Slave 主机选举机制

一般来说，Master/Slave 主机的选举是选择存储最多的 ESXi 主机作为首选主机，当 ESXi 主机的存储相同时，会使用 MOID 来进行选举。当 Master 主机选举产生后，会通告给其他 Slave 主机。当选举产生的 Master 主机出现故障时，会重新选举产生新的 Master 主机。Master/Slave 主机的工作原理如下。

（1）Master 主机监控所有 Slave 主机，当 Slave 主机出现故障时，重新启动虚拟机。

（2）Master 主机监控所有被保护的虚拟机的电源状态，如果被保护的虚拟机出现故障，将重新启动虚拟机。

（3）Master 主机发送心跳信息给 Slave 主机，让 Slave 主机知道 Master 主机的存在。

（4）Master 主机报告状态信息给 vCenter Server，vCenter Server 正常情况下只和 Master 主机通信。

（5）Slave 主机监视本地运行的虚拟机状态，把这些虚拟机运行状态的显著变化发送给 Master 主机。

（6）Slave 主机监控 Master 主机的健康状态，如果 Master 主机出现故障，Slave 主机将会参与 Master 主机的选举。

6.2.2　创建 HA 群集

（1）使用浏览器登录 vCenter Server，鼠标右键单击 vCenter Server 的域名，如图 6-2-1 所示，在弹出的快捷菜单中选择“新建数据中心”选项。

图 6-2-1　创建 HA 集群之一

（2）在弹出的“新建数据中心”对话框中，输入自定义的数据中心名称，如图 6-2-2 所示，单击“确定”按钮。

图 6-2-2　创建 HA 集群之二

（3）鼠标右键单击步骤（2）中创建的数据中心，如图 6-2-3 所示，在弹出的快捷菜单中选择“新建群集”选项。

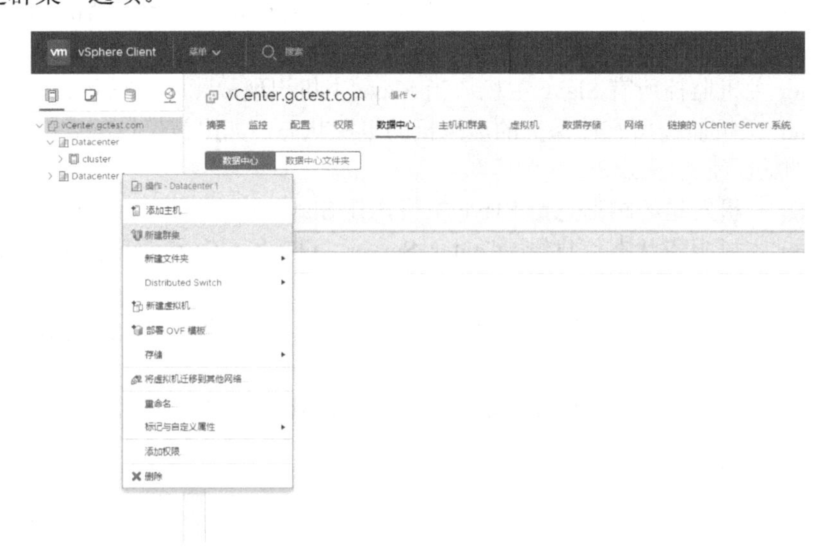

图 6-2-3　创建 HA 集群之三

（4）在新建向导中输入自定义的群集名称，勾选“DRS”及“vSphere HA”的“打开”复选框，如图 6-2-4 所示，单击“确定”按钮。

图 6-2-4　创建 HA 集群之四

6.2.3　群集中添加主机

（1）鼠标右键单击 6.2.2 节中创建的群集，如图 6-2-5 所示，在弹出的快捷菜单中选择“添加主机”选项。

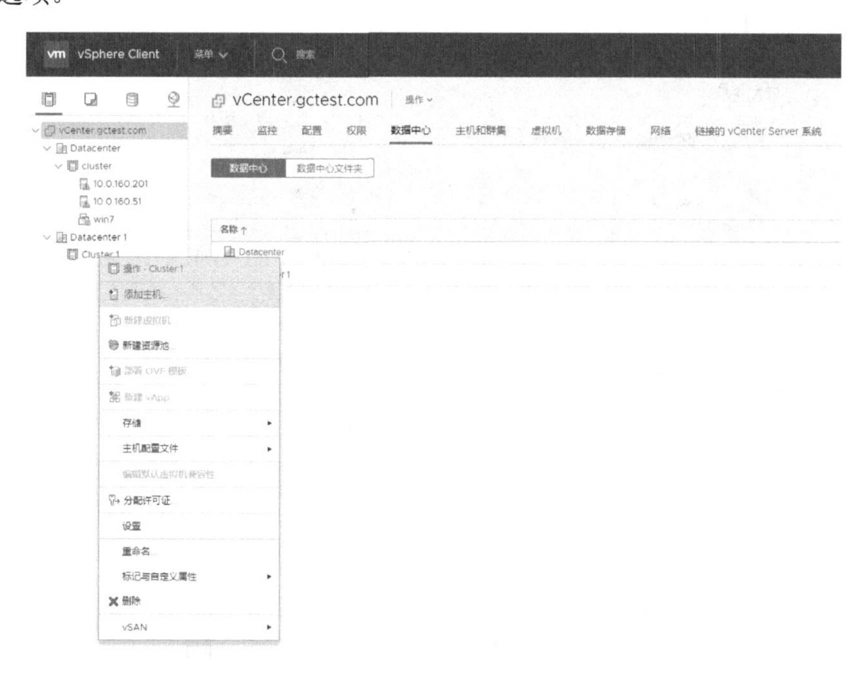

图 6-2-5　群集中添加主机之一

（2）在“添加主机”向导中，在“名称和位置”界面中，输入需要添加至群集的主机名或 IP 地址，如图 6-2-6 所示，单击“NEXT”按钮。

图 6-2-6　群集中添加主机之二

（3）在“连接设置”界面中，输入 ESXi 主机的“用户名”和“密码”，如图 6-2-7 所示，单击“NEXT”按钮。

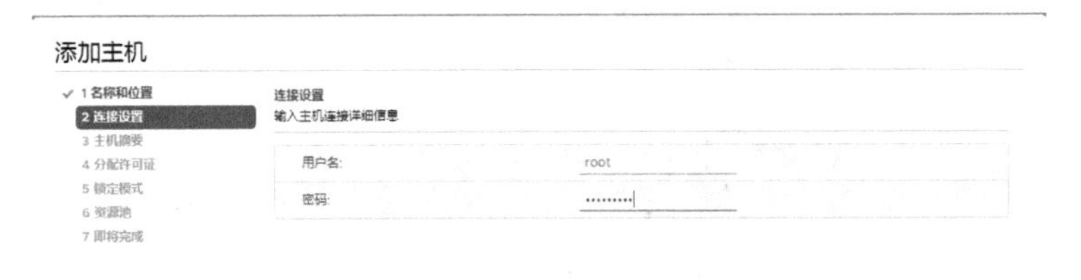

图 6-2-7　群集中添加主机之三

（4）确认主机摘要信息，如图 6-2-8 所示，单击“NEXT”按钮。

图 6-2-8　群集中添加主机之四

（5）在“分配许可证”界面中，选中有效的许可证，如图 6-2-9 所示，单击“NEXT”按钮。

图 6-2-9　群集中添加主机之五

（6）在“锁定模式”界面中，选择默认即可，如图 6-2-10 所示，单击“NEXT”按钮。

图 6-2-10　群集中添加主机之六

（7）在“资源池”界面中，设置该主机的虚拟机存放位置，如图 6-2-11 所示，单击“NEXT”按钮。

图 6-2-11　群集中添加主机之七

（8）确认配置，如图 6-2-12 所示，无误后单击“FINISH”按钮，完成主机添加向导。

图 6-2-12　群集中添加主机之八

至此，主机添加完毕。以相同的方式至少再添加一台主机至同一个群集下，以便完成后续的 HA 功能的测试。

6.2.4　添加共享存储

参照 5.3.4 节的内容为 6.2.3 节中添加的两台 ESXi 主机添加一个共享存储。

6.2.5　群集功能测试

HA 功能实现的前提是群集内所有的主机都必须能够访问相同的共享存储，因此需要先把主机上运行的资源放到共享存储里面。

（1）登录 vCenter Server，选中虚拟机，查看虚拟机目前所在的位置，可以看到目前虚拟机存放于主机 10.0.160.201 上，数据存储在 10.0.160.201 上的“datastore 1（1）”存储器上。将虚拟机的存储按照 6.1.1 节的操作迁移至 6.2.4 节中添加的 iSCSI 的共享存储中，迁移时选择“仅更改存储”，下方的“近期任务”中会显示虚拟机存储迁移的进度，如图 6-2-13 所示。

（2）迁移完成后，再次查看虚拟机的信息，可以看到虚拟机的数据存储已变更为共享存储“openfiler 1”，如图 6-2-14 所示。

（3）将虚拟机所在的主机 10.0.160.21 进行关机操作，模拟主机故障，如图 6-2-15 所示。

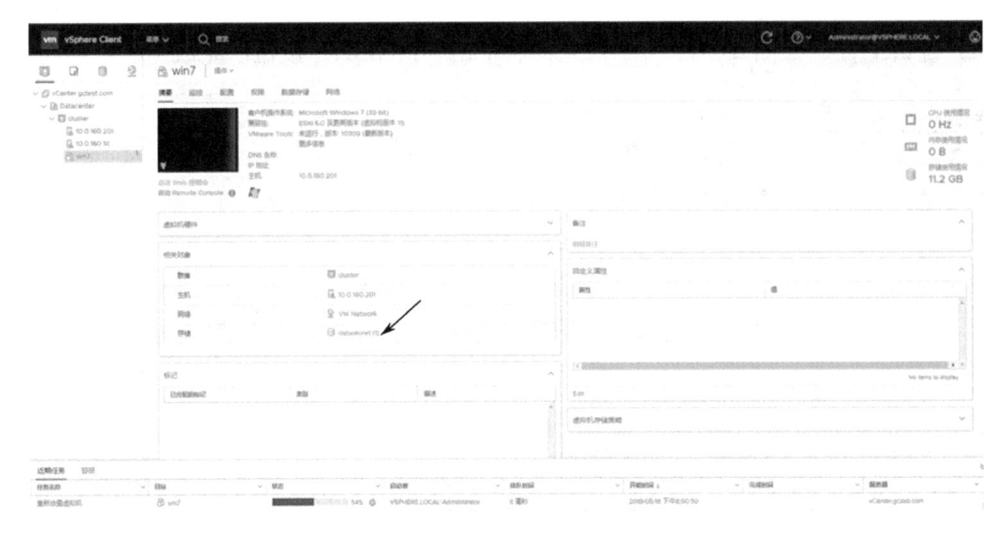

图 6-2-13　群集功能测试之一

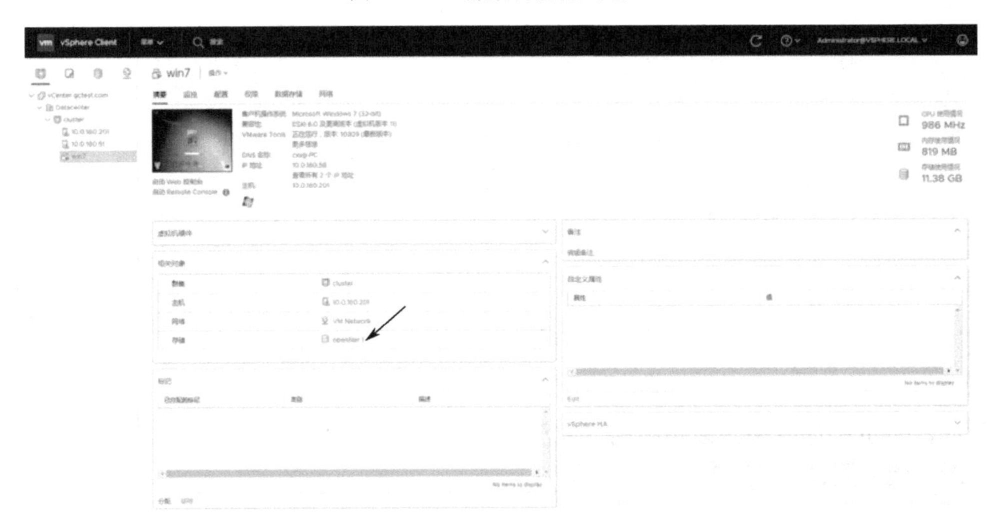

图 6-2-14　群集功能测试之二

图 6-2-15　群集功能测试之三

（4）再次查看虚拟机状态，可以看到虚拟机所在的主机已经变更为 10.0.160.51，如图 6-2-16 所示。说明群集 HA 功能正常实现。

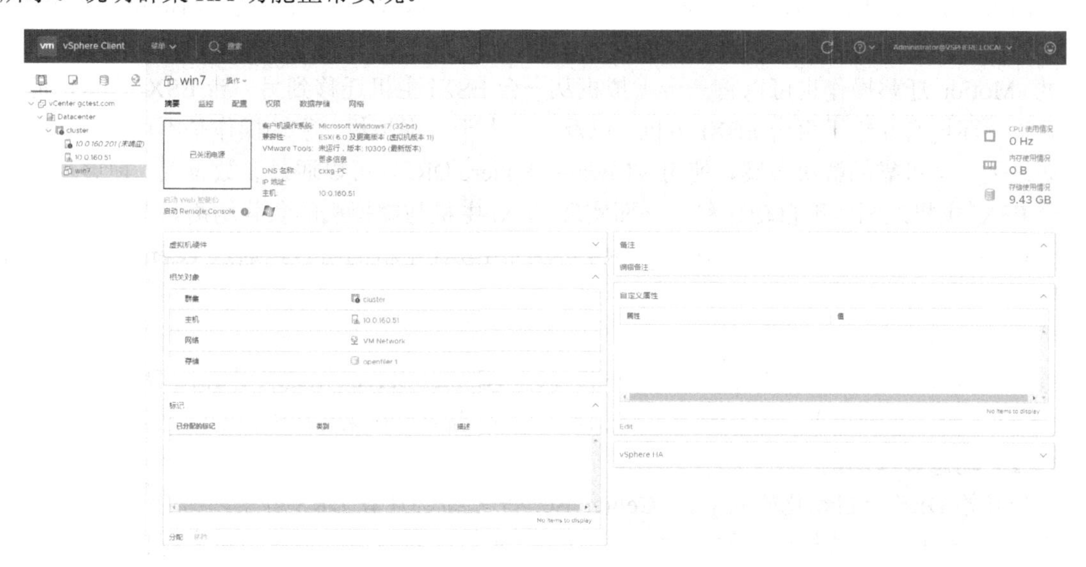

图 6-2-16　群集功能测试之四

6.2.6　主机的维护模式

当需要对 ESXi 主机进行维护时，如升级、打补丁等操作，可以将主机置于维护模式下，如图 6-2-17 所示。

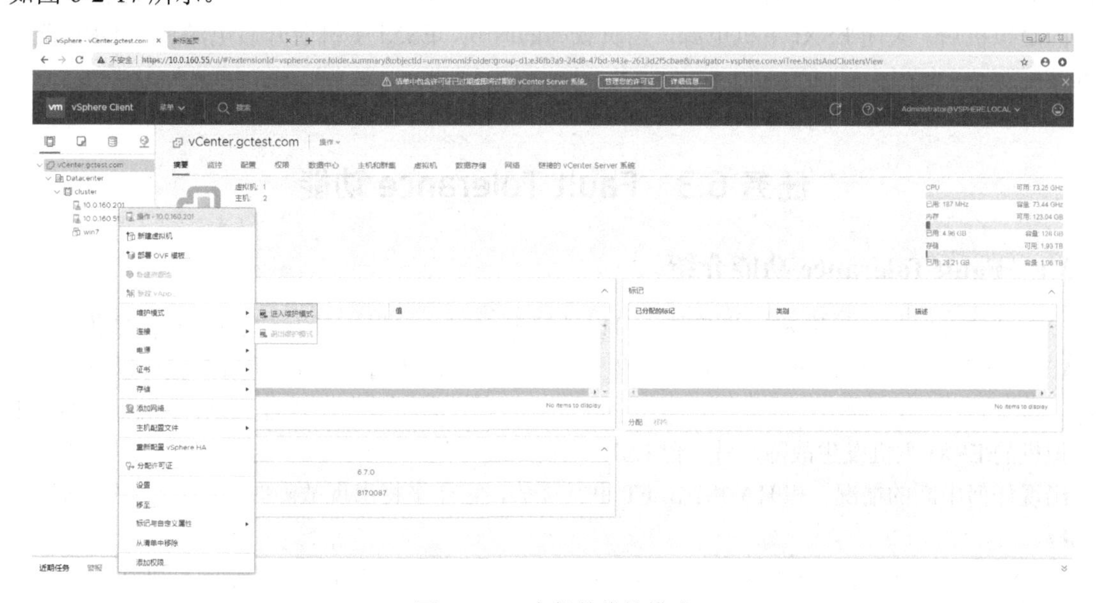

图 6-2-17　主机的维护模式

此时，可以使用 vMotion 功能将主机上运行的虚拟机手动迁移至其他主机，或使用群集 HA 的功能将主机上运行的虚拟机自动迁移至其他主机，以确保该主机进入维护模式后不会影响其上运行的虚拟机的正常工作。

6.2.7 群集 DRS 功能

DRS，全称为 Distributed Resource Scheduler，即分布式资源调配，是 VMware vSphere 虚拟化架构的高级特性之一，通过良好的配置，可以实现 ESXi 主机与虚拟机的自动均衡。虽然通过 vMotion 迁移操作也可以将一台虚拟机从一台 ESXi 主机迁移到另一台 ESXi 主机，但是如果生产环境有几十上百台 ESXi 主机，以及几百上千台虚拟机，手动操作是不可靠的。而全自动化是一个可靠的解决方案，使用 VMware vSphere DRS，可以通过参数设置，使虚拟机在多台 ESXi 主机之间实现自动迁移，从而实现 ESXi 主机与虚拟机的负载均衡。

VMware vSphere 虚拟化架构中，DRS 群集是 ESXi 主机的组合，通过 vCenter Server 进行管理，主要有以下功能。

（1）初始放置

当开启 DRS 后，虚拟机在打开电源的时候，vCenter Server 系统会计算出 DRS 群集内所有 ESXi 主机的负载情况，然后根据优先级给出虚拟机应该在某台 ESXi 主机上运行的建议。

（2）动态负载均衡

当开始 DRS 全自动化模式后，vCenter Server 系统会计算 DRS 群集内所有 ESXi 主机的负载情况，然后在虚拟机运行的时候，根据 ESXi 主机的负载情况使虚拟机进行自动迁移，以实现 ESXi 主机与虚拟机的负载均衡。

（3）电源管理

VMware vSphere 虚拟化架构中的 DRS 群集配置中有一个关于电源管理的配置，属于额外的高级特性，需要 ESXi 主机 IPMI、外部 UPS 等设备的支持。启用电源选项后，vCenter Server 系统会自动计算 ESXi 主机的负载，当某台 ESXi 主机负载很低的时候，会在自动迁移上面运行的虚拟机后，关闭 ESXi 主机电源，当负载高的时候，ESXi 主机会开启电源加入 DRS 群集继续运行。

任务 6.3 Fault Tolerance 功能

6.3.1 Fault Tolerance 功能介绍

Fault Tolerance，简称 FT，即容错，可以理解为 vSphere 环境下的虚拟机的双机热备。使用 HA 可以实现虚拟机的高可用性，但虚拟机重新启动的时间不可控，而使用 FT 就可以避免此问题。因为 FT 相当于虚拟机的双机热备，它以主从的方式同时运行在两台 ESXi 主机上，如果主虚拟机的 ESXi 主机发生故障，另一台 ESXi 主机上运行的从虚拟机立即接替工作，应用服务不会出现任何中断的情况。和 HA 相比，FT 更具优势，它几乎将出现故障时虚拟机的停止时间降到零。

VMware vSphere 虚拟化架构中的 FT 技术通过创建和维护与虚拟机相同且可在发生故障切换时随时替换此类虚拟机的其他虚拟机，来确保此类虚拟机的连续可用性。受保护的虚拟机称为主虚拟机，另外一台虚拟机称为从虚拟机，也称辅助虚拟机，在其他主机上创建和运行。

辅助虚拟机由于与主虚拟机的执行方式相同，并且可以无中断地接管任何点处的程序执行，因此可以提供容错保护。主虚拟机和辅助虚拟机会持续监控彼此的状态以确保维护 FT。如果运行主虚拟机的 ESXi 主机发生故障，系统将会执行透明故障切换，此时会立即启用辅助虚拟机以替换主虚拟机，启动新的辅助虚拟机，并自动重新建立 FT 冗余。若运行辅助虚拟机的主机发生故障，则该主机也会立即被替换。在任何情况下，都不会存在服务中断和数据丢失的情况。

主虚拟机和辅助虚拟机不能在相同的 ESXi 主机上运行，此限制用来确保 ESXi 主机故障不会导致两个虚拟机都丢失。

6.3.2　配置主机网络

（1）确认群集内的 ESXi 主机是否已启用了 FT 日志记录，如图 6-3-1 所示，未启用 ESXi 主机 FT 日志记录功能将无法配置使用 FT。

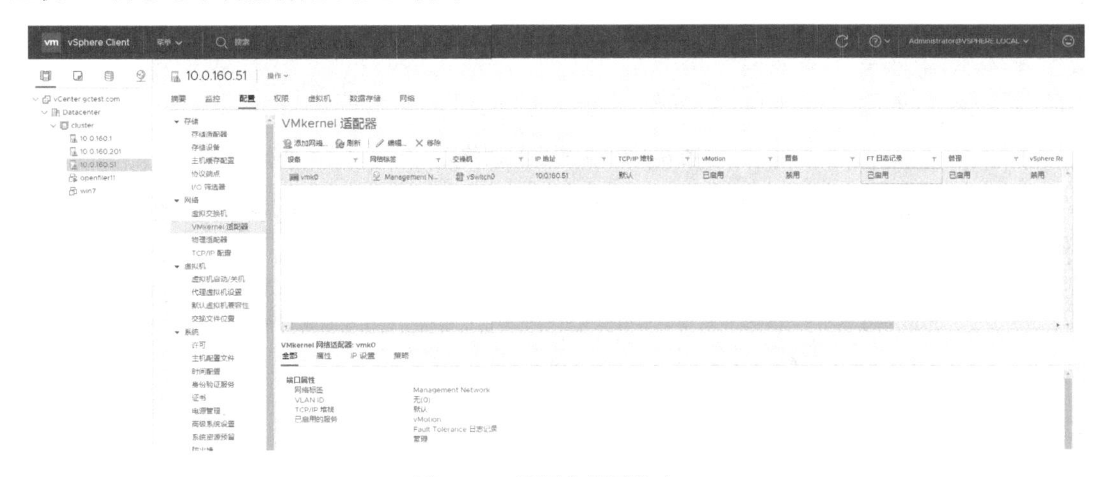

图 6-3-1　配置主机网络之一

（2）若 FT 日志记录未启用，则登录 ESXi 主机，选择“网络”→“VMkernel 网卡”选项卡，如图 6-3-2 所示。

图 6-3-2　配置主机网络之二

（3）鼠标右键单击“vmk0”，在弹出的快捷键中选择“编辑设置”选项，如图 6-3-3 所示。

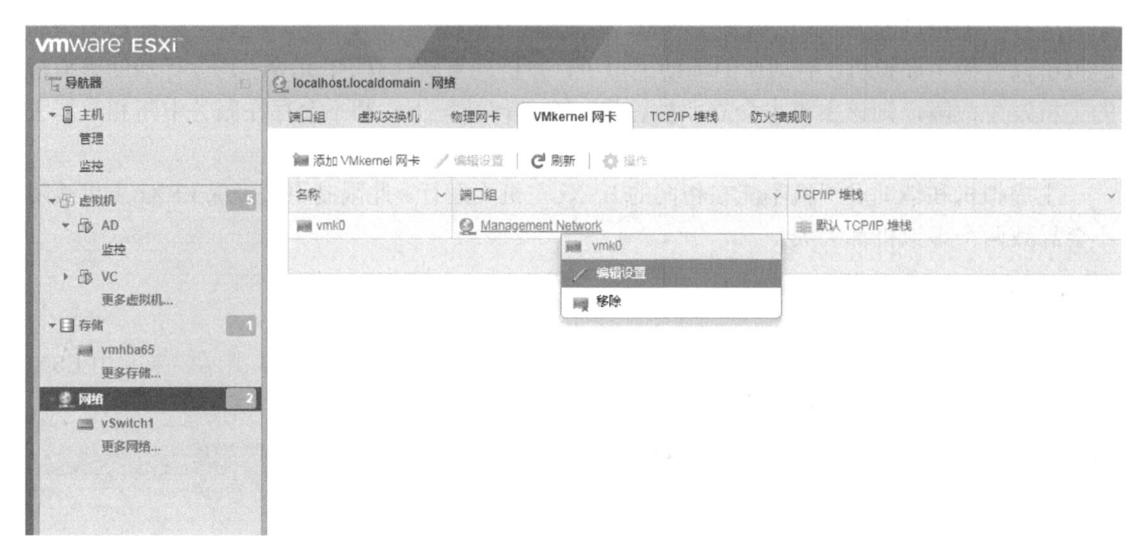

图 6-3-3　配置主机网络之三

（4）在弹出的“编辑设置”对话框中勾选“Fault Tolerance 日志记录”，如图 6-3-4 所示，单击“保存”按钮。

图 6-3-4　配置主机网络之四

6.3.3　启用主机 FT 功能

关闭虚拟机的电源，鼠标右键单击虚拟机，在弹出的快捷菜单中依次选择“Fault Tolerance”→“打开 Fault Tolerance”选项，如图 6-3-5 所示。

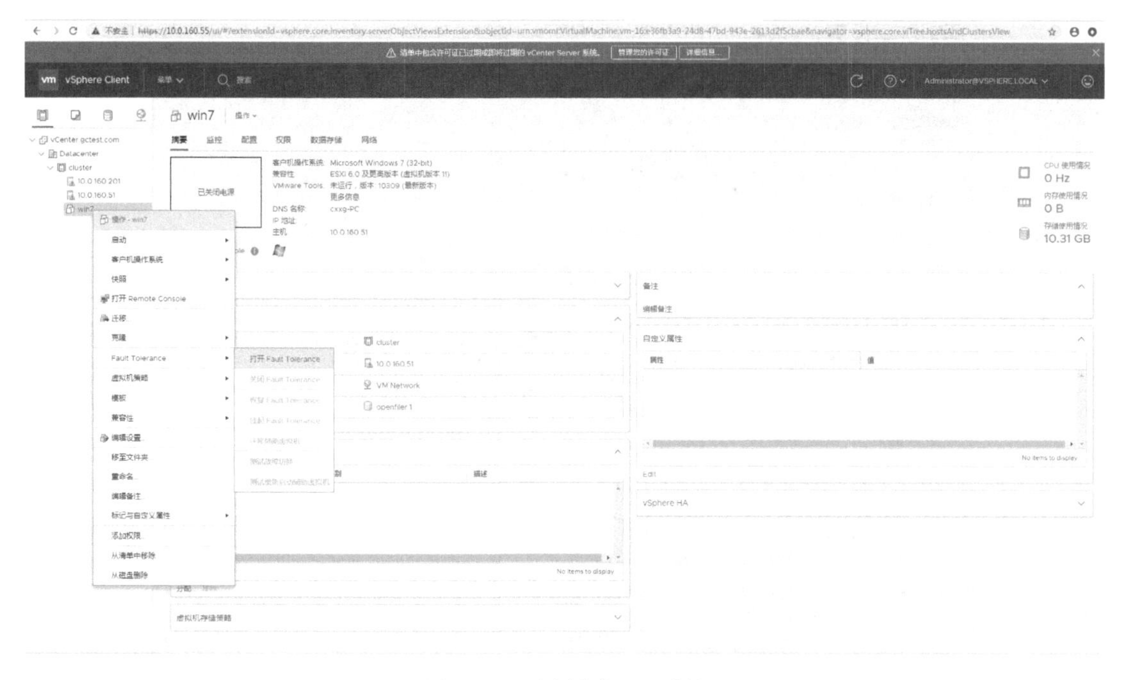

图 6-3-5 启用主机 FT 功能

6.3.4 FT 功能测试

（1）vSphere 6.0 以上版本的虚拟机的 FT 技术推荐使用两个存储，首先应确认 ESXi 主机是否存在两个以上的共享存储，如图 6-3-6 所示，若少于 2 个，在开启 FT 功能时可能会出现“无兼容主机可用于放置辅助虚拟机”的错误。

图 6-3-6 FT 功能测试之一

（2）使用 FT 功能首先需要开启 HA，且 HA 的故障和响应配置中“主机故障响应”必须配置为“重新启动虚拟机”，如图 6-3-7 所示，单击“确认”按钮。

（3）重复 6.3.3 节的操作，打开虚拟机 FT 功能，由于 vSphere 6.0 以上的版本的 FT 要求 10GB 网络带宽，若 ESXi 主机 FT 日志记录网络带宽低于 10GB，则会出现错误提示，如图 6-3-8 所示，在实验环境中单击“是”开启容错功能，在生产环境中强烈推荐使用 10GB 带宽网络承载 FT 日志记录。

图 6-3-7　FT 功能测试之二

图 6-3-8　FT 功能测试之三

（4）选择使用的数据存储，需要注意，不能选择与主虚拟机相同的存储，由于主虚拟机存放在“openfiler 1”上，因此本例选择“openfiler 2”，确认兼容性检查成功，如图 6-3-9 所示，单击“NEXT”按钮。

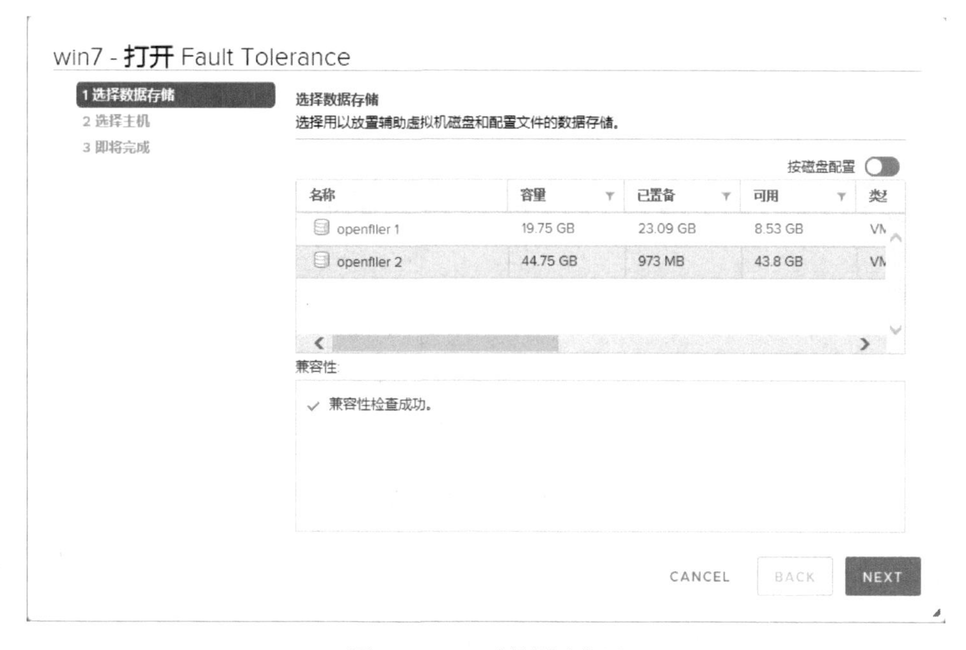

图 6-3-9 FT 功能测试之四

（5）选择辅助虚拟机运行的 ESXi 主机，由于辅助虚拟机运行的 ESXi 主机 FT 网络带宽也不满足 10GB，依然会出现错误提示，如图 6-3-10 所示，单击“NEXT”按钮。

图 6-3-10 FT 功能测试之五

（6）确认虚拟机 FT 参数配置是否正确，如图 6-3-11 所示，检查无误后单击“FINISH”按钮。

图 6-3-11　FT 功能测试之六

（7）FT 功能配置完成后，打开群集下的虚拟机界面，可以看到“win7”变成了蓝色图标且后面多了“(主)”，此外，已经创建好了一台辅助虚拟机“win7 (辅助)”，如图 6-3-12 所示。

图 6-3-12　FT 功能测试之七

至此，使用 FT 功能创建辅助虚拟机测试完毕。

习　题

一、简答题

1．vSphere vMotion 的作用是什么？虚拟机冷迁移和热迁移的区别是什么？
2．vSphere HA 的作用是什么？Master 主机和 Slave 主机各有哪些职责？
3．vSphere DRS 的作用是什么？
4．vSphere FT 的作用是什么？配置 FT 的需要满足哪些条件？

二、操作题

1．使用 vCenter Server 启用 vMotion 功能，并测试虚拟机热迁移是否生效。
2．使用 vCenter Server 创建 HA 群集，并测试 HA 功能是否生效。
3．使用 vCenter Server 配置虚拟机 FT 功能，并测试 FT 功能是否生效。

项目 7

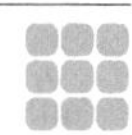

VMware Horizon View 桌面的构建

项目导入

某职业院校已经实现了校园区域网络的全面覆盖，但是学生实验用的机房还是传统网络架构方式，这使得设备投资维护费用高，数据存储迁移烦琐。如今，由于近几年学生人数不断增加，需要增加机房数量，经过学校多方考察和研究决定搭建云桌面平台，学生机全部使用瘦终端，进而实现桌面的集中管理和控制。

该职业院校网络中心采购了若干台高性能的服务器，采用 VMware Horizon View 7.5.1 部署了桌面虚拟化平台，并制作 Windows 7 虚拟桌面发布给学生使用。

项目学习目标

知识目标

- 了解 VMware Horizon View 环境；
- 掌握 VMware Horizon View 服务器软件安装；
- 学会控制模版虚拟机；
- 掌握域中的 OU 用户与 DHCP 服务器的配置
- 掌握 VMware Horizon View 桌面的概念和配置。

能力目标

- 能够搭建 VMware Horizon View 基础环境；
- 能够制作和优化虚拟机模板；
- 能够创建用户和组织单位；
- 能够发布虚拟桌面；
- 能够使用用户端连接到虚拟桌面。

任务 7.1 VMware Horizon View 环境介绍

7.1.1 VMware Horizon View 介绍

当今社会，几乎所有企业都陷入桌面困境，一方面由于 IT 组织面临着成本方面、合理性方面、管理方面、安全方面、以 PC 为中心等问题，这些问题造成了计算机的管理难度大、成本比较高，同时也限制了 IT 的发展，使其很难适应当今网络不断发展的业务需求。另一方面，多样化终端的发展及用户访问网络数据的自由性、灵活性使得传统的IT行业不得不做出改变，如何降低网络的管理成本、提高网络的安全性、减少 IT 网络的负荷等问题已经成为所有企业及网络用户关注的重点问题。相关组织和部门都在寻找一种既能够做出快速灵活的反应又有较强适应性的计算方式，实现高性能的计算服务，从而能够满足企业和终端用户的需要。

VMware Horizon View 的产生完美地解决了这个问题，它是 VMware 公司的桌面虚拟化产品，这个产品与传统的 PC 桌面是不同的，主要区别在于 VMware 桌面并不和物理计算机相互绑定，物理计算机只是起到终端的作用。借助于 VMware 公司在服务器虚拟化技术方面的领先优势，VMware Horizon View 不是运行在本地而是运行在服务器中，在服务器上根据用户的需求虚拟出用户的个人桌面，当终端用户需要访问自己的桌面时，只要能够联网，用户就可以借助 VMware Horizon View 高效地在终端使用自己的虚拟桌面。

VMware Horizon View 桌面具有良好的移动性，用户可以在包括 Windows、瘦终端、IPad 等各种终端上访问桌面。VMware Horizon View 能够为用户在私有云或者公有云中提供良好的用户体验。如果企业内部已经使用了 VMware 服务器虚拟化技术，通过扩展现有的服务器部署就可以安装配置 VMware Horizon View，从而实现网络的轻松管理并与 vSphere 虚拟化基础架构无缝衔接。

7.1.2 VMware Horizon View 架构

VMware Horizon View 包含如下组件：Active Directory、Connection Server、Composer Server、vCenter Server、Horizon7 Desktops and RDS Cluters、Horizon Client 及 Horizon Agents on VMs。具体架构如图 7-1-1 所示。

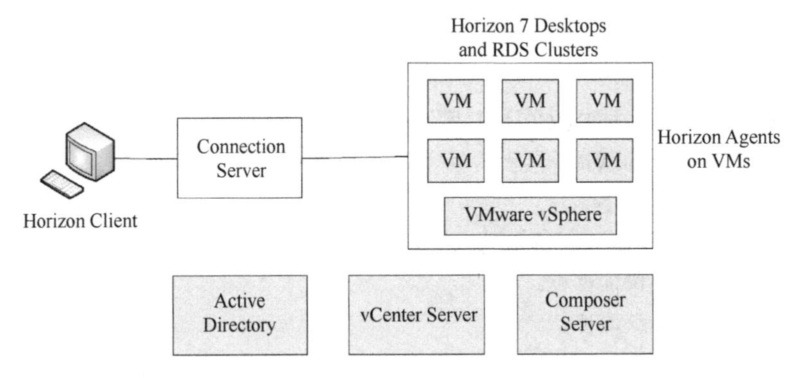

图 7-1-1　Horizon View 架构图

各个组件的功能如下。

- Active Directory 用于提供用户认证。
- Connection Server 用于用户端连接的代理。
- Composer Server 主要用于集中发布多个链接克隆桌面池。
- vCenter Server 主要用于管理 ESXi 主机，提供 vMotion、克隆等的高级功能。
- Horizon 7 Desktops and RDS Clusters 主要为终端用户提供基础设施服务。
- Horizon Client 用于终端用户访问桌面池。
- Horizon Agents on VMs 安装于每个终端主机，用于与连接服务器和安全服务器内部通信。

7.1.3　VMware Horizon View 实验环境

网络管理员根据现有的实验环境，设计了一个简单的桌面虚拟化测试环境，在前面章节设计并安装的 ESXi 主机、vCenter Server 基础上实现了桌面虚拟化的部署。实验拓扑结构如图 7-1-2 所示。

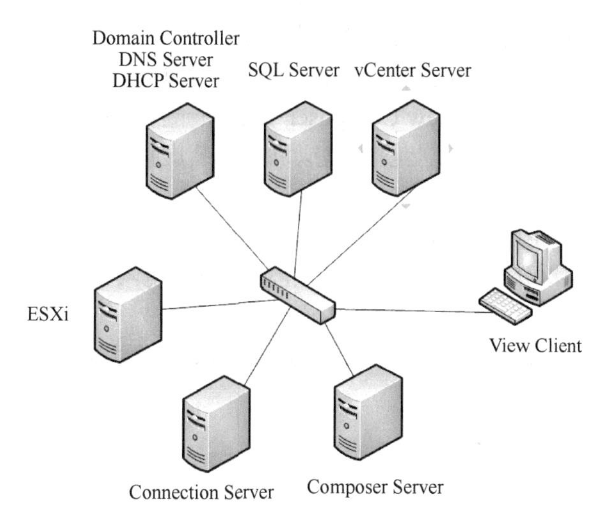

图 7-1-2　实验拓扑结构图

本项目规划的所有主机的地址、域名、推荐的硬件参数配置和软件版本，如表 7-1-1、表 7-1-2 所示。

表 7-1-1　实验基本环境配置

角　色	IP	域　名	vCPU	内　存	硬　盘	操作系统
域控制器	10.0.172.32	cxxg.com	2	4GB	30GB	Windows Server 2012 R2
独立数据库	10.0.172.33	cxxg.com	2	4GB	30GB	Windows Server 2012 R2
vCenter	10.0.172.34	cxxg.com	2	8GB	40GB	Windows Server 2012 R2
Composer	10.0.172.35	cxxg.com	2	2GB	30GB	Windows Server 2012 R2
Connection	10.0.172.37	cxxg.com	2	2GB	30GB	Windows Server 2012 R2
模板	DHCP 获取	DHCP 获取	1	2GB	15GB	Windows 7/10

表 7-1-2　软件版本

软　件	版　本
操作系统	cn_windows_server_2012_r2_with_update_x64_dvd_6052725
数据库	cn_sql_server_2012_enterprise_edition_x86_x64_dvd_813295
Composer Server	VMware-viewcomposer-7.5.1-8971623
Connection Server	VMware-viewconnectionserver-x86_64-7.5.1-9122465
View Agent	VMware-viewagent-x86_64-7.5.1-9182637

任务 7.2　安装 VMware Horizon View 服务器软件

7.2.1　Composer Server 部署

部署 VMware Horizon View 虚拟桌面时，VMware 提供了一种克隆链接虚拟桌面的功能，使用这个功能的前提是必须安装 View Composer 组件。View Composer 能够为企业快速部署大量用户需要的虚拟桌面，同时也可以为企业节约硬件资源。要想使用 View Composer 组件，每个 Composer 服务都要在数据库上拥有单独的实例，所以必须要创建相应的数据库，在部署链接克隆虚拟机桌面池时，要将 View Composer 安装在一台独立的虚拟机上。

（1）在 vCenter Server 管理平台上创建虚拟机并安装虚拟机操作系统，安装完成后配置网络属性。

（2）对该虚拟机进行相应的 VMware Tools 的安装、关闭防火墙、用户端加入域等操作。

（3）重启虚拟机并用相应的域管理员账户登录到域环境，安装“.NET Framework 4.6”，如图 7-2-1 所示

（4）登录到 SQL 服务器中，创建属于 Composer 的数据库“composer”，为 View Composer 提供数据库支持，如图 7-2-2 所示。

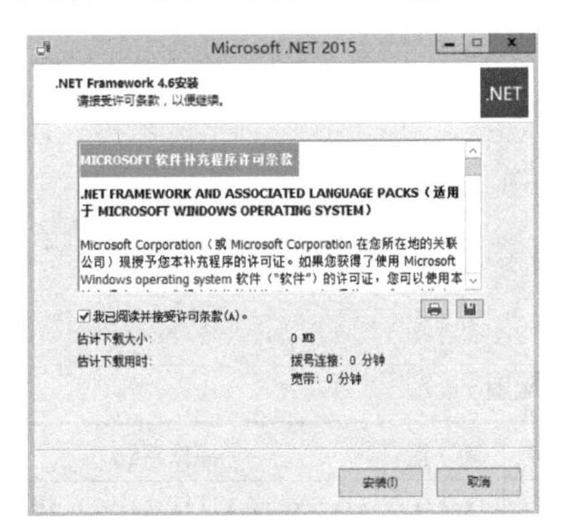

图 7-2-1　安装“.NET Framework 4.6”

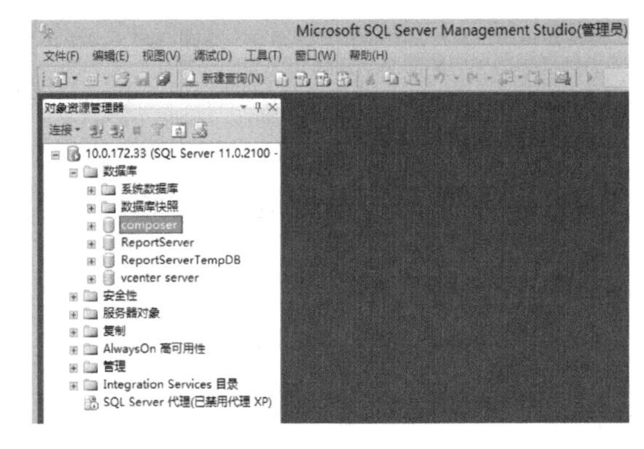

图 7-2-2　创建数据库

（5）在安装了 View Composer 的虚拟机中安装 SQL Server 2012 R2 Native Client，并在 ODBC 数据源中添加 DSN，创建到 SQL Server 的新数据源，安装流程如图 7-2-3 至图 7-2-7 所示。

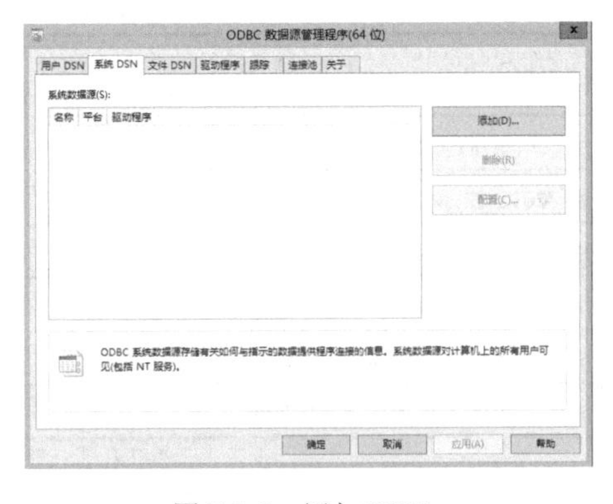

图 7-2-3　添加 DSN

图 7-2-4　命名数据源

图 7-2-5 验证管理员信息

图 7-2-6 选择数据库

（6）运行 View Composer 7.5 程序，进入欢迎界面并单击“Next”按钮，如图 7-2-8 所示。

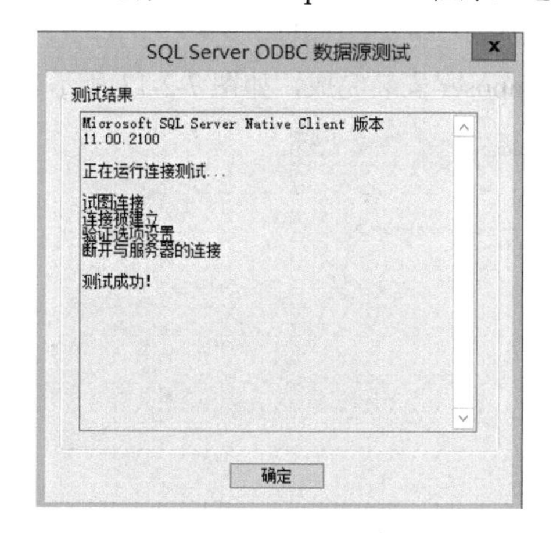

图 7-2-7 测试数据源

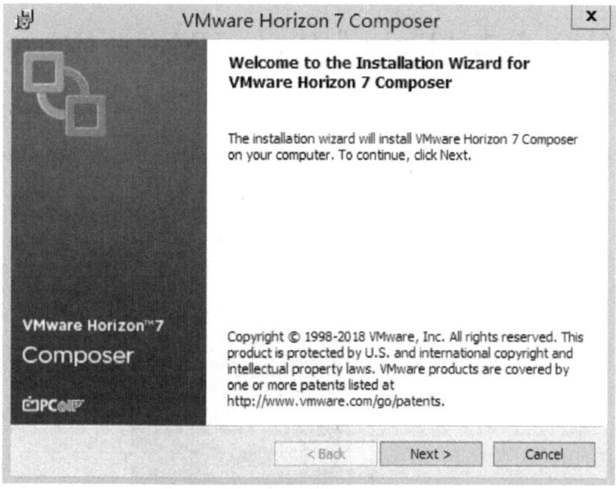

图 7-2-8 欢迎界面

（7）在“License Agreement”界面中，选中“I accept the terms the license agreement”选项，然后单击“Next”按钮，如图 7-2-9 所示。

（8）在“Destination Folder”界面中，选择安装路径，如图 7-2-10 所示。

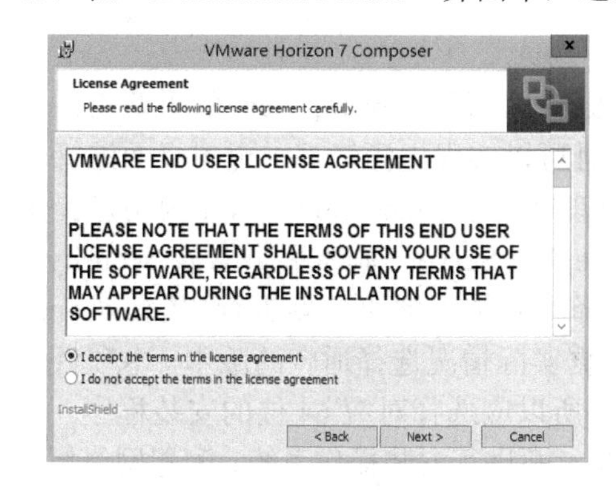

图 7-2-9 接受协议

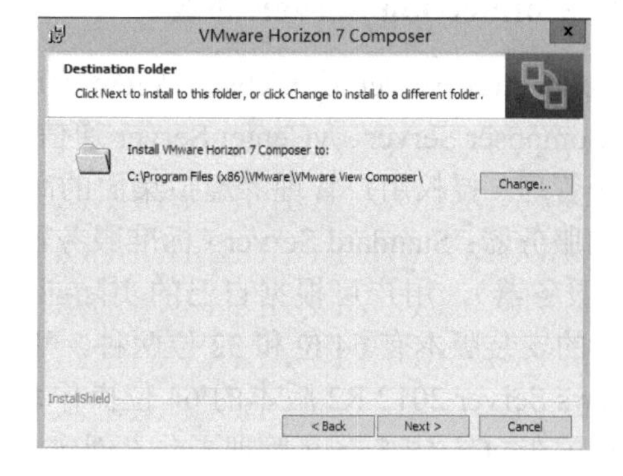

图 7-2-10 安装路径

（9）在“Database Information”界面中，输入数据源名称、管理员的用户名和密码，然后单击“Next”按钮，如图 7-2-11 所示。

（10）在“VMware Horizon 7 Composer Port Settings”界面中，输入端口号，默认值为 18443。开始安装程序，如图 7-2-12 所示。

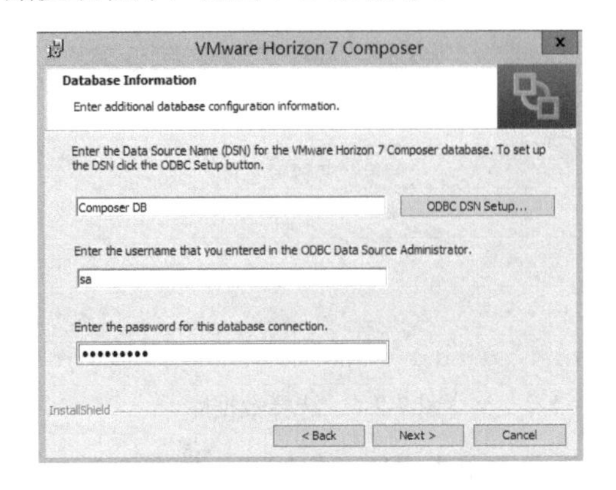

图 7-2-11　数据源信息

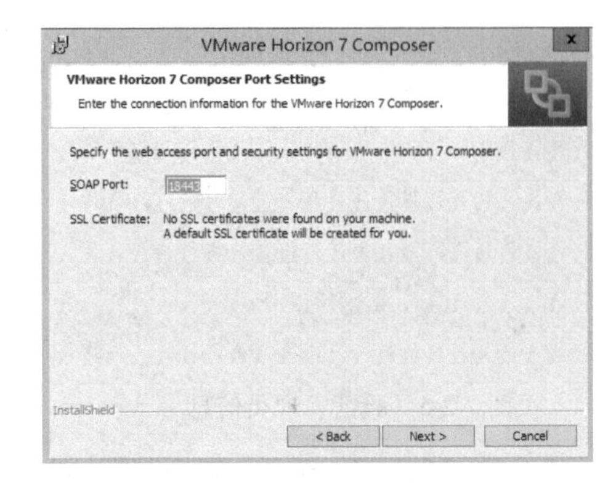

图 7-2-12　端口设置

（11）单击“Finish”按钮，VMware Horizon Composer 安装完成，如图 7-2-13 所示。

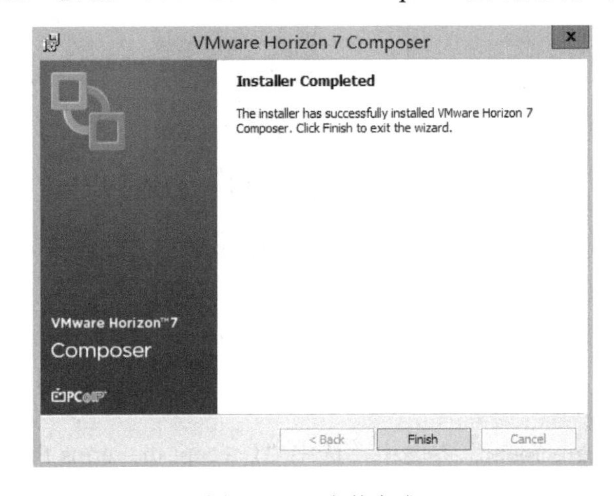

图 7-2-13　安装完成

7.2.2　Connection Server 部署

Connection Server 是 VMware View 的连接服务器，是 VMware View 的重要组件，它能够与 Composer Server、vCenter Server 通信，并且可以实现电源管理、虚拟桌面池管理、用户身份管理、授权用户管理等虚拟桌面的高级管理功能。Connection Server 为用户提供三种类型的服务器：Standard Server（标准服务器）、Replica Server（副本服务器）、Security Server（安全服务器），用户可根据自己的实际应用选择不同类型的服务器进行安装。Connection Server 的安装版本有 64 位和 32 位两种，可以根据实际情况选择适合的版本。本项目选择了 Windows Server 2012 R2 版本的 64 位操作系统，所以应选择对应 64 位的安装程序。

（1）在 vCenter Server 管理平台上创建虚拟机，并进行安装操作系统、配置网络属性、安装 Tools 工具、用户端加域、关闭防火墙等操作。

（2）以域管理员账户登录到 Connection Server，运行安装程序，进入安装向导，单击“下一步”按钮，如图 7-2-14 所示。

（3）选择安装路径，然后单击“下一步”按钮，如图 7-2-15 所示。

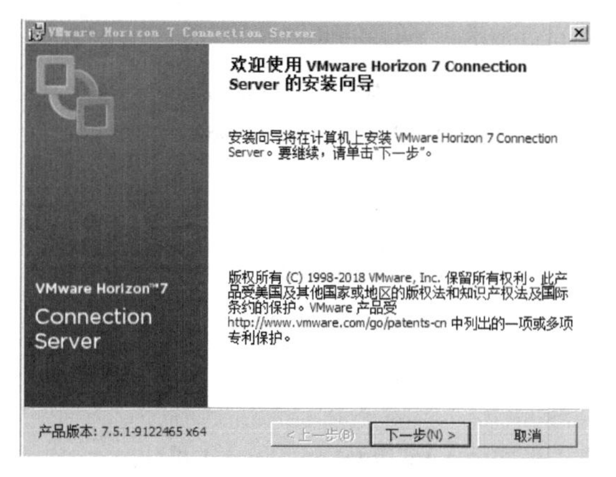

图 7-2-14　欢迎界面

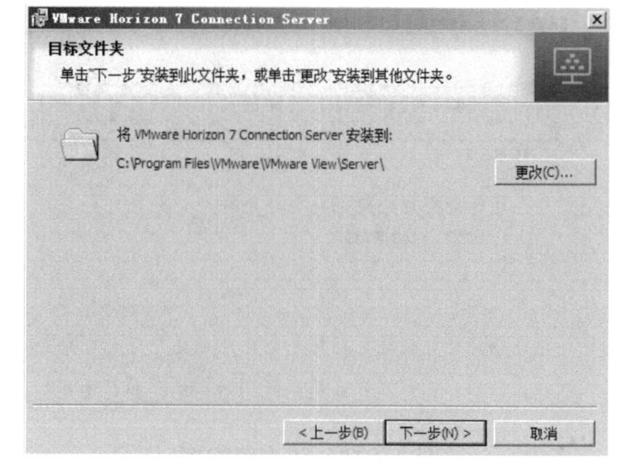

图 7-2-15　目标文件夹

（4）在“安装选项”界面中，使用连接的实例为“Horizon 7 标准服务器”，同时勾选“安装 HTML Access”，在“指定用于配置该 Horizon 7 连接服务器实例的 IP 协议版本”中选择“IPv4”，如图 7-2-16 所示。

（5）在“数据恢复”界面中，设置输入数据恢复密码，如图 7-2-17 所示。

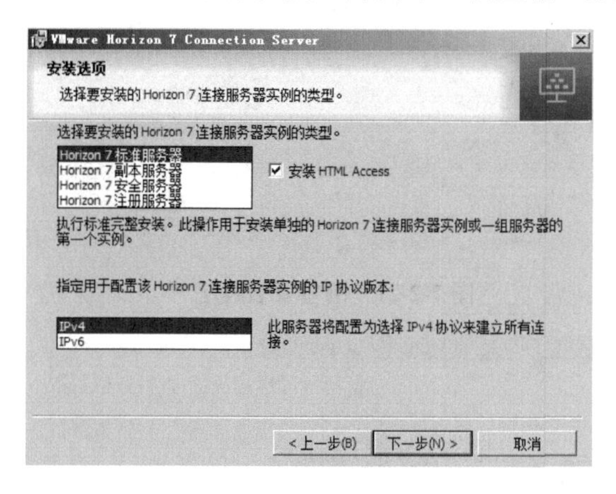

图 7-2-16　安装选项

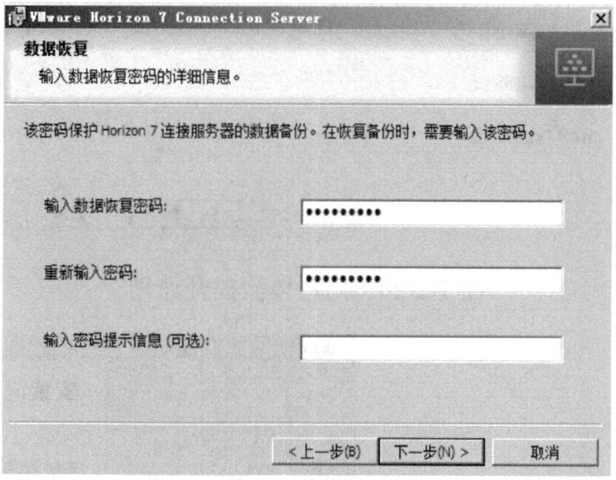

图 7-2-17　数据恢复

（6）在“防火墙配置”界面中，选择“自动配置 Windows 防火墙”选项，单击“下一步”按钮，如图 7-2-18 所示。

（7）在“初始 Horizon 7 Administrator”界面中授权指定的域用户或域组为管理员账户，如图 7-2-19 所示。

（8）在“用户体验提升计划”界面中，勾选“加入 VMware 用户体验提升计划”，如图 7-2-20 所示。

（9）在“准备安装程序”界面中，单击“安装”按钮，开始安装程序，如图 7-2-21 所示。

（10）在“安装已完成”界面中，单击“结束”按钮，安装完成，如图 7-2-22 所示。

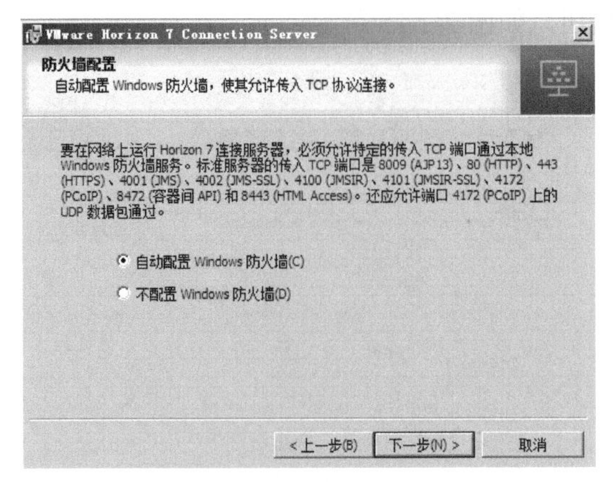

图 7-2-18　防火墙配置

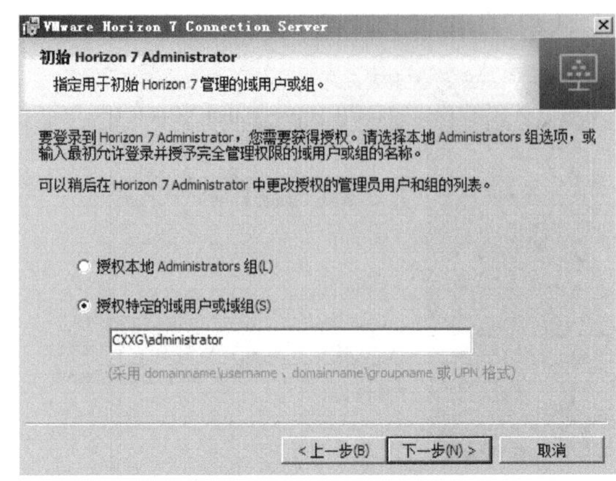

图 7-2-19　初始 Horizon Administrator

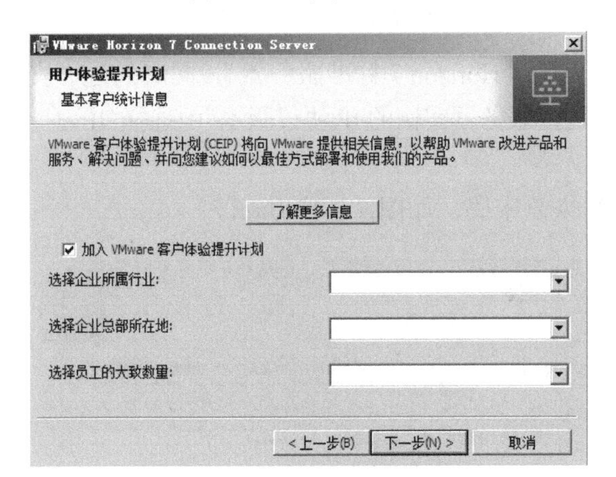

图 7-2-20　用户体验提升计划

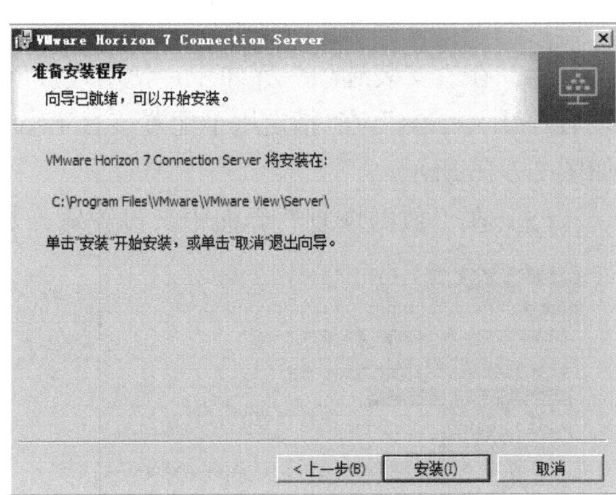

图 7-2-21　准备安装程序

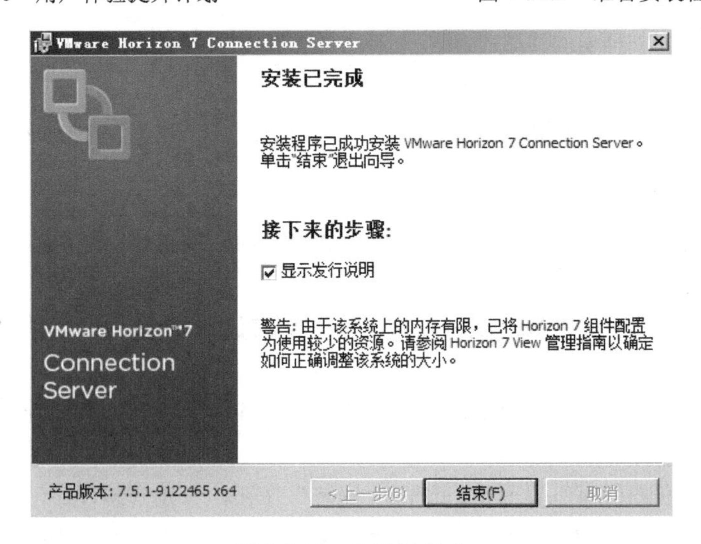

图 7-2-22　安装已完成

任务 7.3　制作模板虚拟机

vCenter Server 管理的虚拟机既可以用来部署 View 桌面，又可以作为自动池的模板、链接克隆池的父镜像或者手动池的桌面源。在使用之前必须对虚拟机进行适当配置，才能提供虚拟桌面访问。在配置父虚拟机的时候，企业可以根据自己的需要来选择操作系统，可以是 Windows 7、Windows XP、Windows 10 等；还需要在虚拟机中安装一些基础软件，更新最新的杀毒软件，打好补丁。企业需要的应用软件可以直接安装在虚拟机模板上，因为此模板会作为链接克隆虚拟桌面的模板。此外，还要为虚拟机创建快照。虚拟机的快照是调试虚拟机经常使用的功能之一，但是需要注意的是，快照不能作为生产环境下的数据备份使用。同时还要在虚拟机中安装 VMware Horizon View Agent，Agent 组件是管理平台协助实现会话管理、单点登录和设备重定向的重要组件，必须在管理平台所管理的所有虚拟机上安装 Agent 组件才能实现 Connection Server 与虚拟机之间的通信。由于这台虚拟机是作为自动桌面池的模板和链接克隆桌面池的父虚拟机，所以必须安装 Agent 组件。根据教学环境的需求，本次制作虚拟机模板的操作系统选择 Windows 7，实现自动桌面池。主要的操作步骤如下。

（1）登录到 vCenter Server 管理平台，创建模板虚拟机，安装操作系统后，安装 VMware Tools 并关闭防火墙。

（2）运行 VMware Horizon Agent 7.5.1 安装程序，单击“下一步”按钮，如图 7-3-1 所示。

（3）在“许可协议”界面中，选择“接受许可协议中的条款”，如图 7-3-2 所示

图 7-3-1　安装向导

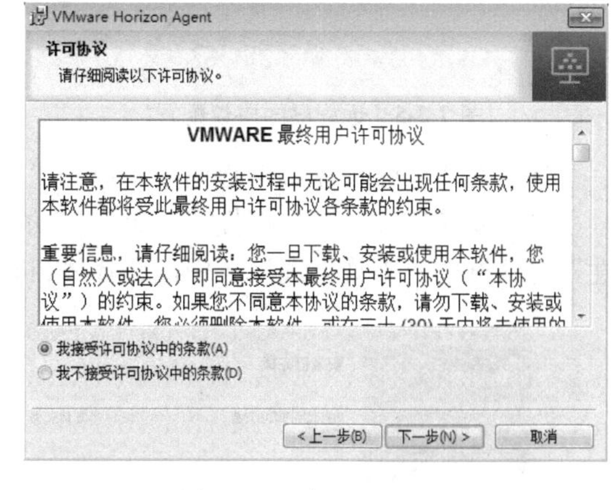

图 7-3-2　许可协议

（4）在“网络协议配置”界面中，配置用于此 Horizon Agent 实例的协议，选择“IPv4”协议，如图 7-3-3 所示。

（5）在“自定义安装”界面中，选择安装程序的功能，用户可以根据实际情况选择需要安装的功能，并选择安装程序的路径，如图 7-3-4 所示。

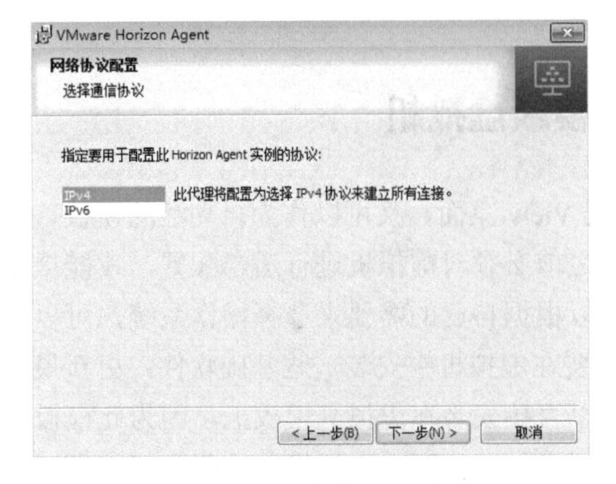

图 7-3-3 网络协议配置

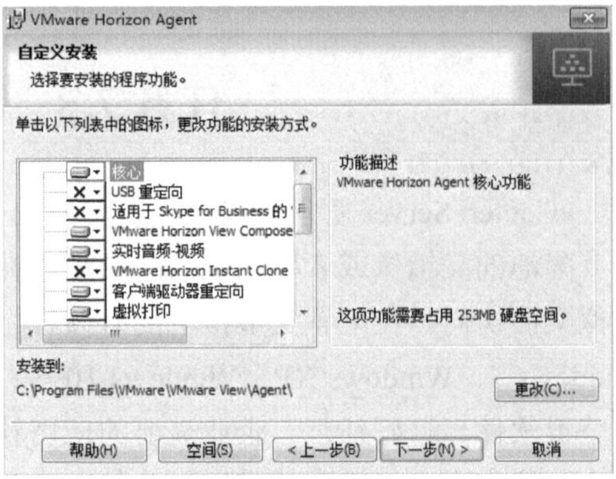

图 7-3-4 自定义安装

（6）在“远程桌面协议配置”界面中，选择“启用该计算机的远程桌面功能”，如图 7-3-5 所示。

（7）在“准备安装程序”界面中，单击“安装”按钮，开始安装程序，如图 7-3-6 所示。

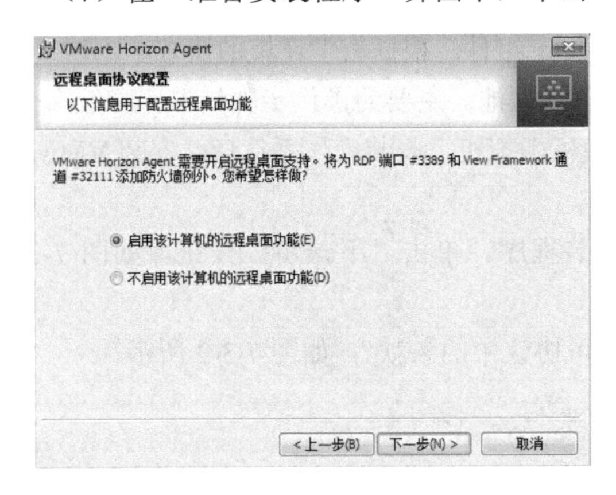

图 7-3-5 远程桌面协议配置

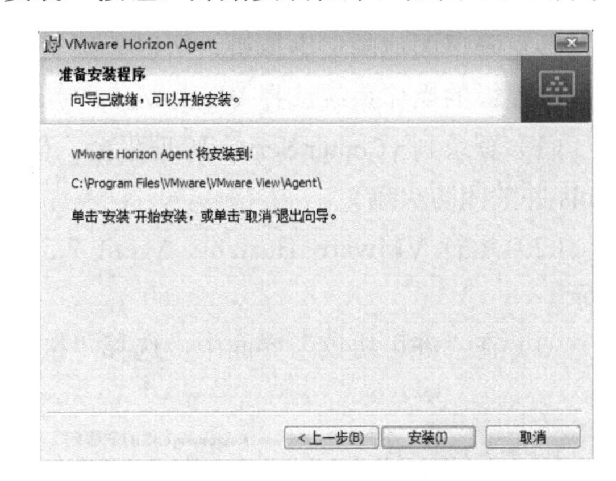

图 7-3-6 准备安装程序

（8）在“安装已完成”界面中，单击“结束”按钮，如图 7-3-7 所示。

（9）安装完成后，根据提示，重新启动虚拟机，在“Internet 协议版本 4（TCP/IPv4）属性”对话框的“常规”选项卡中，选择“自动获得 IP 地址”，如图 7-3-8 所示。

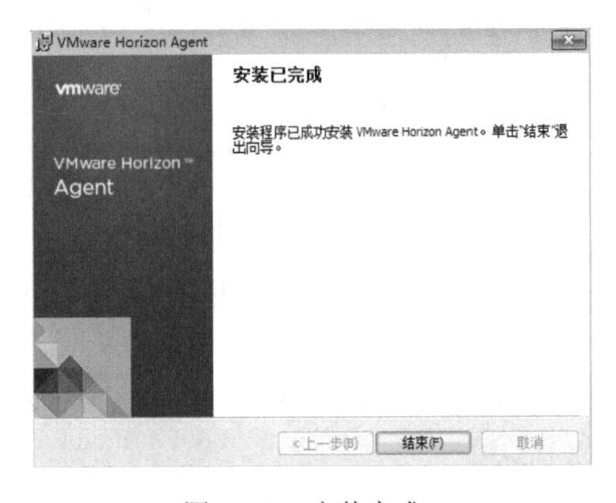

图 7-3-7 安装完成

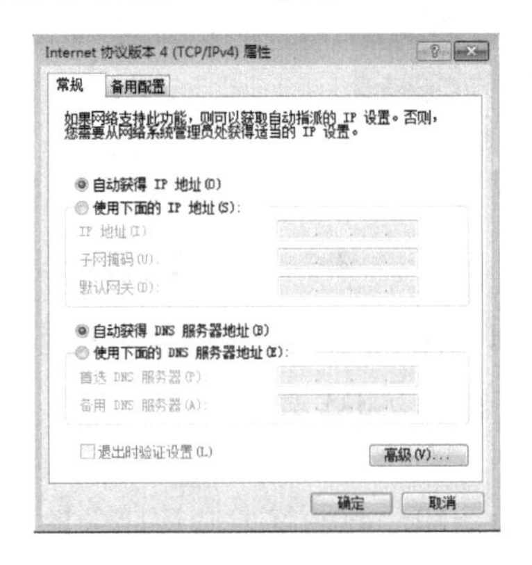

图 7-3-8 IP 设置

（10）打开 CMD 窗口，使用 ipconfig/release 命令释放现有 IP 地址，如图 7-3-9 所示。

（11）关闭虚拟机，并为虚拟机生成快照，如图 7-3-10 所示。

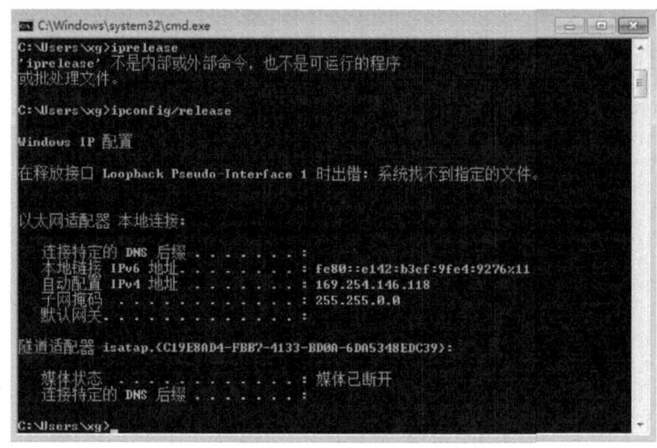

图 7-3-9　释放 IP 地址

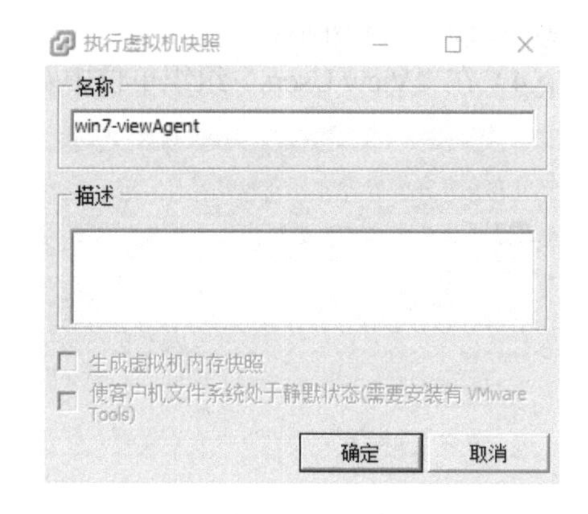

图 7-3-10　快照

任务 7.4　配置域中的 OU、用户与 DHCP 服务器

7.4.1　配置域中的 OU、用户

OU（Organizational Unit，组织单位）是可以将用户、组、计算机和其他组织单位放入其中的活动目录（Active Directory），即 AD 容器，是可以进行组策略设置或委派管理权限的最小作用域或单元。如果把 AD 比喻为一家企业，那么每个 OU 就相当于一个独立的部门。在使用 VMware Horizon View 桌面时，会根据用户的虚拟桌面数量，创建多台虚拟机，这些虚拟机在默认的情况下，会添加到“Active Directory 用户和计算机”中。这些加入域环境的计算机，会添加到“Computers”容器中。为了与 VMware Horizon View 虚拟桌面的虚拟机（计算机）进行区分，需要为 VMware Horizon View 桌面创建一个组织单位，步骤如下。

（1）以管理员身份登录到域控制器中，在“管理工具”中打开“Active Directory 用户和计算机”窗口，如图 7-4-1 所示。

（2）在“cxxg.com”上单击鼠标右键，在弹出的快捷键菜单中选择“新建”→“组织单位”选项，显示“新建对象–组织单位”对话框，输入名称“view Group”，单击“确定”按钮，完成创建，如图 7-4-2 所示。

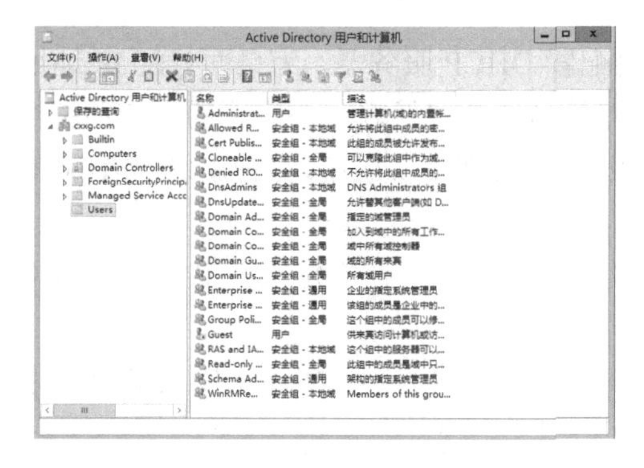

图 7-4-1　Active Directory 用户和计算机

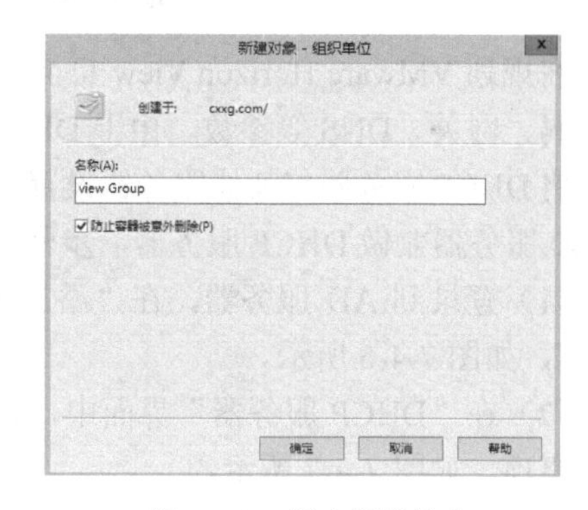

图 7-4-2　新建组织单位

（3）参考步骤（2），在“view Group”组织单位中创建三个组织单位“View Users”“VM Computer”“Physics Group”，用于存放 View 的用户和组、虚拟桌面计算机、存储非 VM 的桌面池，如图 7-4-3 所示。

（4）在“View Users”组织单位中新建用户“user1”，用于测试虚拟桌面，如图 7-4-4 所示。

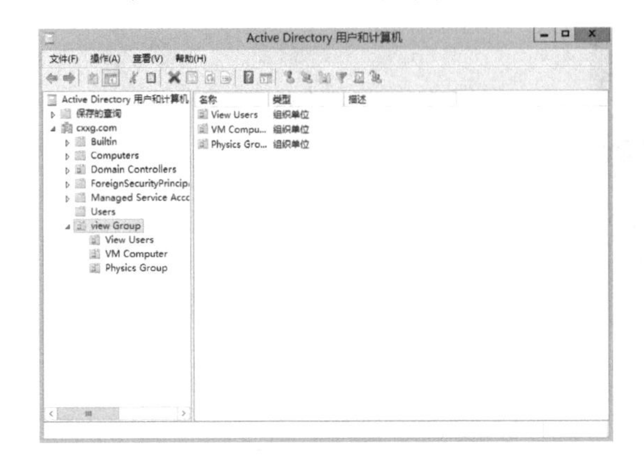

图 7-4-3　创建三个组织单位

图 7-4-4　新建用户

（5）单击“下一步”按钮，输入密码，并勾选“密码永不过期”，如图 7-4-5 所示。

图 7-4-5　设置密码

7.4.2　安装和配置 DHCP 服务器

在规划 VMware Horizon View 桌面时，需要配置 DHCP 服务器，为桌面分配 IP 地址、子网掩码、网关、DNS 等参数。由于 DHCP 服务器的负载相对较轻，在实际的生产环境当中，通常将 DHCP 服务器与其他服务器设置在同一服务器中，在本实验中，将使用 IP 为 10.0.172.32 的 AD 服务器兼做 DHCP 服务器，步骤如下。

（1）登录到 AD 服务器，在“添加角色和功能向导”中，在“角色”中勾选“DHCP 服务器”，如图 7-4-6 所示。

（2）在“DHCP 服务器”界面中，显示了 DHCP 服务器的功能概述，以及安装服务器的注意事项，如图 7-4-7 所示。

图 7-4-6　选择服务器角色

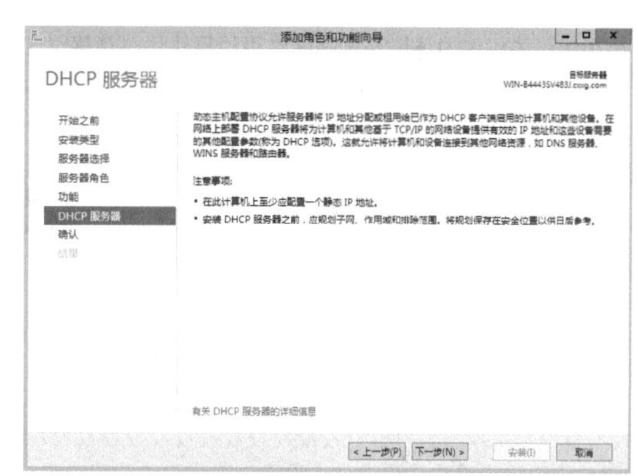

图 7-4-7　功能介绍及注意事项

（3）在“确认安装所选内容”界面中，单击“安装”按钮，进行服务器安装，如图 7-4-8 所示。

（4）安装完成后，打开“DHCP”管理控制台，展开“IPv4”，并单击鼠标右键，在弹出的快捷菜单中选择“新建作用域”选项，如图 7-4-9 所示。

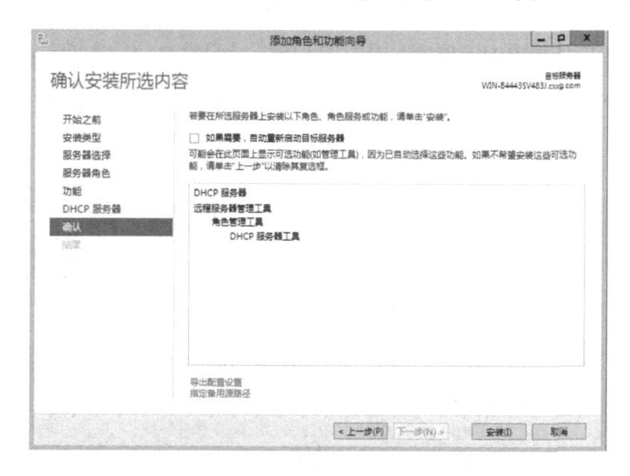

图 7-4-8　确认安装所选内容

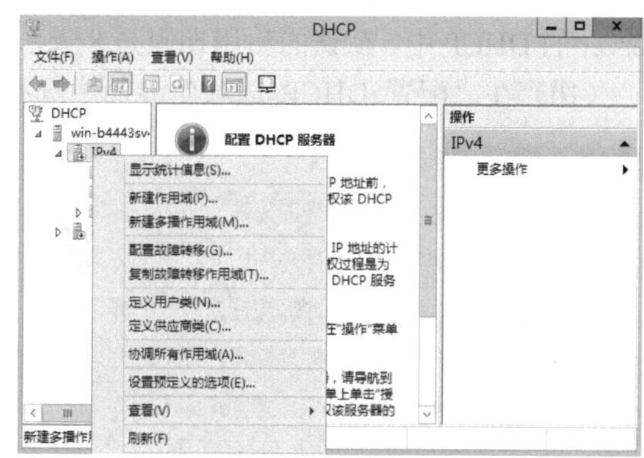

图 7-4-9　新建作用域

（5）在“欢迎使用新建作用域向导”界面中，单击“下一步”按钮，如图 7-4-10 所示。

（6）在“作用域名称”界面中，为新建的作用域设置一个名称，如图 7-4-11 所示。

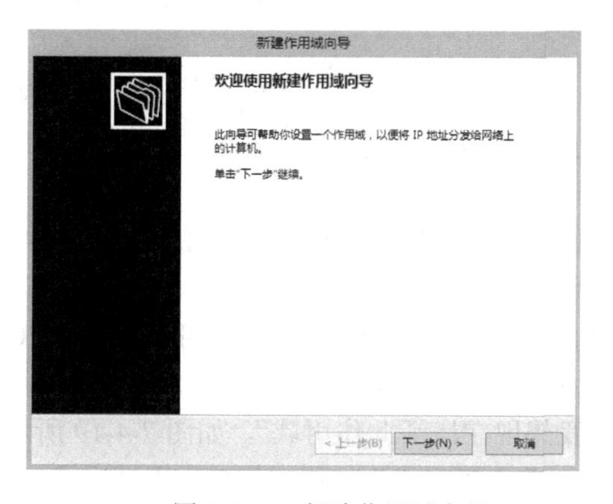

图 7-4-10　新建作用域向导

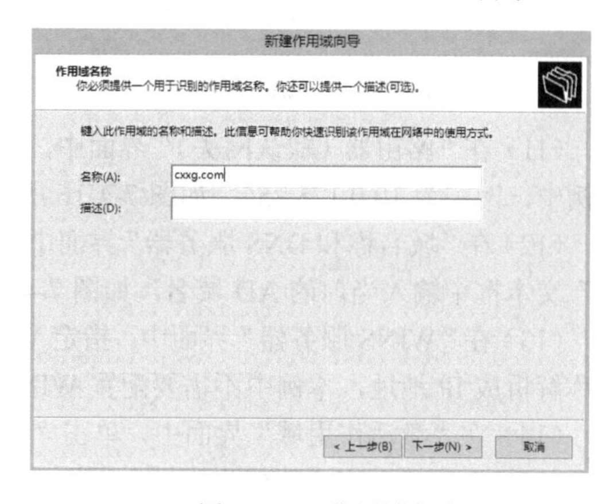

图 7-4-11　作用域名称

（7）在“IP 地址范围”界面中，设置当前作用域的起始及结束地址，如图 7-4-12 所示。

（8）在“添加排除和延迟”界面中，添加排除地址范围及于网延迟，如图 7-4-13 所示。

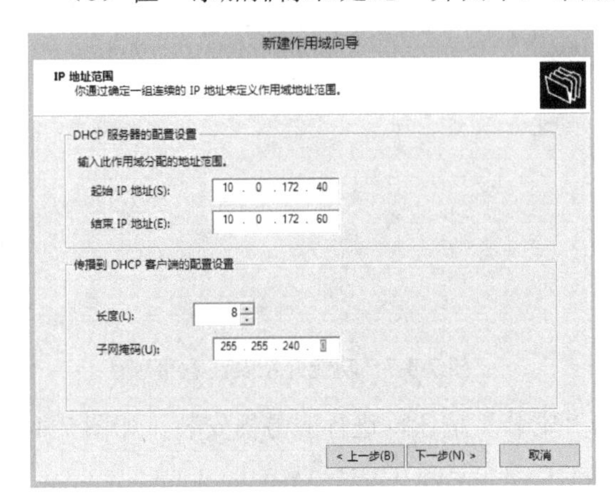

图 7-4-12　IP 地址范围

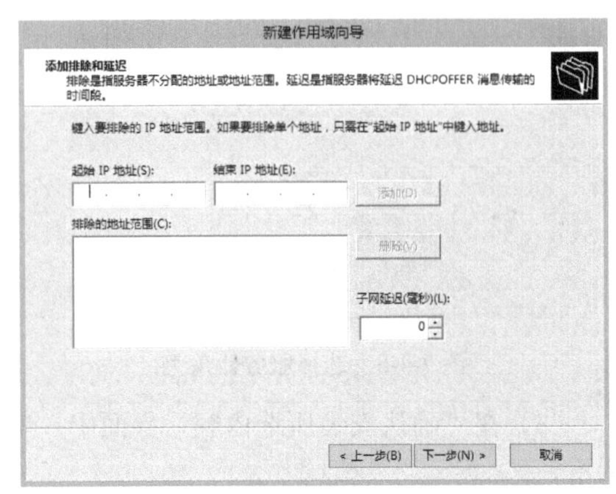

图 7-4-13　添加排除和延迟

（9）在“租用期限”界面中，设置用户端从此作用域租用 IP 地址的时间长短。在 Windows Server 的 DHCP 中，默认的租用期限是 8 天，可以根据实际需求设置时间，如图 7-4-14 所示。

（10）在“配置 DHCP 选项”界面中选择“是，我想现在配置这些选项”，如图 7-4-15 所示。

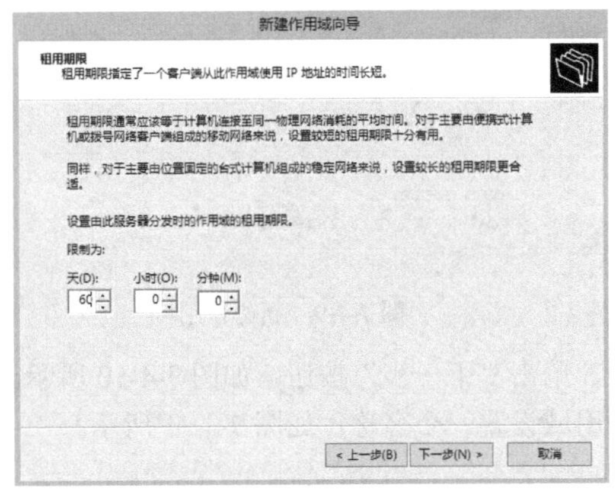

图 7-4-14　租用期限　　　图 7-4-15　配置 DHCP 选项

（11）在“路由器（默认网关）”界面中，指定此作用域要分配的路由器的 IP 或网关地址，本例中，网关为 10.0.175.254，如图 7-4-16 所示。

（12）在“域名称和 DNS 服务器”界面中的“IP 地址”处添加 DNS 服务器的地址，在“父域”文本框中输入当前的 AD 域名，如图 7-4-17 所示。

（13）在“WINS 服务器”界面中，指定 WINS 服务器地址。WINS 服务器可以将 NetBIOS 名称解析成 IP 地址，本例中不需要配置 WINS 服务器，如图 7-4-18 所示。

（14）在“激活作用域”界面中，单击“是，我想现在激活此作用域”，如图 7-4-19 所示。

（15）在“正在完成新建作用域向导”界面中，单击“完成”按钮，创建作用域完成，如图 7-4-20 所示。

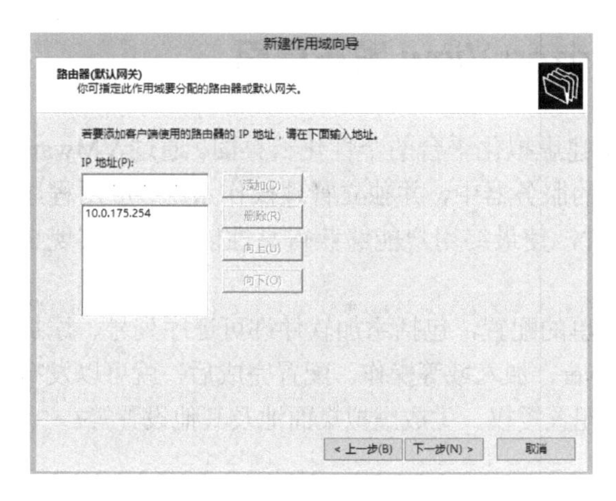

图 7-4-16　路由器设置

图 7-4-17　域名和 DNS 地址

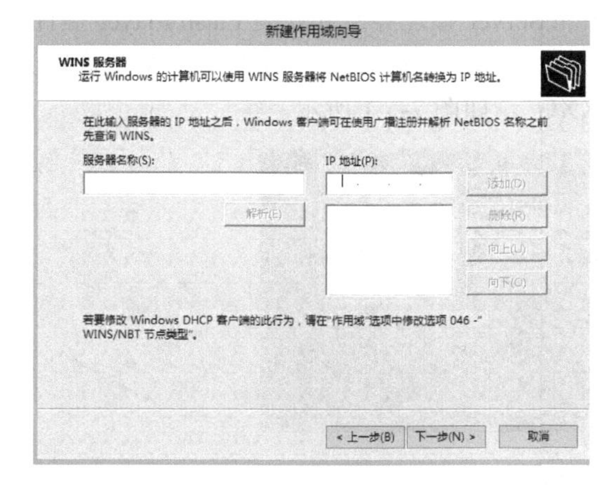

图 7-4-18　WINS 服务器

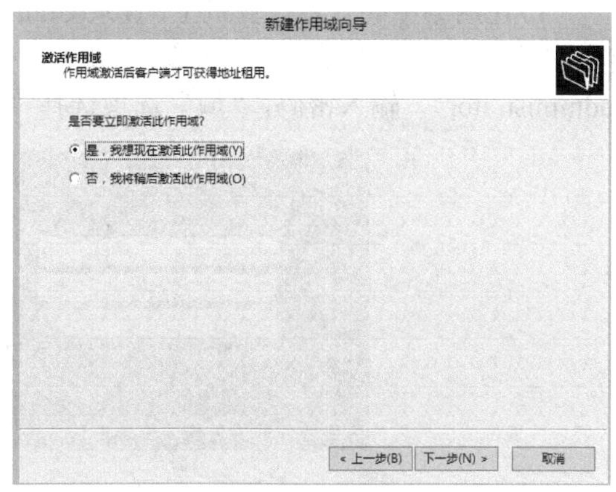

图 7-4-19　激活作用域

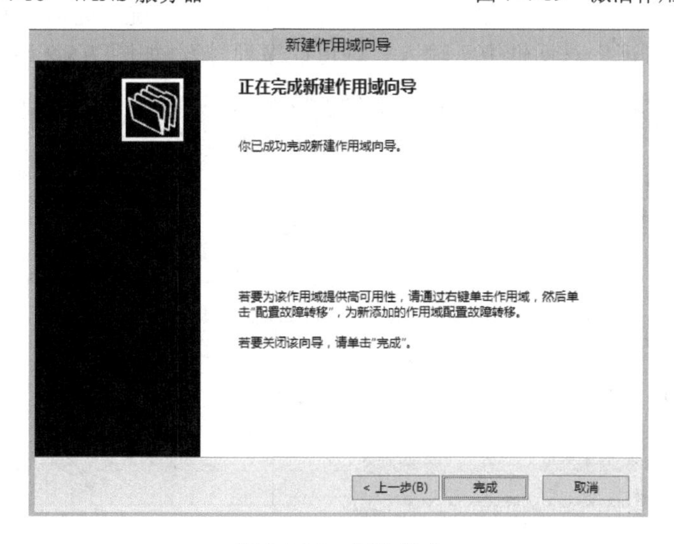

图 7-4-20　创建完成

任务 7.5　VMware Horizon View 发布桌面

VMware Horizon View 以托管服务的形式构建虚拟化平台的个性化云桌面。通过 VMware Horizon View，可以将虚拟桌面整合到数据中心的服务器中，并独立管理操作系统、应用程序和用户数据，从而在获得更高业务灵活性的同时，使最终用户能够获得高性能桌面，实现桌面的个性化。

本任务中对 VMware Horizon View 进行简单的配置，包括添加软件许可证序列号、添加 vCenter Server 服务器、设置独立的 Composer Server、加入域等操作。配置完成后，就可以发布云桌面，主要配置包括添加桌面池的基本设置、配置授权、生成虚拟桌面池及其他设置等。

7.5.1　配置 VMware Horizon View

（1）在网络中的一台计算机上，登录 Connection Server 管理界面并安装 Flash Player 插件，本例的登录地址为 https://10.0.172.37/admin。在界面中输入登录信息，“用户名”为域管理员“administrator”，输入密码，“域”选项选择“CXXG”，如图 7-5-1 所示。

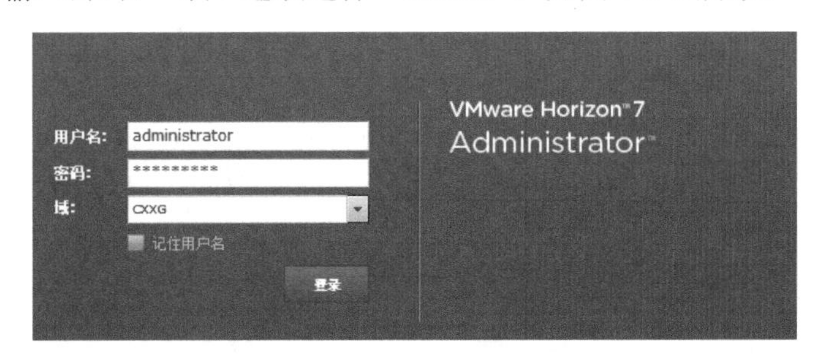

图 7-5-1　登录界面

（2）选择“清单”→“View 配置”→“产品许可和使用情况”选项，单击“编辑许可证”按钮，在“编辑许可证”对话框中，输入“许可证序列号”，如图 7-5-2 所示。

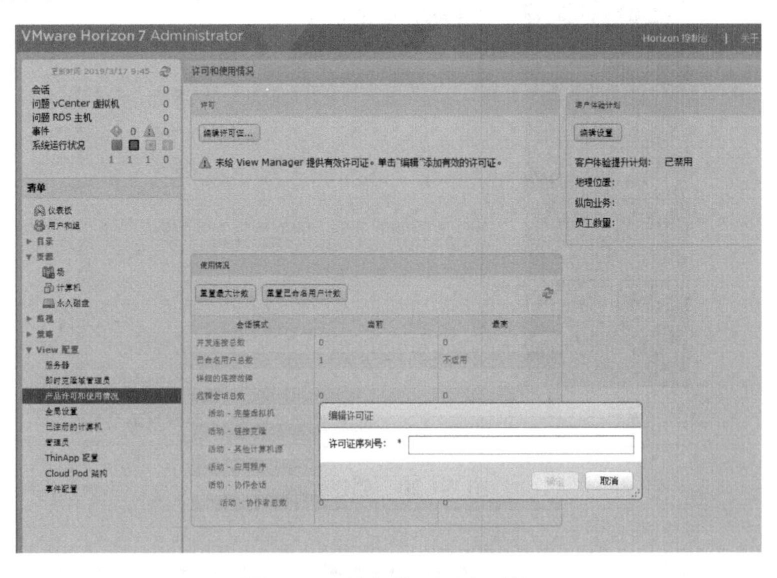

图 7-5-2　输入许可证序列号

（3）选择“清单”→“View 配置”→“服务器”选项，在“vCenter Server”选项卡中单击“添加”按钮，如图 7-5-3 所示。

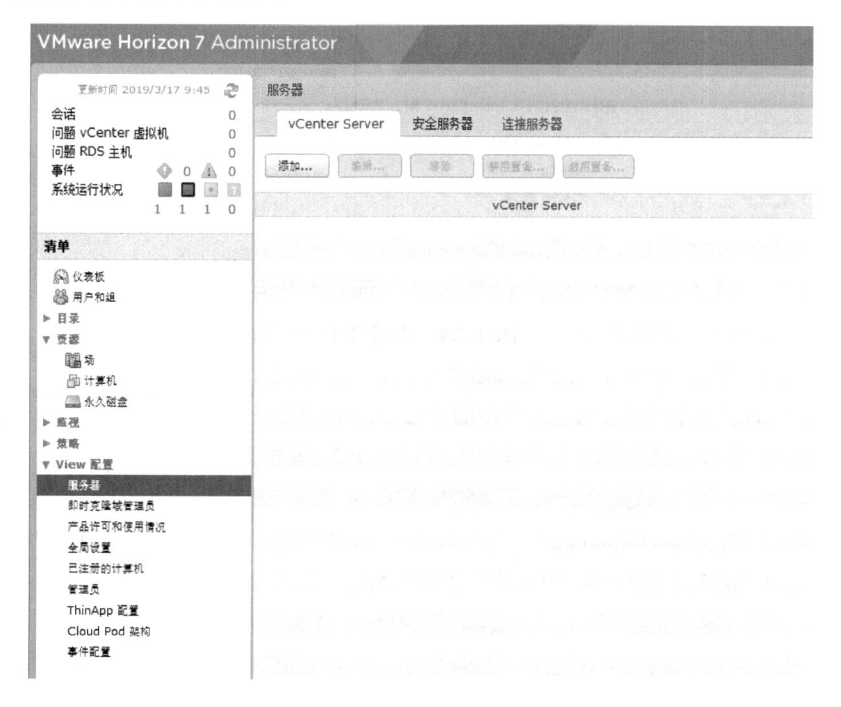

图 7-5-3　添加服务器

（4）打开“添加 vCenter Server”向导，在“vCenter Server 设置”界面中，在“服务器地址”中输入 vCenter Server 的 IP 地址“10.0.172.34”，用户名为“administrator@vsphere.local”，输入密码，单击“下一步”按钮，如图 7-5-4 所示。

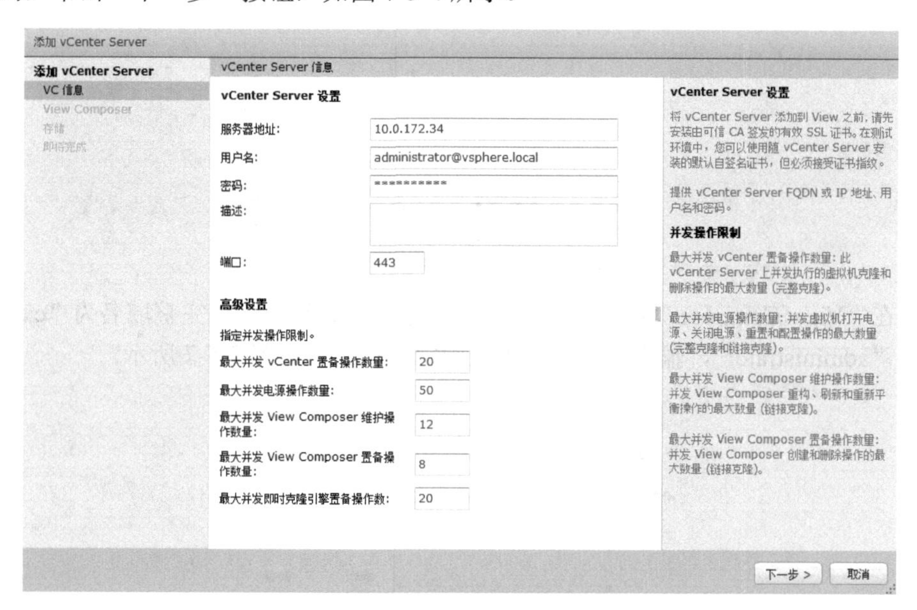

图 7-5-4　vCenter Server 设置

（5）在“检测到无效的证书”对话框中，单击“查看证书”按钮，如图 7-5-5 所示，并接受证书。

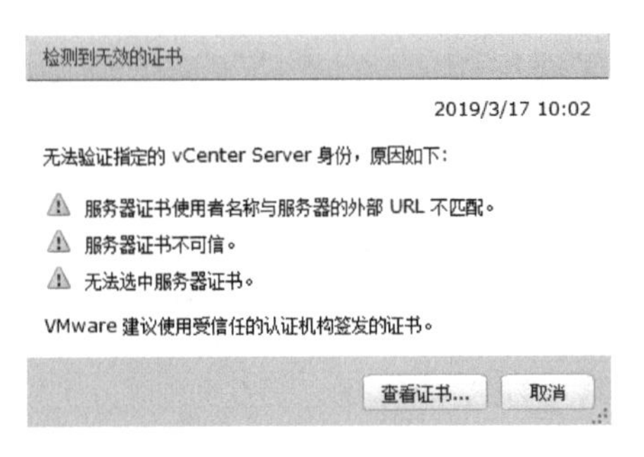

图 7-5-5　查看证书

（6）在“View Composer 设置”界面中，选择“独立的 View Composer Server”选项，并输入相关信息，单击“下一步”按钮，如图 7-5-6 所示。

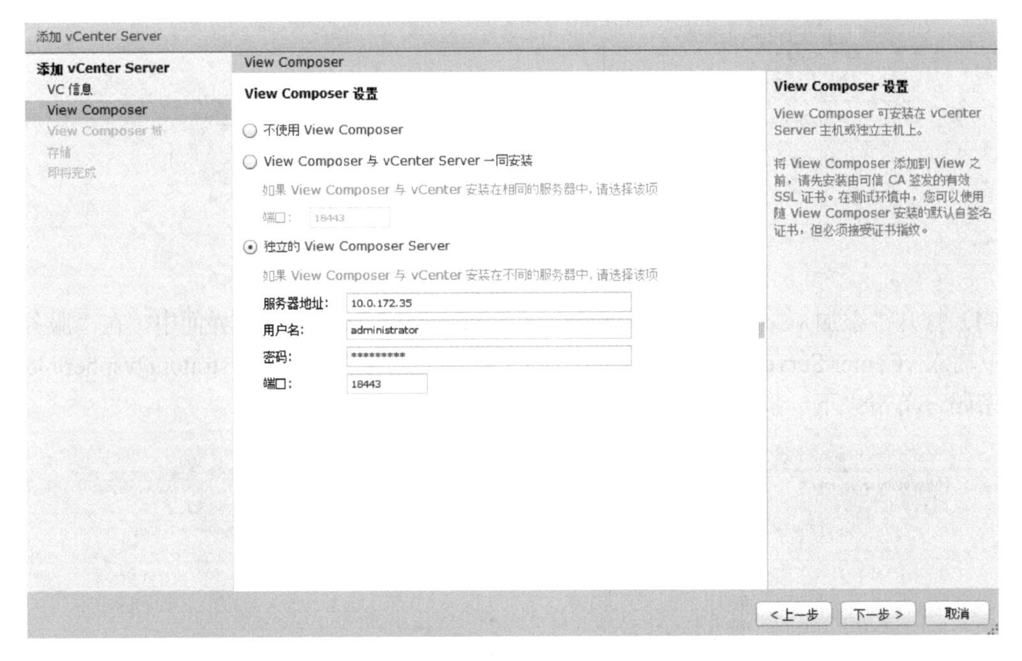

图 7-5-6　View Composer 设置

（7）在“View Composer 域”界面中，单击“添加”按钮，输入完整域名为“cxxg.com”、用户名为“administrator”，输入密码，单击“确定”按钮，如图 7-5-7 所示。

图 7-5-7　添加域

（8）在“存储设置”界面中，保持默认状态，当虚拟机磁盘空闲过多时，需要回收这些空间，如图 7-5-8 所示。

图 7-5-8　存储设置

（9）在“即将完成”界面中，可以看到对 vCenter Server 和 View Composer 的配置，单击“完成”按钮，完成配置。

7.5.2　发布桌面

（1）选择“清单”→“目录”→“桌面池”选项，单击“添加”按钮，如图 7-5-9 所示。

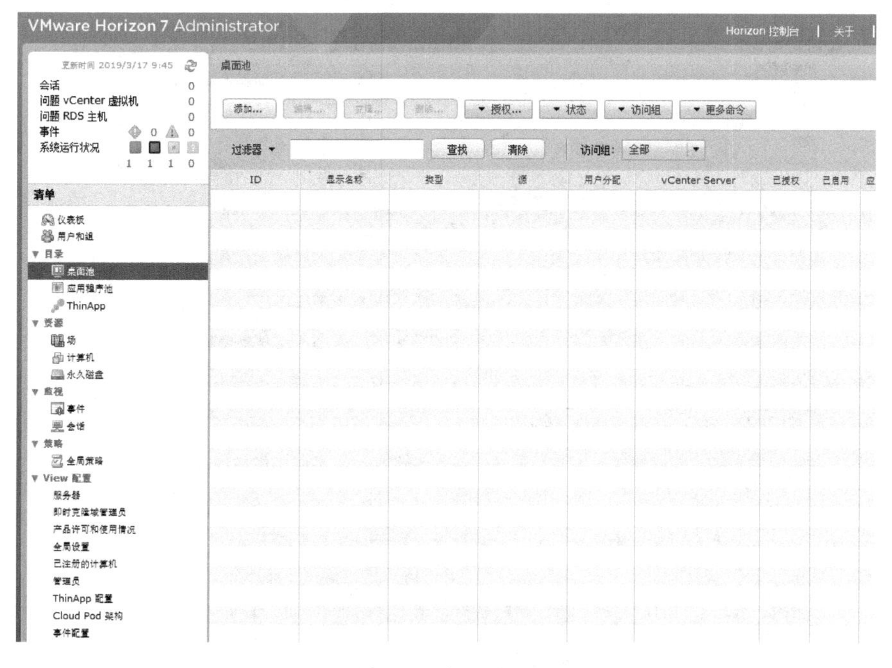

图 7-5-9　添加桌面池

（2）在“添加桌面池”向导中，在“类型”界面中，选择“自动桌面池”，单击“下一步”按钮，如图 7-5-10 所示。

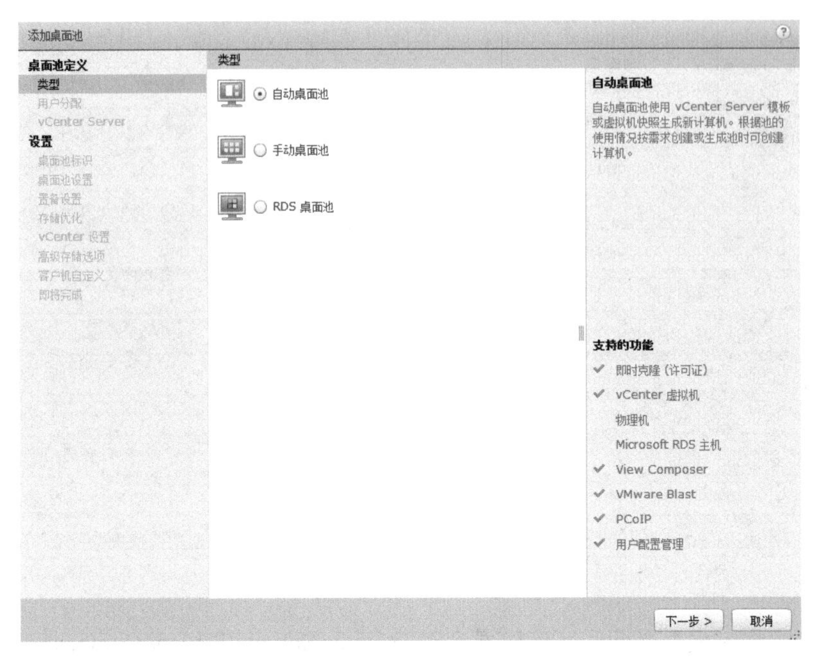

图 7-5-10　类型

（3）在“用户分配”界面中，选择“专用”→“启用自动分配”，单击“下一步”按钮。在“vCenter Server”界面中，选择“View Composer 链接克隆”，在列表中选择启用了 View Composer 的 vCenter Server，单击“下一步”按钮，如图 7-5-11 所示。

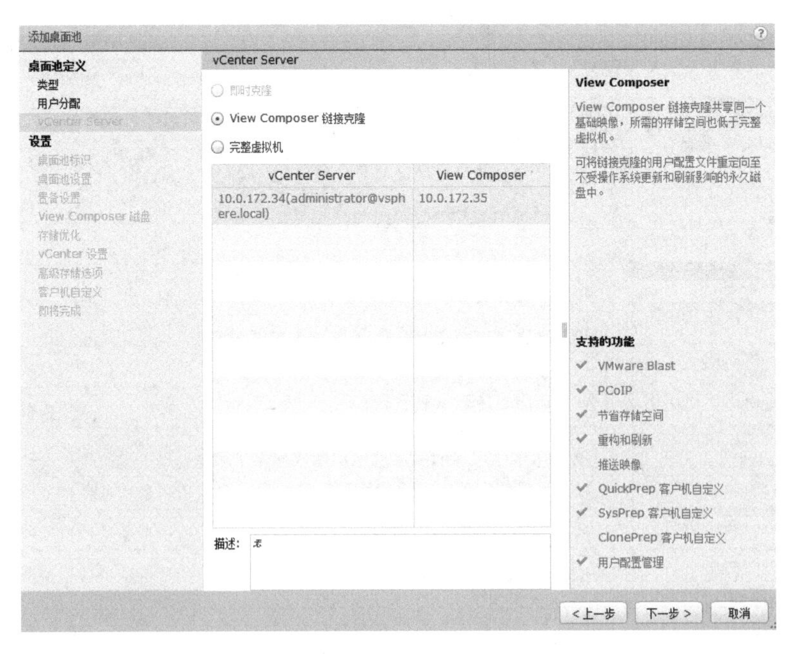

图 7-5-11　vCenter Server

（4）在“桌面池标识”界面中，为要创建的虚拟机桌面池标识创建一个名称，单击“下一步”按钮，如图 7-5-12 所示。

图 7-5-12　桌面池标识

（5）在“桌面池设置”界面中，对常规、远程设置、远程显示协议进行设置，单击“下一步”按钮，如图 7-5-13 所示。

图 7-5-13　桌面池设置

（6）在“置备设置”界面中，指定虚拟机的名称，命名规则为计算机名加上编号，选择“使用一种命名模式”选项，输入“win7-{n}”，将“计算机的最大数量”和“备用（已打开电源）计算机数量”设置为1，即只部署一个虚拟桌面，单击“下一步”按钮，如图7-5-14所示。

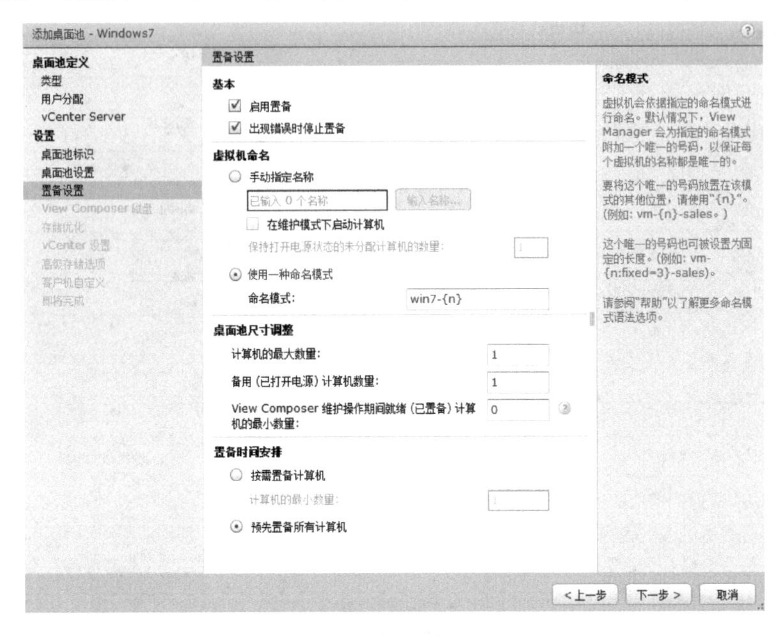

图 7-5-14　置备设置

（7）在“View Composer 磁盘”界面中，设置 View Composer 永久磁盘和一次性文件重定向磁盘的大小，View Composer 永久磁盘设置为给虚拟桌面用户使用的D盘，该磁盘中的内容不会丢失，如图7-5-15所示。

图 7-5-15　View Composer 磁盘

（8）在“存储优化”界面中，保持默认配置，单击“下一步”按钮，如图 7-5-16 所示。

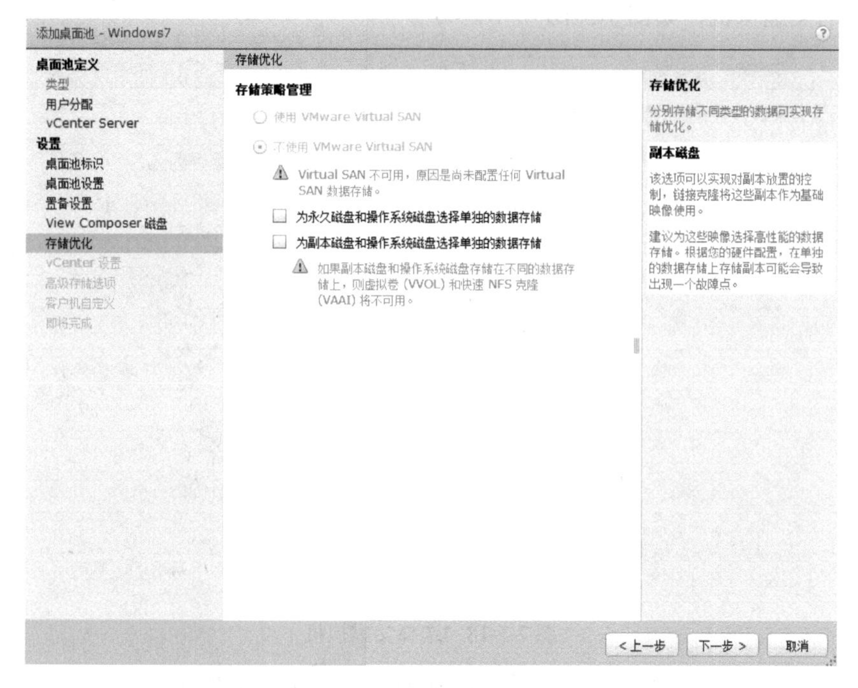

图 7-5-16　存储优化

（9）在“vCenter 设置”界面中，选择父虚拟机、快照，设置虚拟机保存位置并放置虚拟机，选择父虚拟机，分别单击“浏览”按钮，如图 7-5-17 所示。

图 7-5-17　vCenter 设置

（10）在“选择父虚拟机”界面中，选择做好的 Windows 7 的“muban”虚拟机，将其作为此桌面池的父虚拟机，如图 7-5-18 所示。

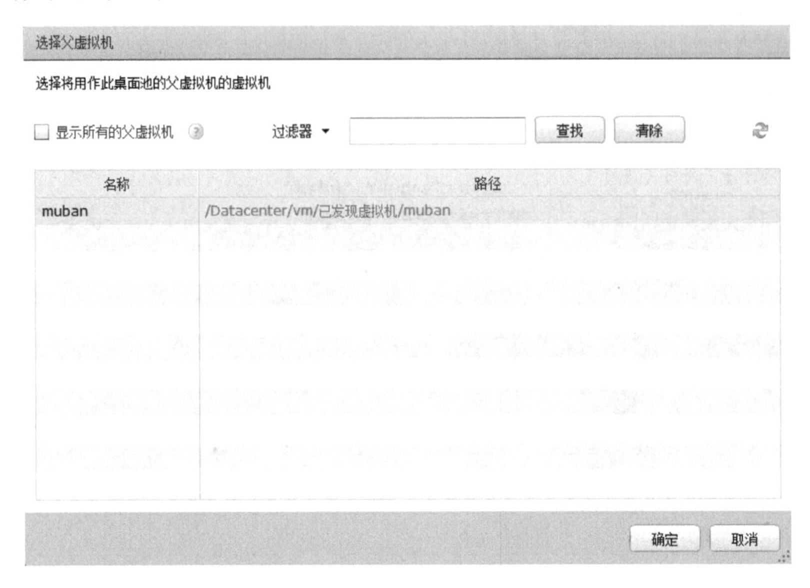

图 7-5-18　选择父虚拟机

（11）在“选择默认映像”界面中，选择快照，如图 7-5-19 所示。

（12）在“虚拟机文件夹位置”界面中，选择用于存储虚拟机的文件夹，如图 7-5-20 所示。

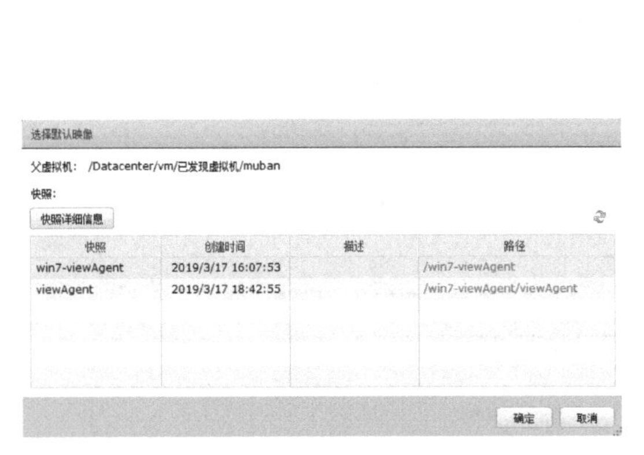

图 7-5-19　选择默认映像

图 7-5-20　虚拟机文件夹位置

（13）在“主机或群集”界面中，选择用于为此桌面池创建的虚拟机的主机或群集，如图 7-5-21 所示。

（14）在“资源池”界面中，选择用于此桌面池的资源池，如图 7-5-22 所示。

（15）在“选择链接克隆数据存储”界面中，为该桌面池选择使用的数据存储，如图 7-5-23 所示。

（16）设置完成之后，单击“确认”按钮，返回“vCenter 设置”界面，如图 7-5-24 所示。

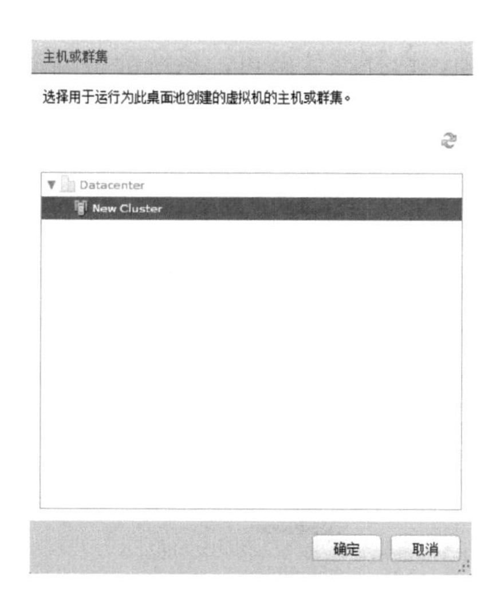

图 7-5-21　主机或群集

图 7-5-22　资源池

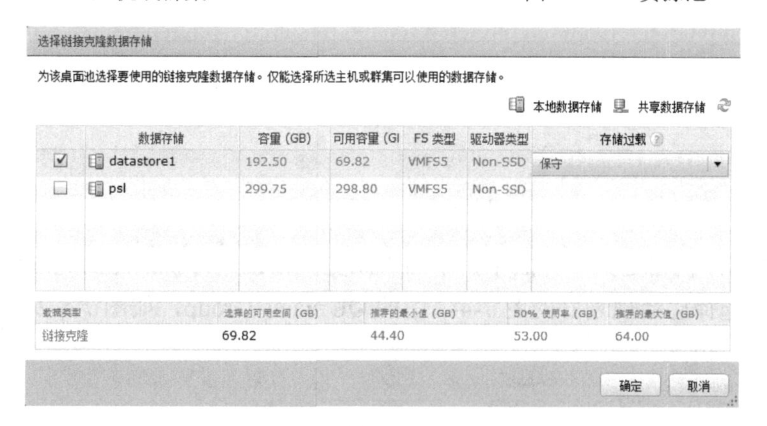

图 7-5-23　选择链接克隆数据存储

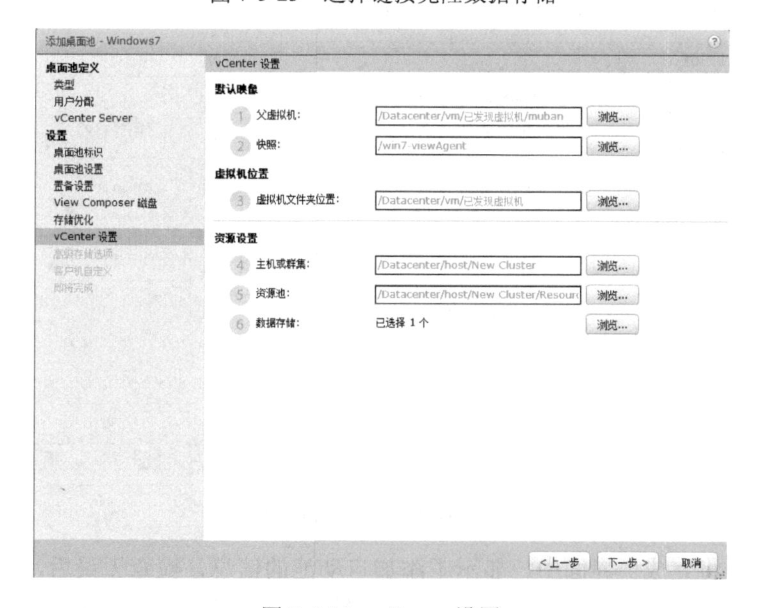

图 7-5-24　vCenter 设置

（17）在“高级存储选项”界面中，配置存储选项，选择默认即可，系统会根据默认选择的存储进行配置，如图 7-5-25 所示。

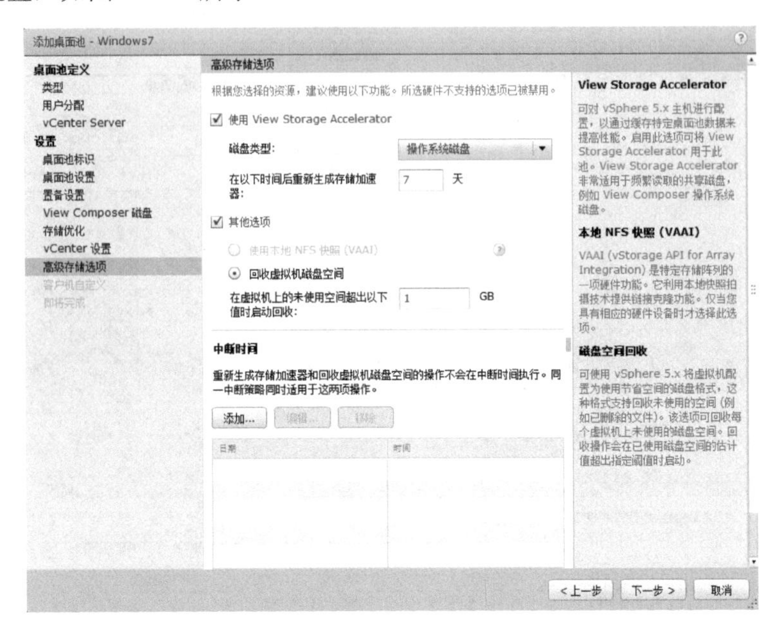

图 7-5-25　高级存储选项

（18）在“用户机自定义”界面中，单击“浏览”按钮，为新创建的克隆链接虚拟机选择 AD 容器，此处选择已经规划好的图 7-4-3 中的 OU=view Group，如图 7-5-26 所示。

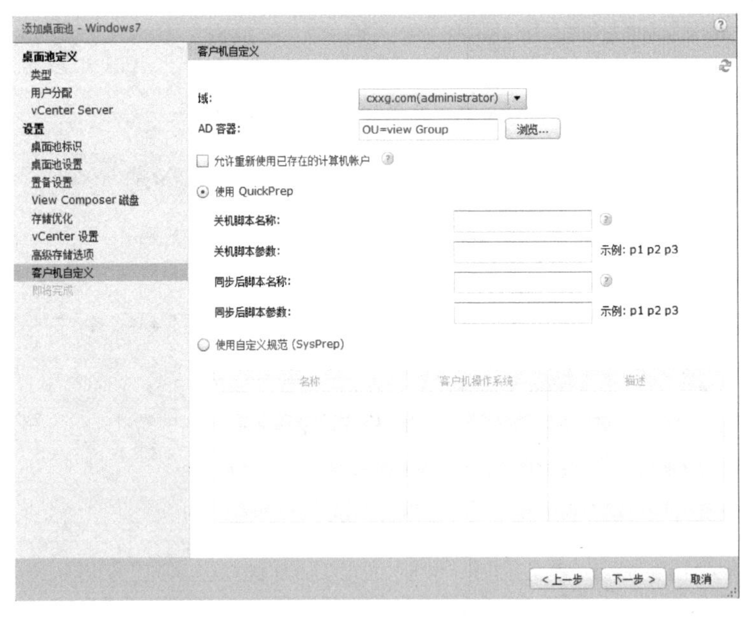

图 7-5-26　用户机自定义

（19）在“即将完成”界面中，显示了添加自动池的信息，检查无误后，单击“完成”按钮。在“资源”→“计算机”选项中可以看到部署的计算机状态为“正在自定义”，直到状态为“可用”，表示置备完成，如图 7-5-27 所示。

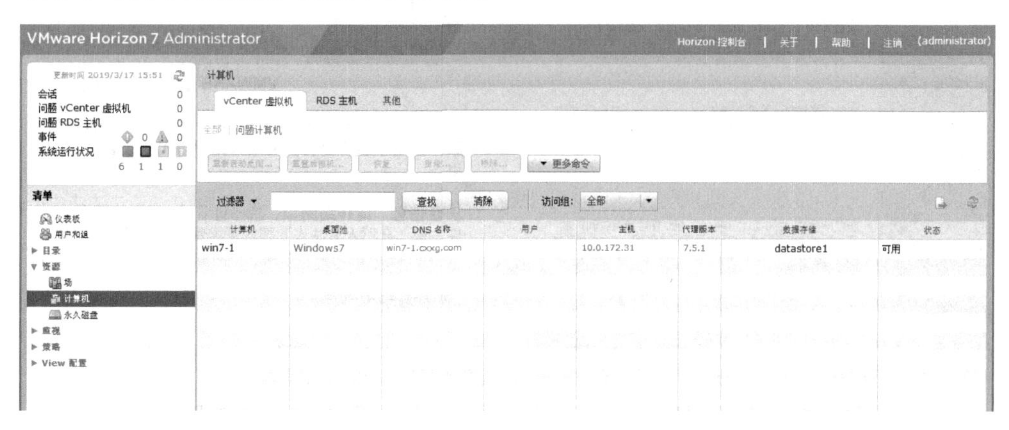

图 7-5-27　置备完成

（20）在“目录”→“桌面池”中选择“添加授权”单击“添加”按钮，添加 user1 用户，如图 7-5-28 所示。

图 7-5-28　添加授权

7.5.3　连接云桌面

经过前面的准备，云桌面已经搭建成功，桌面的接入可以使用 VMware Horizon Client，浏览器，基于 Android、iOS 等移动平台的手机或平板电脑。本节主要介绍前两种访问云桌面方式。

1．VMware Horizon Client 接入

（1）在用户端打开 VMware Horizon Client 安装程序，进入安装向导，单击“下一步”按钮，如图 7-5-29 所示。

（2）在“最终用户许可协议”界面，勾选“我接受许可协议中的条款”，单击“下一步”按钮，如图 7-5-30 所示。

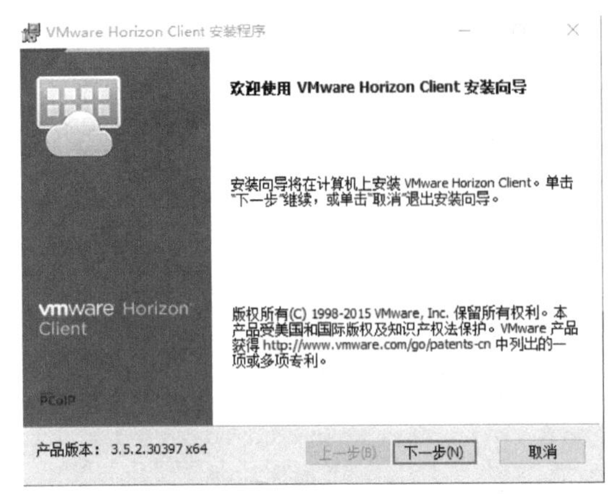

图 7-5-29　安装向导

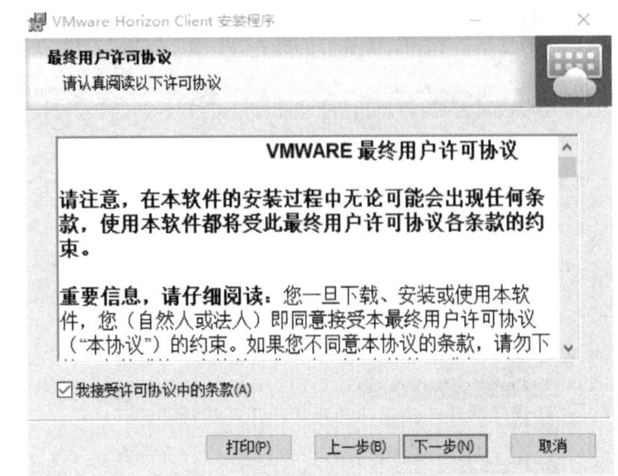

图 7-5-30　最终用户许可协议

（3）在"高级设置"界面中，指定所有连接的 IP 协议版本为"IPv4"，单击"下一步"按钮，如图 7-5-31 所示。

（4）在"自定义安装"界面中，可以更改功能的安装方式和选择程序的安装位置，单击"下一步"按钮，如图 7-5-32 所示。

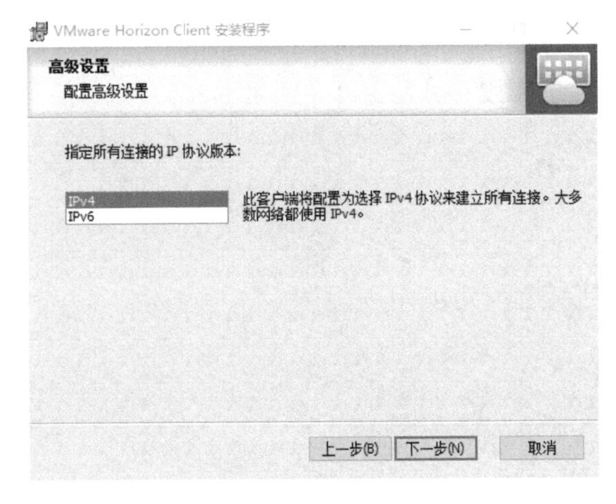

图 7-5-31　高级设置

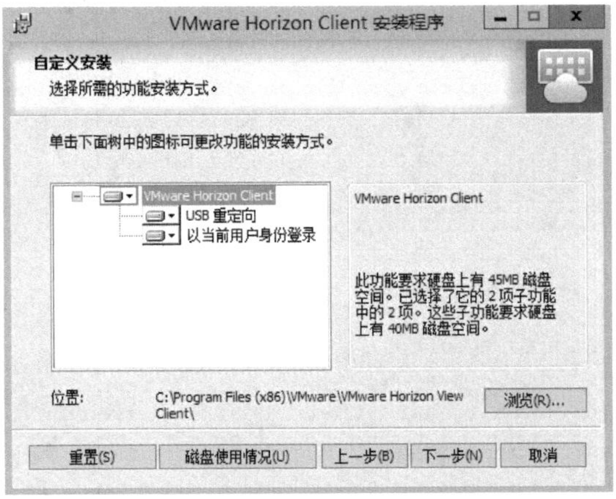

图 7-5-32　自定义安装

（5）在"默认服务器"界面中输入默认 Horizon 连接服务器的地址"10.0.1.172.37"，单击"下一步"按钮，如图 7-5-33 所示。

（6）在"增强型单点登录"界面中，设置"以当前用户身份登录"选项的默认行为，若当前的计算机已经加入域，并且以域用户登录，则可以勾选"设置以当前用户身份登录的默认选项"，若没有加入域，则取消勾选该复选框，如图 7-5-34 所示。

（7）程序安装完成后，在"VMware Horizon Client 安装向导已完成"界面中，单击"完成"按钮，并重新启动操作系统，如图 7-5-35 所示。

（8）打开 VMware Horizon Client，在登录窗口输入登录信息，用户名为"user1"，如图 7-5-36 所示。

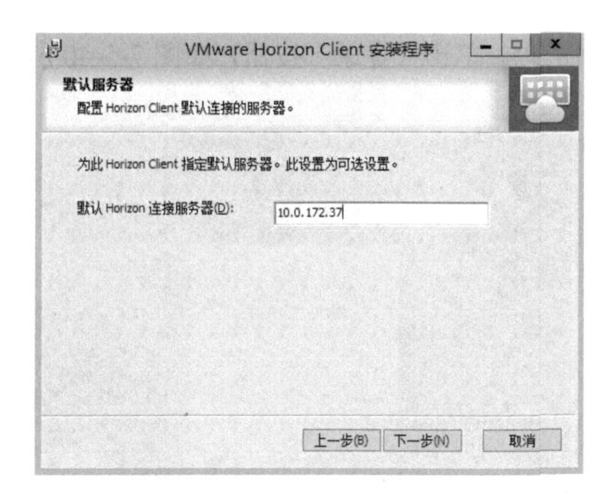

图 7-5-33　默认服务器

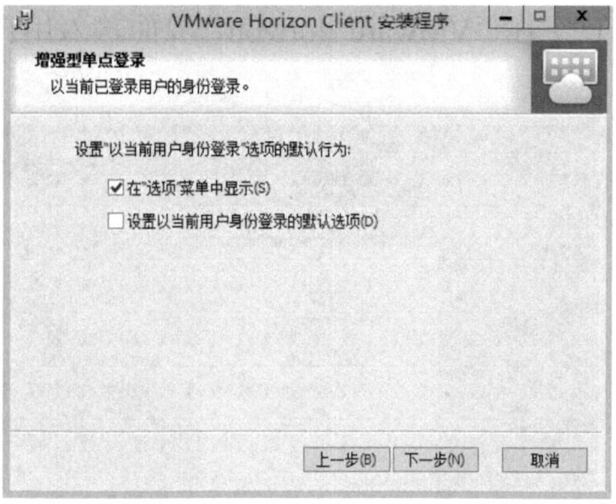

图 7-5-34　增强型单点登录

图 7-5-35　安装完成

图 7-5-36　用户登录

（9）登录到服务器，会显示该用户的虚拟桌面列表，双击“Windows7”云桌面，如图 7-5-37 所示。

（10）使用 VMware Horizon Client 成功登录桌面，如图 7-5-38 所示。

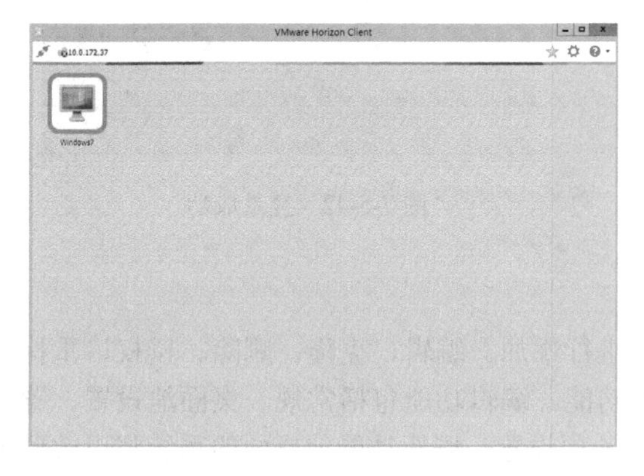

图 7-5-37　登录到服务器

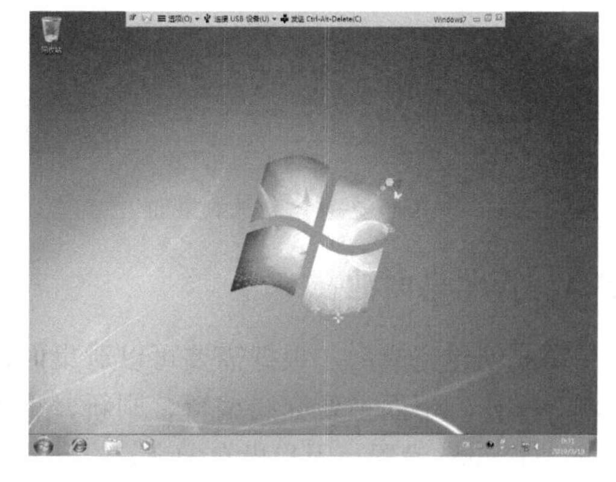

图 7-5-38　登录桌面

2. 网页接入

（1）在用户端打开浏览器，并输入服务器地址“https://10.0.172.37”，单击“VMware Horizon HTML Access”，如图 7-5-39 所示。

（2）在“VMware Horizon”界面输入用户名和密码，单击“登录”按钮，如图 7-5-40 所示。

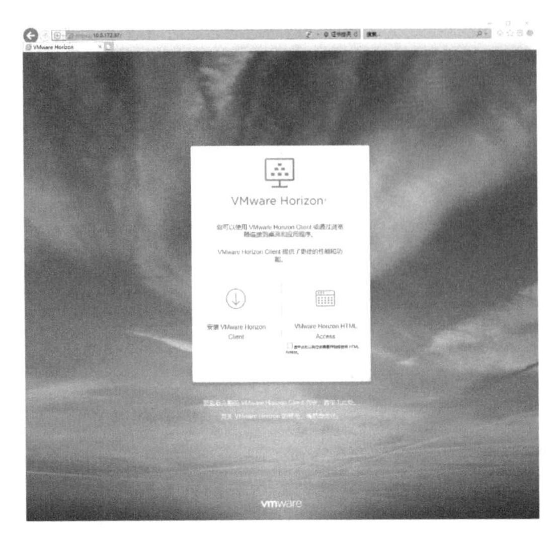

图 7-5-39　打开网页

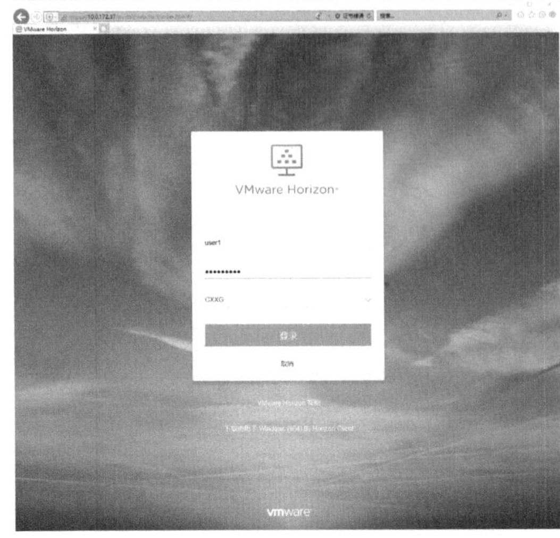

图 7-5-40　登录界面

（3）登录到服务器后，显示该用户的虚拟桌面，双击“Windows7”云桌面，如图 7-5-41 所示。

（4）登录成功，通过 HTML 连接 Windows7 云桌面，如图 7-5-42 所示。

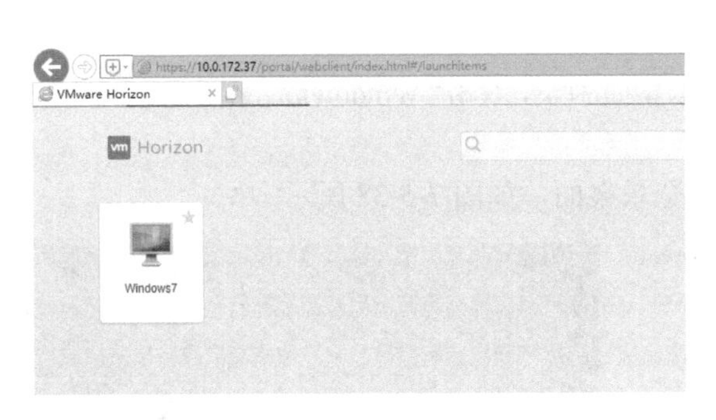

图 7-5-41　登录云桌面

图 7-5-42　登录成功

7.5.4　管理桌面池

桌面创建完成后，根据需要可以对桌面池进行添加、编辑、克隆、删除、授权、重构、刷新等操作。下面主要介绍编辑、刷新、重构功能。编辑功能包括常规、桌面池设置、置备设置、vCenter 设置、用户机自定义、高级存储 6 项设置。刷新功能使桌面的系统将更改到模板的最初状态，如果配置永久磁盘，用户存放的数据不会被删除。重构功能是对桌面的系统进行更改，系统的相关数据将被删除。

1. 编辑功能

（1）选择“目录”→“桌面池”选项，选中桌面池 Windows7，单击“编辑”按钮，如

图 7-5-43 所示。

图 7-5-43　桌面池

（2）打开“编辑 Windows7”对话框，在此对话框中，在“常规”选项卡中，设置桌面池命名、View Composer 磁盘和存储策略管理，如图 7-5-44 所示。

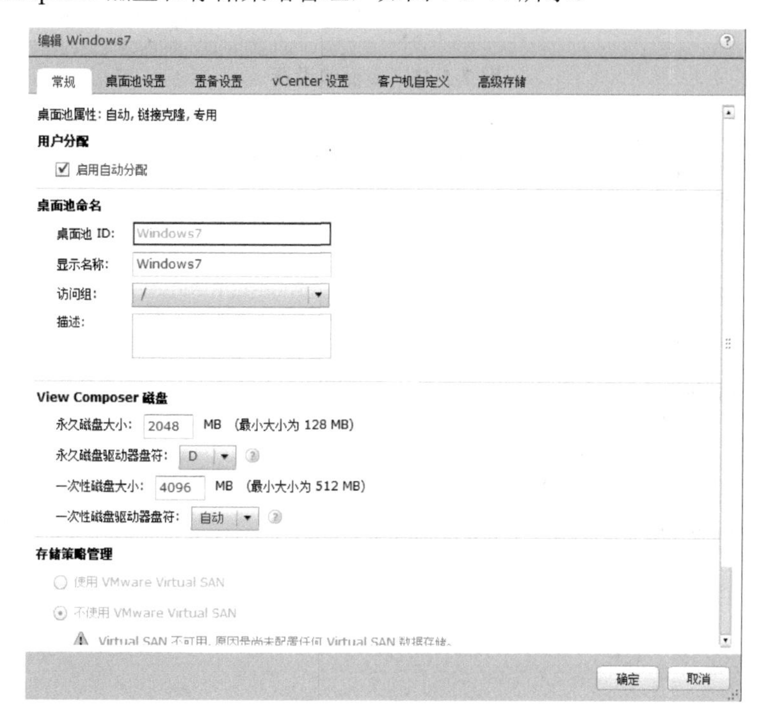

图 7-5-44　编辑桌面池

（3）在“桌面池设置”选项卡中，编辑计算机设置，如远程设置、远程显示协议等，如图 7-5-45 所示。

（4）在“置备设置”选项卡中，编辑桌面池置备选项，以及向桌面池中添加计算机，如图 7-5-46 所示。

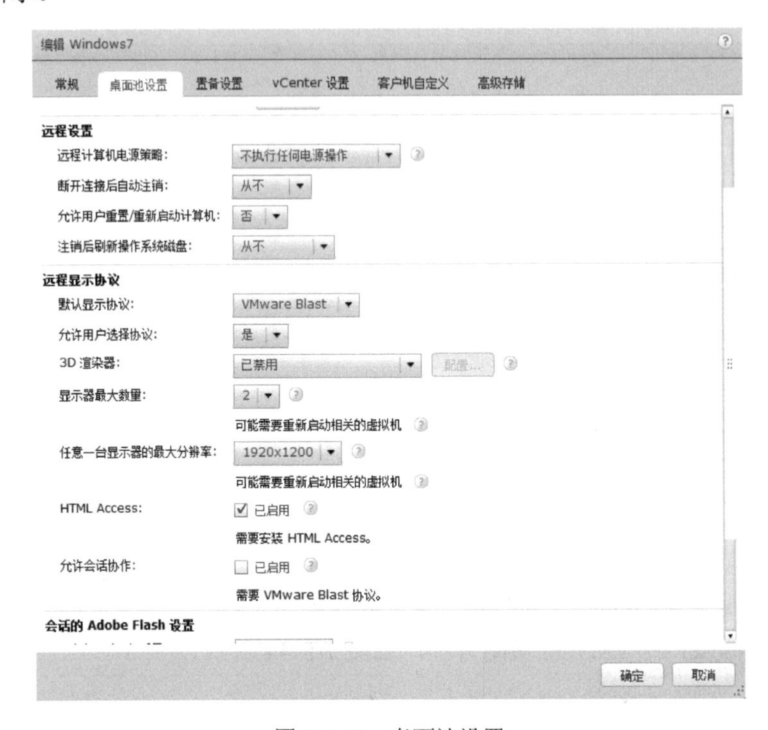

图 7-5-45　桌面池设置

图 7-5-46　置备设置

（5）在“vCenter 设置”选项卡中，编辑默认映像、虚拟机位置及资源设置。新值仅影响设置更改后创建的虚拟机，新设置不会影响现有的虚拟机，如图 7-5-47 所示。

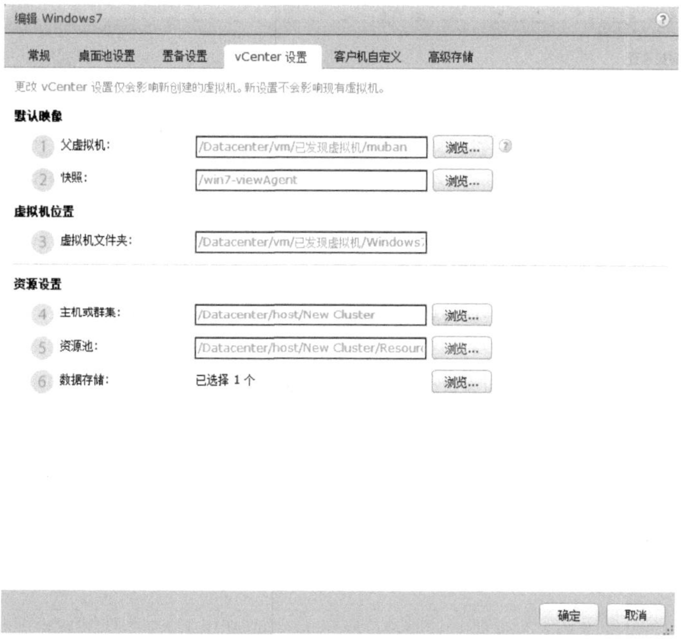

编辑 Windows7
常规　桌面池设置　置备设置　vCenter 设置　客户机自定义　高级存储
更改 vCenter 设置仅会影响新创建的虚拟机。新设置不会影响现有虚拟机。
默认映像
1 父虚拟机：/Datacenter/vm/已发现虚拟机/muban　浏览...
2 快照：/win7-viewAgent　浏览...
虚拟机位置
3 虚拟机文件夹：/Datacenter/vm/已发现虚拟机/Windows7
资源设置
4 主机或群集：/Datacenter/host/New Cluster　浏览...
5 资源池：/Datacenter/host/New Cluster/Resour　浏览...
6 数据存储：已选择 1 个　浏览...
确定　取消

图 7-5-47　vCenter 设置

（6）在“客户机自定义”选项卡中，设置域、AD 容器、QuickPrep，并选择是否“使用自定义规范”，如图 7-5-48 所示。

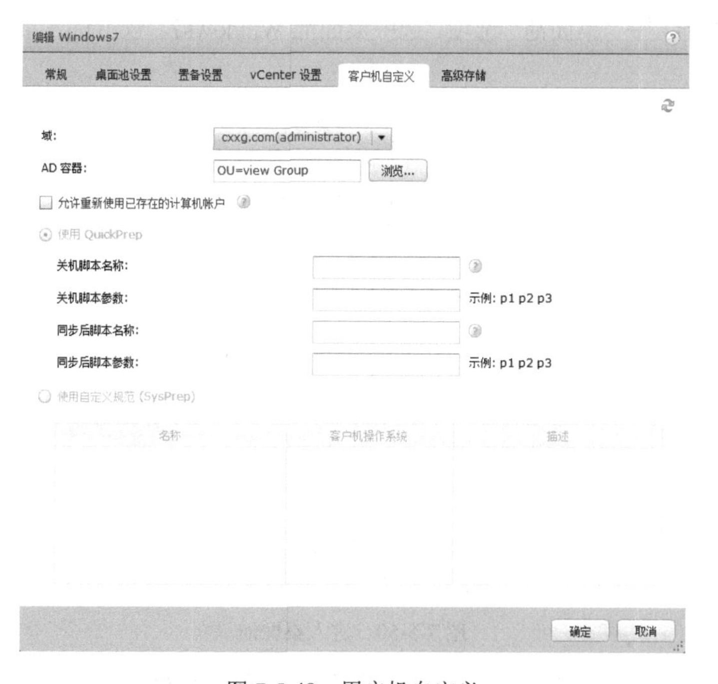

图 7-5-48　用户机自定义

（7）在“高级存储”选项卡中，对存储进行设置，添加中断时间，如图 7-5-49 所示。

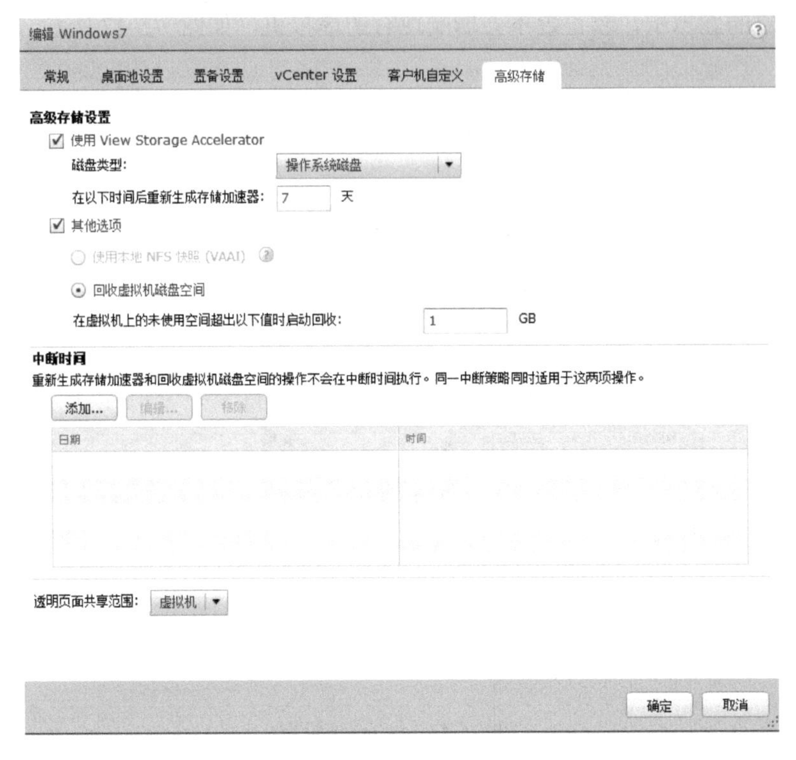

图 7-5-49　高级存储

2．刷新功能

（1）选择“目录”→“桌面池”选项，选中桌面池 Windows7，双击进入桌面池，如图 7-5-50 所示。

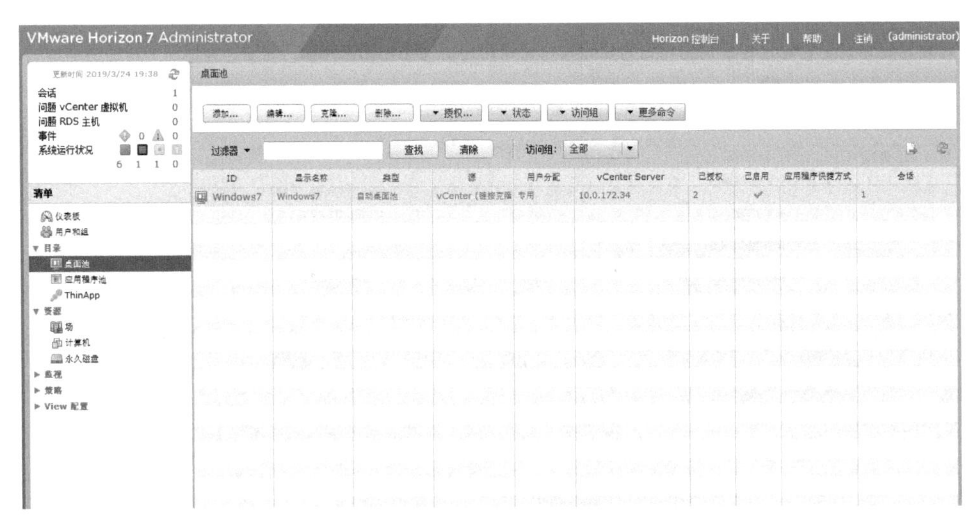

图 7-5-50　进入桌面池

（2）在桌面池中，选择“View Composer”选项中的“刷新”功能，如图 7-5-51 所示。

图 7-5-51　View Composer 选项

（3）进入“刷新”对话框，可以根据需要制定计划，编辑注销时间，单击“下一步”按钮，如图 7-5-52 所示。

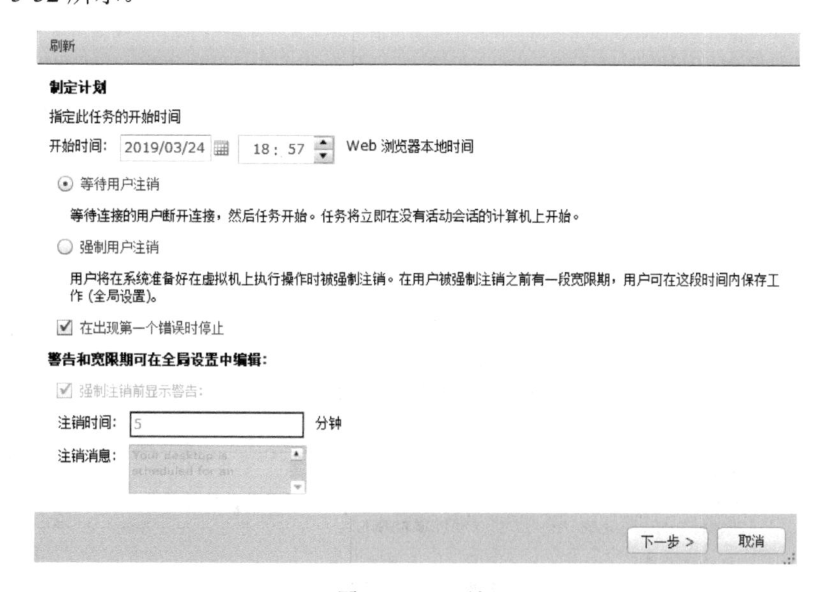

图 7-5-52　刷新

（4）在“即将完成”界面中，查看编辑的信息，确认无误后，单击“完成”按钮，开始刷新，如图 7-5-53 所示。

3．重构功能

（1）选择“目录”→“桌面池”选项，选中桌面池 Windows7，双击进入桌面池，在“View Composer”选项中选择“重构”功能，弹出“重构”对话框，可以重新选择父虚拟机和快照，如图 7-5-54 所示。

（2）在“制定计划”界面中，可以制定此任务的开始时间、注销时间，如图 7-5-55 所示。

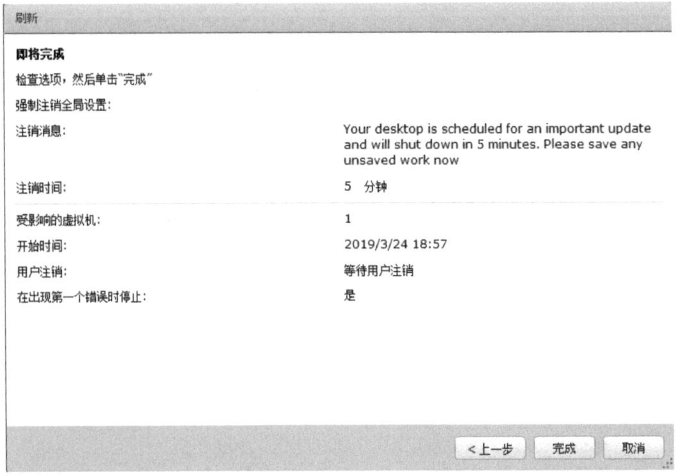

刷新

即将完成

检查选项，然后单击"完成"

强制注销全局设置：

注销消息：	Your desktop is scheduled for an important update and will shut down in 5 minutes. Please save any unsaved work now
注销时间：	5 分钟
受影响的虚拟机：	1
开始时间：	2019/3/24 18:57
用户注销：	等待用户注销
在出现第一个错误时停止：	是

< 上一步　完成　取消

图 7-5-53　即将完成

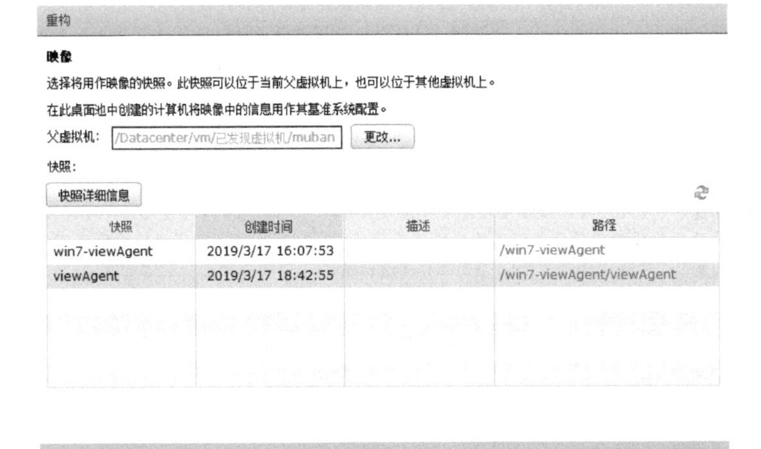

图 7-5-54　映像

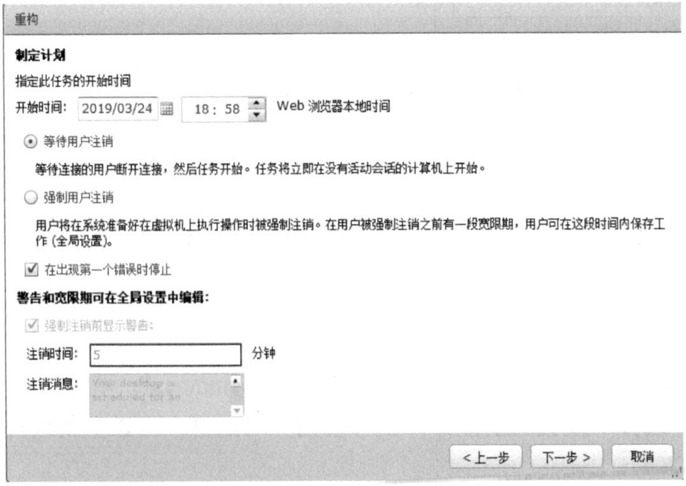

重构

制定计划

指定此任务的开始时间

开始时间：2019/03/24　18：58　Web 浏览器本地时间

◉ 等待用户注销

等待连接的用户断开连接，然后任务开始。任务将立即在没有活动会话的计算机上开始。

○ 强制用户注销

用户将在系统准备好在虚拟机上执行操作时被强制注销。在用户被强制注销之前有一段宽限期，用户可在这段时间内保存工作（全局设置）。

☑ 在出现第一个错误时停止

警告和宽限期可在全局设置中编辑：

☑ 强制注销前显示警告：

注销时间：5　分钟

注销消息：Your desktop is scheduled for an

< 上一步　下一步 >　取消

图 7-5-55　制定计划

（3）在“即将完成”界面中，查看重构功能的设置信息，确认无误后，单击“完成”按钮，开始重构，如图 7-5-56 所示。

图 7-5-56 即将完成

习 题

一、简单题

1．什么是 VMware Horizon View？由哪些部分组成？
2．活动目录域的作用是什么？组织单位与活动目录有什么关系？
3．DNS 服务在 VMware Horizon View 的部署中有什么作用？
4．DHCP 服务在 VMware Horizon View 的部署中有什么作用？

二、操作题

1．在 Windows server 2012 R2 系统中，配置 Active Directory。
2．安装 vCenter Server 服务器。
3．制作 Windows 7 模板虚拟机。
4．在域环境中配置组织单位和用户。
5．安装 VMware Horizon View Connection Server。
6．安装 VMware Horizon View Composer Server。
7．配置 VMware Horizon View。
8．发布并访问虚拟桌面。

项目 8

华为虚拟化平台

本项目学习目标

知识目标

- 了解 FusionSphere 的特性和主要组件；
- 了解 FusionCompute 的架构和特点；
- 掌握 CAN 的安装；
- 掌握 VRM 的安装；
- 掌握如何添加资源。

能力目标

- 能够独立安装和配置 CNA；
- 能够独立安装和配置 VRM；
- 能够为 VRM 添加资源。

任务 8.1 FusionSphere 介绍

华为在云计算领域推出了基于 OpenStack 核心架构的企业混合云平台 FusionSphere。FusionSphere OpenStack 是开放式云服务和云管理平台，是华为面向行业用户推出的 SOA（Service-Oriented Architecture）云操作系统，提供基于 OpenStack 混合云的 OpenStack API 接口，帮助企业整合数据中心各种不同的资源，提供强大的计算、存储、网络、管理等基础云服务功能，能够帮助用户：①降低 IT 开销，节约成本；②降低部署的周期和运维难度，让 IT 更简单；③实现“敏捷式”的 IT 交付，与用户业务快速融合。FusionSphere 架构如图 8-1-1 所示。

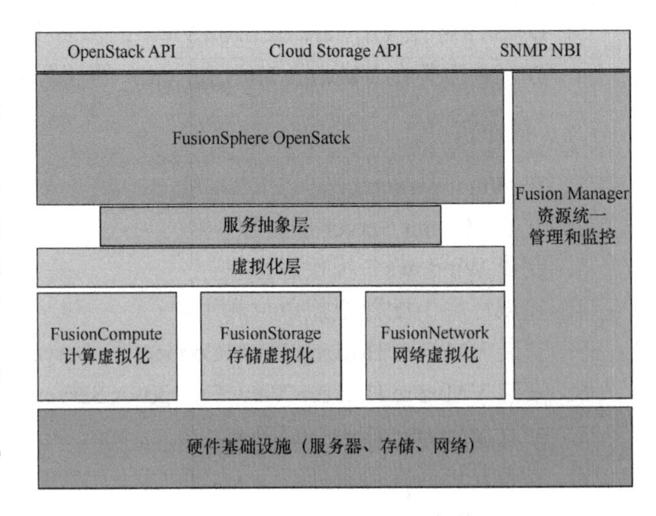

图 8-1-1　FusionSphere 架构

8.1.1 FusionSphere 主要组件

1. FusionCompute

在 FusionSphere 云平台操作系统中，FusionCompute 的主要功能是将物理服务器、存储、网络等硬件资源整合为虚拟云计算资源池，通过将资源重新分配，使资源的利用更加合理。FusionCompute 还能够提供虚拟机的迁移、快照、分布式虚拟交换机等功能。

2. FusionStorage

FusionStorage 是用于分布式块存储的软件，能够提供同步镜像、备份和恢复、数据快照、链接克隆等功能，可以将服务器本地的硬件磁盘组成逻辑上的大规模弹性存储资源池，实现分布式 SAN 存储。

3. FusionSphere OpenStack

FusionSphere OpenStack 用于将各种不同的虚拟化引擎平台整合到一起，进行计算资源的再次分配、管理及使用。FusionSphere OpenStack 能够提供简单易用的图像化界面和安装部署工具，支持 PXE 批量安装主机操作系统，一键式自动部署服务，增强了易用性，同时提供监控、报警、定时备份数据等功能。

4. FusionManager

FusionManager 主要用于统一的资源管理云平台，提供自动化管理和资源智能运维功能，可以为用户提供简单、高效的云管理中心平台。能够提供前端的负载均衡，对虚拟机根据业务需求弹性的伸缩进行管理和配置，监控各个硬件资源的健康状态，对资源访问进行权限管理等。

8.1.2 FusionSphere 特性

1. 内存复用

内存复用是指在服务器物理内存一定的情况下，对内存进行复用。通过内存复用技术，可以使虚拟机内存总和大于服务器规格内存总和，从而提升内存资源的利用率，帮助用户节省内存采购成本，延长物理服务器升级内存的周期。

2. 分布式虚拟交换机

分布式虚拟交换机是管理多台主机上的虚拟交换机（基于软件的虚拟交换机或智能网卡虚拟交换机）的虚拟网络管理方式，包括对主机的物理端口和虚拟机虚拟端口的管理。分布式虚拟机交换机可以保证虚拟机在主机之间迁移时网络配置的一致性。

3. 分布式共享存储

FusionStorage 是一种分布式存储系统，采用独特的并行架构、创新的缓存算法、自适应的数据分布算法，既消除了数据热点也提高了性能，又能够快速地实现自动化自修复，具有卓越的可用性和可靠性。

4. 智能网卡

智能网卡 iNIC（Intelligent Network Interface Card）作为物理网卡，将虚拟交换的完整功

能（交换、安全、QoS 等功能）从服务器 CPU 上卸载并移至网卡上，可以实现用户层面的真正交换。支持直通方式和前后端方式两种报文转发方式。

5. 基于 VXLAN 的虚拟化网络

FusionSphere 解决方案提供基于 VXLAN 技术的虚拟化网络。VXLAN 技术解决 VLAN 网络下虚拟网络数量不足的问题，可支持 1600 万个虚拟网络，以满足多用户环境下的大规模网络部署。

6. 自动精简配置

自动精简配置（Thin Provisioning）可以为用户虚拟出比实际物理存储更大的虚拟存储空间，为用户提供存储超分配的能力。只有写入数据的虚拟存储空间才能真正分配到物理存储，未写入虚拟存储空间不占物理存储资源。

7. 动态资源调度

动态资源调度（Distributed Resource Scheduler，DRS）是指采用智能负载均衡调度算法，并结合动态电源管理功能，通过周期性检查同一集群资源内各个主机的负载均衡情况，在不同的主机间迁移虚拟机，从而实现同一集群内不同主机间的负载均衡，并最大程度降低功耗。

8. 虚拟机防病毒

为了对主机中所有虚拟机进行病毒防护，FusionSphere 提供了防病毒解决方案，只需要在一台虚拟机中部署防病毒引擎或在用户虚拟机本地安装轻量级驱动即可。不仅可以减少资源的占用，而且可以解决杀毒风暴问题。

9. 多数据中心管理

当企业有多个数据中心分布在不同地区时，FusionSphere 支持在每个数据中心的本地部署一套 FusionManager，负责本地数据中心的管理。

10. 应用部署自动化

应用部署自动化是指通过使用模板自动部署应用，包括自动完成创建虚拟机、安装系统、创建网络、安装应用等过程。

任务 8.2　FusionCompute 介绍

FusionCompute 是资源分配和管理平台，主要负责硬件资源的虚拟化，以及对虚拟资源、业务资源和用户资源的集中管理。采用虚拟计算、虚拟存储、虚拟网络等技术，完成计算资源、存储资源、网络资源的虚拟化。并通过统一的接口，对这些虚拟资源进行集中调度和管理，从而降低业务的运行成本，保证系统的安全性和可靠性。

8.2.1　FusionCompute 架构

FusionCompute 主要由 VRM 和 CNA 两个模块组成。

CNA（Computing Node Agent）：计算节点代理，部署在计算节点上，用于管理本计算节点上的虚拟机及其与对应虚拟磁盘的挂接。CNA 主要提供以下功能：

- 提供虚拟计算功能；
- 管理计算节点上的虚拟机；
- 管理计算节点上的计算、存储、网络资源。

VRM（Virtual Resource Manager）：虚拟资源管理器，是 FusionCompute 系统的管理单元，一般运行在虚拟机上，能够对系统的虚拟资源、业务资源、用户资源进行集中管理，为管理员提供统一的维护操作接口，其架构如图 8-2-1 所示。VRM 主要提供以下功能：

- 管理集群内的块存储资源；
- 管理集群内的计算节点，将物理的计算资源映射成虚拟的计算资源；
- 管理集群内的网络资源（IP/VLAN/DHCP），为虚拟机分配 IP 地址；
- 管理集群内虚拟机的生命周期及虚拟机在计算节点上的分布和迁移；
- 管理集群内资源的动态调整；
- 通过对虚拟资源、用户数据的统一管理，对外提供弹性计算、存储、IP 等服务；
- 提供统一的操作维护管理接口。

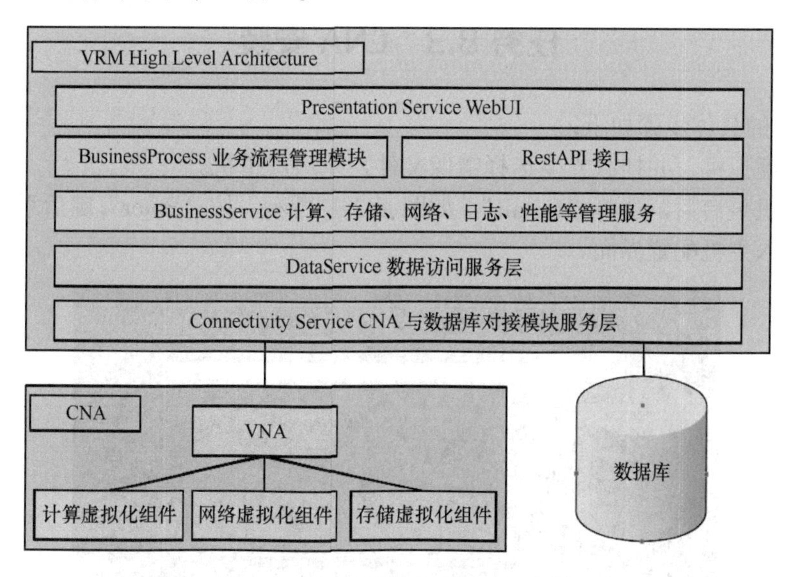

图 8-2-1　FusionComputeVRM 架构

8.2.2　FusionCompute 特点

1．统一虚拟化平台

FusionCompute 支持虚拟化资源按需分配，支持多操作系统，支持 QoS 策略保障虚拟机资源分配，隔离用户间影响。

2．自动化调度

FusionCompute 通过 IT 资源调度、热管理、能耗管理等一体化管理，能够降低维护成本，自动检测服务器或业务的负载情况，对资源进行智能调度，均衡各服务器及业务系统负载，保证系统良好的用户体验和业务系统的最佳响应。

3. 支持多种硬件设备

FusionCompute 支持基于 x86 硬件平台的多种服务器，同时兼容多种存储设备，可供运营商和企业灵活选择。

4. 完善的权限管理

FusionCompute 可根据不同的角色、权限等，提供完善的权限管理功能，授权用户对系统内的资源进行管理。

5. 大集群

FusionCompute 的单个集群最大可支持 128 台主机，3000 台虚拟机。

6. 丰富的运维管理

FusionCompute 支持黑匣子，支持自动化健康检查，支持全 Web 化的界面。

任务 8.3　CNA 安装

CNA 安装的具体步骤如下：

（1）创建虚拟机，并挂载光驱选择镜像文件，重启虚拟机。

（2）虚拟机重启后，选择“Install”，如图 8-3-1 所示，按“Enter”键后系统开始加载，加载成功后进入主机配置界面。

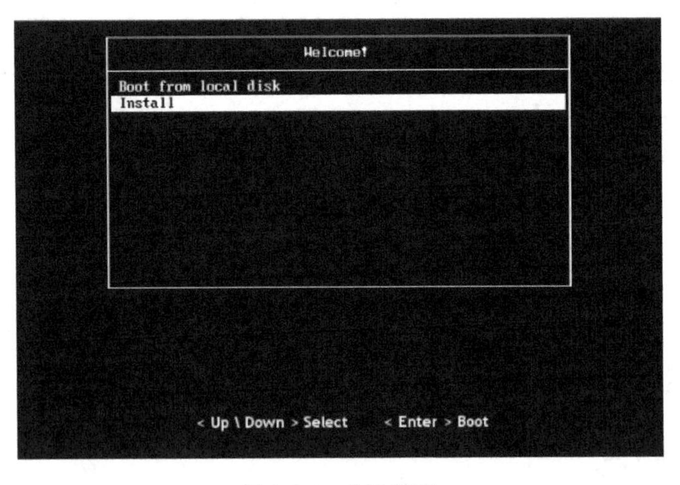

图 8-3-1　安装界面

（3）主机配置界面展示了安装 CNA 时需要填写或设置的选项，其中带有“*”的为必选项。在安装过程中可通过键盘上的“↑”“↓”“Tab”等键完成选项，如图 8-3-2 所示。

（4）“Choose the disk”选项建议使用默认值，将操作系统安装在识别到的第一块磁盘中，“Expand ratio of partition”选项用来选择主机操作系统的分区大小。1 表示使用默认分区，10 表示将默认分区扩大 10 倍，如图 8-3-3 所示。

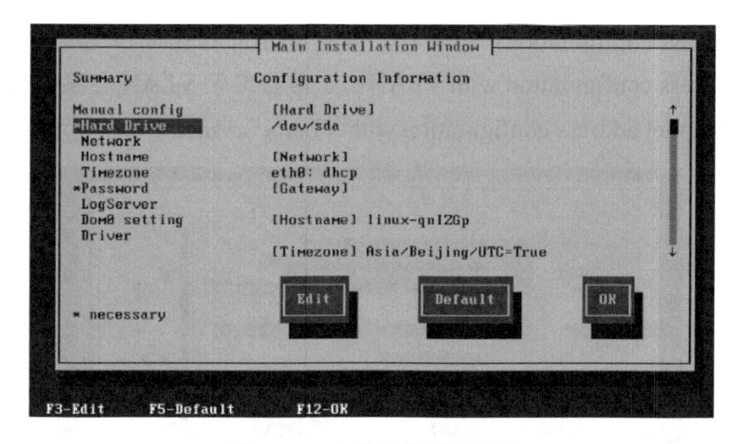

图 8-3-2　主机系统配置界面

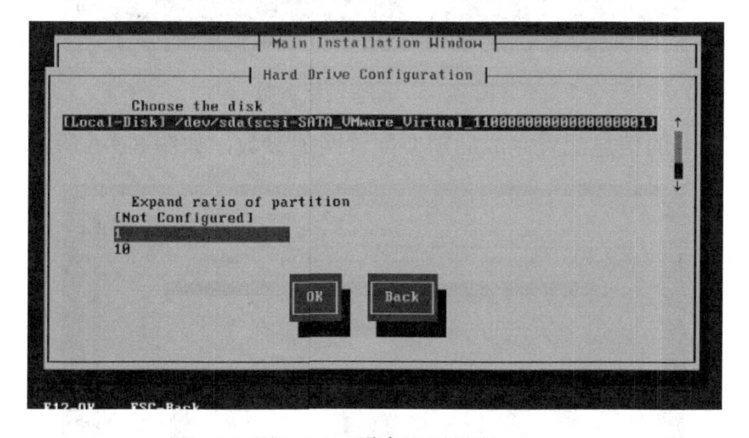

图 8-3-3　磁盘配置界面

（5）进入“Network Configuration”界面，以网卡“etho”为例，进行网络设置。默认的网络参数是 dhcp，如图 8-3-4 所示。

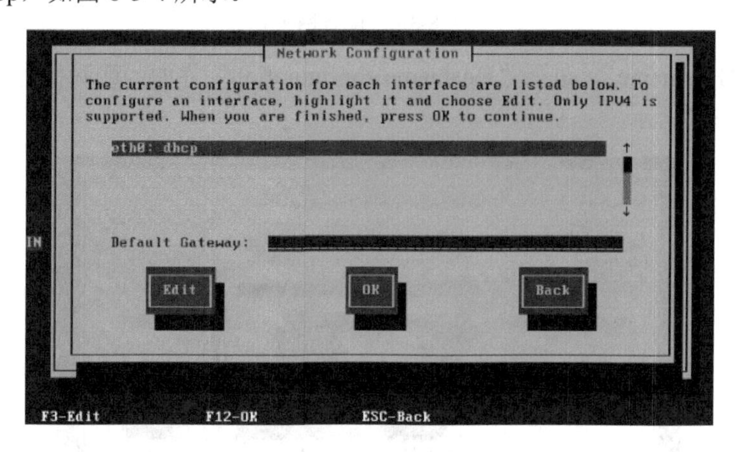

图 8-3-4　网络配置界面

（6）网络参数的配置方式有 4 种，4 种网络配置方式如下。

- No IP configuration（none）：不配置地址。
- Dynamic IP configuration（DHCP）：通过 DHCP 服务器获取。

- Manuel address configuration：手动指定不带 VLAN 标签的 IP 地址。
- Manuel address configuration with VLAN：手动指定带 VLAN 标签的 IP 地址。

本例使用“Manuel address configuration with VLAN”，如图 8-3-5 所示。

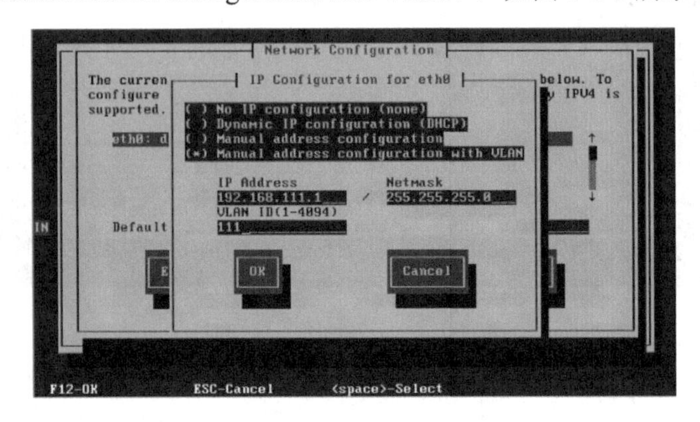

图 8-3-5　配置网络参数

（7）“eth0”网卡的信息配置完成后需要配置网关参数，如图 8-3-6 所示。

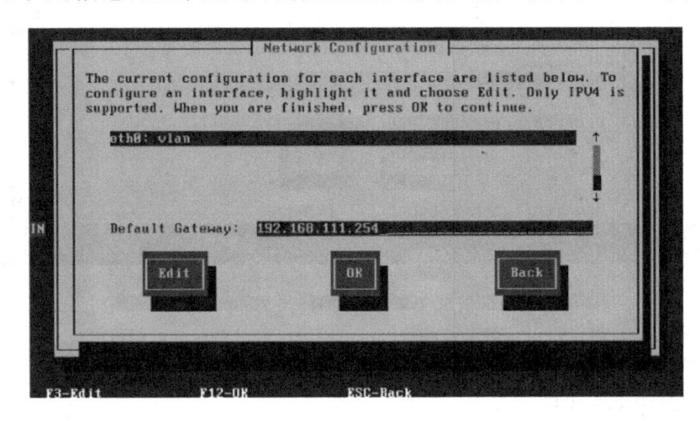

图 8-3-6　配置网关

（8）选择“Hostname”，进入“Hostname configuration”界面，删除已有信息，输入新的主机名，如图 8-3-7 所示。

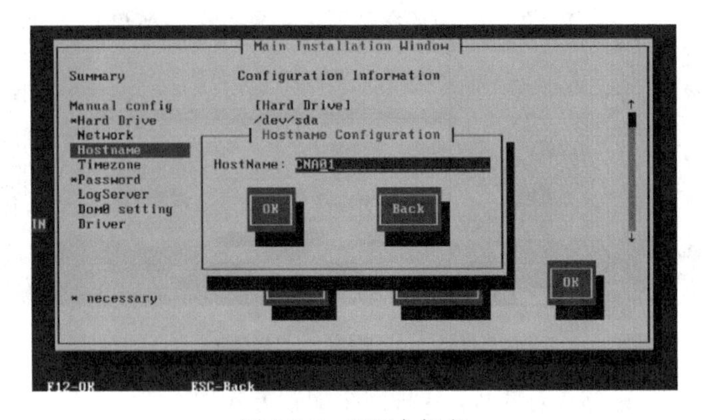

图 8-3-7　配置主机名

（9）选择“Timezone”，进入“Time Zone Selection”界面，如图 8-3-8 所示。

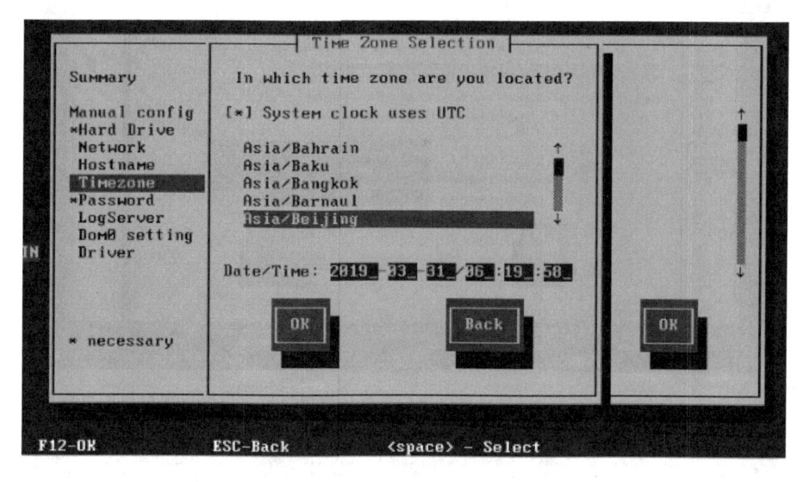

图 8-3-8　配置时区信息

（10）选择“Password”，进入“Root Password Configuration”界面，输入并确认 root 用户的密码，如图 8-3-9 所示。密码应符合以下要求：

- 密码长度不小于 8 位；
- 密码必须至少包含一个特殊字符；
- 密码必须至少包含如下两种字符的组合：小写字母、大写字母、数字。

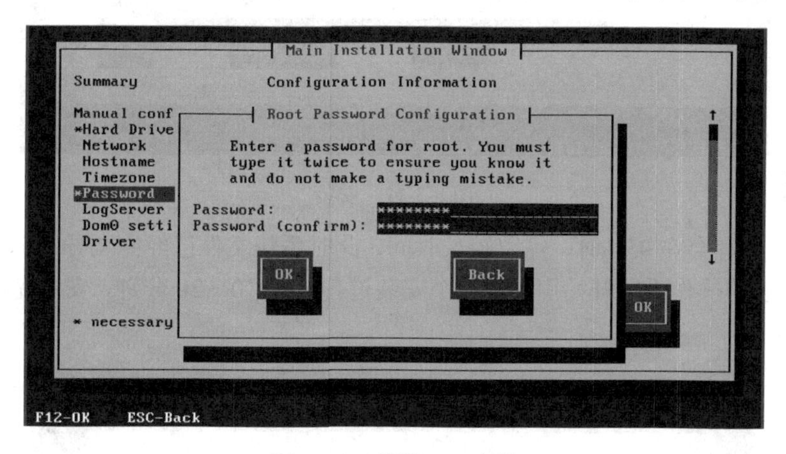

图 8-3-9　设置 root 密码

（11）选择“LogServer”，进入“LogServer Configuration”界面，按界面提示的格式填写日志服务器信息，没有日志服务器的情况下可以不用配置，如图 8-3-10 所示。

- LogServer：日志服务器的传输协议和 IP 地址。
- LogServerPath：日志保存在日志服务器的路径。
- LogServerUsername：日志服务器的用户名。
- LogServerPassword：日志服务器的密码。

（12）配置完成后，单击“Yes”按钮，开始安装操作系统，如图 8-3-11 所示。

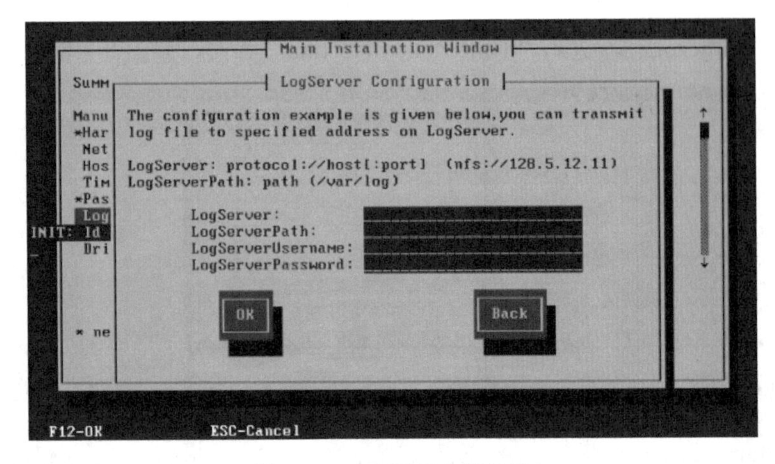

图 8-3-10　配置日志服务器

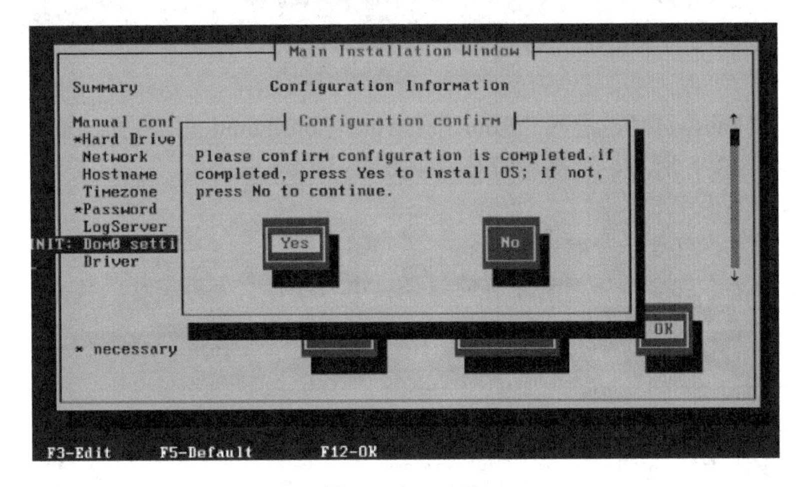

图 8-3-11　安装

（13）等待过程会在 95%时，停留较长时间，此时系统文件已经完全导入，系统正在准备重启并且从安装的操作系统开始引导。整个安装过程耗时 10～20 分钟，安装完成后的界面如图 8-3-12 所示。

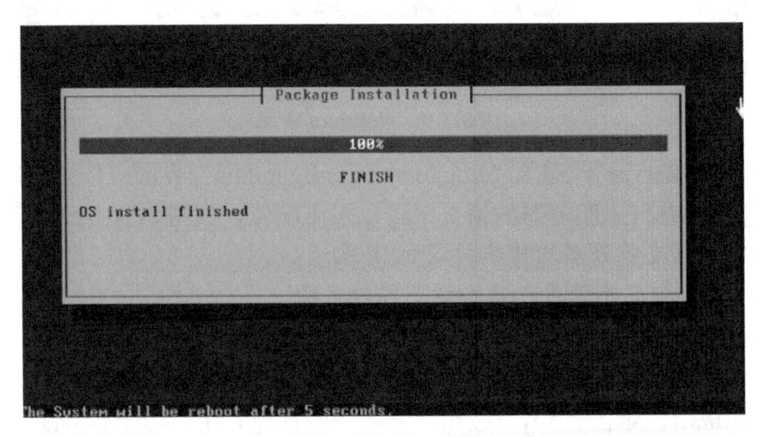

图 8-3-12　安装完成

任务 8.4 VRM 安装

安装 VRM 的具体步骤如下。

（1）使用管理员权限执行 FusionSphereInstaller.exe 程序，出现如图 8-4-1 所示的“安装准备”界面，由于只需要安装 VRM，在“选择组件”下面勾选“VRM”，单击“下一步”按钮。

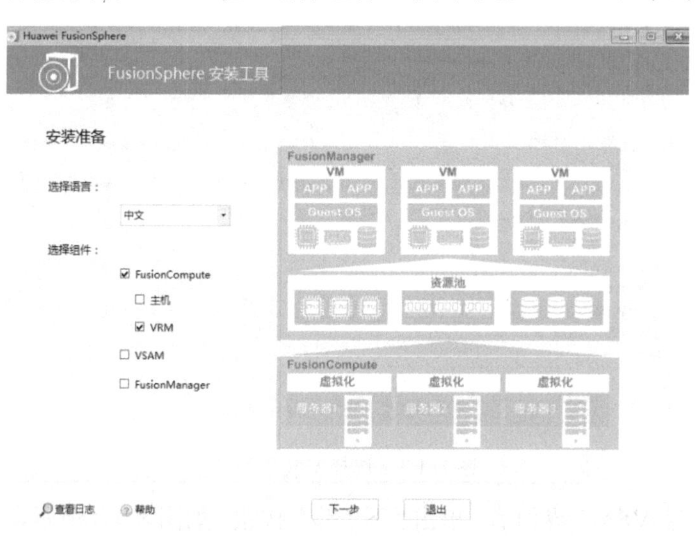

图 8-4-1 安装准备

（2）“安装准备”界面中的“安装模式”下面有“典型安装”和“自定义安装”两种方式，本例选择“自定义安装”，可以根据需要自定义配置参数，然后单击“下一步”按钮，如图 8-4-2 所示。

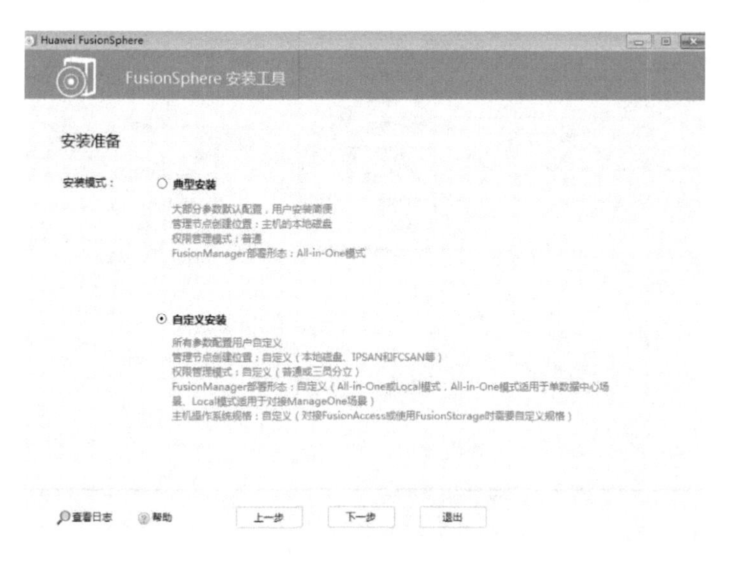

图 8-4-2 安装模式

（3）在“选择安装包路径”界面，单击“浏览”按钮，选择组件的安装文件目录后，单击“开始检测”，检测目录下的安装文件是否正确。待安装工具检测完成，并解压 VRM 安装包成功后，单击“下一步”按钮。如图 8-4-3 所示。

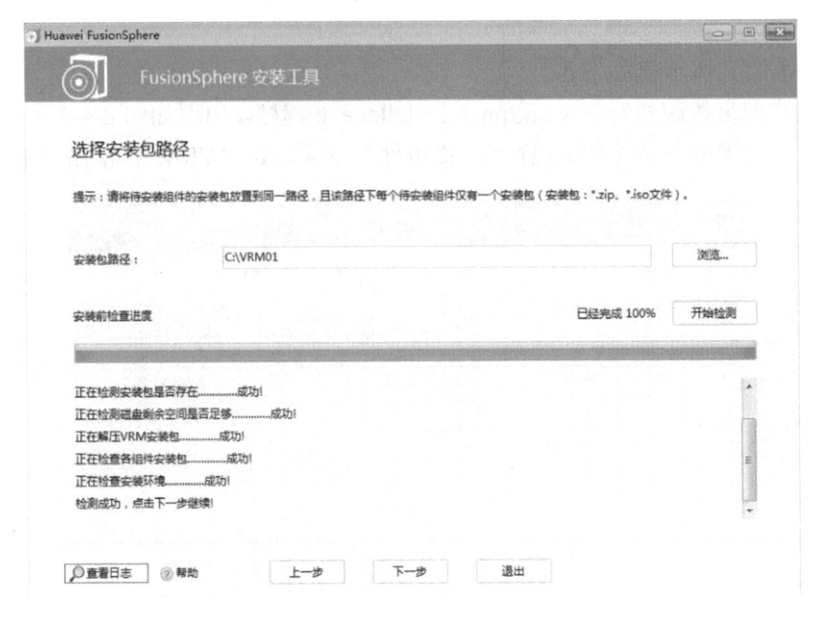

图 8-4-3　选择安装包路径

（4）进入“安装 VRM”界面后，单击“下一步”按钮。如图 8-4-4 所示，进入“配置 VRM”界面后，“安装模式”选择“单节点安装”，并为以后登录 VRM 管理平台配置 IP 地址等信息，配置完成后，单击“下一步”按钮。

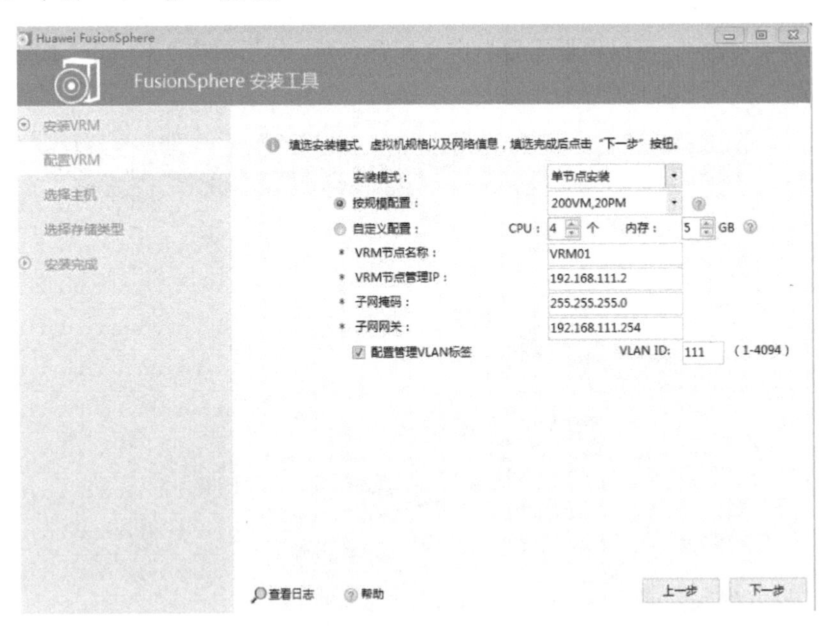

图 8-4-4　配置 VRM

（5）在“选择主机”界面输入“管理 IP”和“root 密码”，单击“开始配置主机”按钮，配置主机成功后，单击“下一步”按钮，如图 8-4-5 所示。

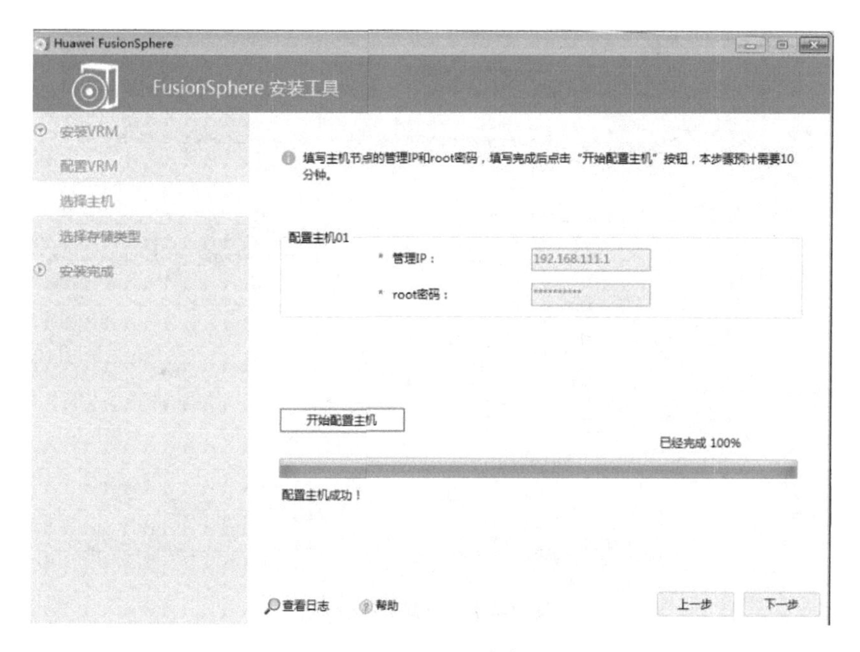

图 8-4-5　配置主机

（6）在“选择存储类型”界面，可以选择本地存储、光纤通信存储（FC SAN）和 IP 通道存储（IP SAN），本例使用本地存储资源，如图 8-4-6 所示。

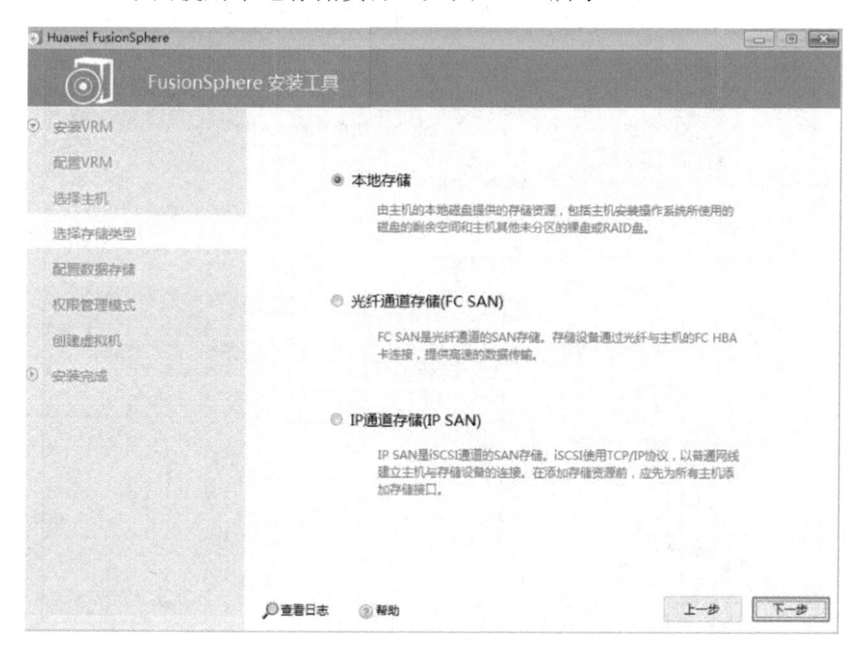

图 8-4-6　存储类型

（7）在“配置数据存储”界面，可以在存储设备中选择存储资源，在“虚拟化配置”中勾选“启用虚拟化”，单击“下一步”按钮，如图 8-4-7 所示。

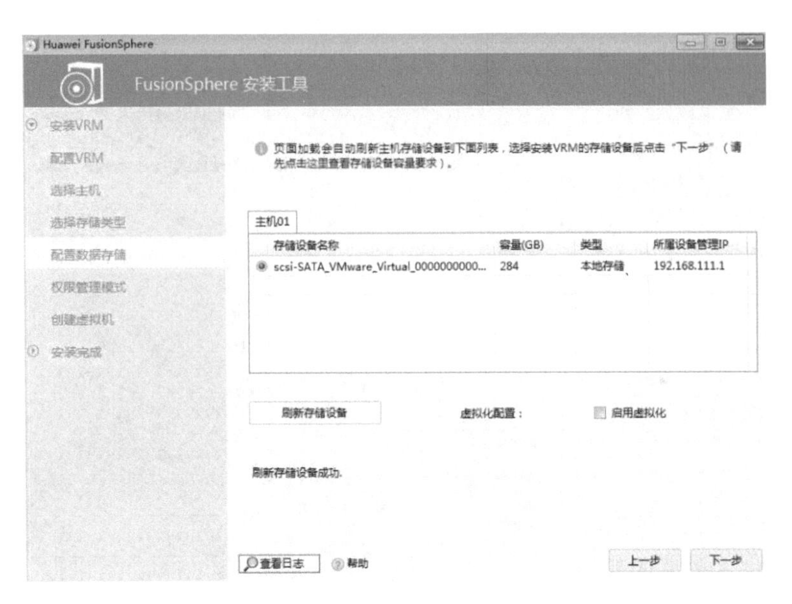

图 8-4-7　配置数据存储

（8）权限管理模式有两种：一种是“普通模式”，这种模式有较高的易用性，在此模式下，单个账户可以被授予系统内所有的操作权限；另一种是“三员分立模式”，这种模式具有较高的安全性，在这个模式下，单个账户只能拥有系统管理员、安全管理员和安全审计员中的一种身份，便于管理员间的权限隔离和相互监督。本例使用“普通模式”，如图 8-4-8 所示。

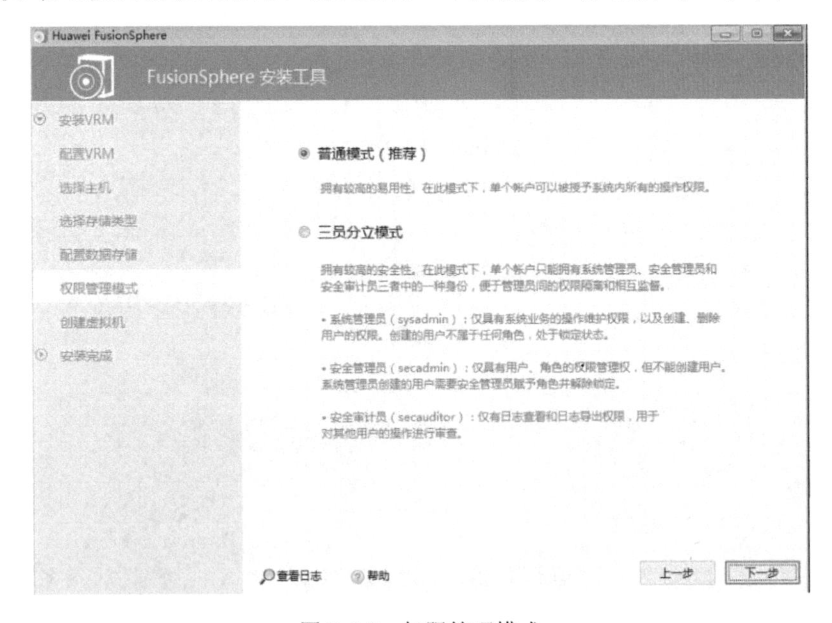

图 8-4-8　权限管理模式

（9）在“创建虚拟机”界面，单击“开始安装 VRM”按钮，即可开始 VRM 的安装。整个安装过程所耗的时间根据服务器配置的不同与网络性能的不同会有所浮动，通常安装时间在 30 分钟左右。系统安装成功后，单击“下一步”按钮，如图 8-4-9 所示。

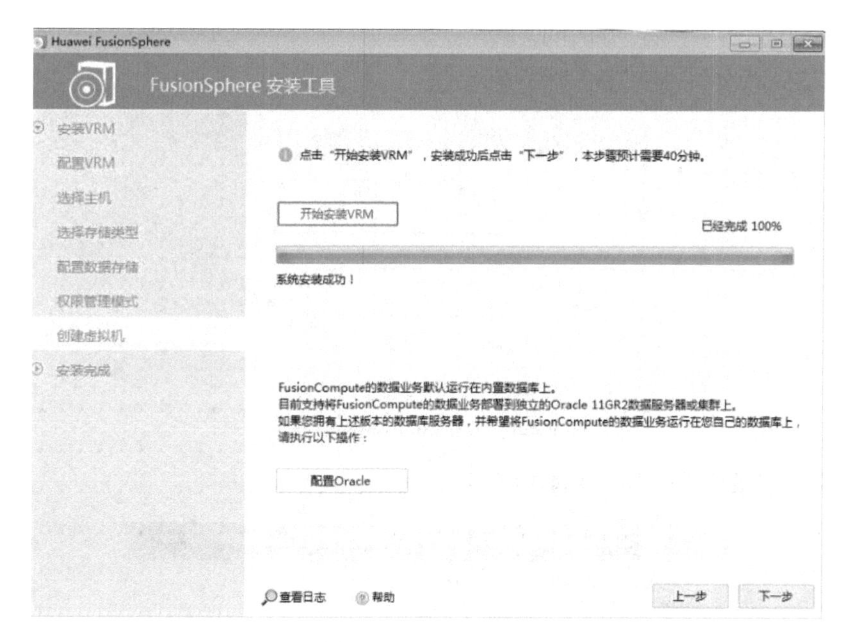

图 8-4-9　安装 VRM

（10）在"安装完成"界面，显示了前期配置的 VRM IP 安装信息，用户可以使用这些信息进行访问登录，如图 8-4-10 所示。

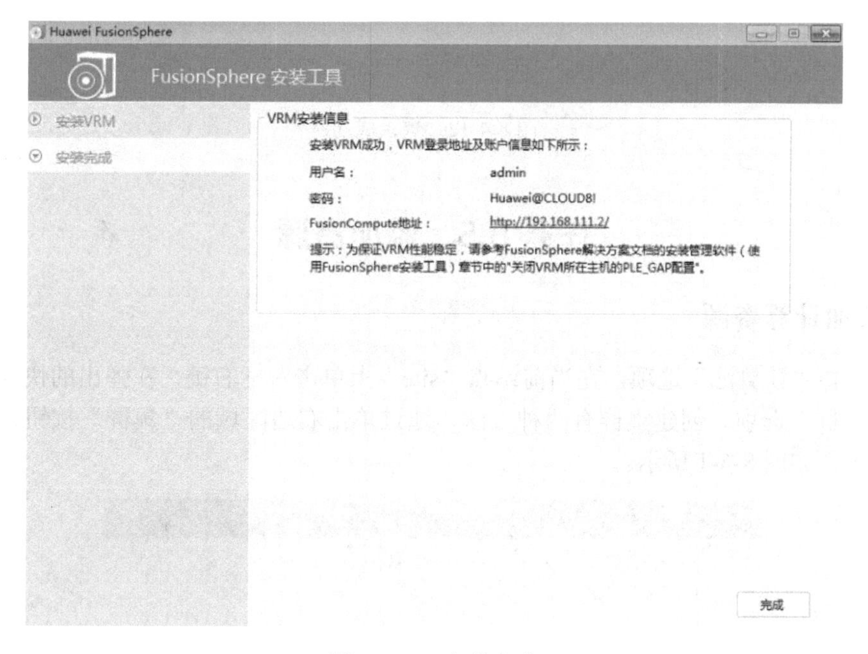

图 8-4-10　安装完成

（11）在浏览器地址栏中输入 http://192.168.111.2，使用用户名 admin 和密码 Huawei@CLOUD8!进行登录，首次登录需要修改密码，如图 8-4-11 所示。

图 8-4-11　Fusion Compute 登录

（12）VRM 登录成功，如图 8-4-12 所示。

图 8-4-12　登录成功

任务 8.5　添加资源

8.5.1　添加计算资源

（1）选择“计算池”选项，在当前站点“site”上单击鼠标右键，在弹出的快捷菜单中选择“创建集群”选项。创建集群有两种方法，通过单击右边区域的“集群”按钮，也可达到相同的效果，如图 8-5-1 所示。

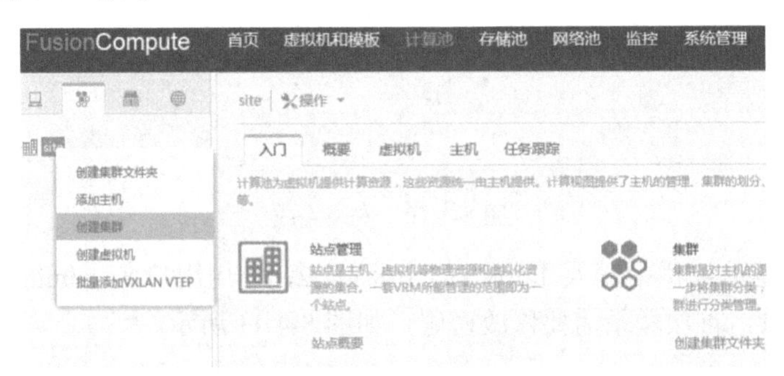

图 8-5-1　创建集群

（2）在弹出的“创建集群”对话框中的“基本信息”选项卡中，输入集群名称，单击“下一步”按钮，如图 8-5-2 所示。

图 8-5-2　设置集群名称

（3）在“基本配置”和“性能配置”选项卡中，保持默认配置，最后在“确认信息”选项卡中进行信息确认后，单击“创建”按钮即可。其他选项如有需要再进行配置，如图 8-5-3 所示。

图 8-5-3　确认信息

（4）选择“计算池”选项，右键单击新创建的集群，在弹出的快捷菜单中选择“添加主机”选项，如图 8-5-4 所示。

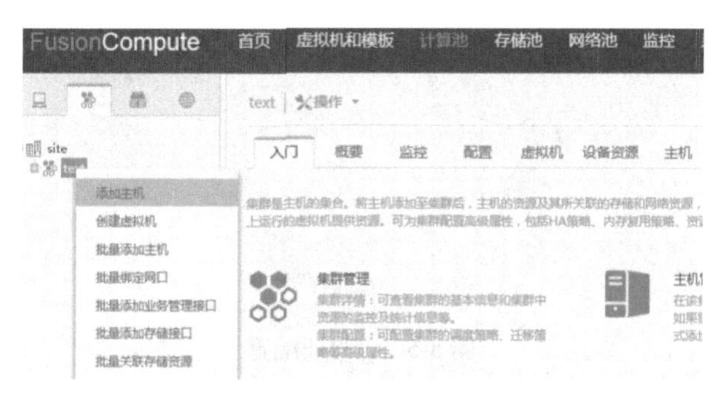

图 8-5-4　添加主机

（5）在弹出的“添加主机”对话框中的“选择位置”界面中，选择主机的添加位置，这里选择新创建的集群，如图 8-5-5 所示。

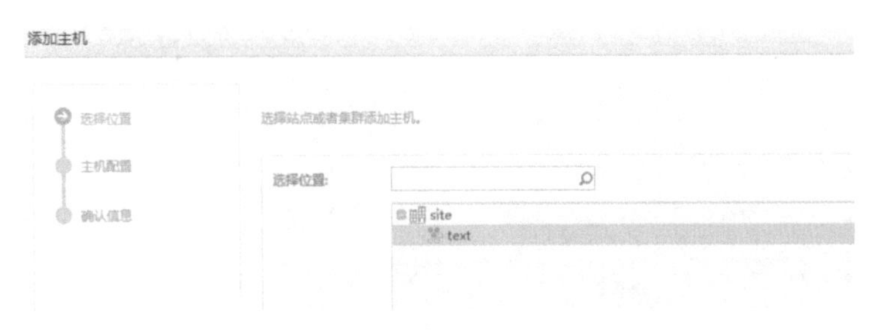

图 8-5-5　添加位置

（6）进入“主机配置”界面，在“名称”中填写将要显示的 CNA 主机名，在“IP 地址”中填写 CNA 的 IP 地址，BMC 信息选填。在确认信息无误后，单击“完成”按钮，即可将 CNA 主机添加到集群中，如图 8-5-6 所示。

图 8-5-6　配置主机

（7）添加完成后，选择“计算池”选项，在新添加的集群中查看新添加的 CNA 主机，状态为正常时，证明主机已经成功加入集群中，如图 8-5-7 所示。

图 8-5-7　验证配置

8.5.2　创建分布式交换机

（1）选择“网络池”选项，在站点上单击鼠标右键，在弹出的快捷菜单中选择“创建分布式交换机”选项，如图 8-5-8 所示。

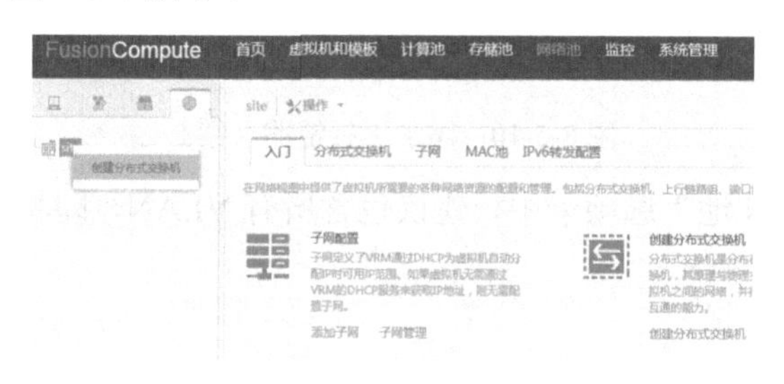

图 8-5-8　创建 DVS

（2）在弹出的“创建分布式交换机”对话框中的“基本信息”选项卡中，输入分布式交换机的名称，因为没有用到智能网卡，“交换类型”选择默认“普通模式”，并勾选“添加上行链路”和“添加 VLAN 池”。完成以上操作后，单击“下一步”按钮，如图 8-5-9 所示。

图 8-5-9　配置信息

（3）在“添加上行链路”选项卡中，选择服务器上与物理网络连接的网卡接口，单击“下一步”按钮，如图 8-5-10 所示。

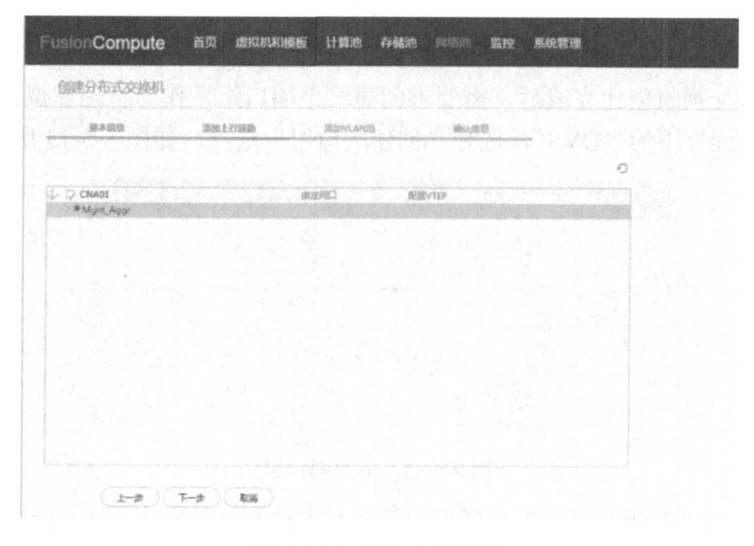

图 8-5-10　添加上行链路

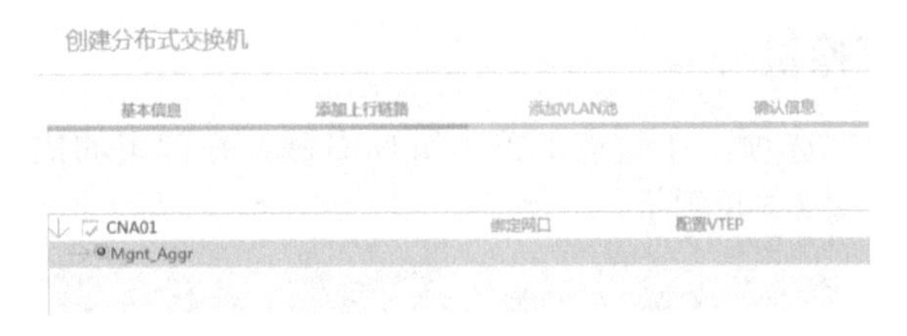

图 8-5-10　添加上行链路（续）

（4）在“添加 VLAN 池”选项卡中，建议包含所有 VLAN，即将 VLAN 池起止范围设置为 1～4094，如图 8-5-11 所示。

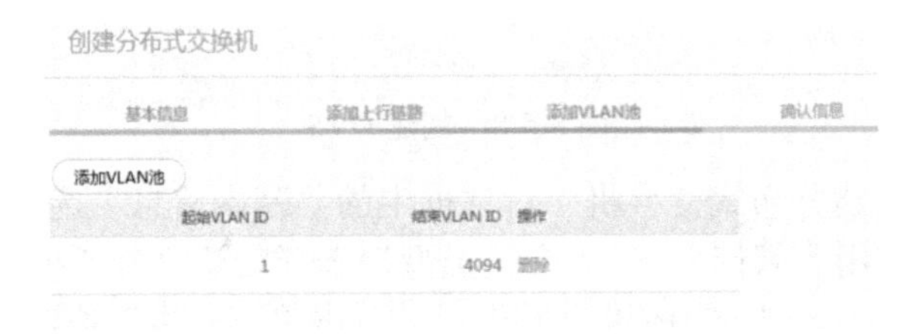

图 8-5-11　添加 VLAN 池

（5）确认配置信息无误后，单击“创建”按钮，成功创建分布式交换机，如图 8-5-12 所示。

图 8-5-12　创建成功

（6）分布式交换机创建完成后，需要再创建一个端口组，作为管理虚拟机网络的集合。右键单击“网络池”下的“DVS”，选择“创建端口组”选项，如图 8-5-13 所示。

图 8-5-13　创建端口组

（7）在弹出的“创建端口组”对话框中的“基本信息”选项卡中，输入端口组的名称，在“端口类型”中选择“普通”。如图 8-5-14 所示。

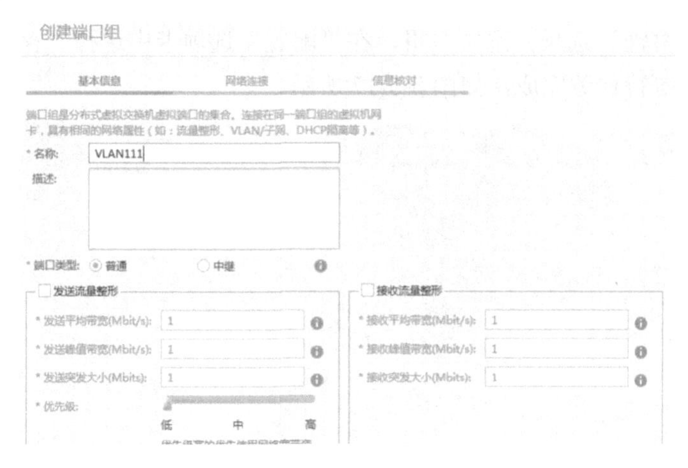

图 8-5-14　配置端口组

（8）在“网络连接”选项卡中选择连接方式，网络连接方式有“子网”和“VLAN”两种，根据实验环境配置，本例选择“VLAN”连接方式，单击“下一步”按钮，如图 8-5-15 所示。

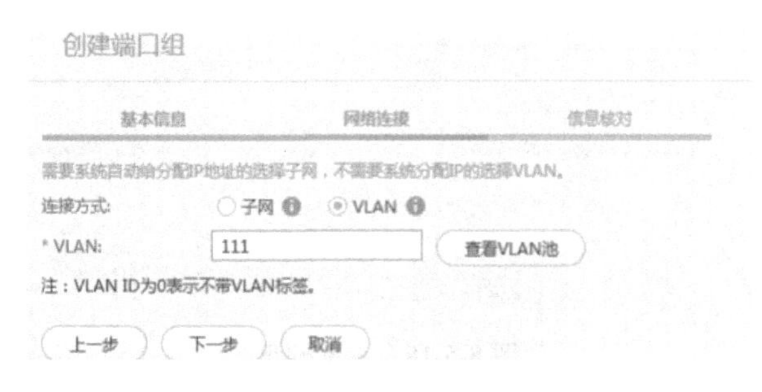

图 8-5-15　网络连接

（9）检查配置是否正确，无误后即可单击“创建”按钮，完成端口组的创建，单击“确定”按钮，创建完成，如图 8-5-16 所示。

图 8-5-16　创建完成

8.5.3 添加本地存储

（1）选择“计算池”选项，选中主机，在“配置”选项卡中选择“存储设备”选项，单击“扫描”按钮，等待任务完成，如图 8-5-17 所示。

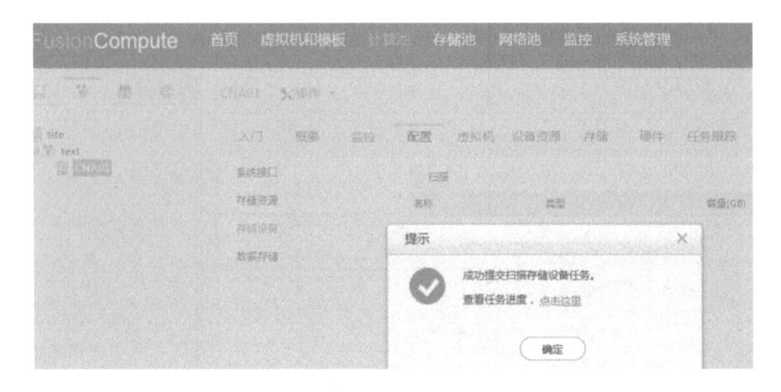

图 8-5-17　扫描存储设备

（2）扫描任务完成后，会在界面中显示当前主机可用的所有本地硬盘，如图 8-5-18 所示。

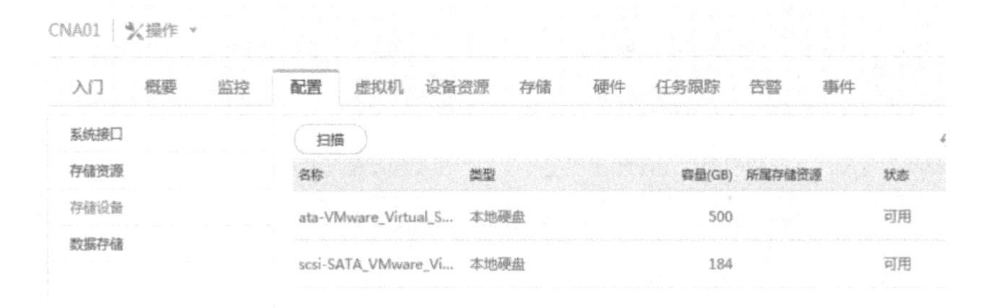

图 8-5-18　本地硬盘

（3）在“配置”选项卡中，单击“数据存储”中的“添加”按钮，添加本地存储设备，如图 8-5-19 所示。

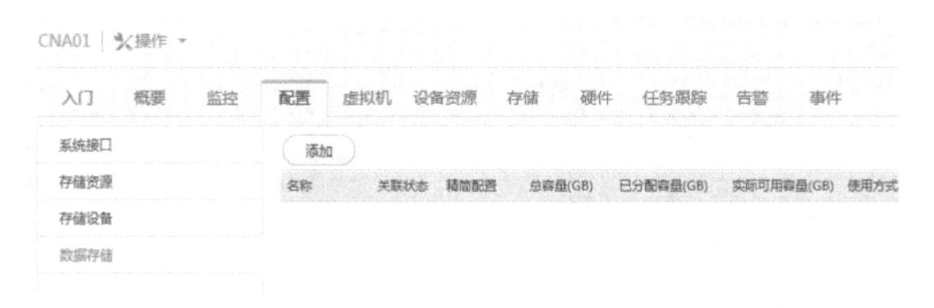

图 8-5-19　添加数据存储

（4）在“添加数据存储”界面中，选择想要添加的本地硬盘，并输入数据存储的名称，选择是否格式化和磁盘分配模式，如图 8-5-20 所示。

（5）当任务进度完成后，可以在存储池中看到添加的本地数据存储，如图 8-5-21 所示。

图 8-5-20　数据存储设置

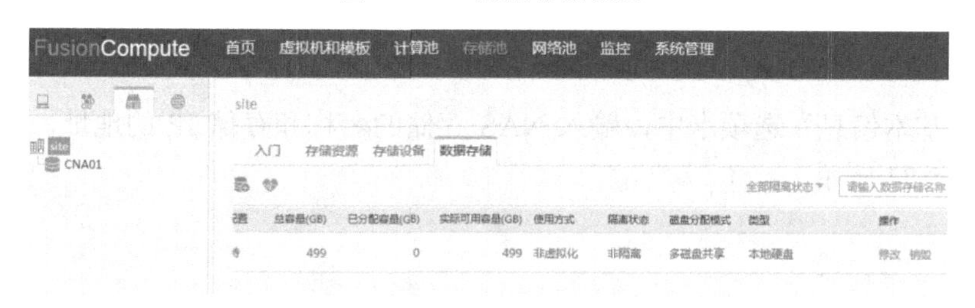

图 8-5-21　添加完成

8.5.4　添加外部存储

（1）选择“存储池”选项，在“入门”选项卡中单击“添加存储资源”按钮，如图 8-5-22 所示。

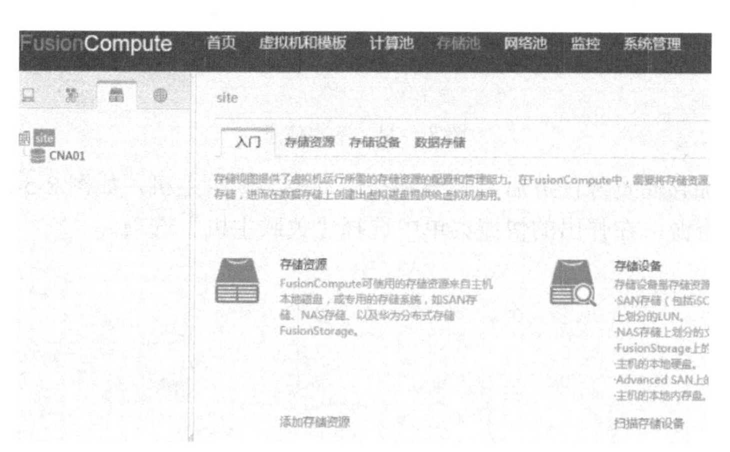

图 8-5-22　添加存储资源

（2）在“存储资源类型”选项卡中，选择要添加数据存储的类型，可以添加普通 SAN 存储、高级 SAN 存储、NAS 存储、分布式存储。根据具体的实验环境选择对应的存储资源，本例中使用的是 NAS 存储，如图 8-5-23 所示。

添加存储资源

存储资源类型　　基本信息

本向导指导您将存储资源添加到FusionCompute。存储资源来自专用的存储设备。
存储设备与主机之间通过网线或光纤连通。这样的存储资源可供多个主机之间共享，称为共享存储资源。

选择存储资源类型：

普通SAN存储

○ FC SAN
FC SAN是光纤通道的SAN存储。
存储设备通过光纤与主机的FC HBA卡连接，提供高速的数据传输。
该操作是为了获取主机WWN。

○ IP SAN
IP SAN是iSCSI通道的SAN存储。
iSCSI使用TCP/IP协议，以普通网线建立主机与存储设备的连接。
在添加存储资源前，应先为所有主机添加存储接口。

高级SAN存储

○ Advanced SAN存储
Advanced SAN，包含XVE存储的V2及V3系列存储，虚特殊的IP SAN，例如V2版本的Huawei OceanS
Advanced SAN自身具有快照、链接克隆等高级特性。

NAS存储

⊙ NAS
NAS存储设备通过NFS协议，在网络中以共享文件目录的形式提供存储资源。
主机与NAS存储设备之间通过普通网线连接，以TCP/IP协议访问存储设备。
在添加存储资源前，应先为所有主机添加存储接口。

分布式存储

图 8-5-23　数据存储类型

（3）在“基本信息”选项卡中，输入 NAS 存储的名称和存储 IP 的地址，单击“完成”按钮，如图 8-5-24 所示。

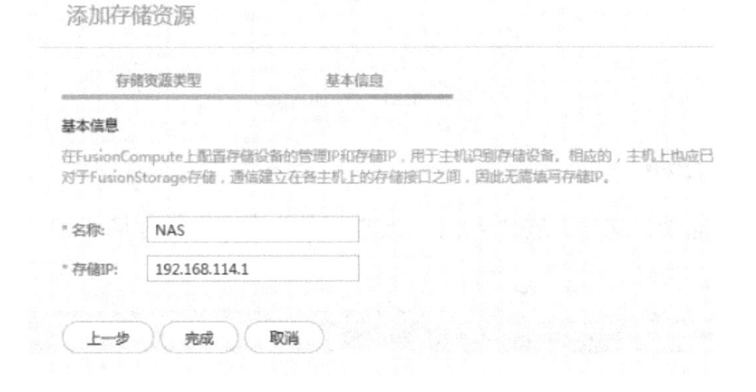

图 8-5-24　基本信息

（4）完成添加存储资源任务后，需要将存储资源关联给主机，如图 8-5-25 所示，右键单击新添加的存储资源，在弹出的快捷菜单中选择“关联主机”选项。

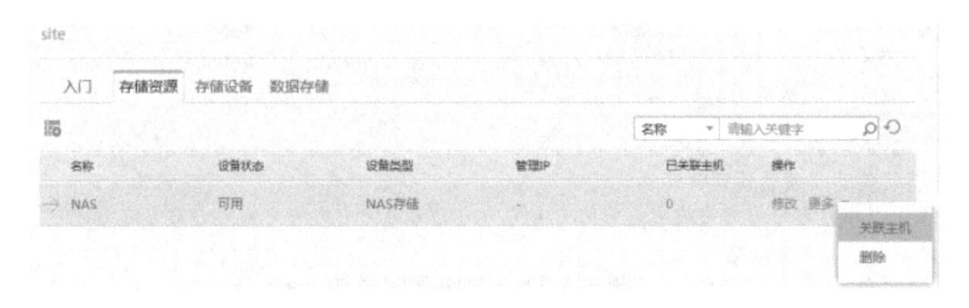

图 8-5-25　关联主机

（5）在“关联主机”对话框中，选择要关联的主机，如图 8-5-26 所示。

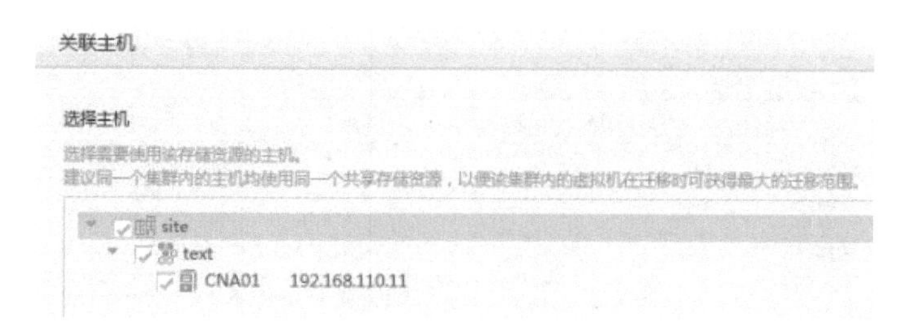

图 8-5-26　选择主机

（6）成功关联主机后，可以在“存储资源”选项卡中看到对应 NAS 存储关联主机的数量，如图 8-5-27 所示。

图 8-5-27　关联主机成功

（7）在“存储设备”选项卡中，扫描存储设备并发现 NAS 存储资源，如图 8-5-28 所示。

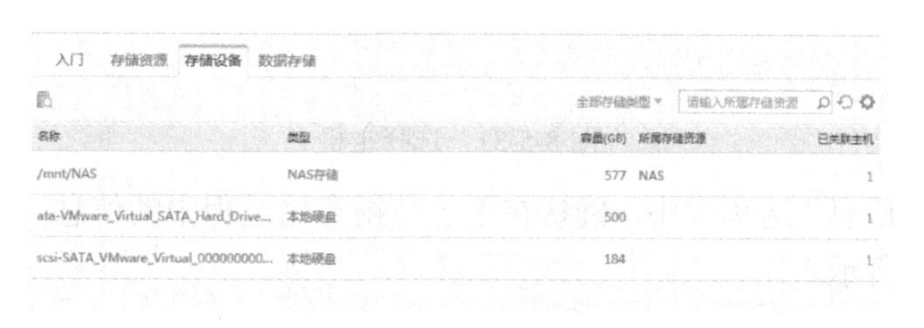

图 8-5-28　扫描存储设备

（8）选择“数据存储”选项卡，在“选择数据存储和设备”中选择存储资源类型、存储资源和存储设备，单击“下一步”按钮，如图 8-5-29 所示。

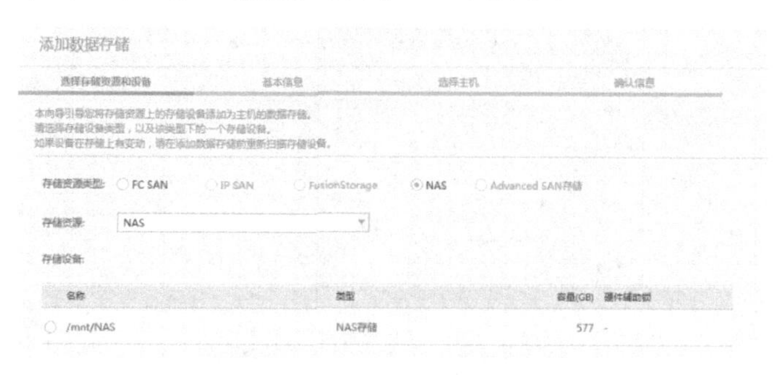

图 8-5-29　选择数据存储和设备

（9）在“基本信息”选项卡中，输入“数据存储名称”，选择“使用方式”为“虚拟化”，单击“下一步”按钮，如图 8-5-30 所示。

添加数据存储

选择存储资源和设备　基本信息　选择主机　确认信息

设置数据存储的名称和使用方式。存储设备将以该名称和使用方式添加为主机的数据存储。

* 数据存储名称：NAS

使用方式：虚拟化

描述：

上一步　下一步　取消

图 8-5-30　基本信息

（10）在“选择主机”选项卡中，选择使用该数据存储的主机，由于虚拟机只能使用其所在主机所关联的数据存储，因此数据存储应至少添加到一个集群内的所有主机，如图 8-5-31 所示。

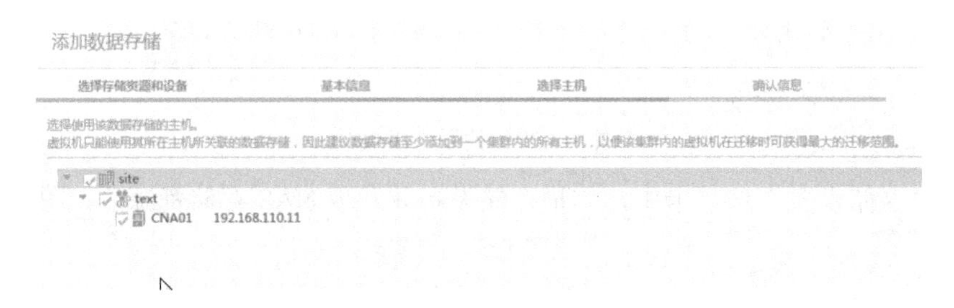

图 8-5-31　选择主机

（11）在“确认信息”选项卡中，确认在添加数据存储过程中的信息，无误后单击“完成”按钮，如图 8-5-32 所示。

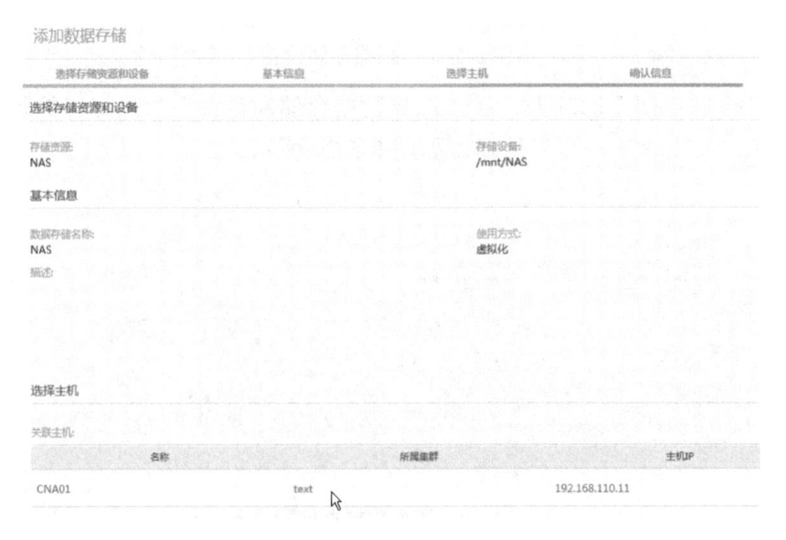

图 8-5-32　确认信息

（12）配置完成后，可以在“存储池”下面的“数据存储”选项卡中查看添加的 NAS 存储，也可以在“计算池”下面的“配置”选项卡中的“数据存储”选项卡中查看是否关联了

NAS 存储，如图 8-5-33、8-5-34 所示。

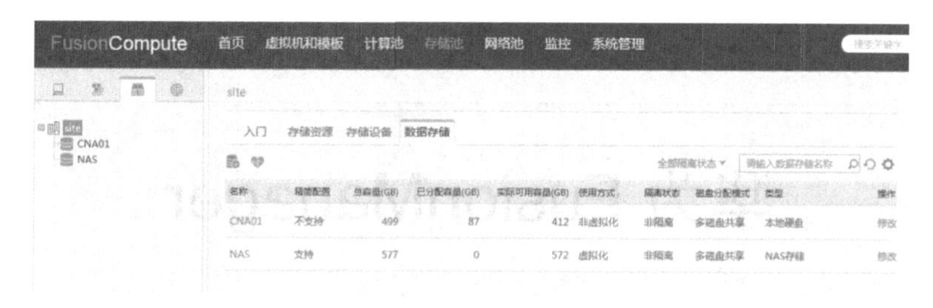

图 8-5-33　查看存储池

图 8-5-34　查看主机存储

习　题

一、简答题

1．FusionSphere 架构的主要组件有哪些？

2．FusionSphere 的特性有哪些？

3．FusionCompute 的特点有哪些？

二、操作题

1．安装和配置 CNA。

2．安装和配置 VRM。

3．在 FusionCompute 中添加计算资源、存储和网络资源。

项目 9

华为 FusionManager

本项目学习目标

知识目标

- 掌握 FusionManager 的架构和功能；
- 掌握 FusionManager 的安装和配置；
- 掌握管理员视图操作；
- 掌握租户视图操作。

能力目标

- 能够安装 FusionManager；
- 能够实现管理员视图操作；
- 能够实现租户视图操作。

任务 9.1　FusionManager 介绍

9.1.1　FusionManager 定位

FusionManager 是华为公司提供的面向硬件设备、虚拟化资源与应用的管理软件。华为 FusionManager 是云管理系统，通过统一的接口，对计算、网络和存储等虚拟资源进行集中调度和管理，提升运维效率，保证系统的安全性和可靠性，帮助运营商和企业构筑安全、绿色、节能的云数据中心。主要作用如下：

- 异构虚拟化管理：例如 FusionManager 可以同时管理华为的 FusionCompute 和 VMware 的 vCenter Server 虚拟化平台；
- 物理设备监控：可以监控物理设备的温度、风扇、告警等；
- 提供虚拟化资源分配：可以将虚拟化资源分配给不同的用户；
- 多数据中心统一管理：可以管理多数据中心的虚拟化平台。

FusionManager 在 FusionSphere 解决方案中的定位如图 9-1-1 所示。FusionManager 的定位是以云服务自动化管理和资源智能运维为核心，提供虚拟和物理资源接入、资源自动化管理及资源的可用性和安全保障等功能，为用户带来快速、精简的云数据中心管理体验。

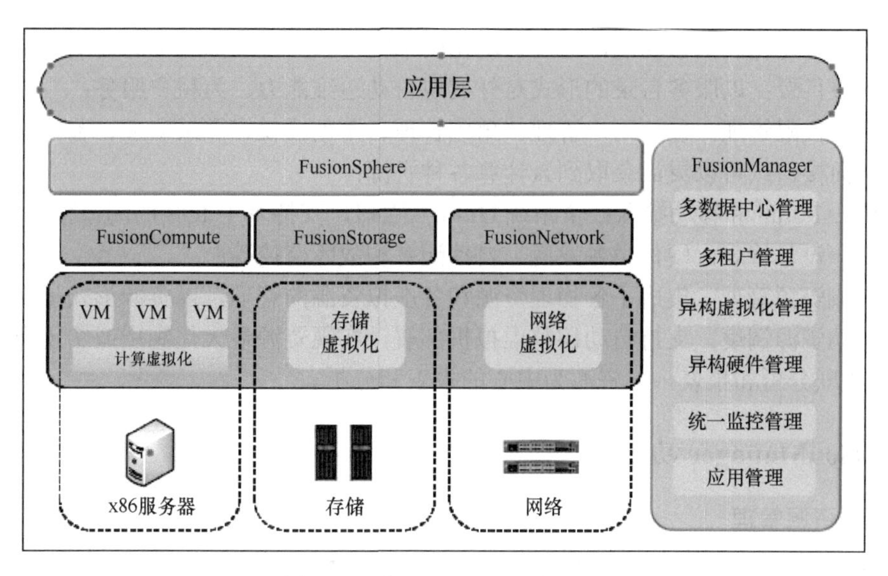

图 9-1-1　FusionManager 的定位

9.1.2　FusionManager 架构

FusionManager 是采用 SOA（Service-Oriented Architecture，面向服务的架构）开发的，整体架构如图 9-1-2 所示。

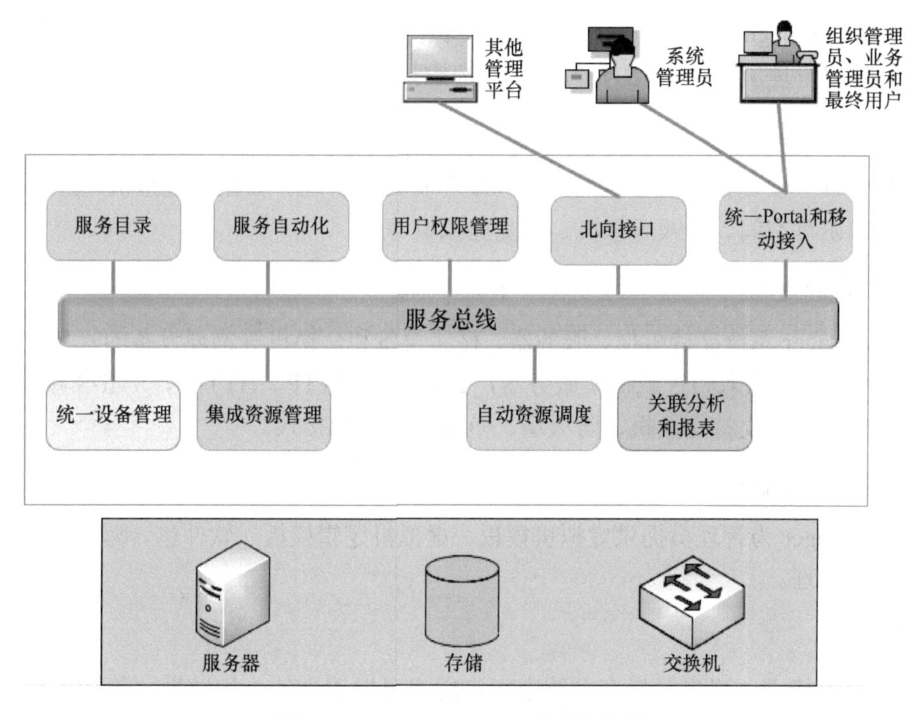

图 9-1-2　FusionManager 整体架构图

各部分具体说明如下：

（1）服务总线：公共服务包括服务总线和开发框架；

（2）服务自动化：核心功能，通过自动化引擎实现服务在虚拟机上的自动化部署；
（3）服务目录：以服务目录的形式对外展现自动运维能力，为租户服务；
（4）用户权限管理：包括用户管理、角色管理、角色授权、登录认证、鉴权等功能；
（5）北向接口：可以灵活获取到云计算各种资源；
（6）统一 Portal 和移动接入：全系统 UI 唯一入口，支持基于 IOS 的端口接入；
（7）统一设备管理：硬件设备发现、自动配置和故障监控等；
（8）集成资源管理：集成了各物理资源和各虚拟资源的管理，以资源形式呈现；
（9）自动资源调度：支持自动调整虚拟机部署，实现资源最大化利用或实现节能目标；
（10）关联分析和报表：以资源为中心的报表和分析。

9.1.3 FusionManager 功能

1. 集群资源管理

在 FusionSphere 解决方案中，在虚拟化环境（如 FusionCompute）上实现了创建资源集群、删除资源集群等功能。在 FusionManager 中实现查询资源集群、资源集群性能监控和资源集群的调度策略等功能。

2. 基于角色的访问控制

管理员可以通过用户、角色、域和 VDC 的管理，使不同用户操作权限相互独立，实现数据隔离。FusionManager 将用户分为系统管理员和租户。系统管理员可以对系统所有资源进行管理；租户只能管理所属 VDC 的资源，如创建虚拟机、创建应用、启动或停止虚拟机。

3. 虚拟机管理

虚拟机管理主要是指对虚拟机的生命周期和资源的管理。如创建虚拟机、迁移虚拟机、为虚拟机增加磁盘空间、销毁虚拟机、修复虚拟机等。

4. 物理资源管理

FusionManager 系统支持机框、服务器、存储设备和交换机等物理设备的管理，支持使用 SNMP 和 IPMI 协议接入刀片或机架服务器，支持使用 HTTP、HTTPS、SMI-S 接入 SAN 存储和 FusionStorage，支持交换机、防火墙、负载均衡器的接入。

5. 虚拟机模板管理

FusionManager 为管理员提供虚拟机模板、虚拟机逻辑模板、软件包、脚本、虚拟机规格和应用模板的管理。

6. 租户

在云计算架构中，租户是指在系统中指定用户可以识别的一切数据，包括用户在系统中创建的各种数据，以及用户本身自定义创建的各种应用环境等。

7. VDC

VDC（Virtual Data Center）是一种将云计算技术应用在物理数据中心的技术，通过云计算技术将传统数据中心的资源变成一种云服务提供给租户。VDC 可以对云数据中心内的 CPU、内存资源、存储和网络进行管理，向最终用户提供一个虚拟的所见即所得的数据中心。

8．VPC

租户配置 VPC（Virtual Private Cloud，虚拟私有云）来使用 VDC 中的网络资源。VPC 是 VDC 中的资源逻辑隔离分区，用户可在 VPC 中使用虚拟网络资源，如 IP 地址、子网、网关等。用户可通过 FusionManager 在 VDC 中创建自己的 VPC。

任务 9.2　安装和配置 FusionManager

9.2.1　安装 FusionManager

（1）解压缩 FusionCompute 安装工具，运行“FusionCompute Installer.exe”，弹出“安装准备”界面。选择语言与要安装的组件，如图 9-2-1 所示。

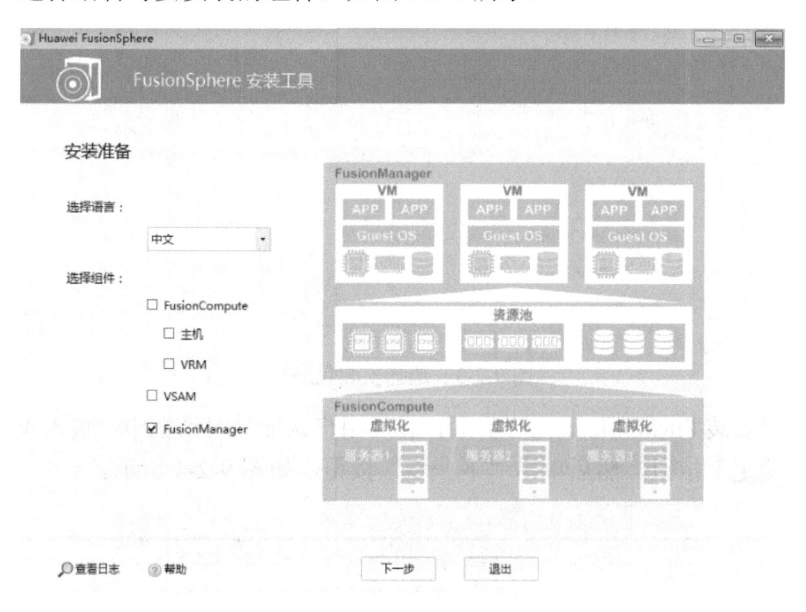

图 9-2-1　安装界面

（2）在“安装准备”界面中选择安装模式，可以选择的安装模式分为“典型安装”和“自定义安装”两种，典型模式中大部分参数为默认设置，方便用户简便安装。自定义安装中所有参数配置均为用户自定义，本例中选择“自定义安装”，然后单击“下一步”按钮，如图 9-2-2 所示。

（3）在“选择安装包路径”界面中单击“浏览”按钮，选择安装包所在路径，单击“开始检测”按钮，待检测完成后，单击“下一步”按钮，如图 9-2-3 所示。

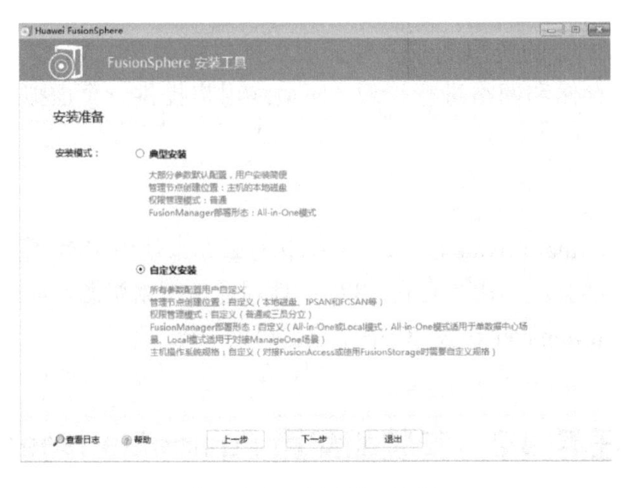

图 9-2-2　安装模式选择

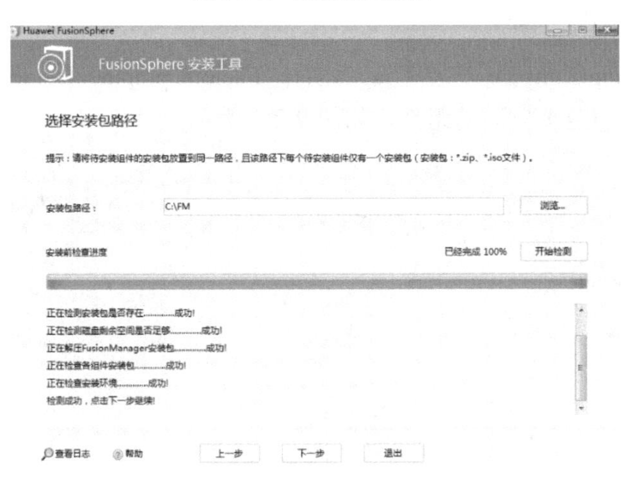

图 9-2-3　选择安装包路径

（4）进入“安装 FusionManager”界面，在“用户认证”对话框中，输入 VRM 的浮动 IP 地址，单击“确定”按钮，然后单击“下一步”按钮，如图 9-2-4 所示。

图 9-2-4　用户认证

（5）进入“权限管理模式”界面，设置用户权限，可以选择用户模式为“普通模式”或者“三员分立模式”，“普通模式”中单个账户拥有系统内所有操作权限，“三员分立模式”中单个用户只能拥有系统管理员、安全管理员和安全审计员三者中的一种身份，本例中使用“普通模式”，如图 9-2-5 所示。单击“下一步”按钮。

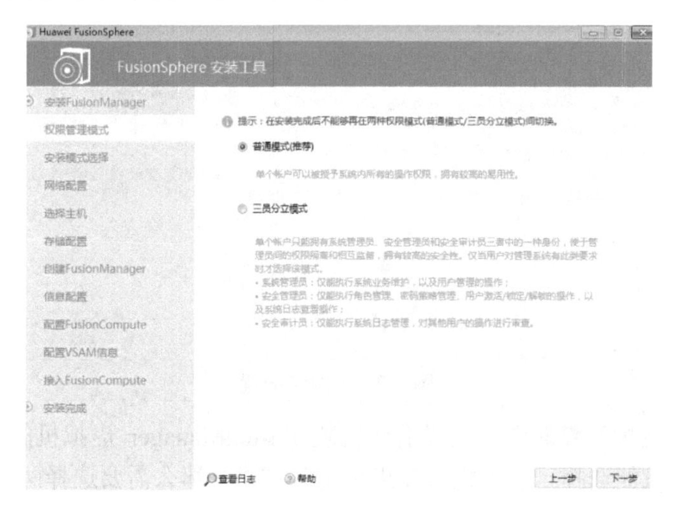

图 9-2-5　权限管理模式

（6）在“安全模式选择”界面中，设置部署模式，配置模式和虚拟机规模，部署模式可以选择“All-In-One”和“Local FusionManager”部署，“All-In-One”部署模式是 FusionManager 的服务合一部署模式，“Local FusionManager”部署模式是仅部署 Local FusionManager。配置模式可以选择“单节点部署”和“主备部署”。本例使用“All-In-One”部署模式和“单节点部署”配置模式，并设置最小的虚拟机规模为 200VM，如图 9-2-6 所示。单击“下一步”按钮。

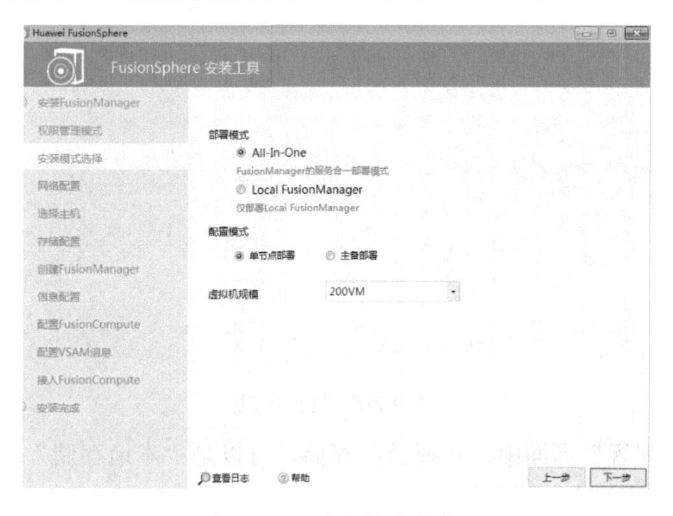

图 9-2-6　安装模式选择

（7）在“网络配置”界面中，配置网络信息，主节点名称是部署的 FusionManager 虚拟机名称，IP 地址、网关地址、子网掩码和端口组等均为 FusionManager 的网络信息，输入预先规划的参数，并单击“下一步”按钮，如图 9-2-7 所示。

图 9-2-7　网络配置

（8）在“选择主机”界面中，选择需要安装 FusionManager 虚拟机的主机信息，如果是单节点部署，那么只能选择一台主机，如果是主备模式，那么需要选择两台主机，如图 9-2-8 所示。单击“下一步”按钮。

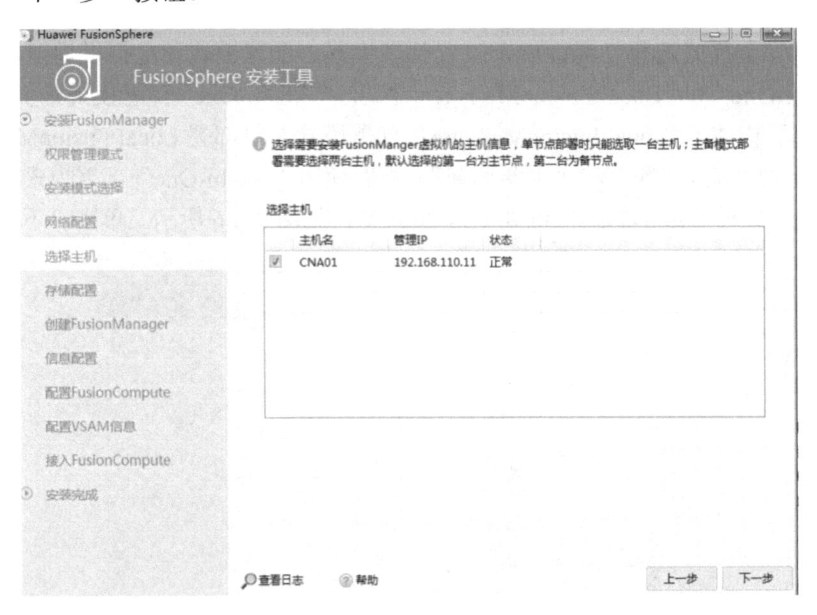

图 9-2-8　选择主机

（9）在“存储配置”界面中，选择数据存储，可以是“本地存储”或者“共享存储”，如图 9-2-9 所示。单击“下一步”按钮。

（10）在“创建 FusionManager”界面中，单击“开始安装 FusionManager”按钮，当进度达 100%后，单击“下一步”按钮，如图 9-2-10 所示。

（11）在“信息配置”界面中，勾选“是否接入 FusionCompute”，单击“开始配置 Fusion Manager”按钮，当进度达到 100%后，单击“下一步”按钮，如图 9-2-11 所示。

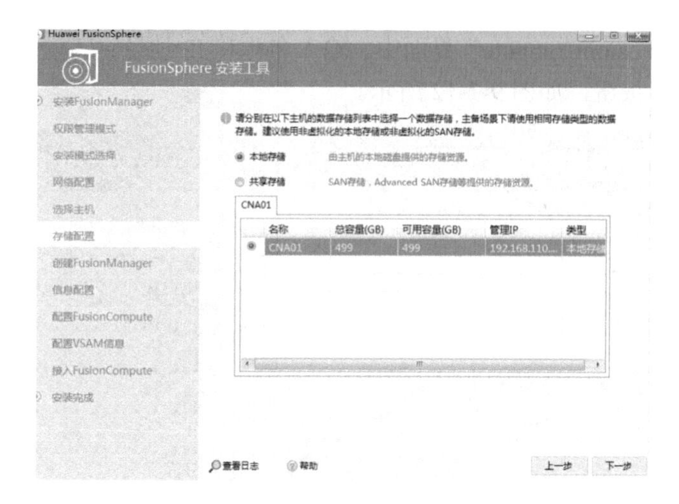

图 9-2-9　存储配置

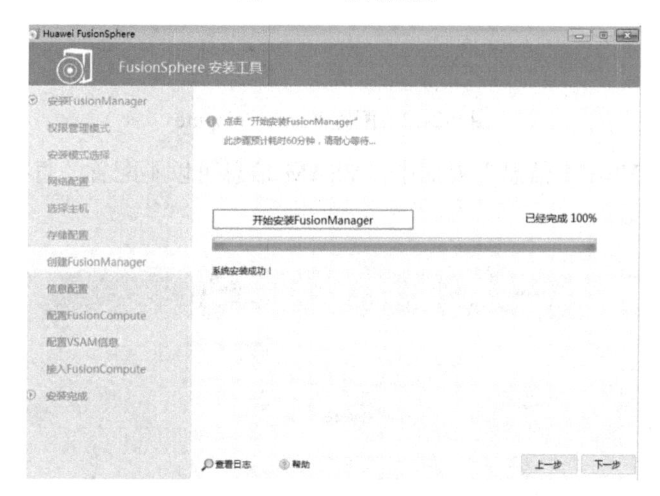

图 9-2-10　创建 FusionManager

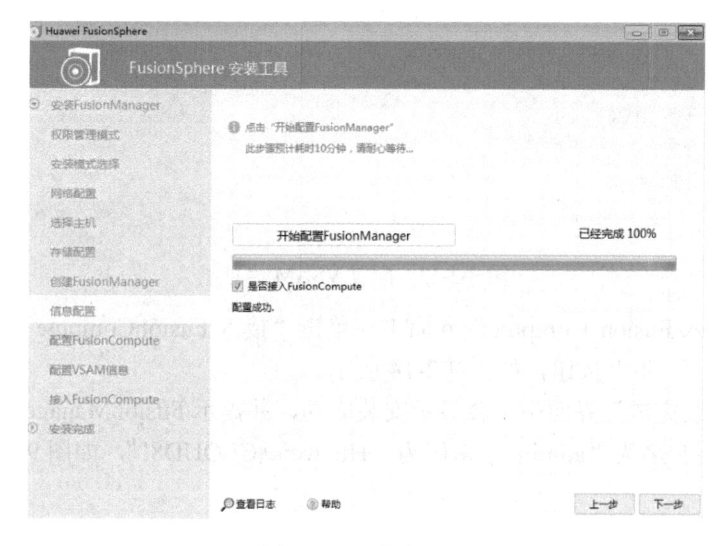

图 9-2-11　信息配置

（12）在“配置 FusionCompute”界面中，输入名称和 IP 地址，其他配置使用默认参数即可，单击“下一步”按钮，如图 9-2-12 所示。

图 9-2-12　配置 FusionCompute

（13）在“配置 VSAM 信息”界面中，VSAM 信息可以不配置，直接单击“下一步”按钮，如图 9-2-13 所示。

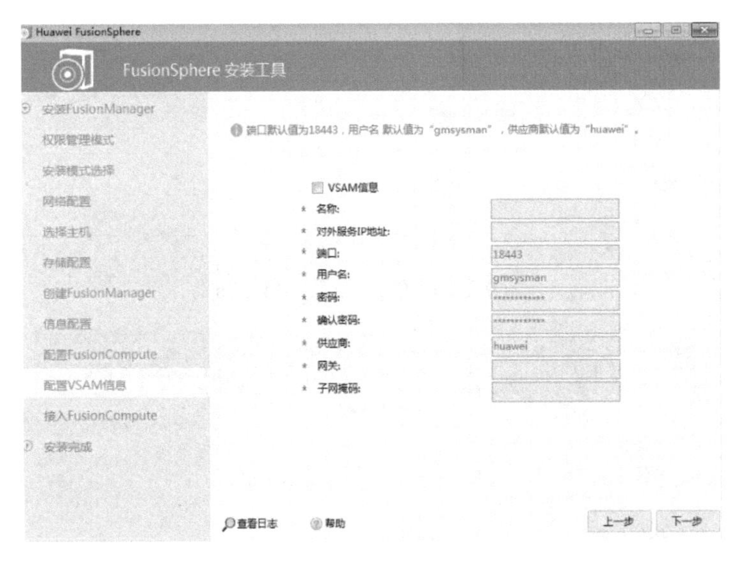

图 9-2-13　配置 VSAM 信息

（14）在“接入 Fusion Compute”界面中，单击“接入 FusionCompute”按钮，进度达到 100%后，单击“下一步”按钮，如图 9-2-14 所示。

（15）在“安装完成”界面中，会显示安装成功，并提示 FusionManager 的登录地址及账户信息，默认的用户名为“admin”，密码为“Huawei@CLOUD8!”，如图 9-2-15 所示。

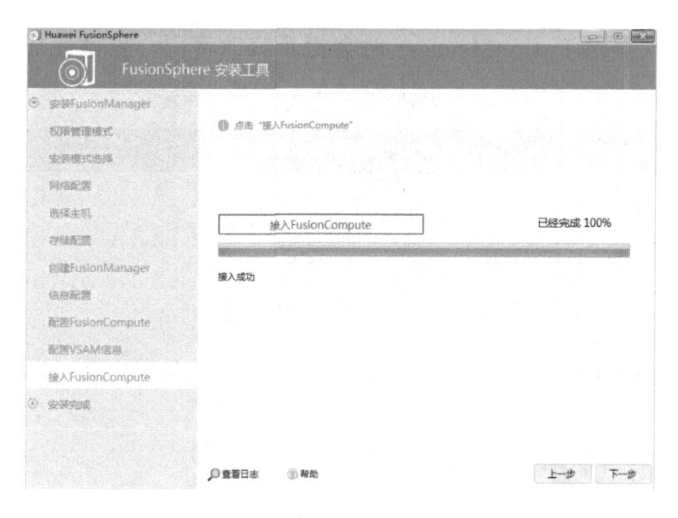

图 9-2-14　接入 FusionCompute

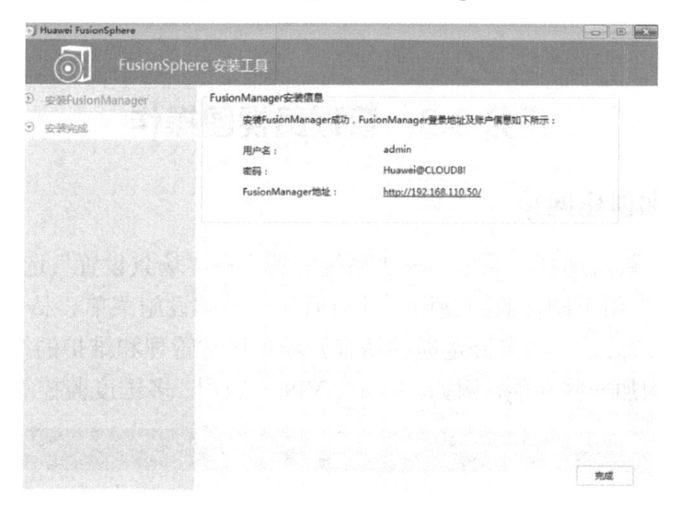

图 9-2-15　安装完成

9.2.2　登录 FusionManager

（1）在浏览器中输入 FusionManager 浮动 IP 地址，输入用户名和密码，单击“登录”按钮，如图 9-2-16 所示。

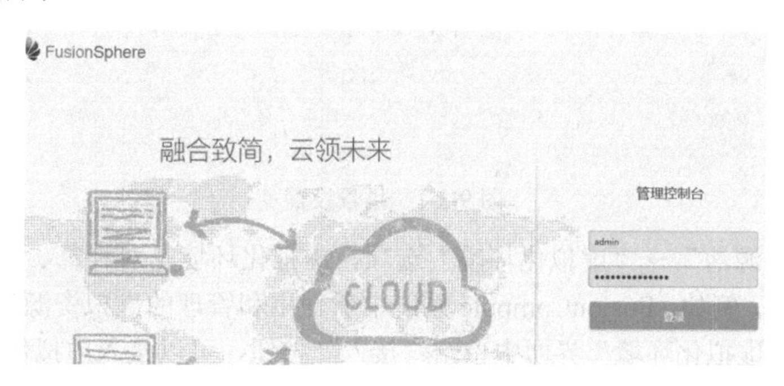

图 9-2-16　登录界面

（2）用户第一次登录 FusionManager 时会提示修改密码，修改完成后进入主界面，如图 9-2-17 所示。

图 9-2-17　主界面

任务 9.3　管理员视图操作

9.3.1　关联资源和创建网络

（1）在主界面中依次选择“系统”→“系统配置”→“场景设置”选项，在“场景设置”界面中，“基础设施”用于硬件监控使用，开启后显示基础设施菜单。私有云场景默认开启。本例中需要开启“私有云”。私有云是提供私有云场景日常管理和维护的统一入口，在多虚拟化场景的基础上会增加一些功能，例如，VDC、VPC、应用、多维度监控等，如图 9-3-1 所示。

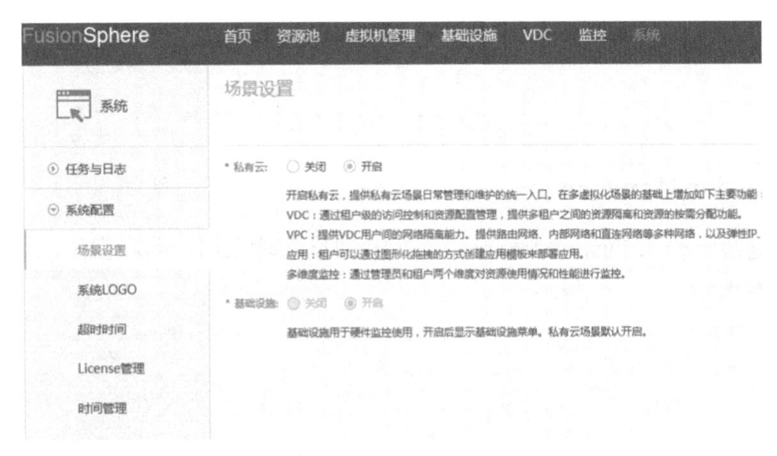

图 9-3-1　场景设置

（2）选择“资源池”→“虚拟化环境”选项，虚拟化环境是对计算、存储和网络等资源进行虚拟化的软件，例如，FusionCompute 系统中所使用和管理的虚拟资源均来源于虚拟化环境中的资源。在“虚拟化环境”界面中单击“接入”按钮，可以接入虚拟化环境，如图 9-3-2 所示。

图 9-3-2 虚拟化环境

（3）选择“资源池”→“计算资源池”选项，添加计算资源，计算资源池是接入的虚拟化环境中的资源集群，只有关联到资源分区中，其计算资源才能够被 FusionManager 用于虚拟机或应用的发放。在“计算资源地”界面中单击“关联资源集群”按钮，如图 9-3-3 所示。

图 9-3-3 计算资源池

（4）在“关联资源集群”界面中，选择需要关联的资源集群，如图 9-3-4 所示。

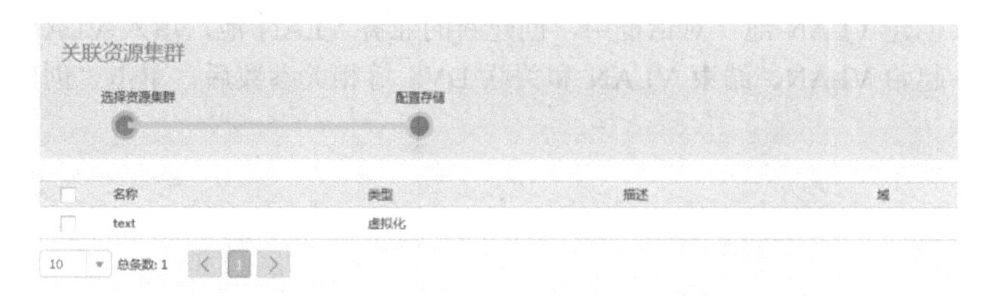

图 9-3-4 选择资源集群

（5）在“关联资源集群”界面中配置存储，默认即可，单击“下一步”按钮，如图 9-3-5 所示。

（6）“计算资源池”配置完成后，会在界面中显示相关资源的信息，如图 9-3-6 所示。

（7）选择“资源池”→“网络资源池”→“VLAN 池”选项，VLAN 池为基础网络配置，为外部网络、VPC 网络、VXLAN 特性等业务提供 VLAN 环境。单击“创建”按钮，如图 9-3-7 所示。

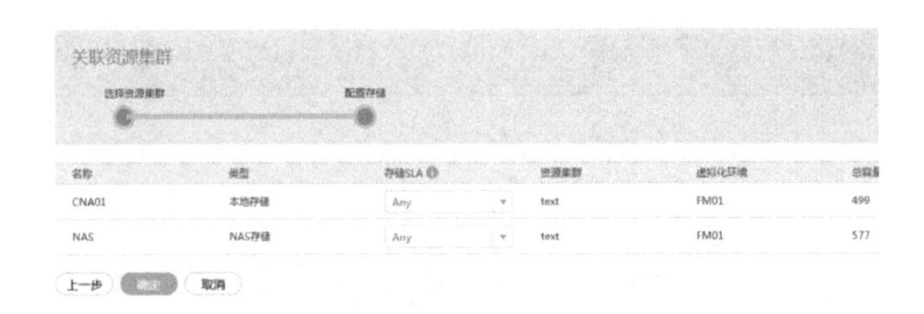

图 9-3-5　配置存储

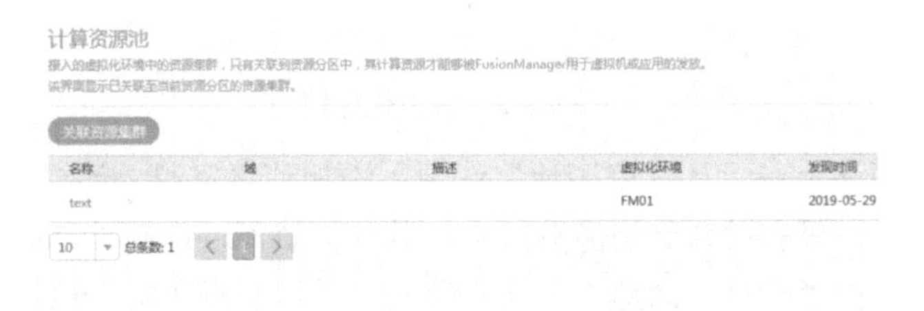

图 9-3-6　显示资源信息

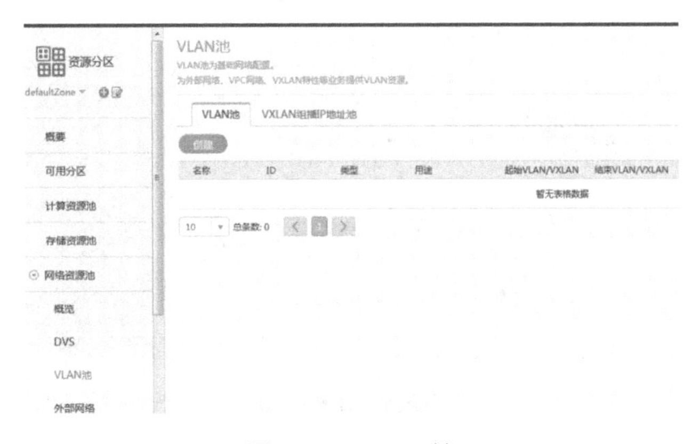

图 9-3-7　VLAN 池

（8）在“创建 VLAN 池”对话框中，创建新的业务 VLAN 池，填入 VLAN 池的名称、类型、用途、起始 VLAN、结束 VLAN 和关联 DVS 等相关参数后，单击“创建”按钮，如图 9-3-8 所示。

图 9-3-8　创建 VLAN 池

（9）VLAN 池创建完成后，会在界面中显示已经创建好的池，如图 9-3-9 所示。

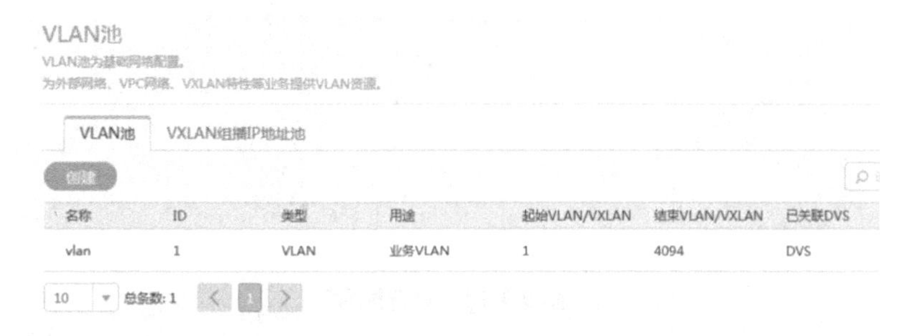

图 9-3-9　创建完成

9.3.2　创建可用分区

（1）选择“资源池”→“可用分区”选项，可用分区是面向用户的资源的集合，将资源分区中相同性能属性的资源集群划分在同一可用分区，发放业务时，可根据需要选择。在“可用分区”界面中单击“创建”按钮，如图 9-3-10 所示。

图 9-3-10　创建可用分区

（2）进入“创建可用分区”界面，在“基本信息”界面中，填写可用分区名称，本例为“zone”，如图 9-3-11 所示。

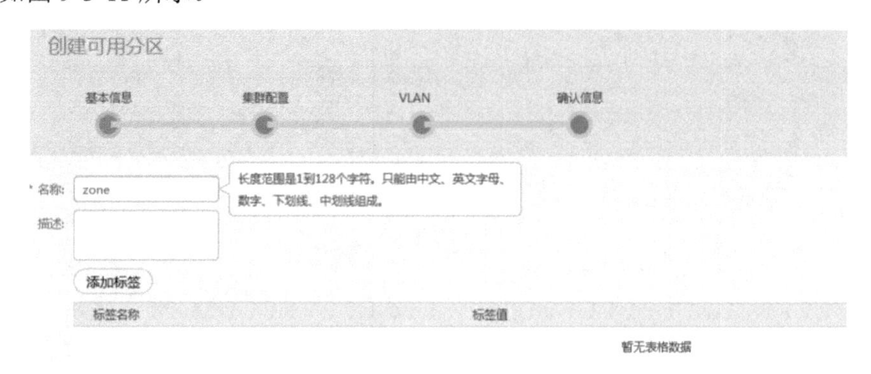

图 9-3-11　基本信息

（3）在“集群配置”界面中，单击“添加资源集群”按钮，如图 9-3-12 所示。在弹出的对话框中勾选资源集群，单击“确定”按钮。

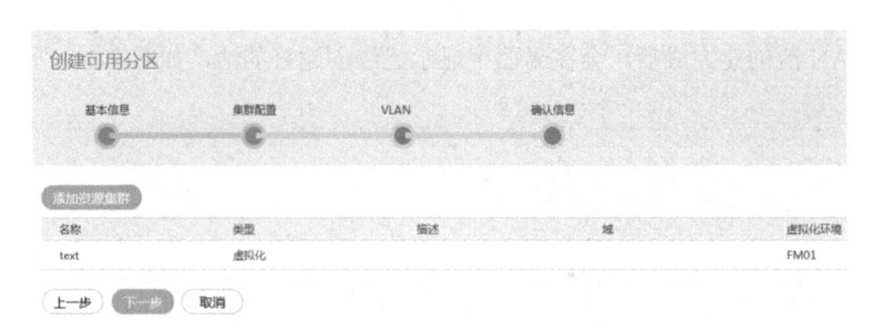

图 9-3-12　集群配置

（4）在“VLAN”界面中填写 VLAN ID，在“可用 VLAN”中为该可用分区选择可供租户在 VPC 中创建网络所使用的 VLAN。单击“下一步”按钮，如图 9-3-13 所示。

图 9-3-13　VLAN

（5）在“确认信息”界面中，确认配置的可用分区信息，确认无误后，单击“添加”按钮，如图 9-3-14 所示。

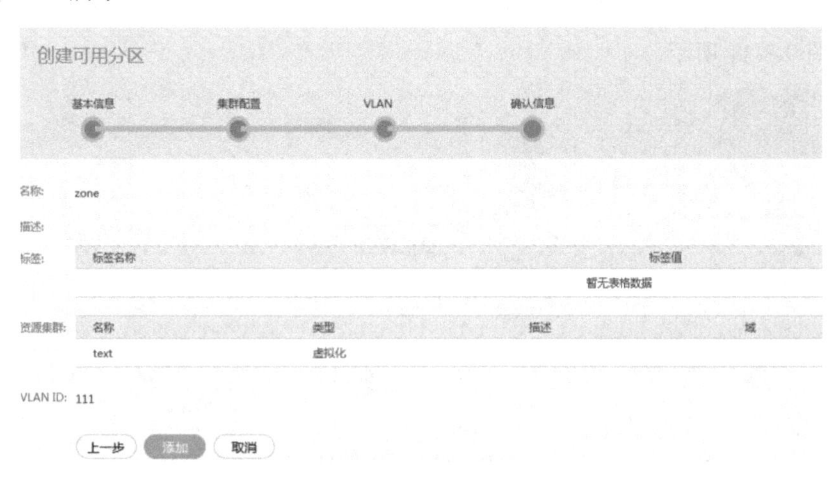

图 9-3-14　确认信息

（6）添加完成后，会显示创建的可用分区。如图 9-3-15 所示。

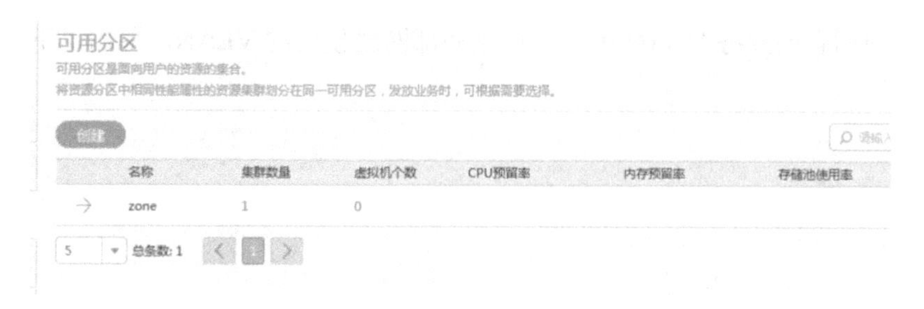

图 9-3-15　创建完成

9.3.3　创建外部网络

（1）选择“资源池”→“网络资源池”→“外部网络”选项，外部网络是用于连接系统外网络的网络，系统外网络即为用户已有的网络，可以是企业内部网络，也可以是公共网络（Internet）等。在“外部网络”界面中单击“创建”按钮，如图 9-3-16 所示。

图 9-3-16　外部网络

（2）进入“创建外部网络”界面，在“基本信息”界面中，填写外部网络名称，“连接方式”选择“子网（普通 VLAN）”，每个 VLAN 对应一个子网，并由系统对子网中的 IP 地址进行管理。单击“下一步”按钮，如图 9-3-17 所示。

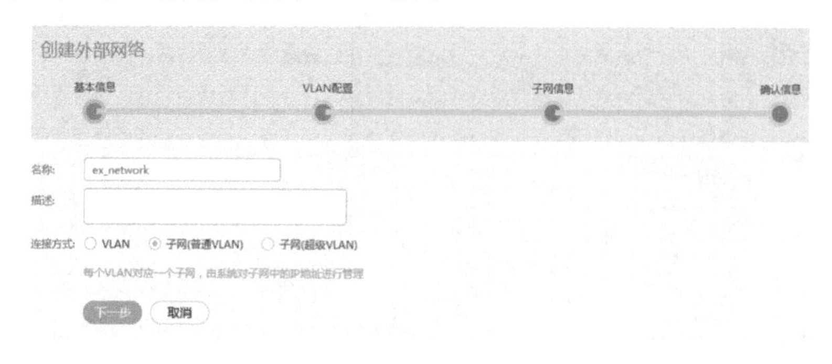

图 9-3-17　基本信息

（3）在“VLAN 配置”界面中填写 VLAN ID，勾选“DVS”，要为外部网络配置一个 VLAN，若使用资源分区 VLAN 池中的业务 VLAN，则需要先确定其可用的一个或多个 DVS，然后在所选 DVS 共同拥有的业务 VLAN 中，选择该外部网络使用的 VLAN。单击“下一步”按钮，如图 9-3-18 所示。

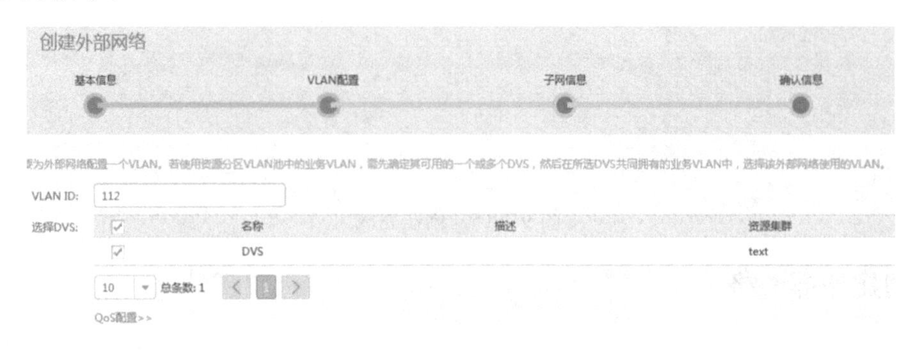

图 9-3-18　VLAN 配置

（4）在“子网信息”界面中，根据规划填写外部网络的子网 IP 地址、子网掩码和网关等信息，并确认是否连接 Internet，如图 9-3-19 所示。

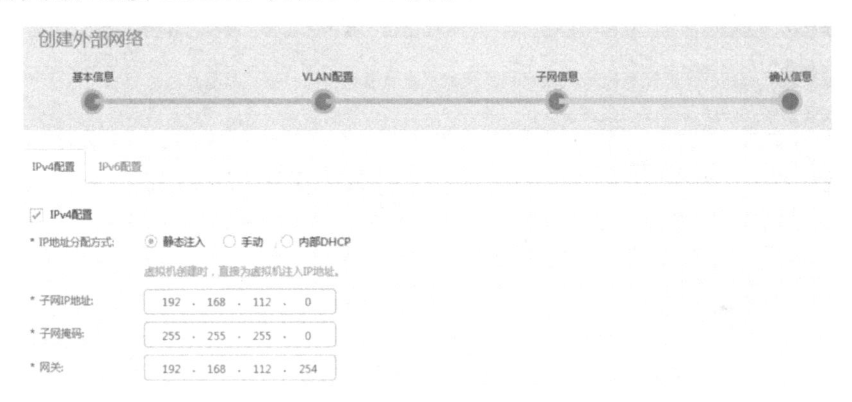

图 9-3-19　子网信息

（5）在“确认信息”界面中，确认创建外部网络信息无误后，单击“创建”按钮，如图 9-3-20 所示。

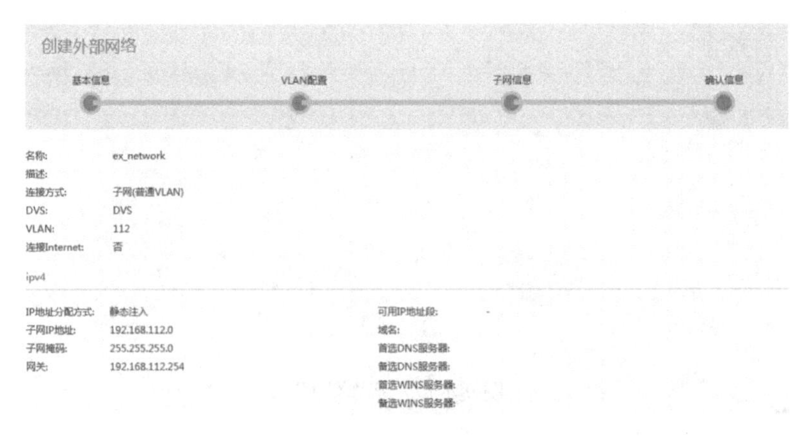

图 9-3-20　确认信息

（6）创建完成后，在“外部网络”界面中可以查看，如图 9-3-21 所示。

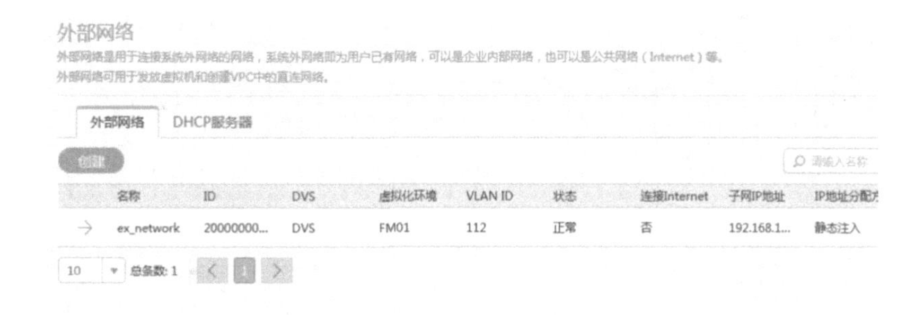

图 9-3-21　创建完成

9.3.4　创建与管理 VDC

（1）选择“VDC”→“VDC 管理”选项，VDC 是用户使用虚拟资源的单位，由 VDC 管理员进行管理，可以为 VDC 增加或删除用户，选择可以使用的资源范围并设置资源配额。单击“创建 VDC”按钮，如图 9-3-22 所示。

图 9-3-22　VDC 管理

（2）进入“创建 VDC”界面，在“基本信息”界面中，填写 VDC 名称，设置配额，配额可以选择“不限”或“限制”。单击“下一步”按钮，如图 9-3-23 所示。

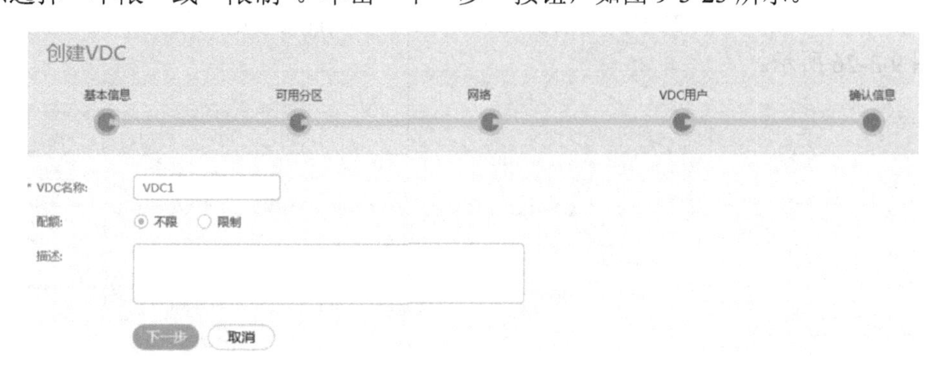

图 9-3-23　基本信息

（3）在“可用分区”界面中，勾选待选择区的可用分区，单击“”按钮和“下一步”按钮，如图 9-3-24 所示。

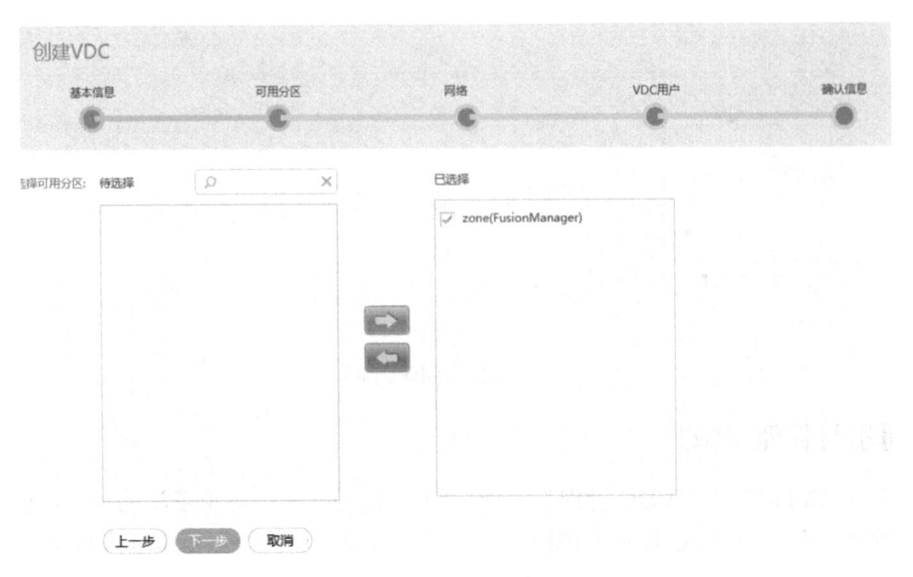

图 9-3-24　可用分区

（4）在“网络”界面中，选择外部网络，可指定某些网络或选择全部。单击“下一步”按钮，如图 9-3-25 所示。

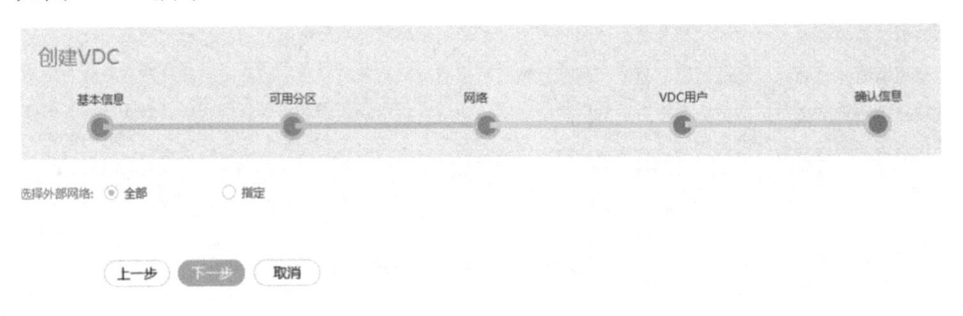

图 9-3-25　网络

（5）在“VDC 用户”界面中，不需要选择默认用户，后续可以创建。单击“下一步”按钮，如图 9-3-26 所示。

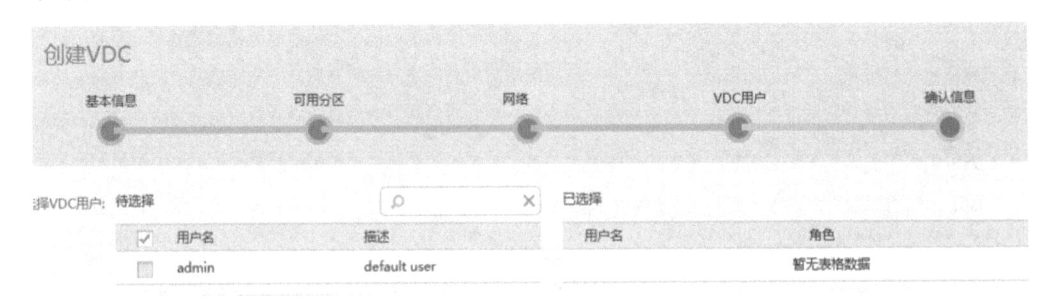

图 9-3-26　VDC 用户

（6）在“确认信息”界面中，确认配置信息无误后，单击“创建”按钮，如图 9-3-27 所示。

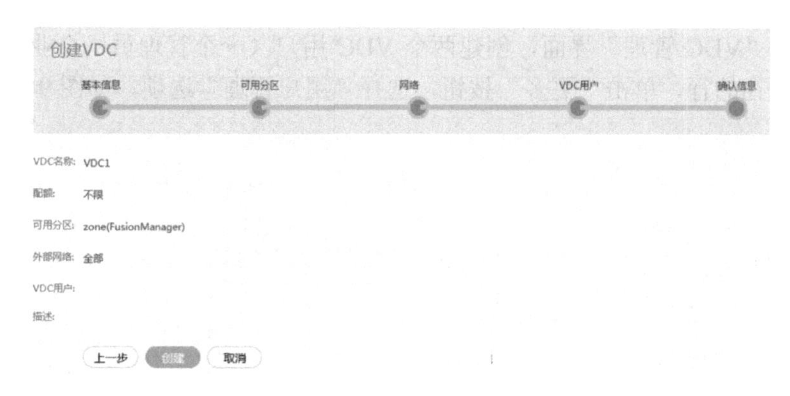

图 9-3-27　确认信息

（7）创建完成后，在“VDC 管理”界面中可查看相关信息，如图 9-3-28 所示。

图 9-3-28　创建完成

（8）创建 VDC 完成后，需要指定外部网络。进入“VDC 管理”界面，在需要操作的 VDC 所在的行，单击“更多”按钮，选择“外部网络管理”选项。如图 9-3-29 所示。

图 9-3-29　指定外部网络

（9）在“外部网络管理”界面，可指定某个网络，单击“关闭”按钮，如图 9-3-30 所示。

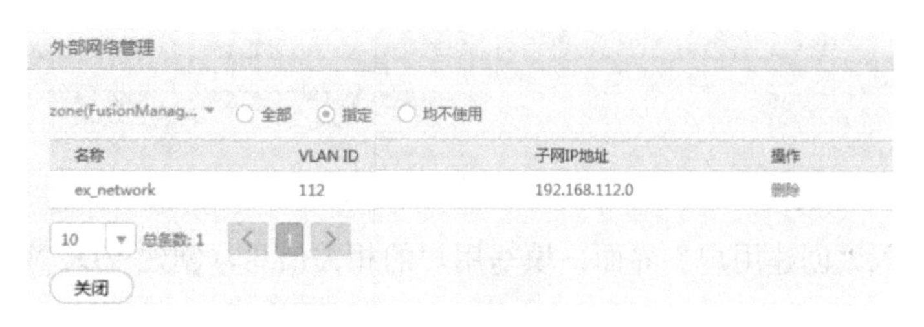

图 9-3-30　外部网络管理

（10）回到“VDC 管理”界面，创建两个 VDC 用户（一个管理员一个业务员）。在需要操作的 VDC 所在的行，单击“更多”按钮，选择“用户管理”选项，如图 9-3-31 所示。

图 9-3-31　创建 VDC

（11）在“用户管理”界面，可以选择“添加已有用户”和“创建用户”，本例需要创建新的用户。单击“创建用户”按钮，如图 9-3-32 所示。

图 9-3-32　用户管理

（12）在“创建用户”界面中，填写用户的相关信息，创建 VDC 管理员 VDC1-admin，如图 9-3-33 所示。

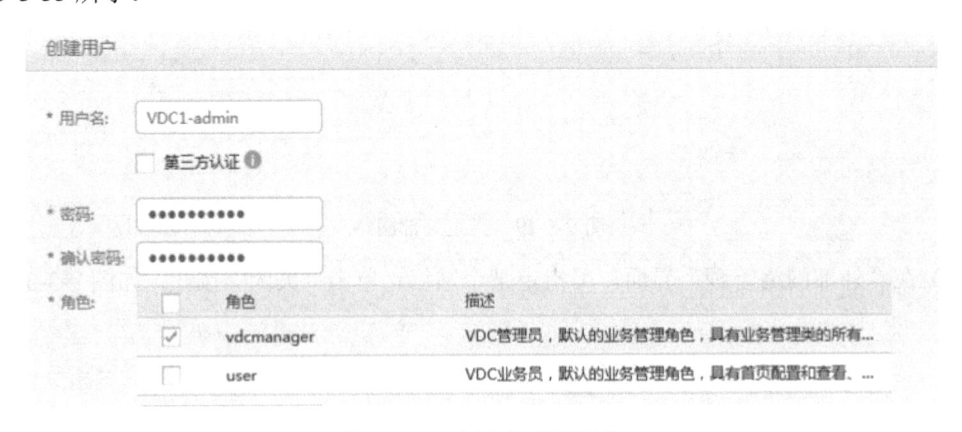

图 9-3-33　创建管理员用户

（13）重新进入“创建用户”界面，填写用户的相关信息，创建 VDC 业务员 VDC1-user，如图 9-3-34 所示。

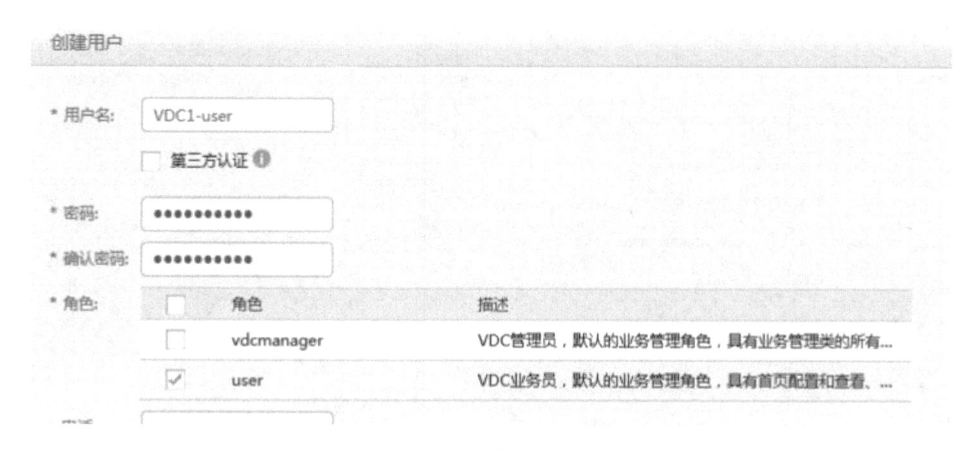

图 9-3-34　创建业务员用户

（14）创建完成后，在“用户管理”界面可查看创建的用户，如图 9-3-35 所示。

图 9-3-35　创建完成

（15）在主界面中选择“虚拟机管理”→“虚拟机模板”选项，在需要操作的虚拟机模板的所在行，单击“更多”按钮，选择“修改虚拟机模板基本信息”选项，如图 9-3-36 所示。

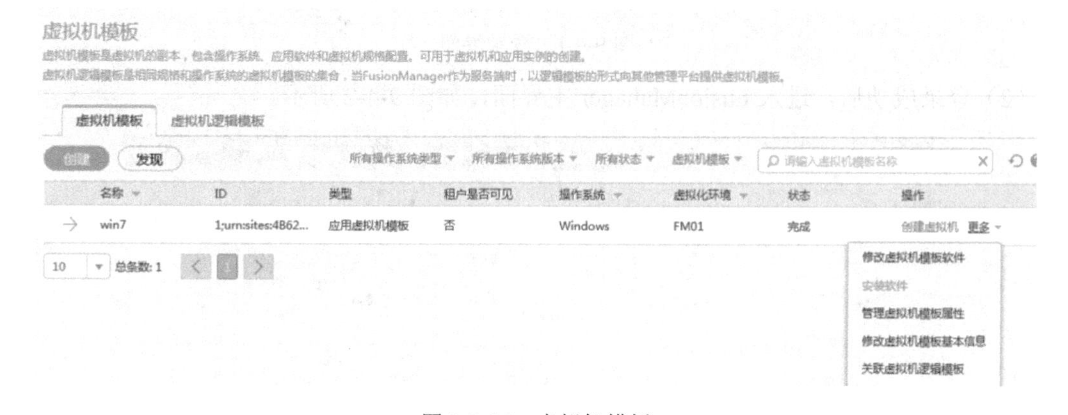

图 9-3-36　虚拟机模板

（16）在弹出的“修改虚拟机模板基本信息”界面中，修改“租户是否可见”选项为“是”，将虚拟机模板改为租户可用，如图 9-3-37 所示。

图 9-3-37　修改虚拟机模板基本信息

任务 9.4　租户视图操作

9.4.1　租户登录

（1）在浏览器中输入 FusionManager 浮动 IP 地址，输入在管理员视图创建的 VDC 管理员用户名和密码，选择“租户视图”，单击“登录”按钮，首次登录需要修改密码，如图 9-4-1 所示。

图 9-4-1　登录界面

（2）登录成功后，进入 FusionManager 主界面，如图 9-4-2 所示。

图 9-4-2　主界面

（3）选择“VPC”→“我的 VPC”选项，我的 VPC 是 VDC 用户自行创建的 VPC，可以自定义与传统网络无差别的虚拟网络，同时能够提供弹性 IP、NAT、VPC 等高级网络特性。单击“创建 VPC”按钮，如图 9-4-3 所示。

图 9-4-3　创建 VPC

（4）进入“创建 VPC”界面，在“基本信息”界面中，填写 VPC 的名称，“地域”选择“default”，“可用分区”选择“zone”，如图 9-4-4 所示。

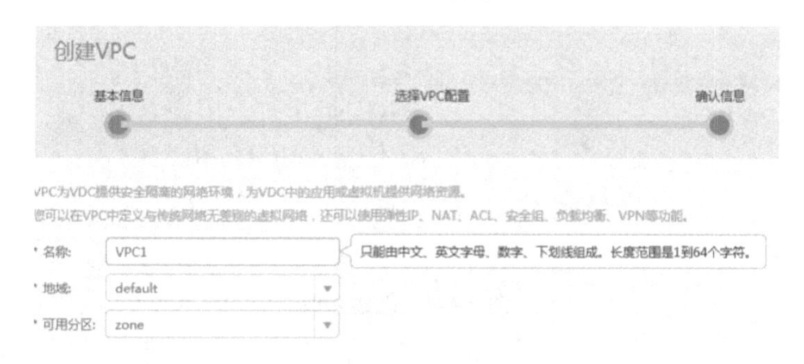

图 9-4-4　基本信息

（5）在“选择 VPC 配置”界面中，选择一种配置创建 VPC，可以选择“包含一个直连网络”“包含一个直连网络和一个路由网络”“包含直连网络、路由网络、内部网络各一个”和“自定义”四种。本例选择“自定义”，单击“下一步”按钮，如图 9-4-5 所示。

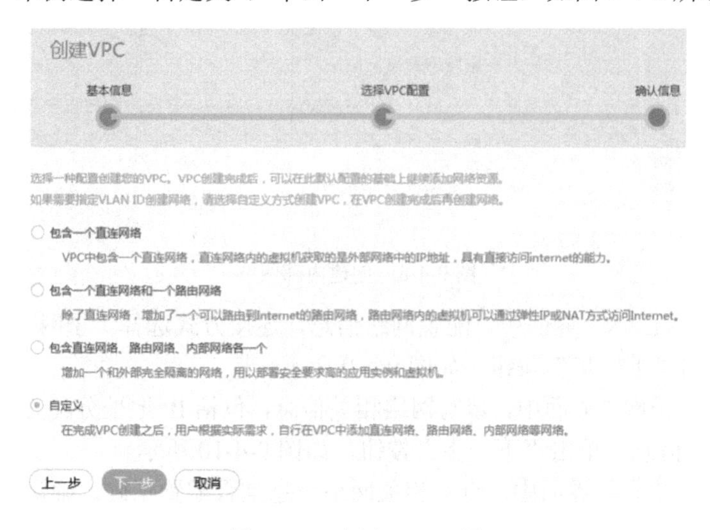

图 9-4-5　选择 VPC 配置

（6）在“确认信息”界面中，确认基本信息是否有误，单击“创建”按钮，如图 9-4-6 所示。

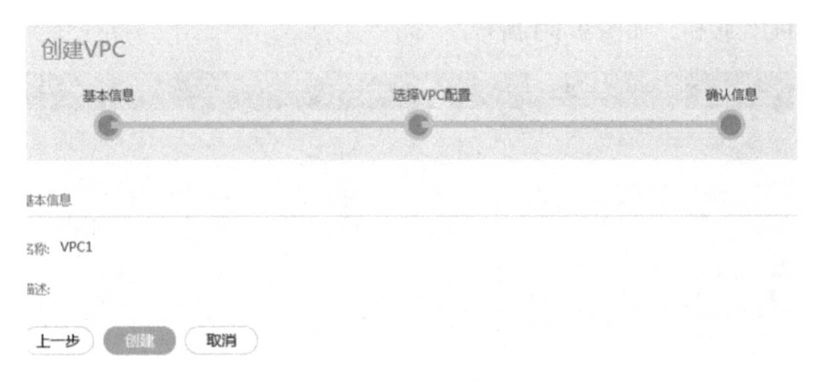

图 9-4-6　确认信息

（7）创建完成后，可以在“我的 VPC”界面查看创建的 VPC，如图 9-4-7 所示。

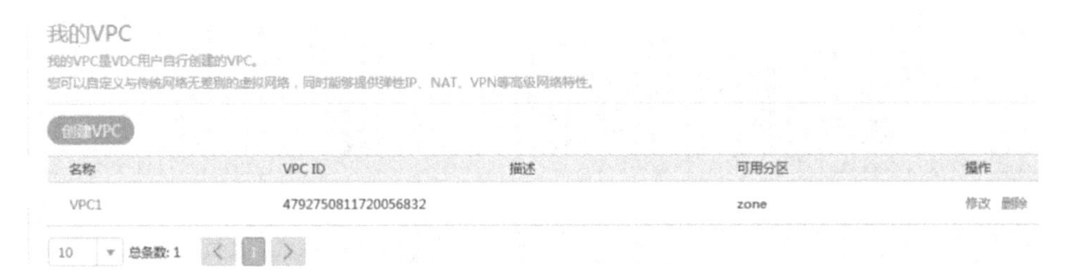

图 9-4-7　创建完成

（8）单击 VPC 名称，选择“网络→网络”，单击“创建”按钮，在“基本信息”界面中填写网络相关信息，创建内部网络。单击“下一步”按钮，如图 9-4-8 所示。

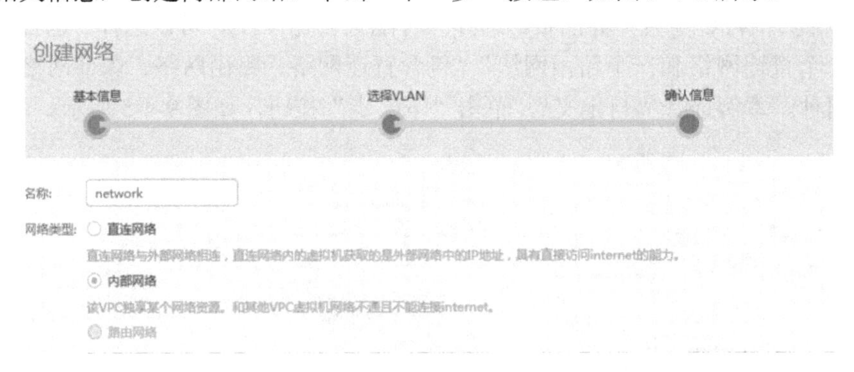

图 9-4-8　创建内部网络

（9）在“选择 VLAN”界面中，配置网络信息，连接方式选择“子网（VLAN）”，VLAN ID 为“111”。单击“下一步”按钮，如图 9-4-9 所示。

（10）在“配置子网”界面中，填写网络相关信息，包括 IP 地址分配方式、子网 IP 地址、子网掩码、网关等信息。单击“下一步”按钮，如图 9-4-10 所示。

（11）在“确认信息”界面中，查看相关网络信息是否配置正确。确认无误后，单击“创建”按钮，如图 9-4-11 所示。

图 9-4-9　选择 VLAN

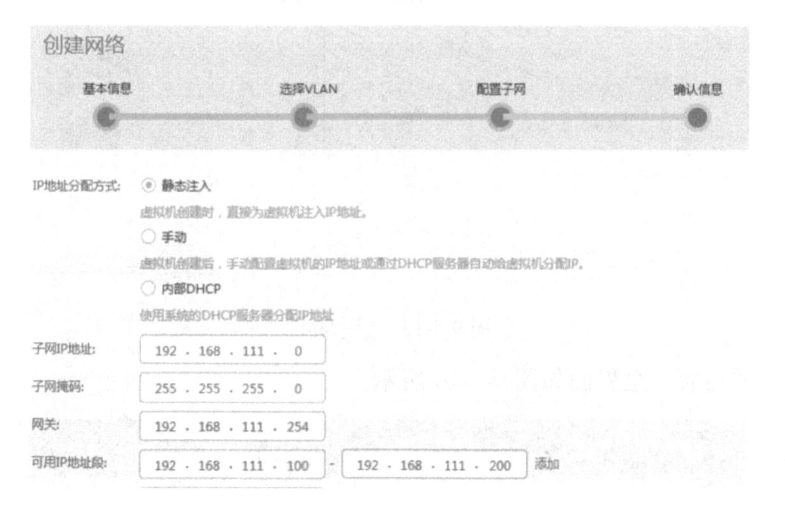

图 9-4-10　配置子网

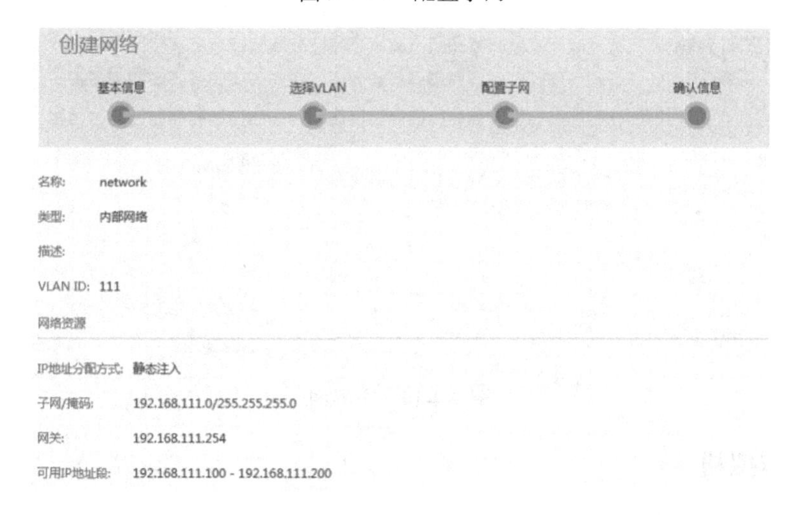

图 9-4-11　确认信息

（12）VPC 网络创建完成，可查看网络信息，如图 9-4-12 所示。

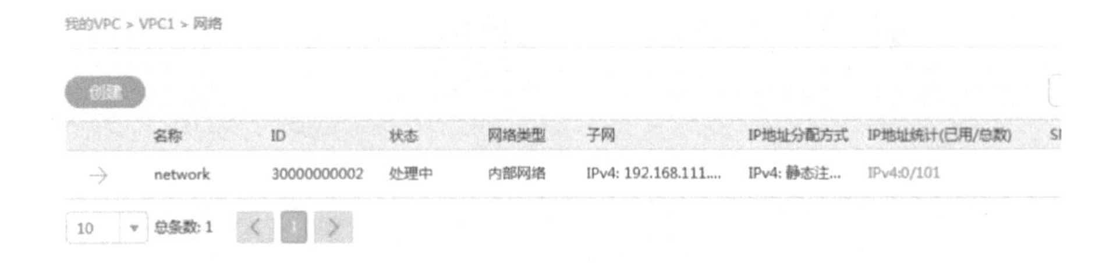

图 9-4-12　创建完成

（13）在浏览器中输入 FusionManager 的浮动 IP 地址，输入在管理员视图创建的 VDC 业务员用户名和密码，选择“租户视图”，单击“登录”按钮，首次登录需要修改密码，如图 9-4-13 所示。

图 9-4-13　登录界面

（14）登录成功后，主界面如图 9-4-14 所示。

图 9-4-14　主界面

9.4.2　创建虚拟机

（1）在主界面中选择“资源”→“计算”→“虚拟机”选项，如图 9-4-15 所示。

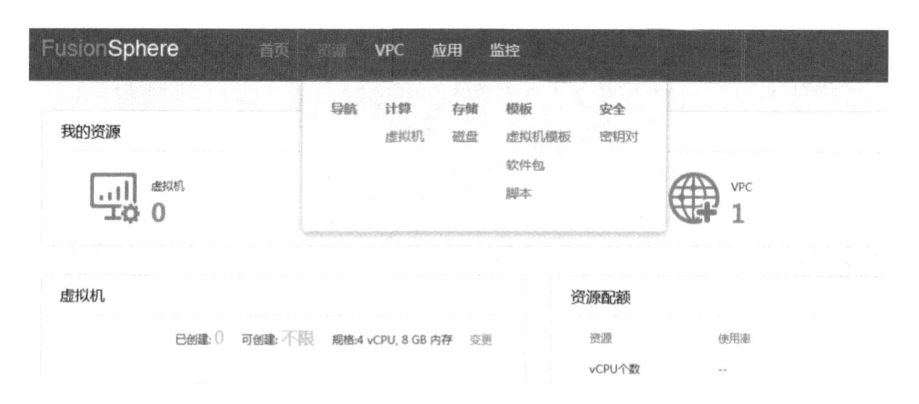

图 9-4-15 虚拟机界面

（2）在“虚拟机”界面中，单击“创建”按钮，如图 9-4-16 所示。

图 9-4-16 创建虚拟机

（3）进入“创建虚拟机”界面，在“选择模板”界面中，为要创建的虚拟机选择一个模板，如图 9-4-17 所示。

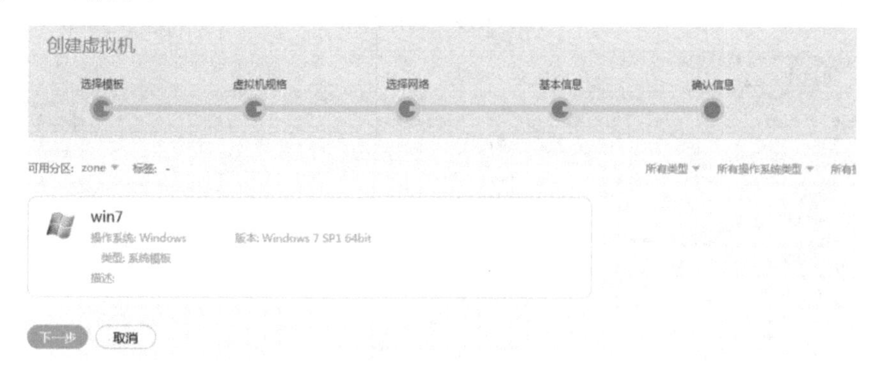

图 9-4-17 选择模板

（4）在“虚拟机规格”界面中，配置虚拟机的规格，单击“下一步”按钮，如图 9-4-18 所示。

（5）在“选择网络”界面中，为创建的虚拟机选择并配置基础网络或者私有网络，单击“下一步”按钮，如图 9-4-19 所示。

（6）在“基本信息”界面中，填写虚拟机名称、计算机名称等信息，单击“下一步”按钮，如图 9-4-20 所示。

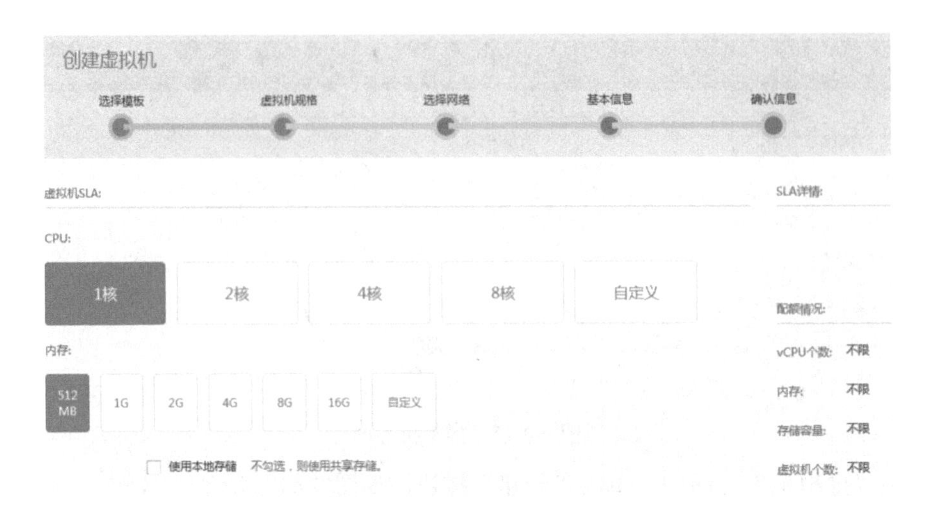

图 9-4-18 虚拟机规格

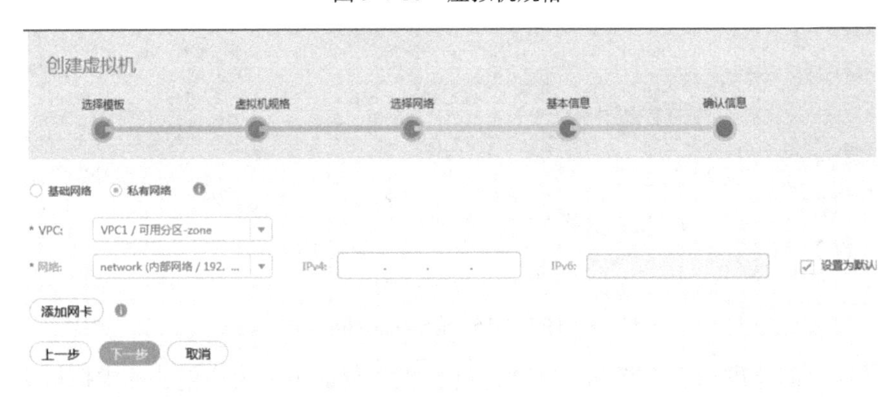

图 9-4-19 选择网络

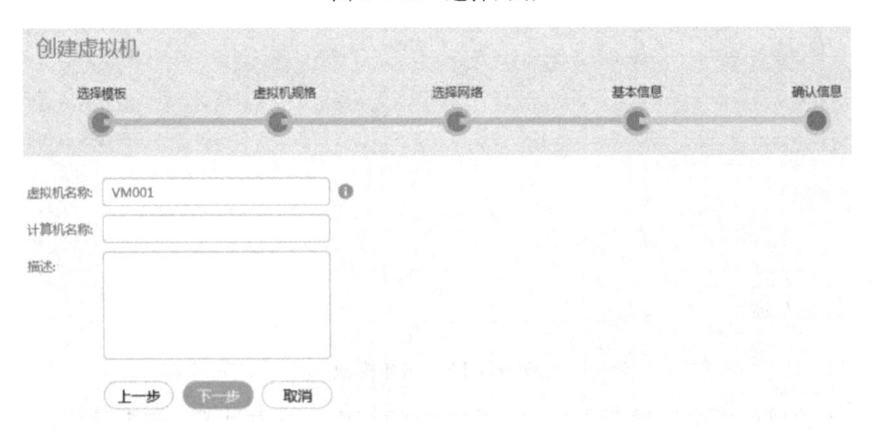

图 9-4-20 基本信息

（7）在“确认信息”界面中，查看创建虚拟机的信息是否有误，确认无误后，单击“完成”按钮，如图 9-4-21 所示。

图 9-4-21　确认信息

（8）虚拟机创建完成，可以在“虚拟机”界面查看创建的虚拟机，如图 9-4-22 所示。

图 9-4-22　创建完成

习　题

一、简答题

1．什么是 FusionManager?
2．FusionManager 的功能有哪些?
3．FusionManager 架构的主要组件有哪些?

二、操作题

1．安装和配置 FusionManager。
2．完成 FusionManager 管理员视图操作。
3．完成 FusionManager 租户视图操作。

项目 10

华为 FusionAccess

本项目学习目标

知识目标

- 掌握 FusionAccess 的功能和架构；
- 掌握 FusionAccess 的安装方法；
- 掌握模板的制作；
- 掌握如何进行桌面发放。

能力目标

- 能够独立安装和配置 FusionAccess 操作系统；
- 能够制作虚拟机模板；
- 能够实现桌面的发放。

任务 10.1　FusionAccess 介绍

FusionAccess 桌面云是基于华为云平台的一种虚拟桌面应用。通过在云平台上部署桌面云软件，终端用户可使用瘦客户端或者其他任何与网络相连的设备来访问跨平台应用程序及整个桌面。FusionAccess 桌面云以安全可靠、卓越体验及敏捷高效为特点，目前已服务全球 110 多个国家、3000 多家企业、130 万多名终端用户，广泛应用于教育、金融、政府、大企业、电信、能源、媒资等行业。

10.1.1　FusionAccess 的优势

Fusion Access 具有以下优势。

1．卓越体验

- E2E 解决方案，覆盖各行业的各种主要业务场景。
- 100%核心代码自研产品，业界领先的应用和外设兼容性适配能力，全 Linux 快速部署，应用虚拟化和 VDI 的统一部署和接入。
- 无损画质、4K 级视频和显示、GPU 池化、4K 视频编辑、广域网优化、企业级音视频语音质量的极致使用体验。

2．安全可靠

- 端管云控安全防护体系，全维度保障企业业务和数据的安全性。

- 基于管理节点和用户连接两个维度提供全面系统级高可靠性保障。
- 为全球 110 多个国家、3000 多家公司、130 万多名终端用户提供成熟应用保障。

3．敏捷高效

- 3000 多家公司的部署经验，以及华为公司 10 万多次桌面云的交付运维流程、模板积累，为用户提供最佳实践参考。
- 向导化操作，工具化运维，提供简单高效运维支持，并提供问题快速定位、诊断和解决能力。
- 遍布全球的本地服务体系提供快速交付和问题处理保障。
- 39 个解决方案、387 家合作产品厂商和 10000 多个工程师认证，打造了开放的云生态体系。

10.1.2　FusionAccess 的主要功能

Fusion Access 的主要功能如下。

- 资产管理：域账号标识用户，计算机名称标识 VM；通过 ITA 自身的管理端口进行资产发放管理。
- 用户接入控制：通过浏览器就可以查看拥有的虚拟桌面；可启动、登录、重启分配给自己的虚拟桌面；FusionAccess 管理所有虚拟桌面的状态。
- 桌面传送：自研 HDP 协议，具有高效网络传输的特点；分为两种传输模式：服务器端→处理应用程序，将显示界面传送给客户端；客户端→执行显示逻辑，同时将键盘、鼠标发送给服务器。

10.1.3　FusionAccess 的架构

FusionAccess 具有高效布置、快速转发、安全保障、低故障率等一系列特性，可以帮助企业减少 IT 成本投入；能够提供灵活的资源调整方案，快速便捷的变更虚拟机资源配置，最大化地使用 IT 资源；还能够提供定时功能，如定时部署、休眠、关机、开机等功能，使用户更加方便地使用虚拟机，并且最大限度地降低能耗。其主备方式部署的管理节点，最大程度上保证了系统的可靠性。FusionAccess 的架构如图 10-1-1 所示。

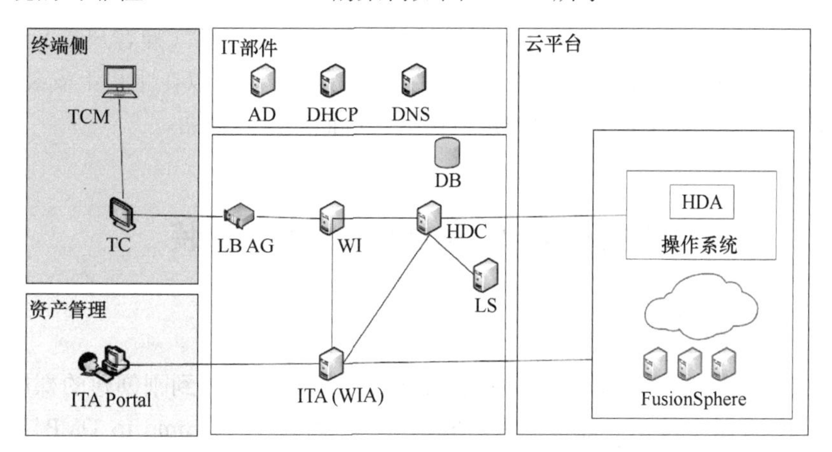

图 10-1-1　FusionAccess 架构图

（1）WI（Web Interface）：为最终用户提供 Web 登录界面，在用户发起登录请求时，将用户的登录信息发送至控制中心 HDC，HDC 再转发给 AD 进行用户身份验证，通过验证后会向用户呈现此账户所对应的虚拟机列表，为用户访问虚拟机提供入口。

（2）LB（Load Balance，负载均衡）：对用户访问 WI 时进行负载均衡，避免大量用户访问到同一个 WI。

（3）AG（Agent Gateway，接入网关）：用于桌面接入网关代理，是利用基于策略的 Smart Access 控制来安全交付任何应用的 SSL VPN 设备。用户可以很容易地利用 AG 随时随地来访问工作所需的应用和数据，企业可以有效地将数据中心的资源访问扩展到外网。

（4）ITA（IT Adapter）：为管理员管理虚拟机提供接口，提供了管理员登录使用的界面，来完成桌面云服务的整套流程。

（5）WIA（Web Interface Adapter）：WI 通过它向 FusionSphere 发送指令，控制虚拟机启动、重启。

（6）HDC（Huawei Desktop Controller）：用于实现并维护用户与其虚拟桌面的对应关系；用户接入时，与 WI 交互，提供接入信息，支持接入过程；与 HDA 交互，收集 HDA 上报的 VM 状态及接入信息。

（7）HDA（Huawei Desktop Agent）：本质是一系列桌面连接服务，为 TC 或 SC 连接虚拟机提供支持，终端想要连接到虚拟桌面，桌面虚拟机上必须安装 HDA，目前 HDA 支持安装在 Windows 以及 Linux 操作系统之上，用户可以使用 Windows 或 Linux 系统作为桌面。

（8）LS（License Server）：华为桌面接入的 License 由 License Server 统一控制。当用户连接虚拟机时，HDC 会检测是否具有充足的 License 用于用户连接，以判断是否可以连接。

（9）DB（Data Base）：FusionAccess 采用的数据库是华为自研的 Gauss DB，也可以使用 MySQL 或 SQL Server 数据库。DB 用于保存虚拟机的配置信息以及用户与虚拟机的对应关系，用于 WI 请求时，被 HDC 调度以响应请求。

（10）TCM（Thin Client Manager）：实现对 TC 的集中管理，包括版本升级、状态管理、信息监控、日志管理等，可搜索到待管理的 TC 终端，并对其进行管理。

10.1.4 FusionAccess 的接入方式

（1）TC（Thin Client）：终端用户可以通过轻量级的接入设备（瘦客户端）使用云桌面。

（2）SC（Software Client）：用户在没有瘦终端的情况下，可以在主机上安装客户端软件，通过安装软件使主机能够承接云桌面的接入协议，进而连接到桌面。

任务 10.2 FusionAccess 安装

10.2.1 安装操作系统

（1）挂载操作系统文件后，在“虚拟机和模板”列表中，找到刚创建的裸虚拟机所在的行，单击“VNC 登录”按钮。虚拟机重启成功后，当进入“Welcome to UVP!”界面时，在

30 秒内选择“Install”，按“Enter”键（30 秒内未进行选择，则默认从本地硬盘启动），如图 10-2-1 所示。

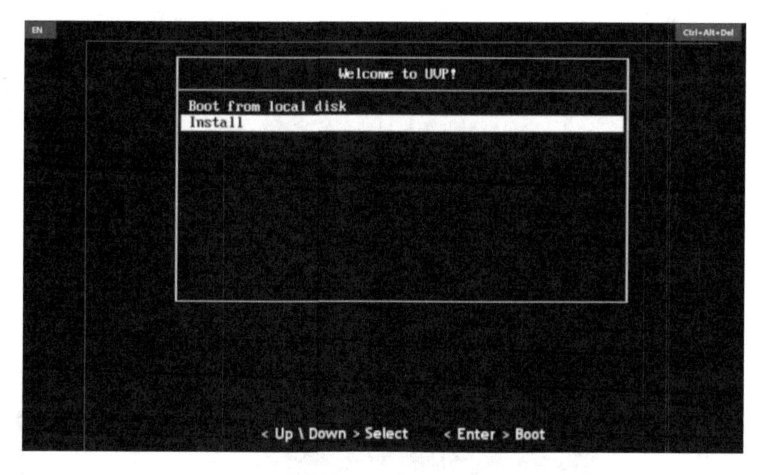

图 10-2-1　安装界面

（2）系统开始自动加载，加载大约耗时 3 分钟，加载成功后，进入“Main Installation Window”界面，如图 10-2-2 所示。

操作说明：

- 按“Tab”键或“↑”“↓”方向键移动光标；
- 按“Enter”键选择或执行光标所选项目；
- 按空格键选中光标所选项目；
- 输入数字时请使用主键盘区上方的数字键。

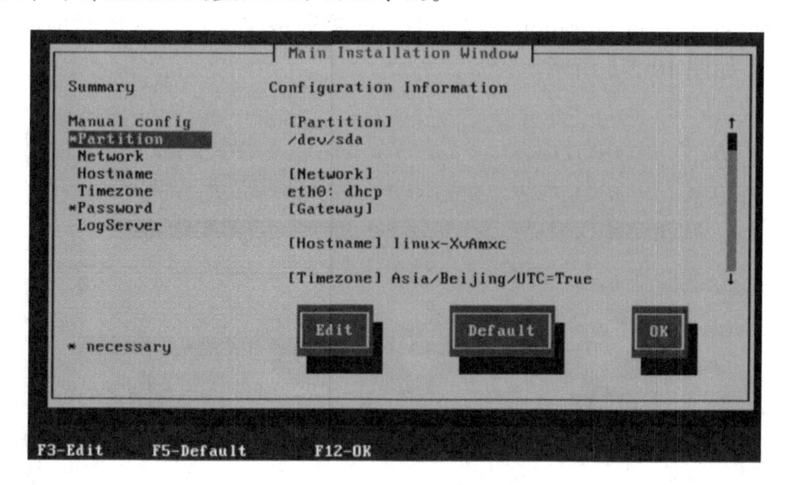

图 10-2-2　配置界面

（3）在配置界面中，选择“Network”选项，按“Enter”键，如图 10-2-3 所示。

（4）按“Enter”键，在弹出的“IP Configuration for eth0”界面，选中“Manual address Configuration”，设置相关信息，并保存设置，如图 10-2-4 所示。

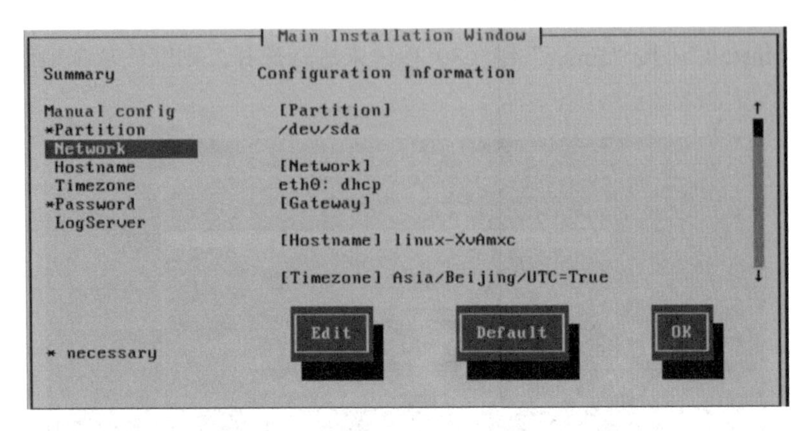

图 10-2-3　选择 Network

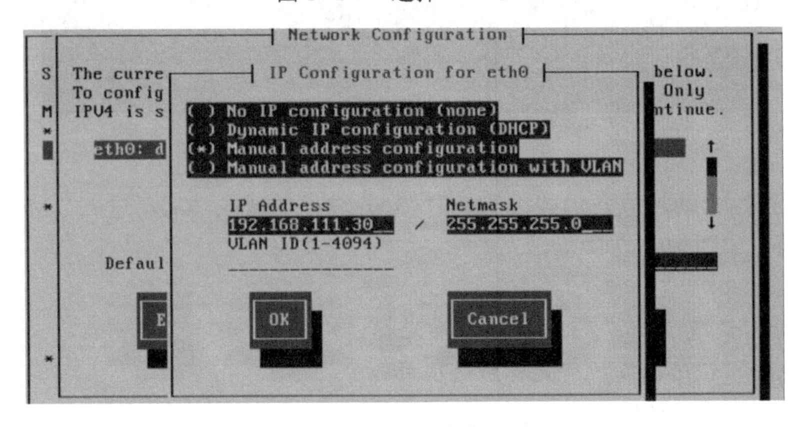

图 10-2-4　网络参数配置

（5）在“Network Configuration”界面中，配置业务平面所在网段对应的网关信息，单击“OK”按钮，如图 10-2-5 所示。

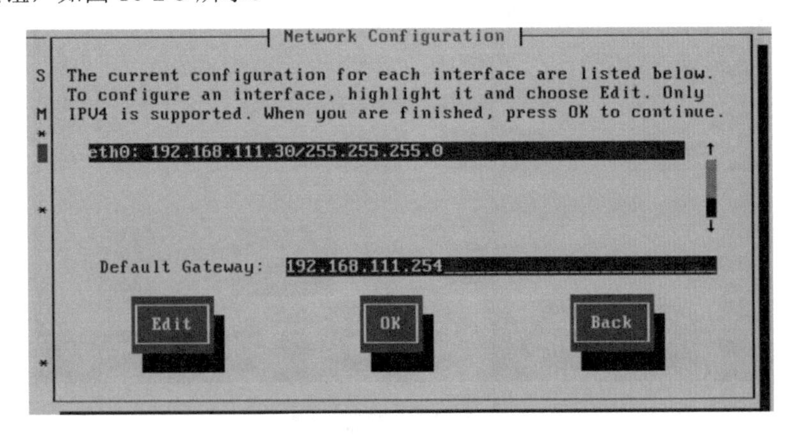

图 10-2-5　网关配置

（6）在左侧导航中，选择“Hostname”选项，按“Enter”键，如图 10-2-6 所示。

（7）在“Hostname Configuration”界面中，设置实际规划的虚拟机主机名称，并保存设置，如图 10-2-7 所示。

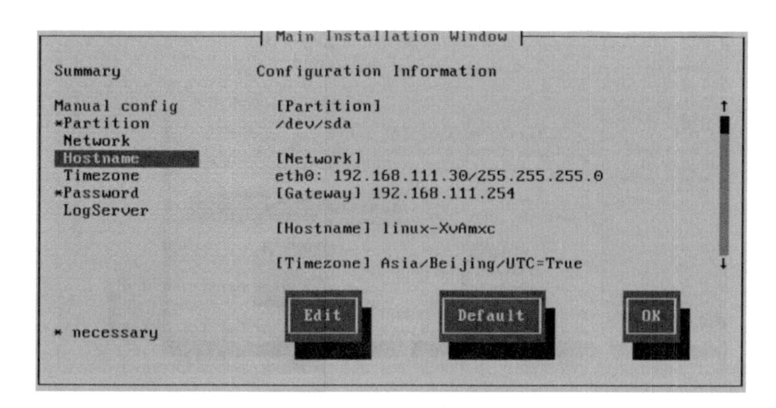

图 10-2-6　选择 Hostname

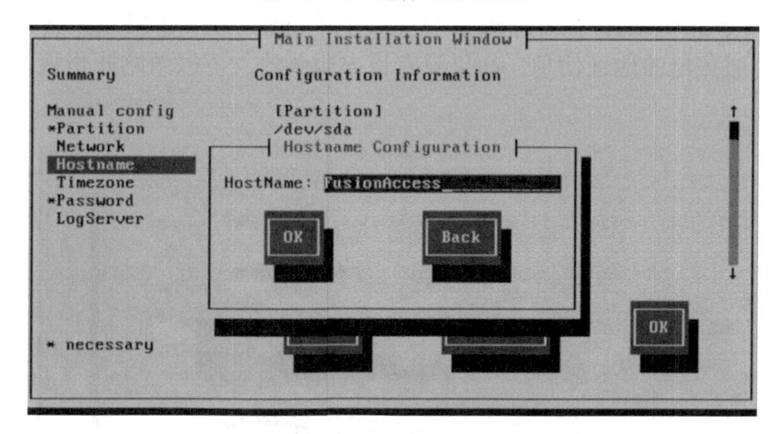

图 10-2-7　配置主机名

（8）在左侧导航中，选择“Timezone”选项，按“Enter”键。在“Time Zone Selection”界面，修改时区和时间，并保存设置，如图 10-2-8 所示。

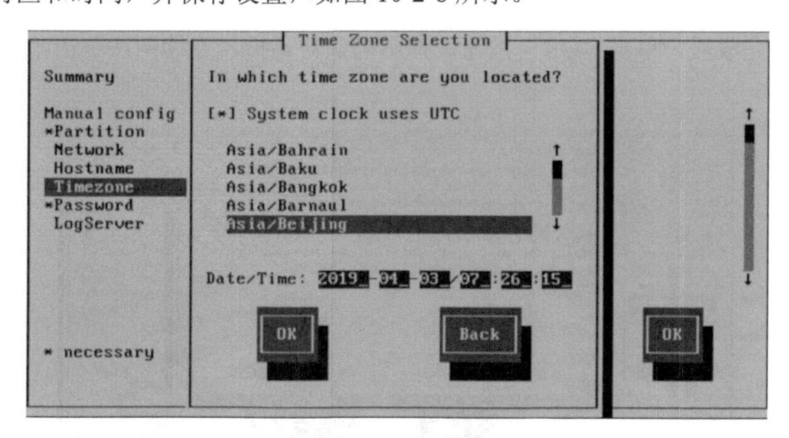

图 10-2-8　配置时区

（9）在左侧导航中，选择“Password”选项，按“Enter”键。在“Root Password Configuration”界面，输入实际规划的 root 密码，并保存设置，如图 10-2-9 所示。

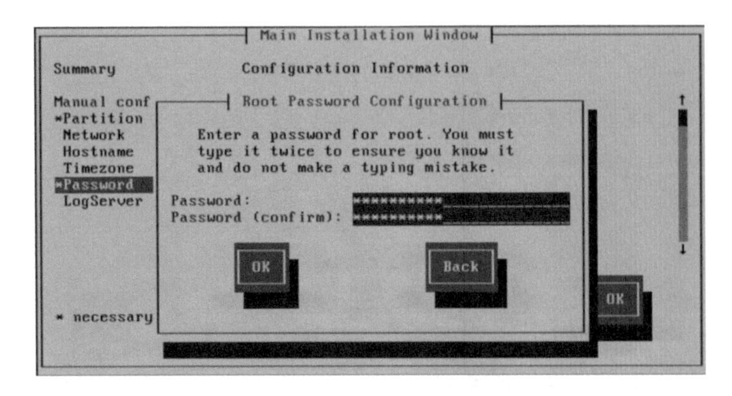

图 10-2-9　配置密码

（10）在左侧导航中，选择“LogServer”选项，按“Enter”键。在“LogServer Configuration”界面，输入日志服务器的地址信息，如果没有日志服务器，可以忽略此步骤，并保存设置，如图 10-2-10 所示。

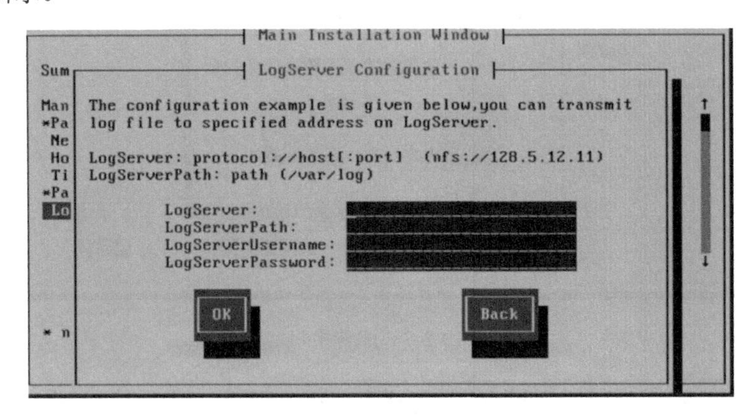

图 10-2-10　配置日志服务器

（11）配置完成后，单击“OK”按钮，弹出确认对话框，连续两次单击“Yes”按钮，如图 10-2-11 所示。

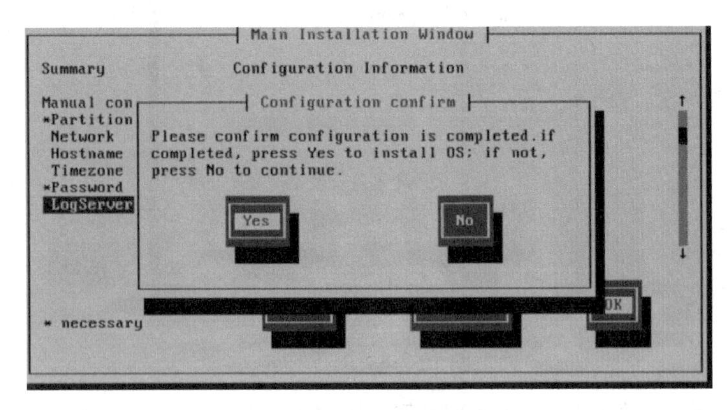

图 10-2-11　确认安装

（12）系统进入“Package Installation”界面，开始安装 Linux 操作系统，如图 10-2-12 所示。

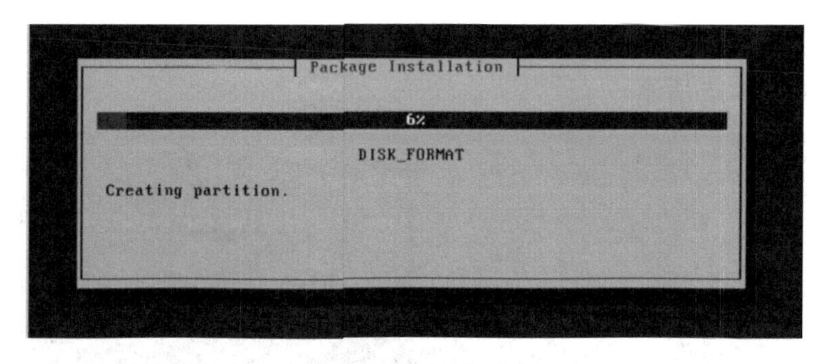

图 10-2-12　安装系统

（13）安装成功后，虚拟机自动重启。操作系统安装完成后，如图 10-2-13 所示。在重启过程中，若屏幕显示有个别项目检查结果为“Failed”，则忽略并继续执行后续操作，这些项目不影响虚拟机的正常使用。

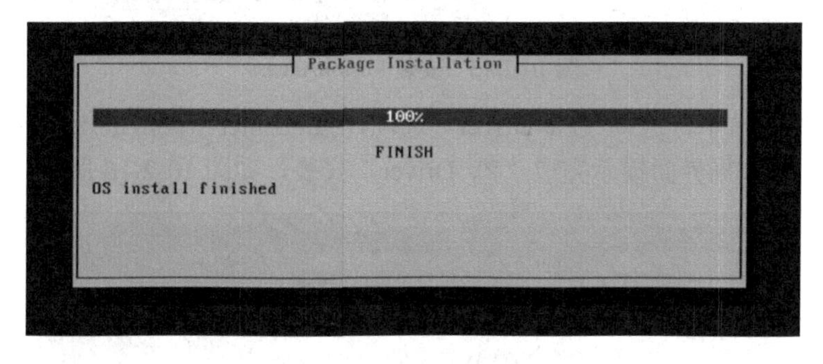

图 10-2-13　安装完成

（14）在“FusionCompute”主界面中，选择“虚拟机和模板”选项，选择待操作的虚拟机，单击鼠标右键，在弹出的快捷菜单中选择“挂载 tools”选项，在弹出的对话框中单击“确定”按钮，如图 10-2-14 所示。

图 10-2-14　挂载 tools

（15）通过 VNC 方式，使用 root 账号登录刚安装操作系统的虚拟机，进入“FusionAccess”安装界面，如图 10-2-15 所示。

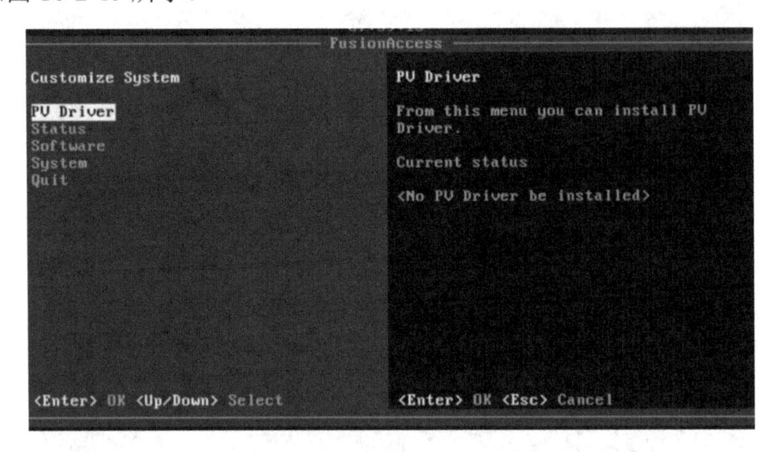

图 10-2-15　安装 FusionAccess

（16）在左侧导航中，选择“PV Driver”选项，按“Enter”键，进入“Install or Uninstall PV Driver”界面，根据界面提示完成“PV Driver”安装，如图 10-2-16 所示。

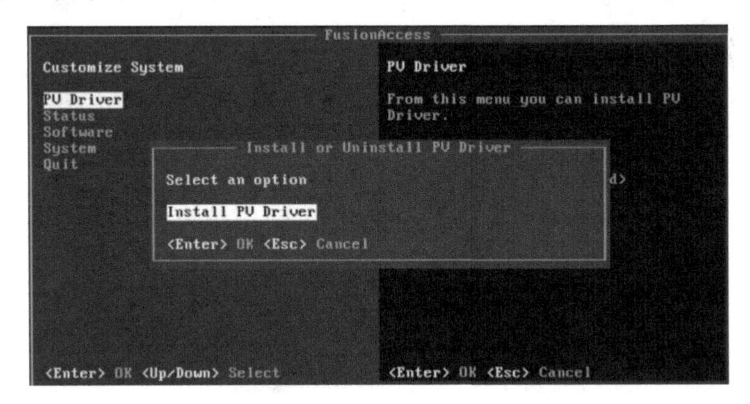

图 10-2-16　安装 PV Driver

（17）当提示“PV Driver installed successfully…”时，代表 PV Driver 安装成功。按“F8”键重启虚拟机，如图 10-2-17 所示。

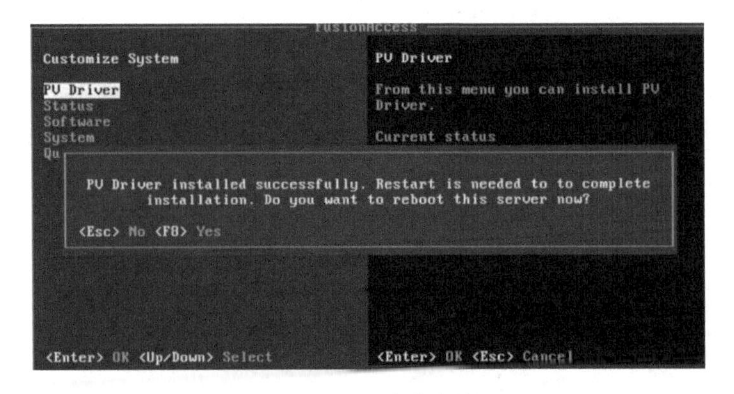

图 10-2-17　安装成功

10.2.2　安装并配置 LiteAD

（1）通过 VNC 方式，使用 root 账号登录 ITA/GaussDB/HDC/WI/License 服务器。输入命令“startTools”，弹出“FusionAccess”界面，如图 10-2-18 所示。

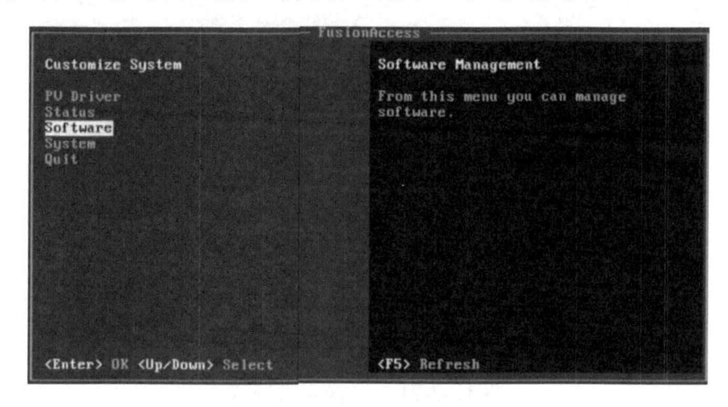

图 10-2-18　进入配置界面

（2）选择“Software”→“Install all（LiteAD）”选项，按“Enter”键开始安装 LiteAD，如图 10-2-19 所示。

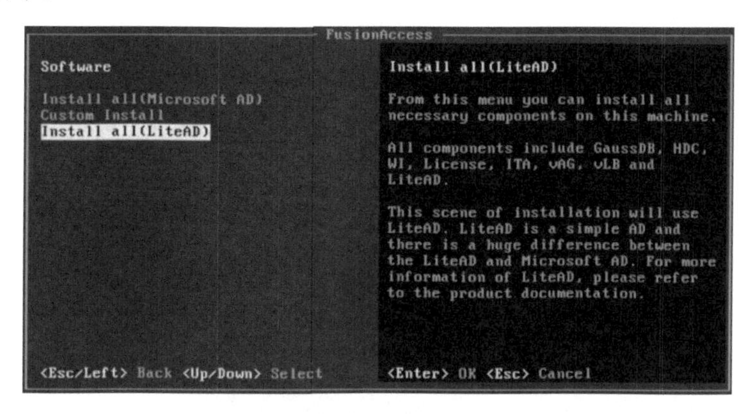

图 10-2-19　安装 LiteAD

（3）弹出“Install all”界面，选择“Create a new node”选项，按“Enter”键，如图 10-2-20 所示。

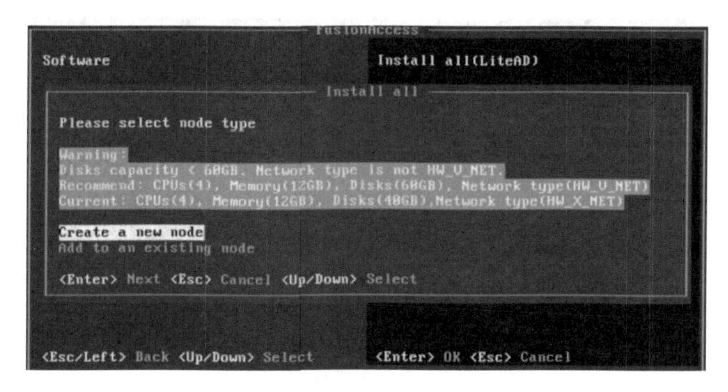

图 10-2-20　创建新节点

（4）弹出“Install all（Create a new node）”界面。根据实际情况选择安装模式，“Common mode”表示普通模式，“Rights separation mode”表示三员分立模式。安装模式需要和 FusionCompute 的安装模式保持一致。选择完成后按“Enter”键，如图 10-2-21 所示。

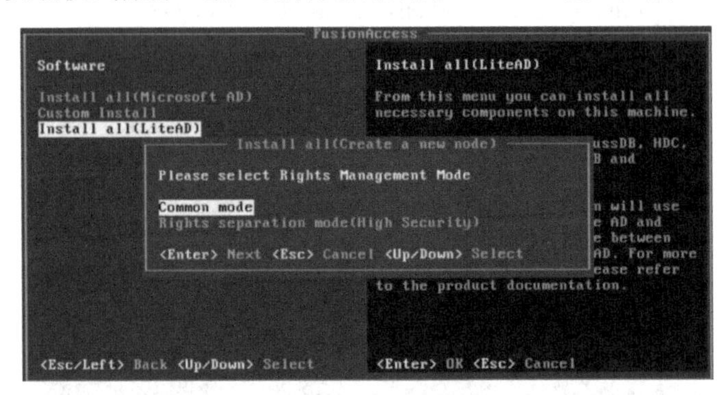

图 10-2-21　选择安装模式

（5）在弹出的对话框中，设置域名等信息，“Local Service IP”为本服务器的业务平面 IP 地址，需与安装操作系统时所配置的业务平面 IP 地址相同。配置完成后按“Enter”键，如图 10-2-22 所示。

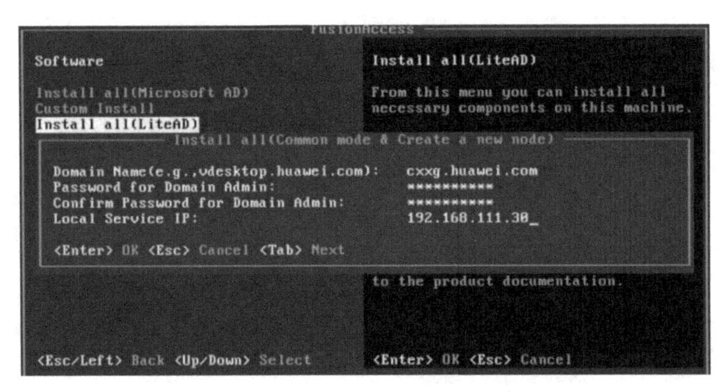

图 10-2-22　输入节点信息

（6）开始安装并配置组件，耗时约 3 分钟，出现“Install all components successfully”提示时，说明安装成功。按“Enter”键，完成服务器组件的安装与配置，如图 10-2-23 所示。

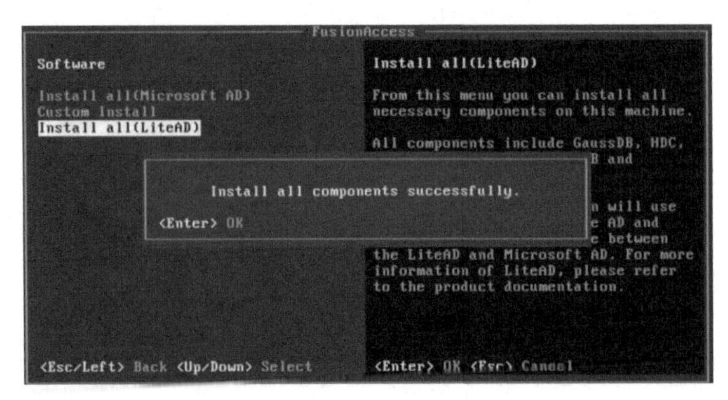

图 10-2-23　安装完成

（7）在左侧导航栏中，选择“Software”→“Custom Install”选项，如图 10-2-24 所示。

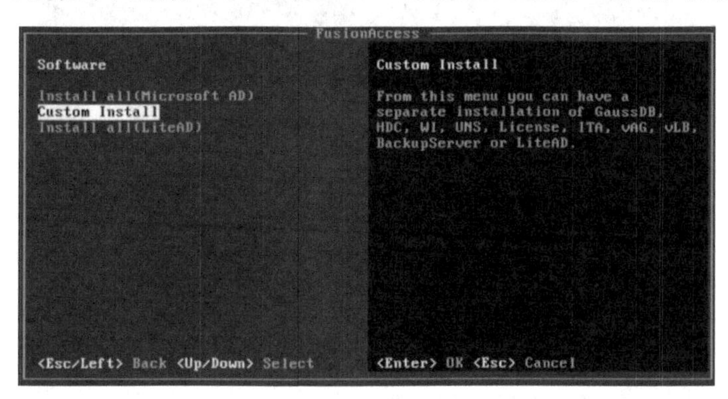

图 10-2-24　选择 LiteAD

（8）在弹出的“Install or Uninstall or Configure LiteAD”界面中，选择“Configure LiteAD”选项，按“Enter”键，如图 10-2-25 所示。

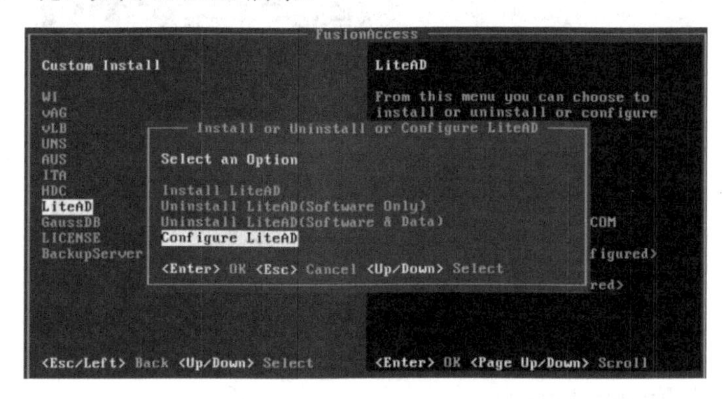

图 10-2-25　配置 LiteAD

（9）在弹出的“Configure LiteAD”界面中，选择“Configure DHCP Scope”选项，按“Enter”键，如图 10-2-26 所示。

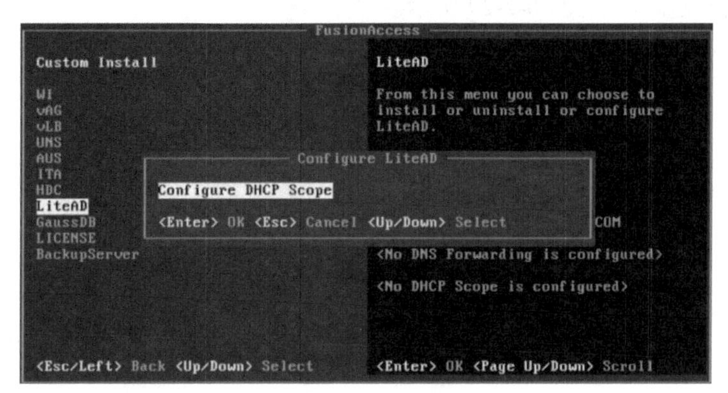

图 10-2-26　配置 DHCP

（10）在弹出的“Configure DHCP Scope”界面中，配置 DHCP 服务器池的地址范围、网关地址和掩码长度，配置完成后按“Enter”键，如图 10-2-27 所示。

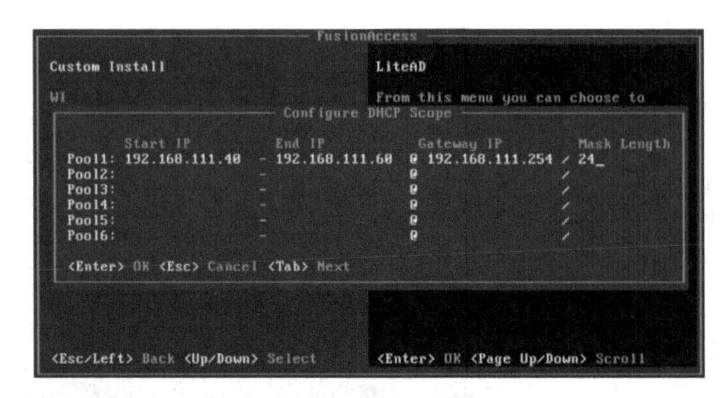

图 10-2-27　配置 DHCP 信息

（11）当出现“DHCP scope configure successfully”提示时，说明安装成功。按“Enter”键完成安装，如图 10-2-28 所示。

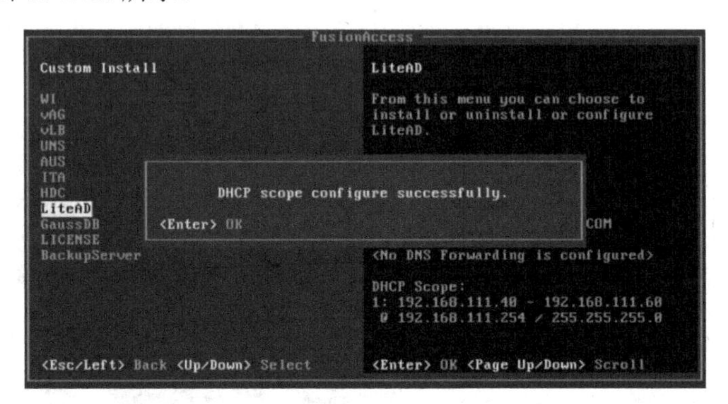

图 10-2-28　安装成功

10.2.3　初次登录 FusionAccess

（1）在浏览器中输入访问地址：https://ITA，服务器的业务平面 IP 地址:8448，并输入默认的用户名和密码。默认用户名为“admin”，默认密码为“Huawei123#”，单击“登录”按钮，首次登录需要修改密码，如图 10-2-29 所示。

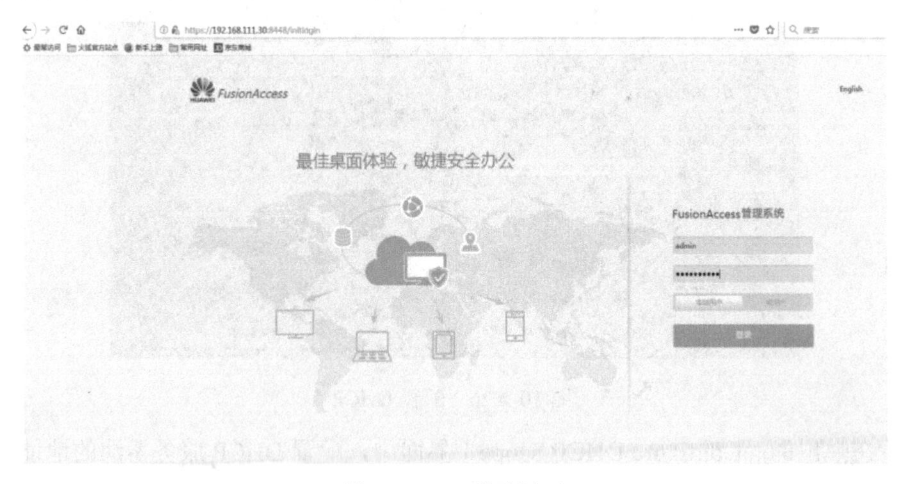

图 10-2-29　登录界面

（2）登录成功后，进入“FusionAccess 配置向导”，在“配置虚拟化环境”界面（如图 10-2-30 所示），执行以下操作：

- “虚拟化环境类型”选择“FusionCompute”。
- “FusionCompute IP”填写 FusionCompute 浮动 IP。
- “FusionCompute 端口号”填写“7070”。
- “SSL 端口号”填写“7443”。
- “用户名”填写“vdisysman”。
- “密码”填写“VdiEnginE@234”。
- “通信协议类型”默认为“https”。

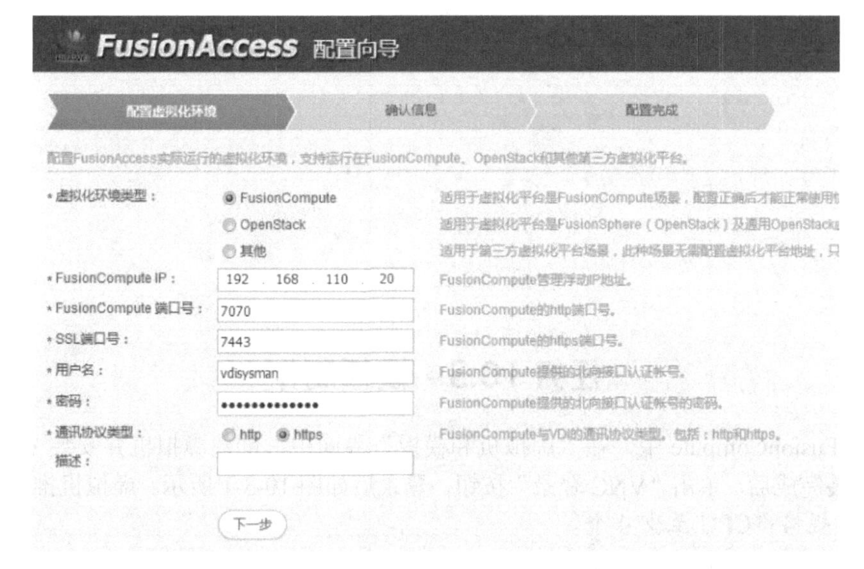

图 10-2-30　配置虚拟化环境

（3）单击“下一步”按钮，进入“确认信息”界面。在“确认信息”界面中，确认填写信息是否无误，如图 10-2-31 所示。

图 10-2-31　确认信息

（4）单击“提交”按钮。进入“配置完成”界面。配置完成后进入 FusionAccess 主界面，如图 10-2-32 所示。

图 10-2-32　主界面

任务 10.3　模板制作

（1）在 FusionCompute 中，在“虚拟机和模板”界面中，创建虚拟机并安装 Windows 7 操作系统，安装完成后，单击“VNC 登录”按钮，登录后如图 10-3-1 所示。虚拟机推荐参数如下：

- CPU 规格：CPU 至少 4 个。
- 内存规格：内存至少为 4GB。
- 磁盘规格：至少 20GB。
- 网卡：选择端口组。

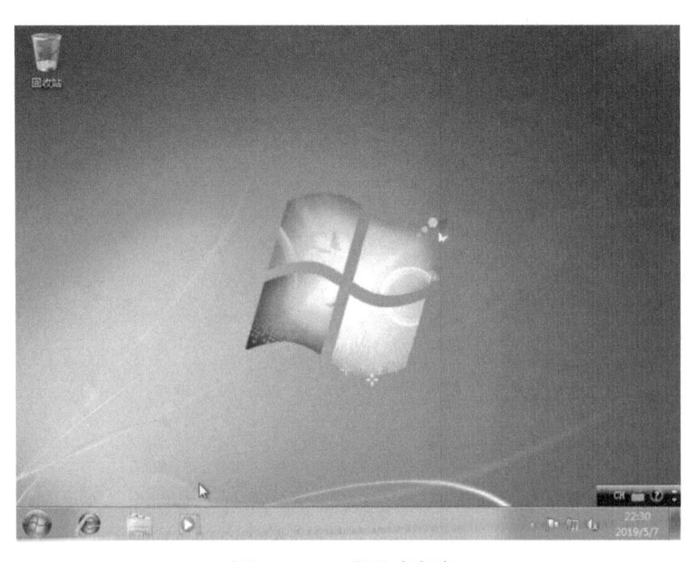

图 10-3-1　登录虚拟机

（2）打开“计算机管理”窗口，在左侧导航中，选择“计算机管理（本地）”→“系统工具”→“本地用户和组”→“用户”选项。在右侧窗格中，鼠标右键单击“Administrator”，在弹出的快捷菜单中选择“属性”选项。在“Administrator 属性”对话框的“常规”选项卡中，取消勾选“账户已禁用”，单击“确定”按钮，完成 Administrator 账户激活操作。Administrator 账户默认密码为空，设置完成后，选择“注销”选项。以“Administrator”账户登录虚拟机操作系统，如图 10-3-2 所示。

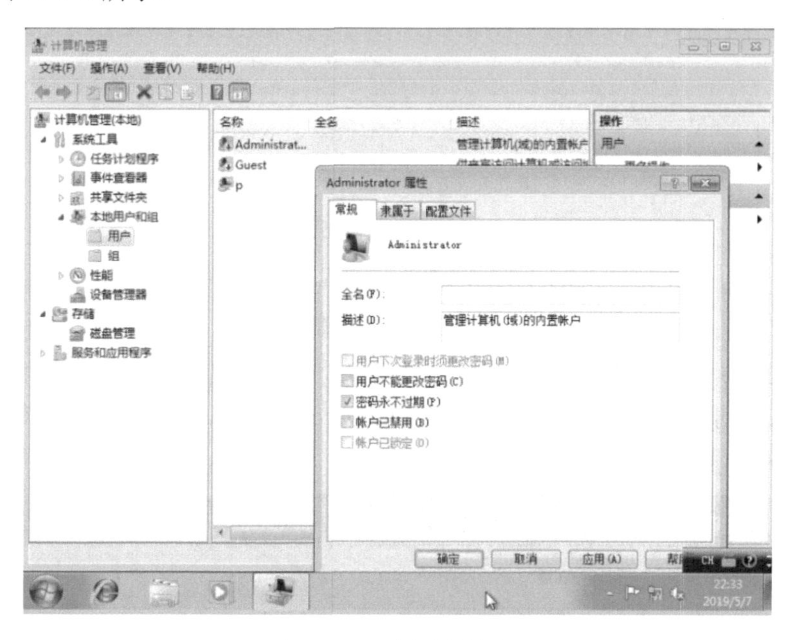

图 10-3-2　计算机管理

（3）在“FusionCompute”中的“虚拟机和模板”界面中，选择待操作的虚拟机，单击鼠标右键，在弹出的快捷菜单中选择“挂载 tools”，并完成虚拟机工具的安装，安装程序界面如图 10-3-3 所示。

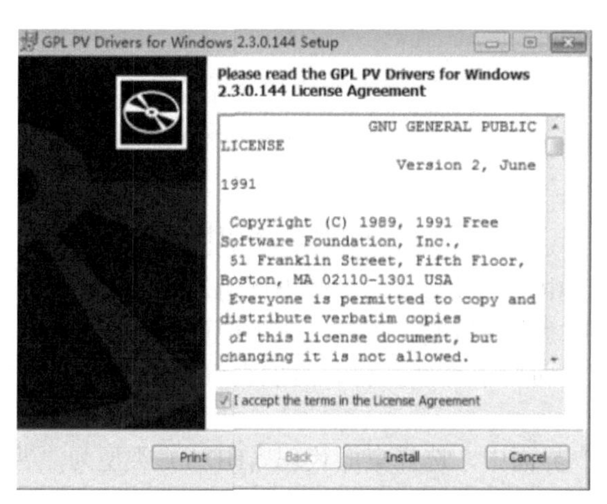

图 10-3-3　安装界面

（4）将模板工具的 ISO 文件挂载到虚拟机中，进入“FusionAccess Windows Installer”模

板制作流程运行界面，单击“制作模板”按钮，如图 10-3-4 所示。

图 10-3-4　制作模板

（5）在“环境”界面中，选择虚拟化环境为“FusionSphere（FusionCompute）”，在 FusionCompute 场景下，用户虚拟机一般在 FusionAccess 发放，并进行丰富的管理，单击“下一步”按钮，如图 10-3-5 所示。

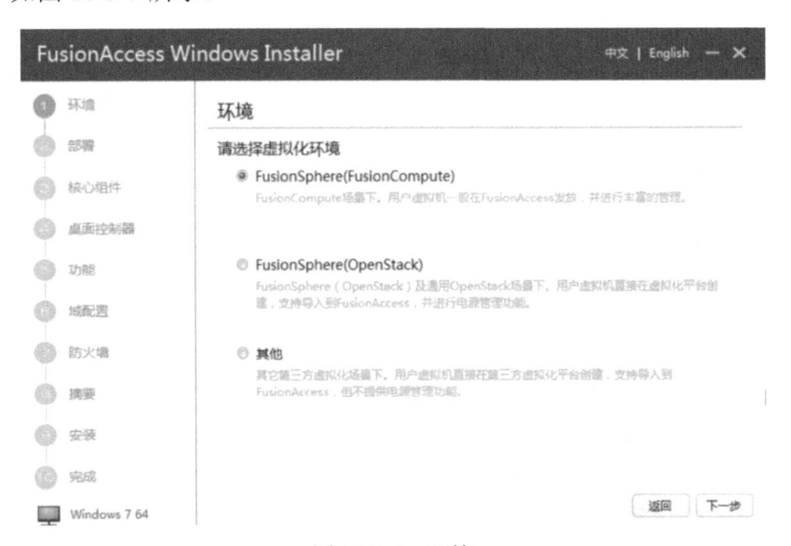

图 10-3-5　环境

（6）在“部署”界面中，可以选择的模板类型为“完整复制”“连接克隆、全内存”“快速封装”三种，本例选择“完整复制”类型，该类型可以根据虚拟机模板，创建出独立的虚拟机，可以用于用户对桌面要求个性强化、且安全性高的场景，单击“下一步”按钮，如图 10-3-6 所示。

（7）在“核心组件”界面中，选择桌面代理（HDA）类型为“普通”类型，单击“下一步”按钮，如图 10-3-7 所示。

（8）在“桌面控制器”界面中，选择“指定桌面控制器（HDC）的位置”为“自动”，可以通过 FusionAccess 发放虚拟机，单击“下一步”按钮，如图 10-3-8 所示。

图 10-3-6　部署

图 10-3-7　核心组件

图 10-3-8　桌面控制器

（9）在“功能”界面中，可以开启优化功能、第三方 Gina 认证、配置用户登录、开启注销还原等功能，单击“下一步”按钮，如图 10-3-9 所示。

图 10-3-9　功能

（10）在“域配置”界面中，不需要配置，完整复制的虚拟机不需要配置域的相关信息，单击“下一步”按钮，如图 10-3-10 所示。

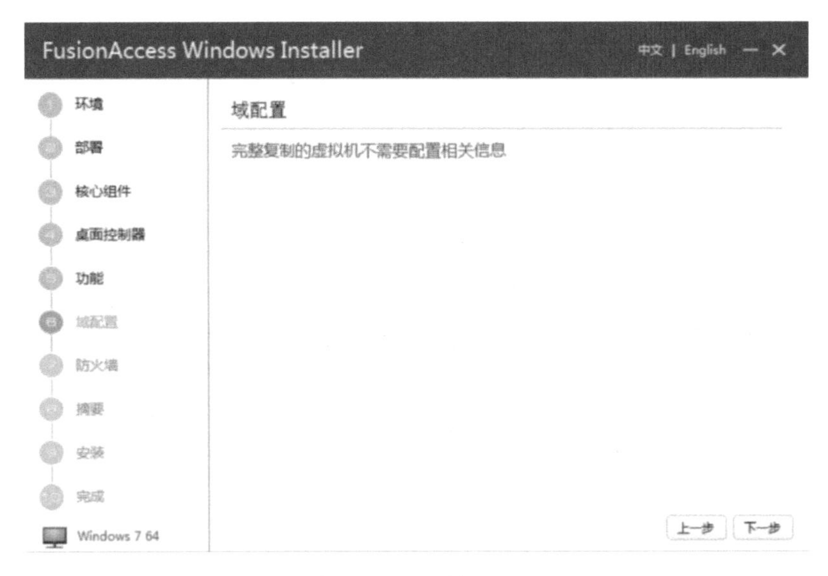

图 10-3-10　域配置

（11）在“防火墙”界面中，可以看到默认的端口和配置防火墙规则，本例选择默认的“自动”配置，可以在防火墙中自动创建规则，单击“下一步”按钮，如图 10-3-11 所示。

（12）在“摘要”界面中，确认安装的配置信息，确认无误后，单击“安装”按钮，如图 10-3-12 所示。

（13）安装完成后，单击“下一步”按钮，如图 10-3-13 所示。

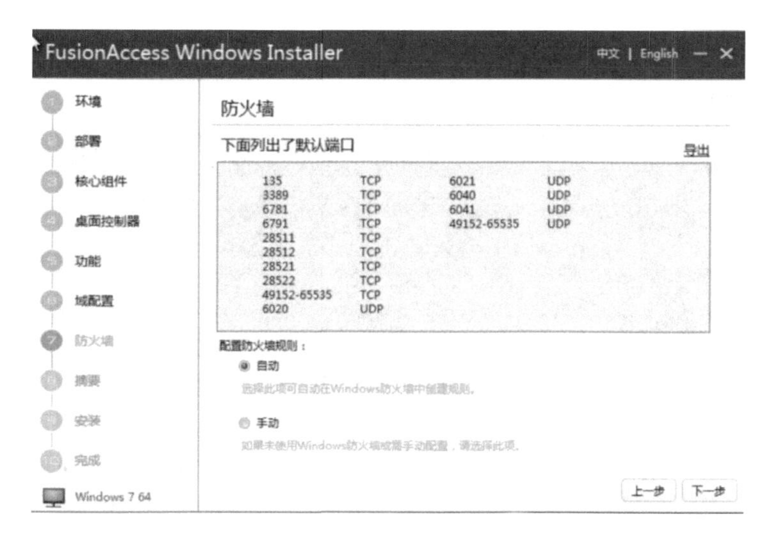

图 10-3-11　防火墙

图 10-3-12　摘要

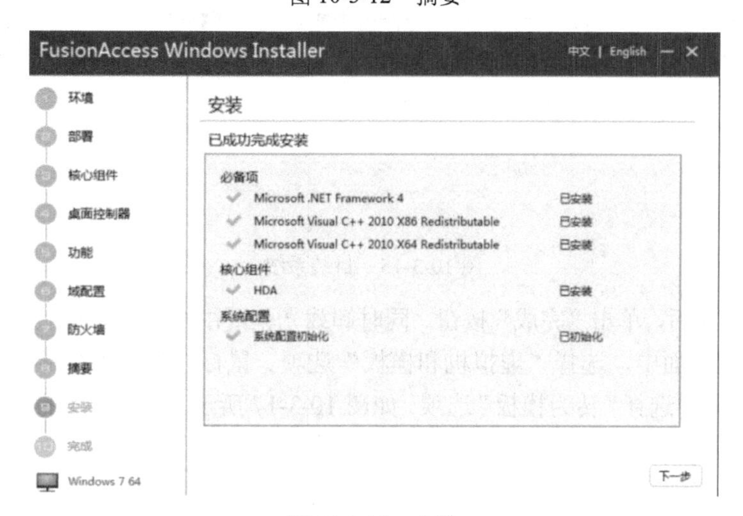

图 10-3-13　安装

（14）当 HDA 安装完成后，系统会要求重启，单击“确认”按钮。重启后，桌面会出现两个快捷方式图标，如图 10-3-14 所示。

图 10-3-14　安装 HDA

（15）在“FusionAccess Windows Installer”界面中，单击“封装系统”按钮，如图 10-3-15 所示。

图 10-3-15　封装系统

（16）封装完成后，单击“完成”按钮。同时卸载光驱，并关闭虚拟机，如图 10-3-16 所示。

（17）回到主界面中，选择“虚拟机和模板”选项。鼠标右键单击待转为模板的虚拟机，在弹出的快捷菜单中选择“转为模板”选项。如图 10-3-17 所示。转换成功的模板将出现在“模板和规格”→“虚拟机模板”界面。

图 10-3-16　安装完成

图 10-3-17　转为模板

任务 10.4　桌面发放

10.4.1　系统管理

（1）登录 FusionAccess，如图 10-4-1 所示。

（2）选择“桌面管理”选项。在左侧导航栏中，选择“业务配置”→“虚拟机模板”选项。在右侧窗口中，在待发放虚拟机模板所在行、“类型”所在列中选择“桌面完整复制模板”，单击“确定”按钮，如图 10-4-2 所示。

（3）在主界面中，选择“系统管理”。在左侧导航栏中，选择“域控管理”→“域用户管理”选项，单击“创建用户”按钮，如图 10-2-3 所示。

图 10-4-1　登录界面

图 10-4-2　桌面管理

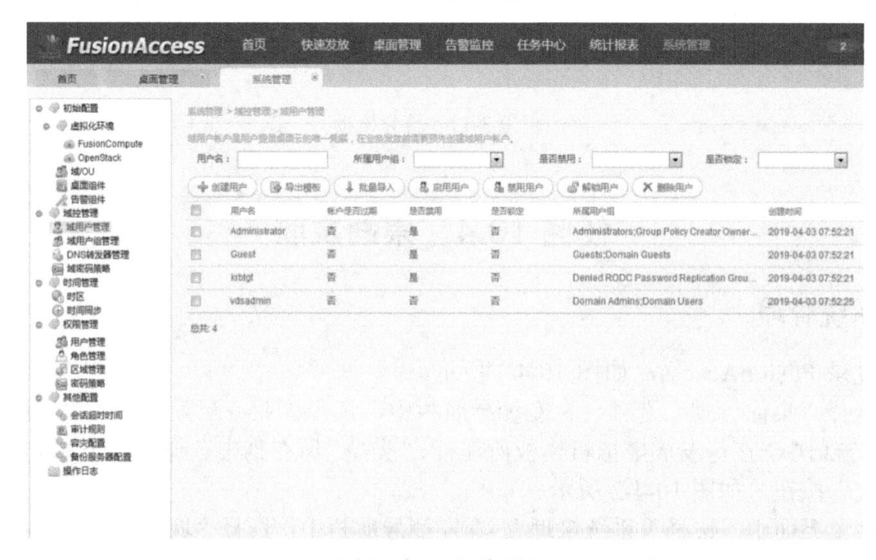

图 10-2-3　创建用户

（4）在弹出的界面中输入用户名和密码，并设置账户选项、账户过期等内容，如图 10-4-4 所示。

图 10-4-4　用户信息

（5）在左侧导航栏中，选择“域用户组管理”选项，单击“创建用户组”按钮，创建新的用户组，用于管理新用户。如图 10-4-5 所示。

图 10-4-5　创建用户组

（6）在弹出的界面中输入用户组名，单击“确定”按钮，如图 10-4-6 所示。

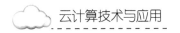

（7）用户组创建完成后，单击该用户组名，添加用户到该组，单击“确定”按钮，如图 10-4-7 所示。

（8）在用户组中，勾选需要添加到该组的用户，单击“确定”按钮，如图 10-4-8 所示。

图 10-4-6　设置用户组名

图 10-4-7　添加用户到用户组

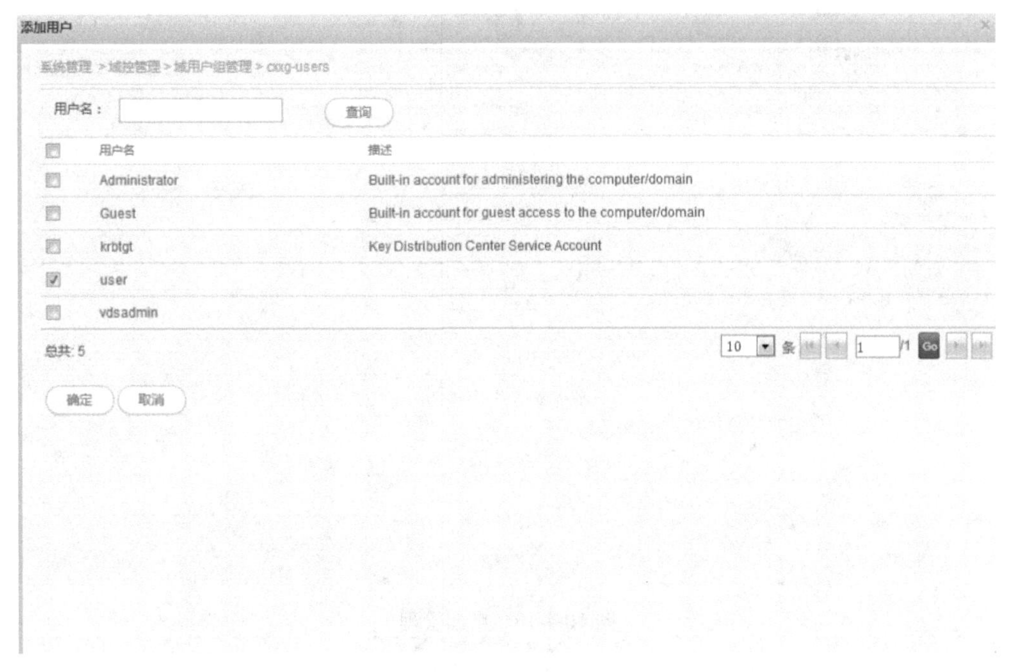

图 10-4-8　选择用户

（9）成功添加域用户到域用户组中，如图 10-4-9 所示。

图 10-4-9　添加完成

10.4.2　桌面管理

（1）在主界面中，选择“桌面管理”选项，选择“虚拟机组”→“创建虚拟机组”选项，进入“桌面管理”→“虚拟机组”界面，如图 10-4-10 所示。

图 10-4-10　桌面管理

（2）在“虚拟机组”界面中，选择“业务类型”“虚拟机组名称”“虚拟机组类型”，单击“完成”按钮，如图 10-4-11 所示。

图 10-4-11　虚拟机组

（3）在左侧导航栏中，选择“桌面组”→“创建桌面组”选项，进入“创建桌面组”界面，如图 10-4-12 所示。

（4）在“创建桌面组”界面中，设置“Desktop”为“Desktop01”，输入桌面组名称，选择“桌面组类型”和“虚拟机类型”，单击“完成”按钮，如图 10-4-13 所示。

图 10-4-12　创建桌面组

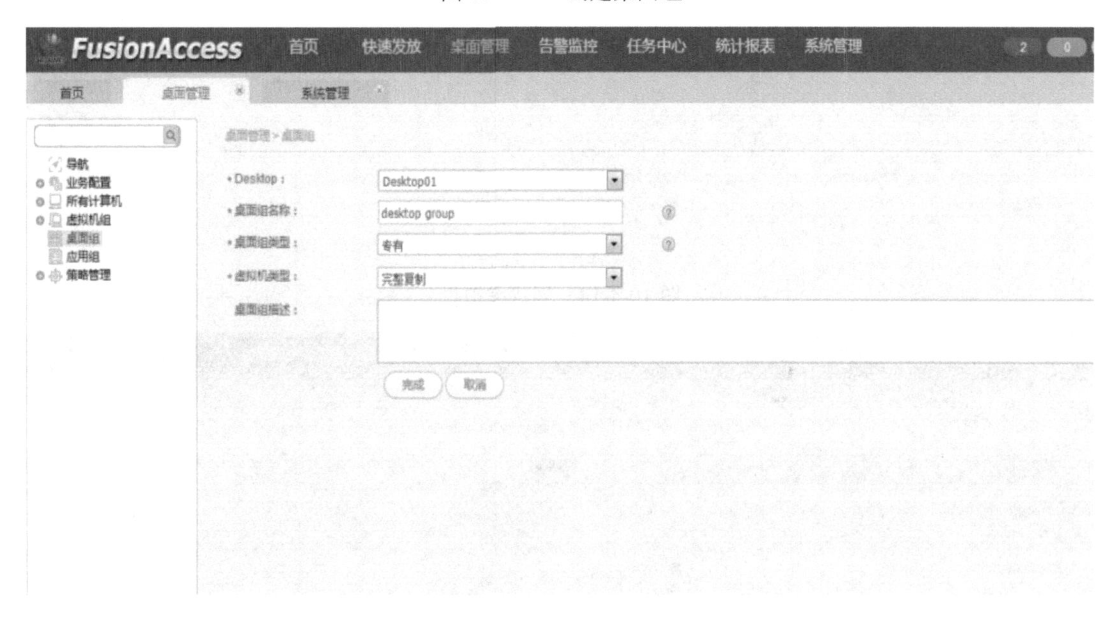

图 10-4-13　桌面组信息

10.4.3　快速发放

（1）在主界面，选择“快速发放”选项，进入“创建虚拟机”界面，并配置虚拟机信息。在这里可以对虚拟机组、虚拟机类型、站点、资源集群等信息进行配置。配置完成后，单击“下一步”按钮，如图 10-4-14 所示。

（2）进入“配置虚拟机选项”界面，自定义“创建虚拟机命名规则”，设置“虚拟机名称前缀”，即虚拟机创建但未分配时的前缀名。同时选择“域名称”“OU 名称”信息。配置完成后，单击“下一步”按钮，如图 10-4-15 所示。

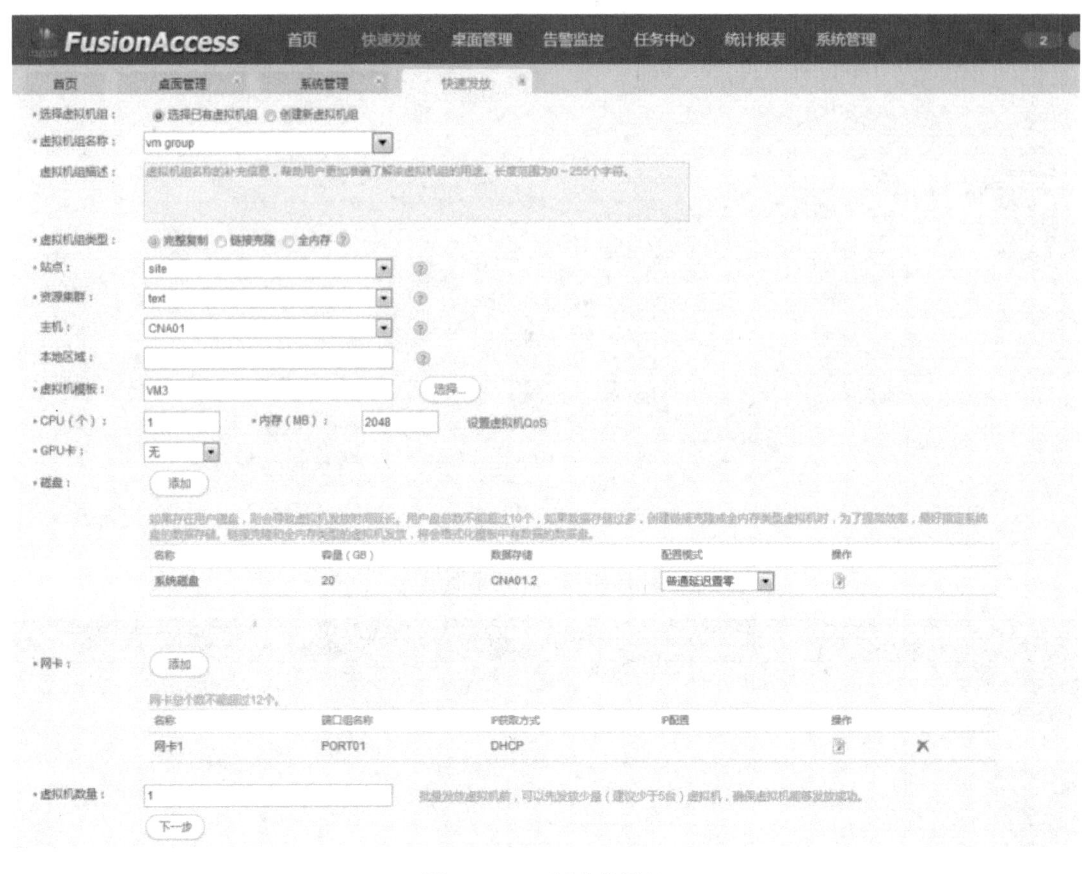

图 10-4-14　创建虚拟机

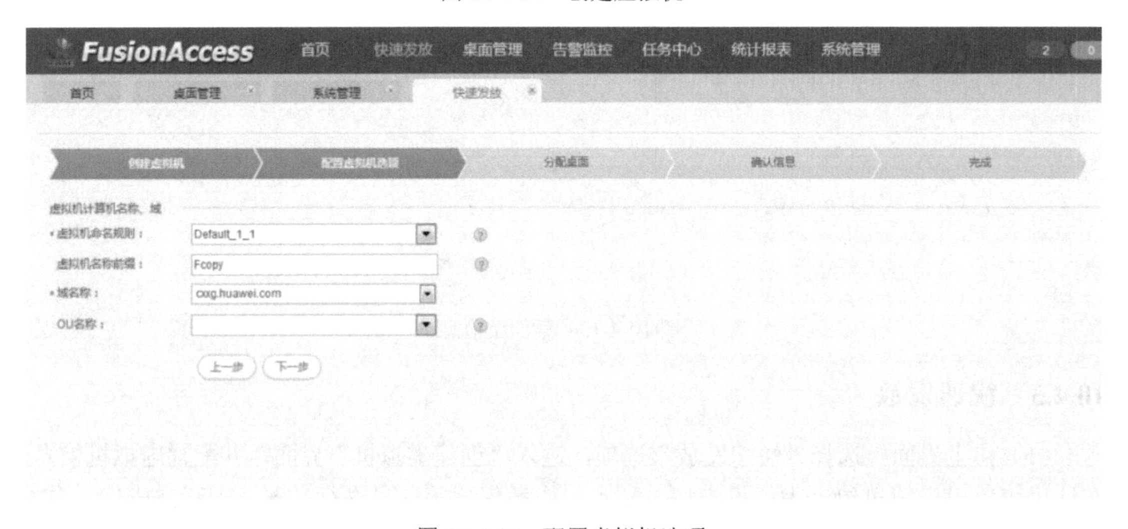

图 10-4-15　配置虚拟机选项

（3）进入“分配桌面”界面，分别对 Desktop、桌面组、分配类型等信息进行配置，并授权“user”用户登录，配置完成后，单击“下一步”按钮，如图 10-4-16 所示。

图 10-4-16　分配桌面

（4）进入“确认信息”界面，在“确认信息”界面检查配置信息后，单击“提交”按钮，如图 10-4-17 所示。

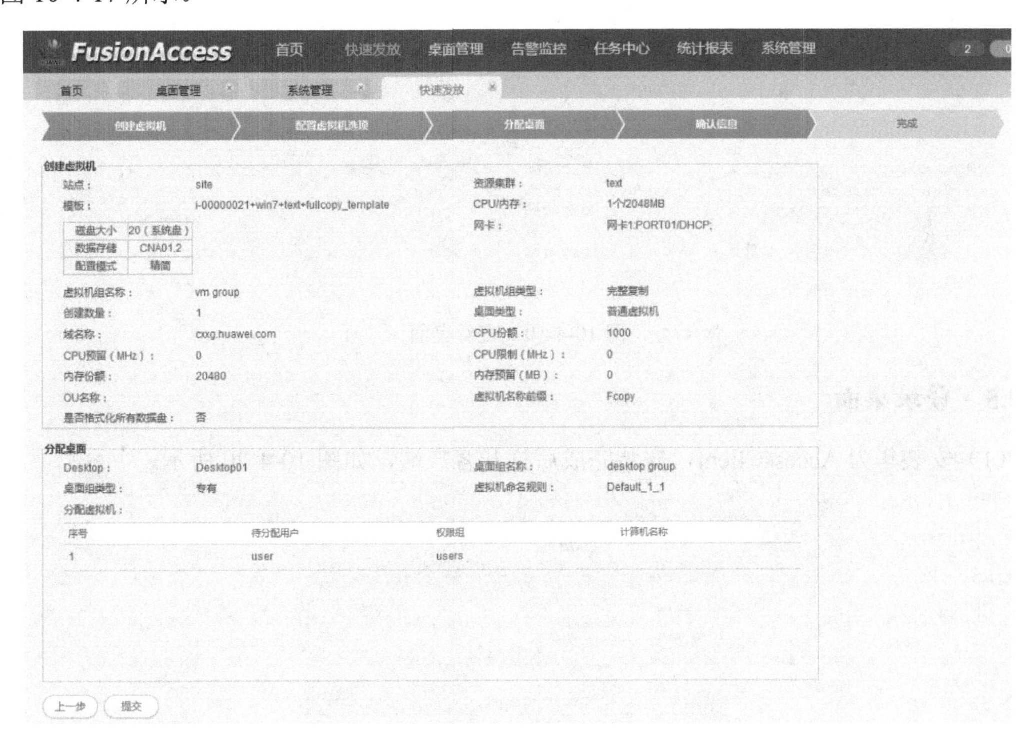

图 10-4-17　确认信息

（5）在主界面中，选择“任务中心”→“任务跟踪”选项。进入“任务跟踪”界面，可查看任务及各子任务的状态。同时，可在 FusionCompute 中观察虚拟桌面虚拟机的创建过程，如图 10-4-18 所示。

（6）待任务执行成功后，在 FusionCompute 中，可看到发放的桌面虚拟机，如图 10-4-19 所示。

图 10-4-18　任务跟踪

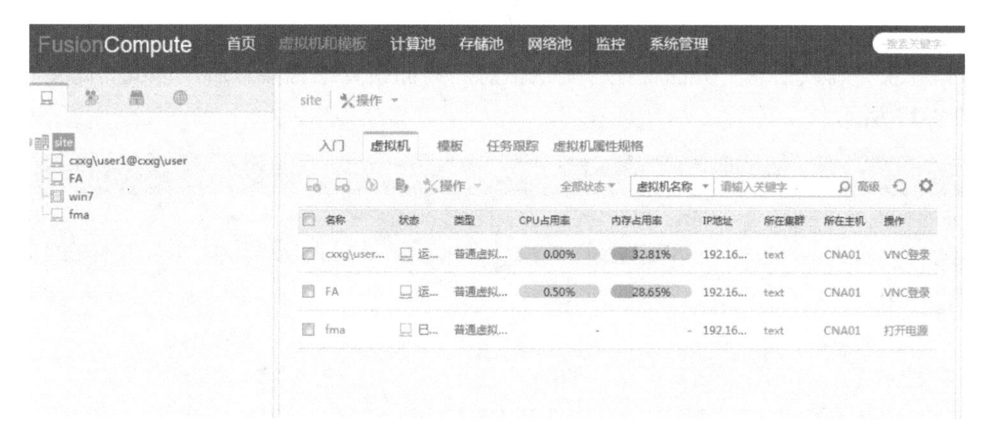

图 10-4-19　查看桌面

10.4.5　登录桌面

（1）安装华为 AccessClient，安装完成后打开客户端，如图 10-4-20 所示。

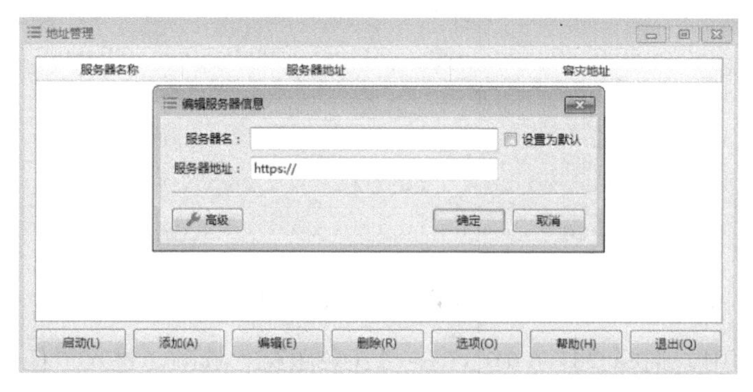

图 10-4-20　地址管理

（2）在“填报服务器信息”对话框中，输入服务器名和服务器地址，单击“确定”按钮后，单击“启动”按钮，如图 10-4-21 所示。

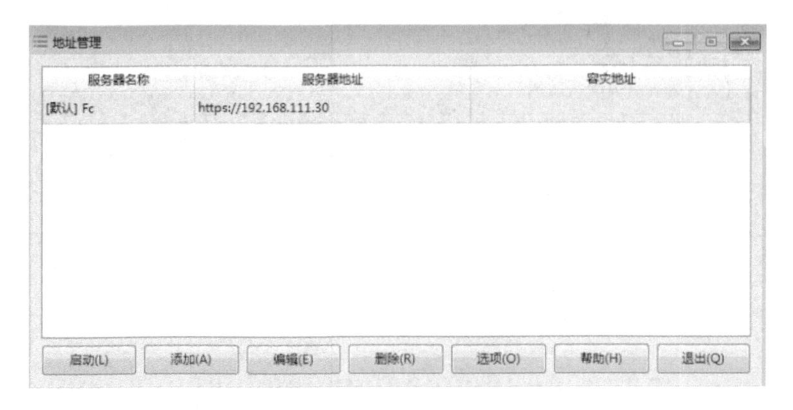

图 10-4-21　启动界面

（3）在打开的登录界面中输入登录桌面的授权用户名和密码，单击“登录”按钮，如图 10-4-22 所示。

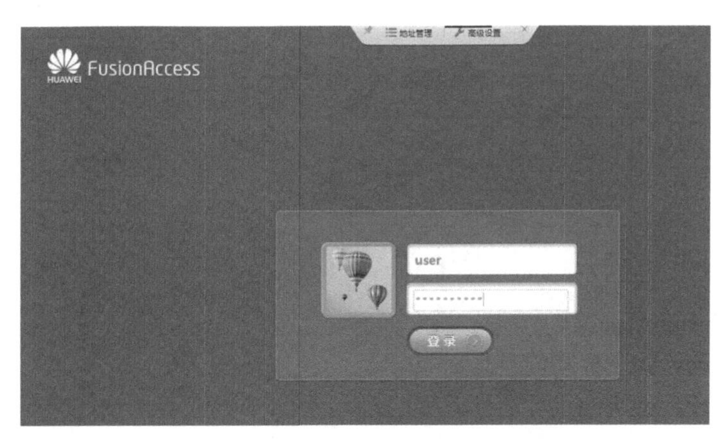

图 10-4-22　登录界面

（4）客户端登录成功后，可以看到该用户所有的可用桌面，如图 10-4-23 所示。

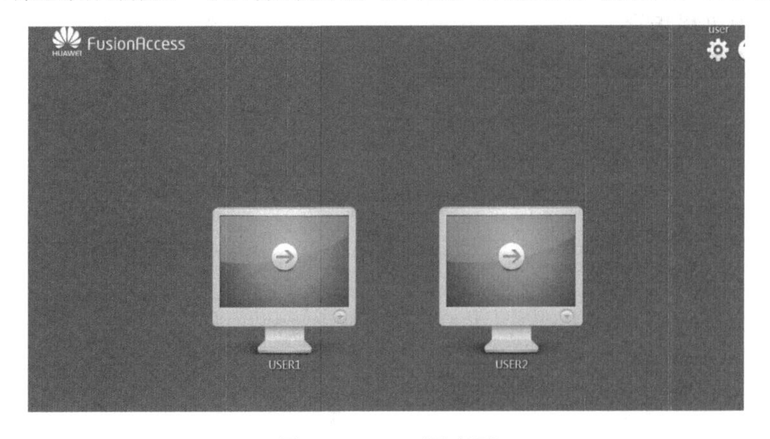

图 10-4-23　可用桌面

（5）单击一个桌面，成功登录后如图 10-4-24 所示。

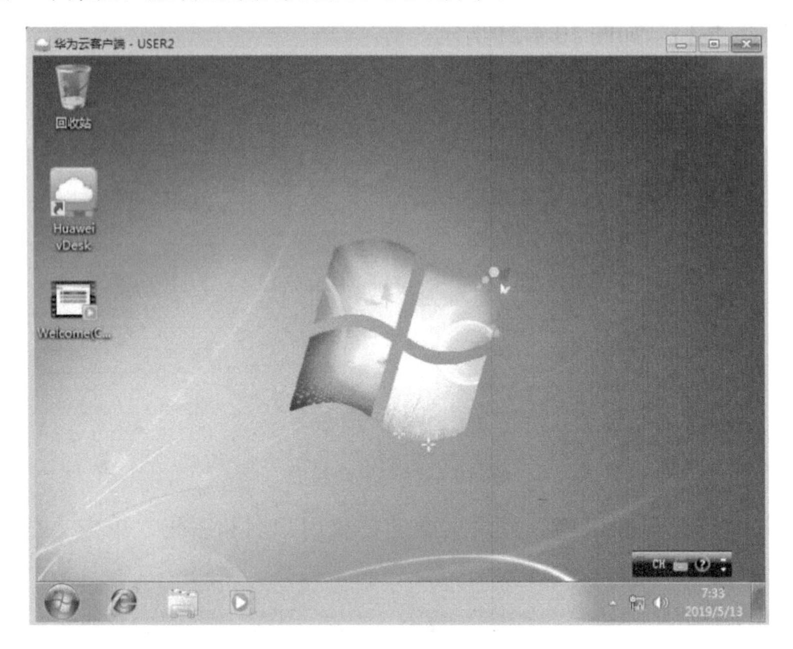

图 10-4-24　登录成功

习　题

一、简答题

1．什么是 FusionAccess？
2．FusionAccess 的主要功能是什么？
3．FusionAccess 架构的主要组件有哪些？

二、操作题

1．安装和部署 FusionAccess 系统。
2．制作虚拟机模板。
3．完成 FusionAccess 桌面的快速发放。

参 考 文 献

[1] 郎登何. 云计算基础及应用. 北京：机械工业出版社，2017.

[2] 李晨光，朱晓彦等. 虚拟化与云计算平台构建. 北京：机械工业出版社，2018.

[3] 何坤源. VMware vSphere 6.0 虚拟化架构实战指南. 北京：人民邮电出版社，2017.

[4] 王春海. VMware 虚拟化与云计算应用案例详解. 北京：中国铁道出版社，2016.

[5] 徐文义，曾志. 云计算基础架构与实践. 北京：人民邮电出版社，2017.

[6] 程克非等，云计算基础教程，北京：人民邮电出版社，2013.

[7] 王良明，云计算通俗讲义，北京：电子工业出版社，2015.